AF347178

PRÉCIS ELÉMENTAIRE

DE

CHIMIE AGRICOLE

PARIS. — IMPRIMERIE D'E. DUVERGER,

RUE DES GRÈS, 11.

PRÉCIS ÉLÉMENTAIRE

DE

CHIMIE AGRICOLE

PAR

LE DR F. SACC

Professeur à l'Académie de Neuchâtel en Suisse,
Vice-Président honoraire
de la Société universelle d'Encouragement pour les arts et les sciences,
Membre fondateur et délégué de la Société zoologique d'acclimatation,
de la Société helvétique des Sciences naturelles,
de la Société industrielle de Mulhouse, etc.

SECONDE ÉDITION.

PARIS

DUSACQ, LIBRAIRIE AGRICOLE DE LA MAISON RUSTIQUE

RUE JACOB, N° 26

L'auteur et l'éditeur se réservent le droit de traduction
et de reproduction à l'Étranger.

A MM.

R. BUNSEN

PROFESSEUR A L'UNIVERSITÉ DE HEIDELBERG,

ET

I. GEOFFROY SAINT-HILAIRE

MEMBRE DE L'INSTITUT,

DONT LES SAVANTS CONSEILS
M'ONT ÉTÉ D'UN SI GRAND SECOURS,

A MES CHERS COMPATRIOTES MM.

H. DE SANDOZ

ANCIEN OFFICIER AUX GARDES DE LOUIS XVI,
MANUFACTURIER A CERNAY,

ET

E. VAUCHER

PROPRIÉTAIRE A MULHOUSE,

DONT L'AFFECTUEUSE SYMPATHIE
NE M'A JAMAIS FAIT DEFAUT

HOMMAGE
DU RESPECT ET DE LA CORDIALE AFFECTION
DE L'AUTEUR

PRÉFACE.

Dans la première édition de ce petit livre, l'auteur avait reproduit son cours à la Faculté des sciences de Neuchâtel. Ces leçons, essentiellement destinées à des jeunes gens, ont, tout imparfaites qu'elles fussent, éveillé l'attention publique, et leur prompt épuisement, il y a déjà deux ans, nous a mis dans la nécessité d'en soigner une nouvelle édition. Sentant toute l'imperfection de notre œuvre, nous ne pouvions pas la reproduire telle quelle : à force de la corriger, nous avons fini par en faire un ouvrage tout neuf, qui n'est pas autre chose qu'un cadre systématique dans lequel nous avons tâché de grouper tous les faits acquis à la chimie agricole, de manière à les faire ressortir assez pour que chacun pût en tirer les conclusions qui lui sembleraient le plus vraisemblables. Nous avons donc mis de côté toutes les théories de chimie agricole actuellement en vogue, après avoir démontré qu'elles manquent de bases solides, et nous faisons un appel ardent à tous les chimistes, auxquels nous demandons des analyses assez nombreuses pour permettre d'asseoir enfin, sur des faits chimiques irréfragables, la science de l'exploitation du sol.

Nous n'avons reculé devant aucun sacrifice pour répondre, aussi bien que nous le pouvions, à la confiance publique, et cependant, c'est avec une véritable angoisse que nous livrons à la presse le fruit de nos veilles, tant il est incomplet, tant nous en sentons bien les innombrables lacunes. Fidèle à notre devise, nous avons donné de bon cœur tout ce que nous avions, en sorte que nos lecteurs voudront bien sans doute tenir compte de nos intentions, lorsqu'ils jugeront les pages que nous leur offrons aujourd'hui.

Wesserling, 20 mars 1855.

CHIMIE AGRICOLE

PREMIÈRE PARTIE

CHIMIE DU SOL.

CHAPITRE PREMIER.

Formation.

La chimie est la branche des sciences naturelles qui s'occupe des phénomènes intimes que présente la matière dont les autres branches des sciences naturelles ne considèrent que l'ensemble ou quelques-uns des caractères extérieurs. Ainsi, par exemple, dans le grain de blé, le chimiste découvre du bois, de la fécule, du sucre, de la gomme, du suif, de la viande et une couleur brune, tandis que le botaniste n'y voit qu'une graine de froment, et le physicien qu'un corps dur, brun, léger, cassant, opaque et ovoïde. De même encore, dans une terre arable, le géologue découvre les différentes espèces de roches qui lui ont donné naissance, le physicien n'y voit qu'une masse opaque douée d'une cohésion plus ou moins grande, d'une couleur plus ou moins foncée; tandis que le chimiste, en en déterminant toutes les parties constituantes, peut seul dire à l'avance si cette terre est fertile ou non, et à quelles cultures elle sera propice.

L'agriculture est l'application de toutes les branches des sciences naturelles à l'exploitation du sol, des plantes et des animaux, dans le but d'en tirer à bas prix la plus grande masse possible de substances utiles à l'homme ; elle embrasse donc aussi le vaste champ de l'industrie, dont il est impossible, en conséquence, de la séparer d'une manière absolue.

L'industrie est l'exploitation mercantile de l'agriculture ; c'est elle qui enrichit l'agriculture ; en sorte qu'il ne peut y avoir d'industrie prospère que là où elle est soutenue par un fort développement agricole. Il y a pourtant certaines branches de l'industrie qui se séparent nettement de l'agriculture ; ce sont celles qui ne s'occupent, comme la métallurgie, que des produits du sol, abstraction faite des êtres vivants auxquels il peut donner naissance.

Comme l'étude simultanée de l'agriculture, et des nombreuses branches de l'industrie qu'elle alimente, nous entraînerait trop loin, nous ne nous occuperons du sol que comme produisant les plantes et les animaux, et de ces derniers, que comme fournissant à l'homme les moyens de se nourrir et de se défendre contre les variations atmosphériques. Restreinte dans ce sens, l'agriculture devient *la science de produire à bas prix la plus grande masse possible d'aliments et de vêtements utiles à l'homme.* Pour produire à bas prix, il faut produire *vite et en grande quantité.* C'est ce que la nature ne fait pas en général ; son action est ordinairement lente. La chimie agricole, en poursuivant les lois qui président dans la nature au développement des êtres vivants, et en s'aidant dans cette recherche des nombreux faits acquis par l'agriculture, cherche à expliquer les conditions dans lesquelles le cultivateur se place pour faire produire à la terre le plus possible dans le plus court espace de temps. Nous avons trop peu d'expériences directes pour pouvoir développer avec assurance une théorie positive de l'exploitation des champs ; ce n'est qu'en consultant l'expérience agricole que nous pourrons avancer à pas lents, mais sûrs, dans le domaine de la vérité ; car la chimie agricole s'appuie encore tout entière sur l'agriculture comme l'enfant sur le bras de son père. Le temps viendra, sans doute, où l'enfant devenu homme rendra avec usure à son père les services qu'il en a reçus. Dans l'explication des faits avérés en agriculture, la chimie a beaucoup à faire pour démêler avec soin, de l'action chimique, celle de la physique et de toutes les autres sciences naturelles qui confondent bien souvent leurs effets avec les siens, de manière à les simuler ou à les altérer ; un seul fait va faire apprécier cet écueil. Il est reçu partout que le sainfoin ne prospère que dans des terres très calcaires ; aussi refuse-t-on d'emblée ce caractère aux terres dans lesquelles le sainfoin ne prospère pas ; et cependant, nous avons vu un fort beau champ légèrement incliné du nord au sud, très calcaire dans toute son étendue, au haut duquel le sainfoin prospère ; il est misérable au milieu et périt vers le bas ; la terre y a partout identiquement la même composition ; mais elle est sèche en haut, humide en bas. A Mulhouse, le sainfoin ne vient pas, quoique le sol ait la même nature que celui de Neuchâtel, dont cette plante est le fourrage le plus précieux ; c'est que l'atmosphère de Mulhouse est humide et celle de Neuchâtel sèche. Le chimiste, en voyant prospérer le sainfoin sur une terre très calcaire, dit que cette plante caractérise les sols de cette nature ; mais l'observateur attentif ajoute : sous un ciel sec et dans une terre sèche.

Une étude approfondie des relations qui existent entre le sol, les plantes et les animaux, a déjà conduit à la découverte de quelques lois fort importantes pour l'exploitation des terres ; mais elles ne sont pas assez nombreuses pour qu'on puisse regarder la chimie agricole comme une science faite ; elle est dans la première enfance ; aussi, est-ce avec une véritable crainte que nous livrons au public ce nouvel essai sur lequel nous ne pouvons suffisamment appeler sa critique éclairée et la même bienveillance qui a si vite épuisé la première édition de ce petit livre, dont la seule prétention est d'être utile.

Qu'on veuille alors nous bien comprendre ; nous ne voulons pas diriger l'agriculteur, nous ne faisons que le consulter et signaler à son attention les points de ses travaux qui nous *semblent* les plus importants sous le rapport chimique ; heureusement, beaucoup d'entre eux répondent à nos questions et complètent les données si souvent vagues et imparfaites desquelles nous avons cru voir découler quelques lois applicables à un ensemble de faits utiles ou intéressants.

Quand la terre sortit des mains du Créateur et s'élança dans

l'espace pour y suivre avec une admirable précision et pendant
des milliers d'années la route qu'il lui avait tracée, elle avait un
tout autre aspect que celui que nous lui connaissons. Tout prouve,
en effet, qu'au commencement, le globe était fluide, ou plutôt pâteux, comme le verre fondu; formé d'une soixantaine de corps simples doués de pesanteurs différentes; ils se superposèrent les uns
aux autres, de manière à ce que les plus pesants, comme les métaux
lourds tels que le cuivre, le plomb, l'argent et l'or, gagnèrent le
centre du globe, tandis que les métaux légers restèrent à sa surface; c'étaient le calcium, l'aluminium, et puis aussi le silicium
qu'on retrouve dans toutes les terres sous forme de craie et d'argile. Autour du globe existait une atmosphère lourde et irrespi-
rable dans laquelle se trouvaient confondus tous les corps qu'une
chaleur intense fait passer à l'état gazeux, c'étaient essentiellement les acides sulfureux et sulfurique, phosphorique, chloride
hydrique, borique, carbonique, puis aussi des torrents de vapeurs d'eau et beaucoup de vapeurs métalliques comme celles du
mercure, de l'antimoine et d'autres encore.

Le globe se refroidit plus tard, et il devait offrir l'aspect d'une
gigantesque boule de verre dont les parois, déjà solides, furent
soulevées sur plusieurs points par le feu placé au-dessous d'elles
et donnèrent naissance aux montagnes, qui, transparentes d'abord,
devinrent ensuite opaques à mesure qu'elles cristallisèrent;
alors commença une nouvelle et bien puissante action, de laquelle
résulta la croûte actuelle du globe.

Sous l'influence d'un nouvel abaissement de température toute
la vapeur d'eau se condensa, d'immenses pluies vinrent inonder le
globe et dissoudre les acides qui remplissaient avec elle l'atmosphère. Ces dissolutions d'acides sulfurique, sulfureux, chloride
hydrique et autres enlevèrent au sol ses bases les plus puissantes,
la potasse et la soude d'abord, puis aussi la chaux; mais à mesure
que ces dissolutions se melangèrent, elles se troublèrent et for-
mèrent d'immenses dépôts de gypse contenant tout l'acide sulfurique, tandis que les alcalis unis au chlore restèrent en dissolution dans l'eau; ainsi prit naissance l'eau salée des mers, qui,
mises à sec sur certains points, y laissèrent ces vastes dépôts de
sel ou chlorure sodique qu'on exploite sur presque tous les
points du globe.

Quand l'action des acides forts fut achevée, vint le tour d'un acide bien faible qui les accompagnait, de l'acide carbonique, dont l'action se continue encore de nos jours et sur une bien large échelle. L'acide carbonique en dissolution dans l'eau s'attaqua à la chaux existant en très grande quantité dans les montagnes; il la dissolvit et vint la déposer dans les vallées encore chaudes où il l'abandonna sous forme de carbonate calcique ou pierre de chaux, comme cela arrive dans les bouilloires où l'on chauffe l'eau des sources calcaires qui les encroûte en bien peu de temps.

Enfin, l'équilibre chimique s'établit en apparence et le temps des grandes catastrophes géologiques cessa à mesure que les acides forts furent saturés et que la température du globe descendit au-dessous de celle de l'eau bouillante. Quelques convulsions partielles survinrent encore, desquelles résulta le déchirement des montagnes, le soulèvement, le plissement de leurs couches, le dessèchement ou la formation de certaines nappes d'eau douce ou salée, puis les convulsions devinrent de plus en plus rares. La température baissa encore, et bientôt apparurent les premiers vestiges de la végétation sous la forme de plantes fort imparfaites, telles que les lichens, les mousses, les fougères, et plus tard les palmiers et les conifères ou pins et sapins.

Les montagnes qu'on appelle primitives, c'est-à-dire celles qui conservent encore, comme le granit des Alpes et des Pyrénées, le porphyre des Vosges, les traces de la fusion originelle, sont homogènes; on n'y trouve ni couches régulièrement superposées, ni cavernes; rien, en un mot, qui puisse faire croire qu'elles n'aient pas été formées tout entières d'un seul et même jet. Quant aux montagnes secondaires, elles sont toutes plus ou moins nettement stratifiées, leurs couches sont superposées plus ou moins régulièrement, et elles se sont soulevées ou disloquées sur plusieurs points, de manière à former des vallées de déchirement, des abîmes ou des cavernes qu'on trouve en abondance dans toutes les montagnes calcaires. Le plus bel exemple de soulèvement d'une montagne est offert par la gigantesque montagne de Boudry dans la principauté de Neuchâtel. Cette montagne longue de plus de six lieues et large de deux, l'une des plus hautes du Jura, est creuse dans toute son étendue; on y entre à Môtiers

Travers, sur le versant nord, et on peut se promener pendant des heures entières dans cette vaste grotte dont le sol, encombré de rochers tombés de la voûte, est coupé par des ruisseaux, des lacs, des collines et des plaines d'argile qui en rendent l'étude aussi difficile que dangereuse. C'est aux nombreux conduits souterrains formés dans les montagnes sédimentaires par le plissement de leurs couches, qu'on doit une foule d'intéressants phénomènes qu'on ne pourrait pas expliquer sans admettre leur existence, et dont nous allons donner une idée. Tous les lacs du haut Jura Neuchâtelois, de même aussi que les marais qui en occupent les vallées de la Brévine, de la Sagne et de la Chaux de Fonds, n'ont pas d'écoulement visible; il doit cependant y en avoir un souterrain, puisque le niveau de ces vastes réservoirs d'eau varie peu, et qu'à dix minutes du bord du lac jaillit avec violence du roc vif une rivière, la Serrière, assez forte pour alimenter les nombreuses usines qui en couvrent tout le cours depuis sa source jusqu'à son embouchure; il est donc bien probable qu'elle sert d'écoulement à ces lacs, ainsi qu'aux marais.

De même encore, on rencontre au haut du Jura, dans la vallée de la Brévine, la plus haute et la plus froide de cette chaîne, une puissante source dont la température est toute l'année invariablement de $+ 8^\circ$ C.; aussi fume-t-elle comme une chaudière en pleine ébullition quand en hiver la température de l'atmosphère descend, ce qui arrive souvent à $- 30^\circ$ C. et même plus bas. On trouve à Saint-Blaise, au pied du Jura, un autre phénomène analogue, dans la belle propriété de mon ami M. le comte de Dardel; trois sources y alimentent son vaste étang à sangsues; elles sont placées sur une ligne droite de l'est à l'ouest à dix mètres de distance l'une de l'autre; également abondantes pendant toute l'année, elles présentent invariablement aussi la même température qui est de 14 1/2° C. pour la plus à l'est, 10 1/2 pour la seconde et 9 1/2 pour la troisième. Il est à croire que c'est la première qui donne naissance aux deux autres dont la température est d'autant plus basse qu'elles ont filtré plus loin au-dessous de la surface du sol.

C'est aux dépens des montagnes nées sous l'influence du feu, qu'on appelle aussi plutoniques ou primitives, que se sont donc formées les montagnes secondaires, appelées par opposition aux premières, neptuniques ou formées par l'action des eaux. Le nom de primitives appliqué aux montagnes nées des volcans en général, est faux dans ce sens qu'il s'en forme encore de nos jours; par conséquent, après les montagnes secondaires; mais, en poursuivant leur étude, on voit bien vite que la contradiction n'est qu'apparente et que les laves nées actuellement des volcans se décomposent absolument de même que celles qui ont produit les montagnes primitives, en donnant aussi naissance plus tard à des dépôts calcaires stratifiés et à des sables qu'entraînent les eaux. Les montagnes se forment et se détruisent de nos jours, comme au commencement du monde, mais sur une échelle moins grande; c'est ce que le savant professeur Bunsen a prouvé d'une manière irréfragrable dans son admirable travail sur la constitution géologique de l'Islande.

Les continents tout entiers semblent même ne point être encore à l'abri de changements géologiques, car on voit les rives de l'Italie et de la Syrie s'abaisser à Naples et à Beyruth au point que la mer s'avance sur des localités occupées jadis par des villes dont on distingue les ruines sous l'eau, tandis que celles du nord de la Scandinavie s'élèvent d'une manière tout aussi sensible.

Nous venons de voir les roches plutoniques produire les roches neptuniques; occupons-nous à présent des causes qui les font passer toutes les deux à l'état de terre arable. Ces causes sont dans l'ordre de leur puissance décroissante : l'eau, l'acide carbonique, l'oxygène de l'air, puis enfin, le mouvement de l'air.

L'eau agit de deux manières bien différentes sur les roches, suivant qu'elle est à l'état solide ou liquide. Sous forme liquide, l'eau pénètre les roches de toutes parts, elle s'y infiltre à des profondeurs d'autant plus grandes qu'elles sont plus poreuses, et elle dissout toutes les matières qu'elle peut entraîner, en laissant ainsi des espaces vides que l'afflux d'une nouvelle quantité d'eau, le choc des eaux et des vents change bientôt en poussière. C'est de cette manière que se forme la terre dans les pays chauds; dans ceux où l'eau peut geler, les choses se passent de même en été; mais, comme l'eau augmente de volume avec une force irrésistible, lorsqu'en hiver elle se solidifie en passant à l'état de glace, elle fait éclater alors les rocs les plus compacts et les plus durs;

c'est uniquement à cette cause qu'il faut attribuer la formation si rapide de la terre au pied des montagnes, dans les pays tempérés et surtout froids. Cette altération s'effectue sur une échelle gigantesque et par une foule de transitions insensibles au pied de l'Alpe, si abrupte, qui borne au sud l'étroite vallée qui conduit d'Urseren sur le Saint-Gothard, aux Grisons. Au pied de l'Alpe on trouve de gros fragments de roc qui se divisent de plus en plus à mesure qu'on descend vers la vallée où ils se changent en une terre aussi abondante que fertile. L'action de la gelée est tout aussi prononcée dans les roches calcaires; il ne faut à Neuchâtel que deux ans d'exposition à l'air, pour changer en terre son calcaire jaune. La glace n'agit point seulement lorsqu'elle se forme dans les rochers ; mais aussi quand, déjà formée, elle se réunit en grandes masses et produit ces glaciers quelquefois immenses dont le mouvement continuel broie les roches les plus dures et les change en poussière impalpable que les eaux vont porter au loin pour en former de fertiles plaines. Cette action, qui est nettement prononcée dans les Alpes, s'effectue sur une échelle bien autrement grande en Islande, où les roches, moins dures, se laissent si facilement entamer par le glacier que toutes les eaux qui s'en écoulent ont l'air de fleuves de lait, et vont former au bord de la mer d'immenses plaines de boue.

Toutes ces causes réunies de destruction des roches nous démontrent que depuis la création du monde les montagnes ont dû sans cesse diminuer de hauteur. Chaque année, ce travail lent, mais continu, se poursuit, et à mesure que les montagnes s'abaissent, que les plaines s'élèvent et s'étendent, que les lacs se comblent, les mers, déplacées de leur lit par ces matières solides, doivent s'élever et tendre à couvrir toute la surface du globe comme elles l'ont fait lors du déluge. Un moment viendra donc où, après une longue série de siècles, le globe ne présentera plus à l'œil attristé que l'aspect d'une vaste plaine sans bornes dans laquelle il n'y aura plus de pluies ni de vents partiels, plus de sources jaillissantes, plus d'obstacles capables d'arrêter les ouragans; la terre sera, en un mot, inhabitable si de nouvelles catastrophes géologiques ne viennent pas créer de nouvelles chaînes de montagnes capables de remplacer les anciennes.

L'acide carbonique et l'oxygène de l'air se condensent comme l'eau quand elle passe à l'état de glace, c'est-à-dire que le premier en s'associant aux bases des roches, le second en peroxydant les oxydes ferreux et manganeux, en augmentent le volume et font sauter les roches comme si on avait glissé des coins d'acier entre les plus petites molécules.

Le globe tourne autour du soleil qui l'échauffe et l'éclaire, et comme il est à peu près sphérique, toutes ses parties ne sont pas à la même distance du soleil, ce qui occasionne à sa surface la différence des climats qui sont d'autant plus chauds qu'ils sont plus rapprochés de l'astre du jour. De là vient que pendant que les points du globe les plus éloignés du soleil, les pôles sont toujours couverts de glaces, la végétation ne s'arrête jamais sous l'équateur, la ligne idéale qui coupe le globe dans sa plus grande largeur et qui est par conséquent aussi la plus rapprochée du soleil. Cette région favorisée par la nature est la plus chaude ; sa faune est nettement caractérisée par la présence des palmiers et des singes. Entre l'équateur et les pôles se trouvent, de chaque côté, les régions tempérées où croît le froment, où les bêtes à cornes se trouvent en très grand nombre et où fleurit l'agriculture. Là se trouvent les régions les plus peuplées, celles où l'intelligence humaine enfante tous ses prodiges, celles par conséquent dont nous aurons à nous occuper d'une façon spéciale.

Nous venons de voir que c'est la position à la surface du globe qui détermine les climats. Tous les climats sont sujets a des changements réguliers que nous appelons saisons et qui sont déterminés par le changement de position de la terre relativement au soleil ; les saisons sont chaudes quand la terre se rapproche du soleil ; elles sont froides quand elle s'en éloigne.

Non-seulement la terre tourne autour du soleil, dont elle s'éloigne plus ou moins, en produisant, dans le cours d'une année, les quatre saisons ; mais elle tourne aussi sur elle-même en donnant naissance en vingt-quatre heures à un jour et à une nuit dont la longueur relative est produite par l'inclinaison plus ou moins forte de la terre vers le soleil. Cette inclinaison est en rapport avec les saisons de manière à ce que les jours les plus longs soient en été et les plus courts en hiver.

L'influence du soleil est énorme sur la terre, c'est lui qui l'éclaire, l'échauffe, qui vivifie tout à sa surface et qui donne à la lune le doux éclat que nous admirons tant, quand son disque complet éclaire une belle nuit. La lune tourne autour de la terre sur laquelle elle exerce une action tellement forte qu'elle en soulève les mers en produisant les marées ; on sait que les paysans lui attribuent une foule de vertus plus ou moins bienfaisantes sur tous les êtres vivants ; ces idées ont été combattues par un grand astronome qui ne niait cependant pas l'action de la lune sur le mouvement des mers. Les faits que le grand Arago a invoqués pour prouver que la lune n'a pas d'action directe sur les êtres vivants sont peu nombreux ; ceux sur lesquels s'appuyent les paysans pour l'établir sont innombrables, et nous partagerons leur manière de voir aussi longtemps qu'une longue série d'observations bien faites ne sera pas venue prouver que la lune n'exerce pas sur la vapeur d'eau la même action que sur les mers et qu'en les attirant à elle avec plus ou moins de force, elle ne détermine point ainsi, à la surface du globe, la sécheresse ou le gel, la pluie ou la neige. Presque toujours , nous avons vérifié l'exactitude du proverbe neuchâtelois : *Quand la lune renouvelle en beau dans trois jours on a de l'eau ; quand la lune renouvelle en eau, dans trois jours on a le beau.*

Les climats ne sont pas seulement produits par la position du sol relativement au soleil ; mais aussi par son élévation au-dessus de la mer ; c'est à cette cause que nous devons de trouver réunis sous l'équateur et dans un espace fort restreint, les trois climats, chaud, tempéré, et froid ; il ne s'agit pour cela que de s'élever à la surface du globe. Au pied des hautes montagnes, sous la ligne se développent avec vigueur les palmiers, les caféiers, les cannes à sucre dans l'abondant feuillage desquels se jouent les singes, les perroquets et les colibris ; plus haut on rencontre la région du froment , de la vigne ; plus haut encore, on arrive à la région des neiges éternelles. Ce phénomène est donc en opposition directe avec la loi que nous venons de poser, suivant laquelle une terre est d'autant plus chaude qu'elle est plus rapprochée du soleil. La cause de cette contradiction apparente gît dans la température excessivement basse de l'atmosphère que les rayons solaires traversent sans l'échauffer, et qui tend par conséquent, à enlever la chaleur à tous les corps solides avec lesquels elle entre en contact. Il est facile cependant de prouver que les rayons solaires sont beaucoup plus brûlants sur les montagnes que dans les plaines; il n'y a qu'a les faire tomber à travers une vitre dans une caisse bien close dont la température s'élève tellement qu'au sommet du Mont-Blanc on y développe bientôt une température aussi élevée que celle des pays placés sous l'équateur. Si les pics des montagnes ne deviennent pas aussi brûlants que l'air de la caisse dans laquelle on a fait l'expérience dont nous venons de parler, c'est parce qu'ils sont isolés et que l'air froid qui les entoure en enlève la chaleur à mesure qu'ils la reçoivent, et même en paralyse l'effet au point que les neiges qui y tombent en hiver s'y changent en glaces éternelles. Cette précaution de la nature est une des plus fécondes en heureuses conséquences; car, si les montagnes s'échauffaient dans le rapport de leur rapprochement du soleil, au lieu d'être le réservoir des eaux courantes, elles contribueraient à dessécher la terre qui deviendrait ainsi absolument inhabitable; c'est parce qu'elles sont plus froides que les plaines, que les montagnes attirent et condensent les nuages qu'elles envoient directement dans les plaines sous forme d'eau, ou bien, qu'elles condensent en neige et gardent sur leurs sommets pour leur fournir cette même eau durant la saison chaude et sèche. Si les montagnes n'existaient pas, le globe serait constamment inondé ou bien entouré d'épaisses vapeurs qui intercepteraient en partie les rayons solaires.

Quand au lieu de s'élever en aiguille, le sommet des montagnes se creuse en produisant des vallées abritées, aussitôt la chaleur s'y concentre, et nous voyons y surgir comme par enchantement, de fertiles prairies dans lesquelles se développent des plantes et des animaux que nous ne pouvons conserver dans les régions tempérées qui sont trop froides pour eux; c'est le cas des rhododendrons et de la souris des neiges qu'on trouve sur les sommets les plus élevés des Alpes et qu'on ne peut conserver qu'en serre dans les plaines.

Toutes ces considérations réunies nous amènent donc à dire que les montagnes seraient les parties les plus chaudes du globe si l'air n'était pas tellement froid, et que les plaines et les vallées en seraient les parties les plus froides si leur position abritée ne leur permettait pas de conserver la chaleur qu'elles ont reçue du soleil.

La cause la plus active de conservation de la chaleur à la surface du globe gît dans cette légère couche de vapeur d'eau qui se balance au-dessus d'elle sous forme de nuages quelquefois visibles ; le plus souvent, ne l'étant que par une légère diminution dans l'intensité de la couleur bleue du ciel. L'action de cette brume est tellement intense qu'elle permet au sol de conserver pendant la nuit même, où elle cesse d'en recevoir, toute la chaleur qu'il a reçue pendant le jour ; vient-elle à se dissiper, alors la chaleur se dégage rapidement de la terre qui prend bientôt la température de l'air ambiant. Sans cette légère couche de nuages, les vallées et les plaines seraient presque aussi froides que les montagnes ; elle joue relativement au sol le même rôle que l'habit vis-à-vis de notre corps, elle retient la chaleur à sa surface ; les nuages sont donc, sous ce rapport-là, l'habit, la pelisse de la terre. Quand on s'élève à la surface du globe en en gravissant les montagnes, on trouve constamment cette brume à sa surface ; mais bientôt on la dépasse, on arrive à la région sèche où l'azur du ciel est d'un bleu tellement foncé qu'il en semble noir et où l'évaporation est assez rapide pour brûler et mortifier toutes les parties du corps qui ne sont pas défendues contre cette influence desséchante de l'air. Cette action est déjà prononcée sur les hautes sommités du Jura ; mais sur celles des Alpes elle devient très dangereuse ; nous avons souvent vu des voyageurs souffrir horriblement de ces *coups de soleil* sous l'influence desquels tout l'épiderme de la face et des mains se détachait comme un gant, et cela, parce qu'ils n'avaient pas voulu se couvrir du voile indispensable pour éviter des accidents de cette nature et qui les prévient *toujours*, quelle que soit sa ténuité.

Quand le ciel est découvert, le refroidissement est très prompt ; c'est lui qui cause ces gelées blanches qui ont si souvent lieu dans les magnifiques nuits de printemps et d'automne, si redoutées du cultivateur. Durant ces nuits magiques, notre ciel brumeux revêtant la transparence de celui des pays chauds, l'œil étonné ne reconnaît plus l'horizon auquel il est habitué, tant il le trouve peuplé de nouveaux astres multipliés au point qu'ils semblent se confondre sans voiler pourtant le velours azuré dans lequel ils scintillent.

Quand la brume s'épaissit et forme des nuages assez compactes

pour que les premiers rayons du soleil ne puissent pas les dissiper, ils interceptent les rayons solaires et empêchent la terre
d'être éclairée et échauffée; cette action est trop connue pour
que nous nous y arrêtions longtemps. C'est aux nuages qui les
couvrent pendant le jour que les marais doivent d'être si froids;
c'est encore à un ciel chargé de nuages que l'Europe doit les
tristes années 1848-54 durant lesquelles presque toutes les récoltes ont manqué et qui ont développé toute une nouvelle série
de maladies putrides qui menacent les plantes les plus précieuses
pour l'agriculture.

Dès que, pendant l'hiver, la température descend de quelques
degrés au-dessous de 0° centigr., l'air perdant son humidité, le
ciel devient serein et l'évaporation énorme; aussi toutes les
plantes ne tarderaient-elles point à périr si la nature ne leur avait
pas donné un nouveau manteau, la neige, capable de les défendre
contre ce refroidissement fatal. Comme la neige ne conduit pas
mieux la chaleur que les nuages, les végétaux sont parfaitement
préservés du refroidissement par cette couverture imperméable à
la chaleur; la preuve en est que les rhododendrons, qui supportent facilement les hivers des Hautes-Alpes, parce qu'ils sont en-
sevelis sous 1 ou 2 mètres de neige, périssent dans les plaines
sous l'influence des hivers froids, qui les trouvent encore découverts.

Tout ce qui favorise le départ de la chaleur à la surface de la
terre y amène un refroidissement extraordinaire; aussi la forme
pointue des corps, et l'eau qui s'y trouve enfermée sont ses
causes les plus habituelles; l'herbe se refroidit beaucoup plus vite
que les larges feuilles des arbres; les marais présentent constamment une température plus basse que la terre sèche placée dans
leur voisinage. Cette action est facile à poursuivre en été, grâce à
la rosée qui est produite par le refroidissement brusque de la surface du sol sous l'influence des nuits sereines; alors l'humidité
répandue dans l'atmosphère se condense et vient se déposer sur
les corps pointus, en quantité d'autant plus grande qu'ils sont
plus froids; on la voit briller, dans les terres sèches, à la pointe
de chaque brin d'herbe, tandis que, dans les terres humides, dont
le refroidissement est bien plus considérable, elle se dépose en si
grande quantité qu'elle coule le long des tiges et simule une vé-

ritable pluie; le sol, en échange, reste sec, parce que, dépourvu d'aspérités pointues et d'eau, il ne conduit pas assez
bien la chaleur pour se refroidir au point de condenser à sa surface l'eau répandue dans l'air.

L'air atmosphérique étant glacé, il ne peut pas retenir l'eau;
en sorte que les nuages qu'on y remarque sont toujours le
produit de l'évaporation terrestre. Cela est si vrai que les na-
vigateurs devinent la présence des bas-fonds lorsqu'ils aperçoivent au-dessus des eaux, et par un temps calme et serein, un
léger nuage; les choses se passent ici comme dans l'air. L'eau,
en effet, laisse passer les rayons solaires sans s'échauffer, sauf
dans le cas où une terre se trouve placée bien peu au-dessous de sa
surface; alors cette terre les retient, l'eau s'échauffe et le nuage
apparaît. Plus la terre s'échauffe lorsqu'elle est humide, plus
aussi elle fournit d'eau à l'atmosphère dans laquelle elle s'élève
à des hauteurs d'autant plus considérables, que la région où le
phénomène se passe est plus rapprochée de l'équateur, parce
que l'air retient d'autant plus d'humidité qu'il est plus chaud.
A mesure que l'air se refroidit, la force avec laquelle il retient
l'eau diminue; ses gouttelettes s'unissent, puis elles tombent
sous forme de brouillard ou de pluie. Quand le refroidissement de l'atmosphère est très brusque, alors on a les pluies dilu-
viennes, la neige ou la grêle.

L'air enlève constamment à la terre sa chaleur, et comme son
poids diminue à mesure qu'il s'échauffe, il s'élève doucement dans
l'atmosphère, à mesure que l'air froid qui le remplace, et qui est
plus lourd que lui, descend vers la terre pour remonter à son
tour dès qu'il s'est échauffé. Quand ce mouvement est lent, il
n'est pas perceptible à nos sens; mais à mesure qu'il s'accélère,
il se change en brise, en vent, puis en ouragan.

On rencontre dans l'atmosphère, comme au sein des mers, un
courant général qui marche des parties froides vers celles qui
sont chaudes, pour retourner des parties chaudes vers celles qui
sont froides, et recommencer éternellement cette même fonction.
Ce courant marche dans les airs, de haut en bas, vers la terre, et
des pôles à l'équateur; il est accompagné d'une foule de petits
courants d'air, tout locaux et produits par la chaleur qui s'accumule plus fortement sur un point d'un pays que sur les autres;

de là vient que chaque vallée a son courant d'air particulier, et que les plaines situées à l'embouchure des vallées sont sujettes à de forts coups de vent qui s'y précipitent avec d'autant plus de violence qu'ils rencontrent moins d'obstacles sur leur passage.

Si les vents paraissent le plus souvent descendre des montagnes, c'est que, comme elles se refroidissent avant les plaines, c'est sur elles d'abord que s'abat l'air froid, qui continue ensuite sa course vers les plaines. C'est à ce facile refroidissement des montagnes qu'on doit l'abondance des pluies dans leur voisinage; ainsi, par exemple, le Rigi placé sur le bord du lac des quatre cantons, à l'entrée de toutes les grandes vallées qui viennent s'y ouvrir en foule, ne compte que bien rarement deux jours de suite sans pluie; on trouve la même chose à Salzbourg, dans le Tyrol et partout en général où un groupe de montagnes élevées est entouré de vastes plaines ou de nombreuses vallées. C'est donc parce qu'elles se refroidissent plus vite que les plaines, que les montagnes produisent les vents et les pluies; condensant sans cesse à leur surface la masse d'eau répandue dans les nuages; elles sont le point de départ des sources, et on voit s'y développer avec vigueur tous les végétaux qui demandent, pour prospérer, un sol et une atmosphère constamment humides; de là vient la grande supériorité des pâturages des montagnes dont l'herbe fraîche et tendre est beaucoup plus nutritive que celle des plaines; aussi donnent-elles au bétail un lait plus riche en crème, une chair beaucoup plus succulente que celle que possède le bétail des plaines et des vallées.

La direction des montagnes exerce une énorme influence sur la température des pays qu'elles enferment; elles y concentrent une excessive chaleur lorsqu'elles ne s'ouvrent pas autour de lui, ce qui est heureusement fort rare, parce que les vallées enfermées de cette manière sont tellement humides et brûlantes, qu'elles en deviennent excessivement malsaines. Un effet tout analogue se produit quand les montagnes se groupent autour d'une plaine qu'elles ne laissent ouverte qu'au midi, alors on trouve encore des positions exceptionnellement chaudes comme celles de Kaysersberg, dans les Vosges, de Montreux, dans le canton de Vaud, et de Neuchâtel où l'on voit prospérer en pleine terre des plantes qui exigent l'orangerie dans tous les endroits environnants.

En échange, quand les montagnes s'ouvrent du nord au sud, ou bien de l'est à l'ouest sur la plaine, quand elles la bornent au midi, elles la refroidissent d'une manière fort extraordinaire; c'est le cas de l'Ochsenfeld, qui s'étend du pied des Vosges jusqu'à Mulhouse, de la plaine de Boudry placée au devant du Val de Travers, dans le Jura Neuchâtelois, ainsi que de la vallée de la Brévine. La vallée de la Brévine, longue de 8 kilomètres, s'ouvre de l'est à l'ouest sur le haut du Jura, en face de Morteau; bornée au nord et au sud par des montagnes abruptes, elle est tellement froide qu'au mois d'août nous y avons vu de fortes gelées, et que le thermomètre y descend toujours en hiver entre — 32° et 40° centigr., quand le vent d'est y souffle avec violence ou que le froid se maintient dans toute son intensité pendant plusieurs jours de suite; c'est une vraie Sibérie due à son élévation, à sa direction et à sa position abritée contre le soleil.

La forme des montagnes agit sur leurs fonctions atmosphériques tout autant que leur direction; car celles dont le sommet est arrondi se refroidissent beaucoup moins vite que celles qui l'ont découpé en aiguilles; elles produisent beaucoup moins de vents et de pluies que ces dernières, quoiqu'elles soient quelquefois plus élevées; telle est la cause pour laquelle le Jura bernois, si découpé et déchiré, est bien plus humide et venteux que le Jura neuchâtalois dont les croupes sont extraordinairement arrondies.

La conformation souterraine du sol agit beaucoup aussi sur les caractères de sa superficie, ainsi que nous le dirons en détail en traitant du sous-sol, et que nous allons le voir maintenant déjà, en ne nous occupant que de ses caractères généraux.

En effet, on rencontre au-dessous de l'écorce du globe des sources de chaleur, ainsi que des nappes d'eau qui agissent sur elle avec d'autant plus d'énergie qu'elles s'en rapprochent davantage. En moyenne, on peut dire que la température du globe terrestre s'élève de 1° centigr. par 33 mètres de profondeur; mais on voit cette température descendre quelquefois au-dessous de 33 mètres, et dans d'autres cas s'élever beaucoup plus rapidement; c'est le cas, par exemple, de tout le bassin de Wiesbaden, de Baden en Suisse, où le sol est tellement échauffé par le feu souterrain, que la neige ne peut jamais y prendre pied. Dans les deux exemples que nous venons de citer, il est probable que la chaleur n'est pas produite directement par le feu central, mais bien plutôt par un courant d'eau qui s'y est échauffée et s'échappe tout bouillonnant de plusieurs sources fort abondantes.

Il est probable que c'est aux foyers volcaniques que la terre doit cette chaleur intérieure qui la pénètre partout, et en vertu de laquelle on trouve qu'en descendant dans ses entrailles la température croît assez régulièrement avec la profondeur. Il est bien connu que les caves dont la température est la moins variable sont les plus profondes, en sorte qu'on peut en conclure aussi que les sources d'eau dont la température est considérable sont d'autant plus profondes qu'elles sont plus chaudes, à moins, bien entendu, qu'elles ne passent dans le voisinage d'un foyer volcanique superficiel en activité. Ces eaux chaudes, quand elles sont douces et potables, sont d'une immense utilité à l'agriculteur, auquel elles permettent d'augmenter souvent beaucoup le produit de ses terres. Les eaux douces à température constante de $+10°$ centigr. sont les meilleures pour l'irrigation, ainsi que pour les marais à sangsues ; c'est à une source de cette espèce que les maraîchers d'Erfurt doivent leurs immenses cressonnières, dont les produits se succèdent sans aucune interruption durant toute l'année

Quand l'eau qui circule au-dessus de la surface du sol est froide, elle arrête la végétation et rend impossible la culture des plantes à racines profondes qu'elle tue dès qu'elle en a atteint les racines ; c'est un fléau qu'on ne peut combattre assez avec toutes les ressources du dessèchement, ainsi que du drainage, dont le nom seul est anglais, car l'idée en est romaine ; toute la campagne de Rome le prouve ; et quoiqu'à l'heure qu'il est, ses fossés soient en partie comblés, ses rigoles d'écoulement remplies de boue ou détruites, on en voit encore assez pour acquérir bien vite la conviction que les agronomes romains entendaient la question du dessèchement des terres bien mieux que nous. C'est encore au drainage que les plaines de la côte orientale de l'Andalousie devaient leur immense fertilité ; elle en est encore toute sillonnée de canaux ouverts et couverts qu'il n'y aurait qu'à nettoyer pour la faire repasser de l'état de marais inhabitable à celui de terre à blé d'une fécondité sans fin.

Les eaux souterraines ne sont nuisibles à la végétation que

lorsqu'elles sont stagnantes ; elles sont beaucoup moins à craindre quand elles ne s'arrêtent pas, et peuvent même alors être utiles dans certains cas.

La composition chimique du sol en change aussi les caractères ; les terres calcaires ou siliceuses sont plus sèches que les autres, parce qu'elles laissent facilement passer les eaux, tant à cause de leur structure en général stratifiée, que de leur grande porosité. D'autre part, les roches qui contiennent une forte proportion d'alcalis, comme les granits riches en feldspaths, facilitent beaucoup la végétation de toutes les plantes dont les racines empruntent au sol beaucoup d'aliments. Les roches argileuses, les schistes, produisent des terres fortes souvent incultivables, tandis que les mollasses donnent naissance à de mauvais sables mouvants desquels il n'est pas facile de tirer quelque chose lorsqu'on ne peut pas les irriguer.

Quand la terre repose horizontalement sur des couches d'argile ou de rochers imperméables à l'eau, elle devient humide, par conséquent froide et marécageuse ; tel est le cas de la Bresse, dont le sol est beaucoup plus froid et le ciel bien plus nébuleux que ne l'indique sa position topographique ; ces tristes effets sont produits par l'eau qui séjourne au-dessous du sol arable, et dont l'argile empêche l'écoulement.

Quand, par contre, la terre repose sur des graviers, l'effet contraire se produit ; elle ne retient pas l'eau et se dessèche dès que le soleil l'a éclairée pendant quelques jours ; ces terres ne rapportent que dans les années humides. On obtient un effet analogue toutes les fois que les terres placées sur un sous-sol de roches imperméables à l'eau, il est cependant assez incliné pour permettre à l'eau de s'écouler sans peine ; ces terres sont généralement chaudes et d'excellente qualité, surtout lorsqu'on peut les irriguer durant les longues sécheresses qui, seules, peuvent leur devenir nuisibles.

L'épaisseur de la couche arable est en rapport presque uniquement avec l'action des eaux : elle est toujours plus considérable dans le fond des vallées que partout ailleurs, parce que les pluies entraînent la terre à mesure qu'elle se produit sur les montagnes, et la déposent d'autant plus loin qu'elle est plus déliée, par conséquent plus apte à donner de suite d'abondantes récoltes.

CHAPITRE II.

Composition.

Dans toutes les terres arables, on rencontre les mêmes principes; mais en proportions excessivement variables; ce sont l'*acide silicique* ou sable; ce principe est pur dans le cristal de roche, les cailloux, la pierre à fusil; l'*alumine* oxyde aluminique ou terre à alun, qui constitue, à l'état de pureté, les pierres précieuses appelées rubis, topaze et autres analogues. Quand l'acide silicique s'unit à l'alumine, il produit toutes les *argiles* qui sont d'autant plus plastiques, plus tenaces, qu'elles contiennent davantage de cette dernière. Quand les terres sont absolument argileuses, elles deviennent des *glaises* sur lesquelles aucune plante ne peut se développer, tant elles sont consistantes. Ensuite vient le *carbonate calcique* ou craie, qui est la base de toutes les roches calcaires, et l'*humus* ou *terreau* né de la décomposition des substances organiques. On trouve la *chaux* sous forme de carbonate calcique, en assez forte proportion dans toutes les bonnes terres arables, où elle joue un rôle fort important; d'abord, en saturant les acides que les plantes sécrètent en grande masse, puis en donnant au sol, de la légèreté, de la porosité, et enfin en retenant l'humus à la surface du sol, sous forme d'humate calcique, combinaison assez stable et qui ne se détruit qu'au contact des racines, c'est-à-dire juste dans les conditions où elle peut être le plus utile aux plantes. Quoique le carbonate calcique ne se dissolve pas dans l'eau pure, comme il est très soluble dans celle qui est chargée d'acide carbonique comme celle qui filtre au travers du sol, il s'ensuit que ce principe diminue dans toutes les terres poreuses, dans le sous-sol desquelles il va se déposer; il est donc fort important de chauler souvent les terres peu calcaires à sous-sol perméable, si on ne veut pas voir diminuer rapidement l'effet de cette substance. Ce transport de la chaux par les eaux pluviales est bien saillant à la voûte d'une grotte placée au-dessous d'une bonne terre arable, un peu au-dessus du village de Gorgier, dans la principauté de Neuchâtel; là, quoique le rocher n'ait guère plus de un mètre d'épaisseur, on voit l'eau qui le traverse après les pluies y déposer une couche abondante de calcaire travertin qui finira par l'obstruer entièrement. L'humus se rencontre dans toutes les terres fertiles qui sont d'autant plus fécondes qu'elles renferment davantage de ce principe ; l'humus est la substance avec laquelle nous donnons aux plantes cette végétation luxuriante qui les distingue de leurs congénères à l'état sauvage, et qui est la source de la richesse agricole. Sous ce point de vue là, on peut dire que l'agriculture est la science qu s'occupe des moyens de produire l'humus à bon marché.

Les terres arables renferment encore de l'*oxyde magnésique*, de l'*oxyde ferreux*, de l'*oxyde manganeux*, du *chlore*, ainsi que des *acides phosphorique* et *sulfurique*. L'oxyde magnésique jouant absolument le même rôle que la chaux, nous n'en dirons rien. Les oxydes ferreux et manganeux sont d'une incontestable utilité, ne fût-ce que parce qu'ils teignent la terre en brun foncé lorsqu'ils ont passé à l'état d'oxydes ferrique et manganique. Comme tous les autres éléments du sol sont incolores, la terre serait, sans les deux oxydes dont nous venons de parler, absolument blanche, et par conséquent très froide, parce qu'elle renverrait tous les rayons solaires. Les terres sont d'autant plus chaudes que leur couleur est plus foncée. Cette règle ne souffre d'exception que lorsqu'elles sont humides, parce que, dans ce cas, l'oxyde ferrique leur fait retenir l'eau avec beaucoup de force ; de là vient que les terres rouges, si recherchées dans les sols frais ou secs, sont craintes avec raison dans ceux qui sont humides. Plus la couleur du sol est foncée, plus aussi il s'échauffe en absorbant les rayons solaires ; mais, tandis que, dans les terres sèches, cette chaleur profite aux végétaux qui y croissent, elle sert, au contraire, dans les sols humides, à vaporiser leur eau et à produire ainsi une nouvelle source de froid.

L'oxyde ferrique communique à la terre une teinte brune plus claire que celle que lui donne l'oxyde manganique, et qui tire un peu sur la noirâtre ; tous les deux, au contact des matières organiques, et tout spécialement de l'humus, perdent de l'oxygène qu'ils lui cèdent, tandis qu'ils passent eux-mêmes à l'état d'oxydes ferreux et manganeux moins colorés, tandis que l'humus se change en acide carbonique qu'absorbent les racines des plantes. Après avoir rempli cette fonction, les deux oxydes repassent, au contact de l'air, à l'état d'oxydes ferrique et manganique, pour recommencer indéfiniment leur action sur l'humus, dont ils favorisent beaucoup ainsi l'absorption par les végétaux.

Les *alcalis* ne manquent dans aucun sol, et on les rencontre aussi bien dans la sève des végétaux que dans le sang des animaux ; leur action est immense, et partout à peu près identique, c'est-à-dire qu'ils facilitent partout la dissolution dans l'eau des substances qui, seules, ne s'y dissolvent point, ou bien avec difficulté. Les alcalis sont rarement libres en grande proportion dans le sol, et, dans ce cas, ils détruisent tous les végétaux aux racines desquels ils parviennent, comme on le voit dans les lacs ou marais à natron du nord de l'Afrique et du sud de la Hongrie. Quand les alcalis arrivent en trop grande proportion dans les êtres vivants, ils les détruisent et les dissolvent ; les plantes jaunissent et se dessèchent ; les animaux s'affaiblissent, se couvrent d'excroissances glanduleuses, d'ulcères et meurent. C'est à cause des dangers qu'ils offrent à l'état libre, que le sol contient les alcalis presque toujours à l'état de silicates peu solubles, ou de sels insolubles qui ne se décomposent que lentement, et en fort petite quantité, au contact de la chaux du sol. Dès qu'une petite portion d'alcali est mise en liberté, elle s'unit à l'humus avec lequel il forme un sel soluble dans l'eau, et que la plante peut absorber directement, ainsi que nous l'ont appris les belles expériences de MM. Soubeiran et Malaguti. Les sels alcalins sont donc les agents les plus actifs de l'assimilation des engrais ; mais ils ne doivent jamais être employés que sous forme de sels neutres qui, en se décomposant lentement en présence de la chaux, fournissent à l'humus tout l'alcali nécessaire à sa dissolution, tandis que dans le cas où les alcalis à l'état de carbonates passent tels quels dans la sève, ils tuent tous les végétaux. Comme il n'y a, parmi les éléments des sols arables, que les alcalis qui soient solubles dans l'eau, il ne faut pas s'étonner s'ils s'appauvrissent chaque année à mesure que les eaux les leur enlèvent ; aussi faut-il les leur rendre, ce qu'on fait en partie, en y portant le fumier. Malgré cette précaution, les alcalis diminueraient dans le sol, si la prévoyante nature n'avait donné à tous les animaux ce besoin si prononcé de sel qu'il le leur fait aller chercher souvent bien loin ; c'est ce sel qui rend au sol l'alcali qu'on lui enlève chaque année avec les récoltes, et qui remplace celui que les eaux pluviales entraînent à la mer; il en est donc du sel comme de l'eau, il va sans cesse à la mer, et c'est aussi la mer qui nous le rend.

Dans presque toutes les terres on trouve encore, mais en excessivement petite quantité, du *fluor* et du *chlore*, puis les *acides sulfurique* et *phosphorique*; tous sont combinés avec la chaux ou la magnésie, l'oxyde aluminique ou ferrique. Il est réellement difficile de dire s'ils exercent sur la végétation une action quelconque, et de la définir, dans le cas, où comme cela arrive avec le *gypse* ou *sulfate calcique*, ils en exercent une assez marquée.

En faisant abstraction des alcalis, tous les autres éléments des sols sont insolubles dans l'eau pure ; tous tendent à les rendre légers et poreux, sauf l'oxyde aluminique qui les lie et leur donne de la ténacité. Aucune terre ne renfermant l'oxyde aluminique pur, mais toujours combiné avec l'acide silicique, sous forme d'argile, nous ne parlerons désormais plus que de cette dernière. La composition des argiles varie beaucoup. Voici l'analyse d'une des plus répandues, de la terre glaise jaune avec laquelle on fabrique les poteries grossières :

Acide silicique.	62
Oxyde aluminique	33
» ferrique.	5
	100

Sans l'argile, toutes les terres seraient tellement poreuses qu'elles ne deviendraient cultivables que dans les endroits où on pourrait leur donner un liant artificiel à l'aide de l'eau. En conséquence, l'argile est d'autant moins nécessaire aux terres, qu'elles sont plus humides, ou placées sous un ciel plus brumeux ; elle devient nuisible dans les sols humides qu'elle empêche souvent de cultiver. L'argile est, au contraire, indispensable sous les ciels secs et chauds, là où la terre est dépourvue d'eau ; aussi voyons-nous que les terres les plus fertiles des pays secs et chauds, sont aussi les plus argileuses, tandis que dans les pays froids et humides, les sols les plus féconds sont les plus poreux.

Plus l'acide silicique ou sable, le calcaire et l'humus dominent dans une terre, plus aussi elle est légère; les sols uniquement formés par l'une ou l'autre de ces substances sont stériles ; il faut, pour pouvoir les cultiver, les mêler, selon le cas, avec des quantités variables d'argile ou de calcaire, c'est-à-dire les amender.

La nature des terres arables est très fort modifiée par celle du *sous-sol* sur lequel elles reposent; c'est à tel point, que dans la plupart des cas, on ne peut apprécier la valeur d'une terre que lorsqu'on connaît la nature du sous-sol. Si, par exemple, une terre très légère repose sur un sous-sol argileux, elle deviendra apte à la culture, parce que l'argile lui fournit l'humidité qui lui manque, et diminue les fâcheux effets de sa trop grande porosité. Si, par contre, cette même terre repose sur un sol graveleux, plus poreux encore qu'elle, par conséquent, elle deviendra incultivable, absolument aussi comme si elle repose sur un rocher incapable de retenir les eaux pluviales. Les terres les plus argileuses ne sont pas à craindre lorsque leur sous-sol est perméable, elles deviennent incultivables, en échange, quand elles reposent sur un sous-sol imperméable formé aussi d'argile ou de roches compactes. Les bas-fonds marécageux doivent leur existence à l'imperméabilité du sous-sol qui est, en général, formé par de l'argile ou par une roche dure et sans aucune fissure; dans ce dernier cas, il n'y a pas moyen de dessécher le marais, tandis qu'on le peut dans le premier, si la couche d'argile repose sur du gravier. Il n'y a, pour atteindre le but voulu, qu'à percer la couche d'argile qui laisse alors passer l'eau dans le gravier d'où elle s'écoule au loin. On voit le percement du sol produire quelquefois un effet inverse et amener à la surface du sol l'eau placée au-dessous d'elle; cela arrive quand le sol repose sur une nappe d'eau dont l'origine est plus élevée que l'orifice du trou qu'on a foré; dans le cas contraire, l'eau reste dans la cavité creusée, et ne s'y élève qu'à une hauteur correspondant à celle du lieu où elle prend naissance; c'est le cas des *puits ordinaires*, tandis qu'on appelle *puits artésiens* ceux dont l'eau vient jaillir au-dessus de la surface du sol.

La couleur de la terre influe beaucoup sur ses propriétés générales; plus elle est foncée, plus aussi elle absorbe et retient la chaleur solaire; de là vient que dans les climats tempérés et froids, on aime tant les sols de couleur foncée. Cette action est si puissante qu'il y a quelquefois une différence de deux semaines dans la précocité des récoltes, en faveur des terres foncées sur celles qui sont blanches ou seulement jaunes. Tous les végétaux, d'ailleurs, aiment les terres rouges, parce que l'oxyde ferrique qui les colore, en oxydant les engrais, leur en favorise beaucoup l'absorbtion; on doit cependant excepter aussi de cette règle générale les terres rouges humides, parce qu'il s'y développe des sels ferreux solubles qui tuent les plantes en racornissant leurs racines. Ce fâcheux effet vient de ce que le sol étant imperméable à l'air, l'oxyde ferrique, une fois réduit, reste à l'état d'oxyde ferreux, en dissolution dans l'eau, a la faveur des matières organiques qui s'y trouvent toujours.

Maintenant que nous avons brièvement passé en revue les causes qui influent généralement sur la nature des sols, reprenons-les en détail afin d'apprécier, aussi exactement que possible, l'action de chacune d'elles. Suivant que les terres contiennent plus ou moins de l'une ou de l'autre des parties constituantes, insolubles dans l'eau pure, que nous venons de passer en revue, elles en prennent le nom seul, ou accompagné de celui de la substance qui y domine après elle; c'est ainsi qu'on a des sols sablonneux ou calcaires, siliceux-argileux, siliceux-calcaires, ou bien argilo-siliceux, argilo-calcaires, suivant que l'acide silicique ou l'argile y prédominent. Pour bien saisir la valeur de ces dénominations, examinons quels sont les caractères que chacune de ces substances imprime au sol dans lequel elle domine, en admettant que cela arrive quand elle en constitue plus de la moitié ou 50 pour 100 du poids total. Nous partagerons ainsi toutes les terres en :

Siliceuses. — Argileuses. — Calcaires. — Humifères.

Dans le cas où aucun des éléments d'une terre n'atteint le chiffre voulu de 50 pour 100 du poids total, on la range dans la catégorie de celui de ses éléments qui en fait la plus grande masse, quoique sa classification devienne inutile, puisque ce sol présente des caractères mixtes qui lui impriment un tout autre cachet que celui qu'il devrait avoir en ne tenant compte que de la classe dans laquelle on le range.

Les terres siliceuses sont très poreuses; et en général tellement divisées que le moindre vent les soulève quand elles sont sèches, ce qui est une des causes de leur stérilité; ce sont elles qui forment ces immenses déserts qui remplissent les vastes plaines des quatre parties du monde et tout spécialement ceux d'Afrique, dont la stérilité et la mobilité sont devenues proverbiales. Ces terres sont produites par l'action des eaux ; aussi se forment-elles encore de nos jours, et sur une vaste échelle, à l'embouchure des fleuves, sur leurs rives, ainsi que sur toutes celles des grandes nappes d'eau ; la Hollande a été formée par le Rhin, la Moldavie par le Danube et la vaste plaine de la Crau par le Rhône ; tout le nord de l'Allemagne semble avoir été formé par l'Elbe, l'Oder et la Vistule. Quand le sol est purement siliceux, il est absolument stérile ; mais c'est bien rarement le cas ; ainsi les immenses plaines sablonneuses du nord de l'Allemagne contiennent toujours des quantités appréciables d'argile et de chaux, et suffisent par conséquent aux besoins de la végétation. Les terres sablonneuses humides se peuplent bientôt de sphaignes et autres végétaux inférieurs dont la lente décomposition donne naissance à d'immenses dépôts d'humus plus ou moins altéré, qui forment les tourbières. Toutes les plantes à racines délicates, soit parce qu'elles sont charnues, comme celles des betteraves et des carottes, soit parce qu'elles sont excessivement déliées, comme celles des bruyères, se développent mieux dans ces terres que dans aucune autre. Les terres sablonneuses demandent beaucoup d'engrais qu'elles brûlent rapidement, parce que leur grande porosité leur permet d'absorber en abondance l'oxygène de l'air ; elles sont en général chaudes ; aussi les recherche-t-on dans les pays froids ; cela vient de ce qu'elles laissent passer l'eau facilement, et de ce qu'elles n'enlèvent pas d'humidité à l'air. C'est surtout dans le voisinage des rivières qui causent habituellement des inondations que les terres siliceuses sont utiles, parce qu'à mesure que les eaux se retirent, elles se dessèchent, en sorte que les récoltes n'y pourrissent pas comme sur les terres fortes où la moindre inondation détruit tout une récolte. Elles sont faciles à travailler, on peut les labourer par les temps les plus humides et comme elles se trouvent toujours en plaine, leur exploitation est aussi économique que possible. On doit bien se garder de travailler des terres de cette nature par la sécheresse, parce qu'en augmentant leur division, on pourrait les rendre stériles pour quelque temps en leur donnant une mobilité telles que les racines des plantes ne pourraient plus s'y fixer. Les végétaux qui leur conviennent le mieux, sont le seigle, le sarrasin, l'orge, l'avoine, la spergule, les lupins, les lentilles, la luzerne, l'esparcette, les raves, pommes de terre, patates, topinambours, cameline, gaude et garance; puis, les arbres à fruits à noyaux, les arbres forestiers résineux, et tout spécialement les pins, les acacias, les peupliers, les saules et les bouleaux.

Les terres argileuses sont aussi lourdes et compactes que les terres sablonneuses sont légères; on les dit très fortes, quand elles contiennent plus de 50 pour 100 d'argile, parce qu'en se desséchant, elles acquièrent une très grande dureté et qu'elles s'attachent avec une force extraordinaire aux instruments aratoires quand elles sont humides. Ce sont de tous les sols les plus difficiles, les plus coûteux à cultiver et ceux qui rapportent le moins; ils sont heureusement rares, et cela d'autant plus qu'il suffit de leur donner 1 à 2 pour 100 de chaux pour en changer déjà la consistance d'une manière très sensible, parce que cette terre en fait passer le silicate aluminique à l'état de silicate et d'aluminate calciques incapables de retenir l'eau. Comme les terres argileuses sont compactes et retiennent l'eau, elles conviennent aux pays chauds, aux régions exposées aux vents, ainsi qu'aux terrains fort inclinés et à ceux dont le sous-sol est très perméable. Quand on défriche ces terres, il leur faut beaucoup d'engrais, auquel elles paraissent s'unir en produisant une espèce de combinaison; mais, une fois qu'elles s'en sont saturées, elles le conservent d'une manière vraiment curieuse, en sorte qu'elles n'exigent plus, dès lors, que des fumures très faibles. On y cultive l'épeautre, l'orge et le colza; ce qui y réussit le mieux, c'est le trèfle et les féverolles qui sont la ressource par excellence des terrains de cette espèce. Dès que les terres argileuses contiennent plus de 10 pour 100 de carbonate calcique, elles deviennent, pour l'Europe centrale, les terres à froment, c'est-à-dire les meilleures de toutes. C'est dans des sols analogues qu'on cultive, outre le froment, toutes les autres céréales, le maïs, les pois, les vesces, les haricots, le trèfle, la luzerne, les choux, les pavots, le chanvre, les cardères, les arbres fruitiers à pépins, les châtaigniers, les pruniers et les plus beaux arbres forestiers, tels que les chênes, les hêtres, les platanes, les ormes, les tilleuls et les érables.

Les terres calcaires pures sont encore plus légères que les terres siliceuses ; elles sont quelquefois complètement blanches, comme on le voit sur certains points de la Champagne, de la Bretagne et de l'Angleterre, et deviennent alors stériles si elles sont sèches. Ces terres sont aisées à travailler en toutes saisons ; elles exigent beaucoup d'engrais, quoiqu'elles le brûlent moins vite que les sables, à cause de la stabilité de la combinaison que l'humus forme avec la chaux. Les terres calcaires pures sont rares ; elles sont presque toujours unies avec une certaine quantité d'argile qui leur donne la tenacité nécessaire pour qu'elles puissent être cultivées avec fruit ; ce sont d'excellentes terres à froment et à sainfoin quand elles sont sèches ; tout y croît, sauf le sainfoin, quand elles sont humides ; il suffit, pour s'en convaincre, de parcourir la Suisse française, depuis Genève jusqu'à Bâle. Il est bien rare de trouver des terres exemptes de chaux, ce qui vient non-seulement de ce qu'on la rencontre dans toutes les roches ; mais aussi et surtout de ce que cette terre est charriée en masses énormes par les eaux qui la tiennent en dissolution sous forme de bicarbonate calcique ou tuf qu'elles vont déposer au loin, dans les sables et autres terres poreuses. Quand on ne rencontre pas de chaux dans un sol fertile, il contient des alcalis ; toutes les terres qui ne contiennent pas d'alcalis, non plus que de chaux ou de magnésie, sont stériles, parce que les acides sécrétés par les racines des plantes ne pouvant pas être saturés, ils les tuent en décomposant les tissus végétaux. La chaux est une base si forte qu'elle détruit tous les êtres vivants avec lesquels elle entre en contact ; aussi ne la trouve-t-on jamais libre dans le sol, mais unie généralement avec les acides carbonique et silicique, et en fort petite quantité avec les acides sulfurique et nitrique, de même aussi qu'avec le chlore et le fluor.

Le carbonate calcique qui est le sel de chaux le plus répandu et qui constitue toutes les montagnes calcaires, telles que le Jura, est de toutes les terres celle qui absorbe le plus d'eau, et la retient avec le plus de force ; ces deux propriétés sont bien précieuses pour une terre qu'on rencontre essentiellement dans des expositions fort sèches. Les terres calcaires absorbent beaucoup de chaleur qu'elles retiennent avec énergie, aussi sont-elles très précoces. Elles sont rarement profondes, et quelquefois superficielles; aussi sont-elles facilement entraînées par les eaux, et est-il plus dangereux de déboiser les montagnes calcaires qu'aucune autre, tant pour cette raison que parce que les racines des plantes, ne pouvant se fixer dans une terre aussi légère, les arbres y sont facilement arrachés par les vents lorsqu'ils sont isolés.

Les terres humifères proviennent en général du dessèchement des tourbières ou des marais tourbeux; on ne les rencontre donc que dans des bas-fonds; leur plus beau type est le tchornoïzem ou terre noire, que les Russes exploitent de toute antiquité comme terre à blé dans les plaines immenses de l'occident et du sud de leur patrie; en voici la composition :

Matières organiques	8
Oxydes ferrique et aluminique	15
Oxydes calcique et magnésique	2
» potassique et sodique	4
Acide silicique	70
Chlore et acides sulfurique et phosphorique	1
	100

On le retrouve à peu de chose près dans la terre noire et si fertile du Zuyderzée, charriée par le Rhin :

Argile	58
Oxyde ferrique	10
» aluminique	2
» calcique	4
» potassique	1
» sodique	2
Acide carbonique	6
» silicique	3
Chlore et acides sulfurique et phosphorique	2
Matières organiques	12
	100

Dans ces deux terres, c'est l'argile ou silicate aluminique et ferrique qui domine, puisqu'il en fait plus des trois quarts du poids; quant au quatrième quart, il est composé en moyenne de 10 matières organiques, 8 alcalis et terres alcalines, et 7 principes divers en quantité excessivement variable. La fertilité de ces sols exceptionnels ne doit donc pas surprendre, puisqu'ils possèdent, outre la substance nutritive par excellence, l'humus, aussi les alcalis qui en favorisent l'absorption, et la chaux qui la conserve.

Les terres humifères sont teintes en brun plus ou moins foncé par une série de matières organiques en décomposition plus ou moins avancée et qui ont reçu les noms d'acides humique, ulmique, crénique ou apocrénique, d'humus, d'ulmine et de terreau ; ce qui distingue celles d'entre elles qu'on appelle *acides*, d'avec les autres, c'est qu'elles se dissolvent dans les alcalis ; elles seules peuvent être directement absorbées par les plantes, et la plus remarquable d'entre elles est l'acide humique qui est formé de $C^{40} H^{12} O^{12}$, c'est-à-dire de 40 équivalents de carbone ou charbon, 12 d'hydrogène et 12 d'oxygène ; cet acide est excessivement faible et soluble en assez forte proportion dans l'eau chargée d'alcalis ou d'ammoniaque.

L'acide humique se forme aux dépens du bois, du ligneux ; aussi le trouve-t-on assez pur, dans la terre brune qui se forme dans le tronc des arbres creusés par l'âge ; cette métamorphose étant accompagnée d'un fort dégagement d'acide carbonique et d'eau, on comprend combien il est avantageux d'enterrer le ligneux au lieu de le laisser pourrir au contact de l'air ; car, en opérant ainsi, on utilise tout l'acide carbonique formé, qui, dans le cas contraire, se dissipe dans les airs.

L'humus fertilise les sols les plus stériles ; à la proportion de 1 à 2 pour 100, il rend déjà cultivables les sables les plus arides, pourvu qu'ils soient assez humides et cependant il n'y a pas là assez d'alcalis pour en produire l'assimilation directe ; toutefois, elle a lieu ; mais, sous l'influence d'une nouvelle substance, de *l'ammoniaque,* dont M. Mulder a poursuivi la formation avec sa sagacité habituelle. Ce savant ayant introduit dans un flacon hermétiquement clos, de l'acide humique pur, un peu d'eau et de l'air, il vit en l'ouvrant quelques semaines plus tard, que le volume de l'air avait diminué ; il y rencontra beaucoup d'acide carbonique qui ne s'y trouvait pas auparavant ; puis aussi de l'ammoniaque qui s'était unie avec l'acide humique ; ces deux corps s'étaient produits : l'acide carbonique par la réaction de l'humus sur l'eau à laquelle il avait enlevé son oxygène, en mettant en liberté une quantité correspondante d'hydrogène qui en s'unissant avec le nitrogène de l'air avait donné naissance à l'ammoniaque. L'action de l'acide humique est donc immense, puisqu'elle ne se borne pas à la nutrition des végétaux, mais qu'elle s'étend jusqu'à la formation de cette ammoniaque sans laquelle les plantes ne pourraient pas former la viande nécessaire à la construction du corps animal.

Les terres humifères sont excessivement légères quand elles sont sèches; elles acquièrent souvent alors une tenacité curieuse et présentent presque toutes les propriétés du carton; on ne peut les travailler dans ce cas, et il faut leur laisser d'abord reprendre doucement leur eau, ce qui n'est pas chose facile; car les premières pluies coulent à leur surface comme sur un corps gras; elles se contractent beaucoup en se desséchant; ce qui amène la mort de presque toutes les plantes qui y croissent, parce que les racines en sont déchirées ou écrasées. Des terres aussi chargées d'humus que celles dont nous venons de décrire les caractères sont rares et elles proviennent généralement du desséchement des tourbières. On donne le nom de tourbières à ces dépôts plus ou moins vastes de matière organique un peu décomposée qui se forment dans les bas-fonds où végètent les sphaignes ou mousses d'eau, les carex, les joncs et autres plantes analogues. Quoique l'âge des tourbières soit le plus souvent très considérable, elles ne contiennent cependant jamais de l'humus pur en quantité un peu notable, et on est surpris de la perfection avec laquelle s'y conservent les filaments si déliés qui constituent la frêle tige des sphaignes. C'est à cet état de conservation du ligneux que les tourbes doivent leur emploi comme combustible d'une inappréciable utilité dans les pays froids et humides où les forêts se développent mal, comme dans tout le nord de l'Europe et sur les sommets élevés de ses principales chaînes de montagnes. Dans les tourbières du Jura, nous comptons qu'il faut neuf ans pour reproduire la tourbe exploitée; mais comme il ne faut pas plus de trois ans pour que les bois se pourrissent sous l'eau, il est clair que la décomposition des tourbes doit être arrêtée par un agent spécial qu'on a déjà isolé et qui s'y rencontre en très forte proportion, c'est le tannin qu'on trouve aussi dans l'écorce de chêne, dans celle de la plupart des arbres, et avec lequel on tanne les cuirs. C'est l'acide tannique et les produits de sa décomposition qui rendent l'eau des tourbières aigre et qui lui donnent la propriété de dissoudre l'oxyde ferrique qui la teint le plus souvent en jaune; de cette action longtemps continuée naît une boue jaune fort abondante qui est exploitée comme minerai de fer, sous le nom de limonite. Quand les eaux chargées de fer des tourbières peuvent s'écouler, elles produisent ces sources si recherchées pour les maladies du sang et dont la saveur d'encre est caractéristique ; la plus forte de ce genre est celle trop peu connue qui jaillit au milieu des tourbières de la Brévine et que le roi de Prusse a mise gratuitement au service de l'humanité souffrante, quoiqu'il ait dû faire des frais considérables pour l'endiguer et la couvrir d'un bâtiment, tant afin d'empêcher les eaux pluviales de s'y mêler, que pour qu'on pût en jouir pendant toute l'année.

Comme les tourbières conservent leur acide longtemps après qu'on les a desséchées, elles ne peuvent être mises en culture qu'après qu'on y a conduit assez d'alcalis et de chaux pour le leur enlever ; dès cet instant-là, la décomposition des tourbes commence et au bout de quelques années il y assez de terre formée pour qu'on puisse l'ensemencer. La mise en culture des tourbières est toujours fort coûteuse, tant à cause des frais immédiats de saturation de leur acide, que parce qu'il faut les marner très fortement plus tard, afin de donner une consistance suffisante au sol qui en résulte. Quelque énormes que soient tous ces frais, ils sont si largement compensés avec la tourbe, qu'on ne doit jamais hésiter à les faire dans les pays où les débouchés étant faciles, le prix des denrées reste élevé ; ailleurs, comme c'est le cas en Suède, ce serait folie que de dessécher les tourbières qui donnent d'excellents combustibles, et nourrissent sans frais aucuns ces innombrables troupeaux d'oies qui constituent la base de l'alimentation animale de tous ses habitants.

C'est quand l'humus est divisé dans une terre de bonne qualité que son action est la plus grande ; aussi la fertilité des terres est-elle en rapport direct avec la quantité d'humus qui s'y trouve, pourvu qu'elle ne dépasse pas 20 pour 100 de son poids, parce qu'au delà de ce chiffre elle cesse de s'accroître, sans doute parce que le sol devient trop poreux et trop sujet à la sécheresse. Les racines s'étendent peu dans les terres riches en humus ; elles s'y divisent par contre à l'infini et forment beaucoup de chevelu dont l'action absorbante est très considérable ; ces terres-là conviennent donc surtout aux récoltes épuisantes dont les feuilles

étant peu développées il faut que les racines soignent presque
seules l'alimentation.

Toute bonne terre arable ne doit pas contenir moins de 2 à 3
pour 100 d'humus.

Outre les éléments les plus abondants des terres arables, il y
en a encore quelques autres qu'on retrouve dans la plupart d'entre elles ; les plus importants sont les oxydes potassique et sodique, plus connus sous le nom de potasse et de soude ; leur proportion varie entre 1 et 5 pour 100 ; au-delà de ce chiffre ils
deviennent nuisibles, tant parce qu'ils racornissent les racines,
que parce qu'ils enlèvent aux plantes l'eau nécessaire à leur végétation, dès que la sécheresse survient. C'est parce qu'il tue les
plantes et les dessèche, que le sel ou chlorure sodique frappe
de stérilité toutes les terres dans les pays chauds et secs. A petite
dose, l'action des alcalis devient très bienfaisante, ils dissolvent
l'humus que les racines des plantes absorbent ainsi avec l'eau.
La présence des alcalis n'est pas indispensable à l'absorption
directe de l'humus dans les terres qui ne contiennent pas de
chaux, puisqu'elle a lieu sous forme d'humate d'ammoniaque ;
mais elle est nécessaire toutes les fois que le sol contient beaucoup de chaux, parce que l'ammoniaque ne peut pas détruire
l'humate calcique insoluble qui s'y trouve ; il faut pour cela, des
carbonates alcalins qui sont donc indispensables à la fertilité
des terres calcaires. L'origine des alcalis est variée ; ils proviennent des roches dont la décomposition a formé le sol, de l'eau
qui l'humecte, ou bien, et surtout des engrais qu'on y amène.
Quand les alcalis appartiennent au sol lui-même, ils s'y rencontrent à l'état de silicates très peu solubles et qui ne peuvent
jamais nuire par leur trop grande abondance, tandis que dans
le cas où ils sont amenés par les eaux, comme c'est le cas dans
les prés salés du midi de la France et de la Russie, ils arrêtent la
végétation dès que l'été commence, et métamorphosent en désert
les terres qu'ils auraient fertilisées si elles étaient restées humides. Les alcalis qu'on rend au sol avec les engrais s'y trouvent
le plus généralement sous forme de chlorure sodique ; ce n'est donc
pas autre chose que le sel qu'on donne au bétail, et dont la prévoyante nature a nécessité l'emploi afin d'empêcher l'épuisement
des terres. Le sel est inutile tant que la terre est humide ; son rôle

commence aussitôt qu'elle se dessèche ; alors il se décompose en présence du carbonate calcique en produisant du chlorure calcique qui étant déliquescent s'enfonce et disparaît sous terre, et du carbonate sodique qui s'unissant à l'humus, passe avec lui dans les végétaux, et de là, dans les animaux au sang desquels il ne peut pas manquer.

Le sulfate calcique ou gypse se trouve dans la plupart des terres à la dose de 2 ou 3 millièmes, son action y est peu marquée à cause de son insolubilité dans l'eau qui n'en dissout que $\frac{1}{497}$ de son poids ; elle le devient cependant quand l'eau en est saturée ; car, aucune plante ne la supporte ; l'eau chargée de gypse est nuisible à tous les végétaux comme aussi aux animaux dont elle paraît encroûter les tissus et boucher les pores. L'action utile de ce sel employé à fort petite dose est difficile à apprécier ; elle est cependant très sensible sur certaines plantes, telles que la luzerne et le trèfle, tandis qu'elle est nulle sur presque toutes les autres, ce qui vient sans doute de la manière si différente dont elles ombragent le sol. Les plantes dont les feuilles couvrent la terre y maintiennent de l'humidité ; dans ces conditions-là, le sulfate calcique décompose le carbonate ammonique qui se dégage des engrais et le conserve sous forme de sulfate, au sol dont il tendait à se dégager ; ce sulfate ammonique est ensuite utilisé par les plantes qui l'absorbent. Quand les feuilles ne couvrent pas assez le sol pour l'empêcher de se dessécher, le gypse ne retient pas le carbonate ammonique qui s'échappe en pure perte dans l'air ; aussi le gypse reste-t-il sans aucune action, dans ce cas-là, comme cela arrive pour les céréales et autres plantes semblables. Ce qui semble prouver que l'action du gypse est réellement due à ce qu'il retient l'ammoniaque dans le sol, c'est qu'on obtient un effet absolument semblable au sien en lui substituant le sulfate ferreux, ou bien même, l'acide sulfurique très étendu d'eau.

Le phosphate calcique est excessivement répandu dans les terres, bien qu'en quantité tellement peu considérable qu'il est très difficile d'en signaler la présence avec sûreté, même dans un sol où son existence ne peut pas être révoquée en doute, puisque les os des animaux qui sont nés à sa surface et alimentés avec les plantes qu'il produit contiennent les trois quarts de leur poids de ce sel, qu'on rencontre d'ailleurs dans presque toutes les parties des végétaux. Ce qui fait que les végétaux enlèvent au sol la plus grande partie de son phosphate calcique, c'est que ce sel est très soluble dans l'eau chargée d'acide carbonique ou de sels ammoniacaux, en sorte que l'eau qui baigne le sol en est constamment chargée ; or, comme cette dissolution s'évapore sans cesse dans les plantes, il est tout naturel qu'elle y laisse en très grande quantité, le phosphate calcique qu'elle avait emprunté au sol.

Le phosphate calcique est presque toujours accompagné par le fluorure calcique qui sert, comme lui, à former les os des animaux et spécialement, l'émail de leurs dents. Ce corps, quoique peu soluble dans l'eau, existe dans toutes les eaux potables ; c'est un mineral qui paraît être plus abondant que le phosphate calcique qu'on ne rencontre en quantité considérable, que dans une certaine chaîne de collines en Espagne, chaîne qu'il forme à lui presque seul.

La réaction générale des terres est alcaline ; car, l'acide silicique n'étant pas soluble dans l'eau, il ne peut lui communiquer ses caractères ; elle est due aux alcalis, mais surtout à la chaux et à la magnésie. Aucune plante complète ne se développe dans un sol acide ; nous l'avons dit en nous occupant des tourbières, en sorte que la prospérité et la vie de la plus grande partie du règne végétal sont liées de la façon la plus absolue à la présence des bases dans le sol. Dès qu'une terre devient acide, elle est impropre à la culture ; les arbres et les plantes parfaites y meurent ; bientôt s'y développent les carex, les joncs, puis les mousses et les sphaignes.

La réaction basique du globe est bien intéressante, puisqu'elle est opposée à celle des végétaux qui est acide, et qu'elle se retrouve, mais beaucoup plus forte, dans tous les animaux dont les fluides nutritifs, c'est-à-dire le sang et la lymphe sont fortement alcalins. La différence tellement saillante que la réaction chimique établit entre les deux grandes classes des êtres doués de la vie, indique à l'avance combien leurs rôles sont opposés ; en effet, les plantes transforment les minéraux en substances organisées, tandis que les animaux ramènent celles-ci à l'état de matières minérales ; absolument comme si les minéraux avaient besoin de se reposer après avoir servi de support à la vie. Tout est en travail à la surface du globe ; la plante naît d'air et de terre ; l'animal vit de la plante et puis la rend à la terre et à l'air. Quelle mystérieuse action, que cette incessante circulation de la matière qui, après avoir subi tant et de si profondes métamorphoses, revient sans cesse à son point de départ, telle qu'elle était au début de cet immense mouvement, sans avoir gagné ni perdu quoi que ce soit de son poids ; n'admirons plus autant ces lois magiques qui enchaînent le cours des astres ; nous en avons tout près de nous de bien plus extraordinaires, de bien plus admirables : ce sont celles qui président au développement de la vie et que nous approfondirons en nous occupant des plantes.

Après avoir passé en revue les éléments chimiques des sols, occupons-nous des moyens d'en connaître les proportions relatives.

CHAPITRE III.

Analyse.

L'analyse chimique d'une terre ne signifie rien du tout, quand elle n'est pas précédée de son examen physique ; nous allons le prouver. En analysant le sable blanc et fin que la Kander, dans le canton de Berne, dépose sur ses bords, nous y trouverons beaucoup d'alumine, et nous en tirerons la conclusion que la terre analysée est forte, ce qui est faux, puisque nous avons affaire ici à un sable mouvant ; l'erreur vient de ce que l'analyse n'indique pas la nature de la combinaison formée par l'union des éléments du sol. Les propriétés du sol les plus utiles à consulter pour compléter les données de son analyse chimique, sont :

Sa tenacité,

Et sa division.

On mesure la ténacité d'un sol en en faisant une petite boule de la grosseur d'une noisette qu'on fait sécher au soleil, ou bien sur un poêle modérément chauffé. Les terres très-légères tombent en poussière dès qu'elles sont sèches ; celles qui le sont un peu moins ne résistent pas à la pression ; les bonnes terres ordinaires ne se laissent que difficilement écraser entre les doigts, et cette difficulté va toujours en augmentant, à tel point qu'il faut employer le marteau pour briser la boule de terre forte. Les terres légères doivent cette propriété au sable, à la craie, ou à l'humus ;

dans les deux premiers cas, elles sont blanches ; brunes ou noires dans le troisième. On distingue les terres sablonneuses, de celles qui sont crayeuses, à l'aide de l'acide nitrique ou eau forte, qui est sans action sur les sables, tandis que, versé sur les terres calcaires, il en chasse l'acide carbonique qui se dégage en produisant une vive effervescence. Dans toutes les conditions possibles, une bonne terre arable devra réunir à une assez forte résistance à l'écrasement, une coloration brune et une suffisante quantité de débris organiques.

Le lessivage ou lévigation sert à apprécier le degré de division des terres ; pour cela, on en délaie 1,000 gr. avec 5 litres d'eau, remue bien, laisse reposer une minute, décante l'eau trouble et recommence de même, aussi longtemps que l'eau ne passe pas claire, le poids du résidu que l'eau n'a point entraîné donne, lorsqu'il est sec, le rapport des pierres à la terre ; plus il est considérable, moins le sol est fertile. Lorsqu'on veut analyser une terre, on n'en prend que la portion qui a été entraînée par l'eau, et ne tient aucun compte des petites pierres qui l'accompagnent et qu'on rejette. On dessèche la totalité de la terre que l'eau a laissé déposer à l'état de boue, et pour cela on la place sur un poêle, ou bien sur un feu très doux où on la remue sans cesse en ayant soin que la température ne s'élève pas assez pour qu'un papier blanc appuyé contre le fond du vase roussisse ; sans cette précaution, on perdrait une partie des matières organiques mélangées à la terre. Dès que la terre est sèche, on l'introduit encore toute chaude dans une bouteille ou une boîte en tôle bien sèche, et qu'on ferme hermétiquement, afin d'empêcher qu'elle enlève de l'humidité à l'atmosphère.

Pour connaître le poids des substances organiques qui se trouvent dans un sol, on en prend 100 grammes qu'on calcine au rouge jusqu'à ce qu'on n'y voie plus trace de charbon. Par ce grillage, on n'a pas seulement détruit les matières organiques, on a aussi partiellement décomposé le calcaire, ce qui fausse le dosage des matières organiques ; pour éviter cet inconvénient, on laisse refroidir la terre, puis on l'humecte avec une solution concentrée de carbonate ammonique, et on chauffe le tout sur un feu doux, jusqu'à ce qu'un papier blanc roussisse quand on l'appuie contre le fond du vase ; on laisse refroidir dans un vase sec et bien clos, et repèse quand le tout est froid; la perte de poids indique le poids des matières organiques. Il faut conserver soigneusement le résidu calciné avec lequel on fait tous les autres essais.

On prend 10 grammes de résidu calciné sur lequel on verse du chloride hydrique ou de l'acide nitrique étendu d'eau, aussi longtemps qu'il y développe une effervescence, on lave bien, dessèche, calcine et repèse le résidu dont la perte indique le poids de *carbonate calcique*; le résidu ne peut être que de l'argile ou du sable; c'est de l'argile quand la terre a de la ténacité; c'est du sable dans le cas contraire.

Ce procédé analytique n'est pas rigoureusement exact; il est cependant bien suffisant dans la plupart des cas; car, dès qu'il s'agit de faire une analyse complète d'une terre, il est indispensable de s'adresser à un habile chimiste, parce qu'elle constitue un des problèmes les plus difficiles à résoudre d'une manière sûre. Il est clair que lorsqu'on veut approfondir l'action de tous les éléments d'un sol sur la végétation, il faut en faire l'analyse complète; mais en face de toutes les autres chances d'erreur, et en face surtout du changement spontané qui s'effectue dans la composition des terres, on se demande à bon droit si une analyse semblable a la portée qu'on lui suppose. Enfin, quelque soin qu'on ait apporté à l'analyse chimique d'une terre, elle n'apprend absolument rien de sûr, que lorsqu'elle est accompagnée de son analyse physique, et qu'on connaît son exposition et le climat sous lequel elle est placée, ainsi que son sous-sol.

Pour donner une idée de la composition des terres arables, nous dirons que dans l'Europe tempérée, les bonnes terres à froment sont généralement composées de :

Sable. 45
Argile 35
Calcaire 20
$$\overline{}$$
100

quand elles sont bien exposées, et qu'elles reposent sur un sous-sol de perméabilité moyenne. Leur composition varie naturellement beaucoup; ainsi, par exemple, une terre à froment moins bien exposée que celle qu'on vient de prendre pour type, devra contenir plus de sable et de calcaire qu'elle, tandis que si elle repose sur un sous-sol perméable, il faudra qu'elle soit plus riche en argile. En moyenne, on peut admettre que la meilleure terre arable, dans toutes les conditions possibles, est celle qui se rapproche le plus de la normale suivante :

Sable. 32
Argile 32
Calcaire 32
Substances organiques. 4
                                              ———
                                              100

A Neuchâtel, les bonnes terres à froment exposées au midi sur un fond de roche calcaire fort peu perméable, sont formées de :

Sable calcaire 6
Argile rouge 14
Calcaire 78
Débris organiques 2
                                              ———
                                              100

Les terres de première classe ont, à Cuba, la composition suivante ;

Sable. 15
Argile 51
Calcaire. 8
Matières organiques et eau 26
                                              ———
                                              100

Sous le ciel brûlant de cette île, il n'est plus possible de produire du froment; mais ces terres donnent en abondance du café, des cannes à sucre et du tabac.

La terre de la Basse-Égypte est généralement formée de :

Argile 91
Calcaire 2
Matières organiques. 7
                                                   ———
                                                   100

elle est donc moins riche en chaux que la boue, avec laquelle le Nil la fertilise tous les ans, et qui contient :

Acide silicique	42,50
Oxyde aluminique	24,25
» ferrique	13,65
» magnésique	1,05
Carbonate calcique	3,85
» magnésique	1,20
Humus ammoniacal	2,80
Eau	10,70
	100,00

La terre que le Rhin dépose sur sa rive droite, près de Bonn, est composée comme suit :

Acide silicique	66
Oxyde aluminique	12
» ferrique	17
» calcique	3
» magnésique	0,50
» potassique	1
» sodique	0,50
	100

Il reste dans l'eau de ce fleuve, $\frac{3}{10000}$ de son poids de carbonate calcique en dissolution sous forme de bicarbonate, qui va se perdre dans les sables de la Hollande, ou bien peut-être aussi gagner la mer.

En Europe, la composition des bonnes terres à froment varie dans les limites suivantes :

Argile et sable	5 à 80
Oxyde ferrique	0,30 à 13
Carbonate calcique	1 à 95
» magnésique	1 à 37
Eau	1 à 10
Carbonates alcalins	1 à 5

Un seul coup d'œil jeté sur toutes ces analyses suffit pour prouver que la culture du froment n'est pas entièrement liée à la composition chimique du sol ; il en est de même de tous les autres végétaux dont les conditions de développement sont bien plutôt régies par celles d'exposition, de climat et d'humidité ;

nous l'avons déjà vu pour le sainfoin qu'on envisageait cependant comme la plante la plus caractéristique des terres calcaires. Aucun auteur n'a traité d'ailleurs ce sujet d'une manière plus profonde, et n'est arrivé à des conclusions aussi nettes que mon ami M. le professeur Thurmann, dans son remarquable *Traité de la distribution géographique des plantes du Jura*. Ce fait une fois admis, nous devons donc quitter la classification chimique des terres, que nous n'avions adoptée que pour en faciliter l'étude, et examiner celle qu'ont adoptée les agronomes. En voici une tout empirique, mais bien nette :

I. Terres lourdes.

1. Très fortes, contenant plus de 80 pour 100 d'argile.
2. Fortes,   »   » 50 »   »
3. Ordinaires, »   » 30 »   »

II. Terres légères.

1. Sablonneuse, contenant plus de 20 pour 100 de sable.
2. Calcaire,   »   »   » de calcaire.
3. Humifère,   »   »   » d'humus.

Sous quelque face qu'on envisage cette classification, elle est parfaite ; aussi la conserverons-nous définitivement. Essayons de l'appliquer aux terres dont nous venons de faire connaître la composition chimique. La terre de Neuchâtel est légère, calcaire argileuse ; celle de Cuba est lourde argilo-sableuse, tandis que la terre à froment type, qui est aussi lourde, est argilo-calcaire sableuse, puisque tous ses éléments s'y rencontrent sous le même poids.

CHAPITRE IV.

Estimation.

L'appréciation de la valeur réelle d'un sol arable est excessivement difficile, puisque, suivant sa position, une terre mauvaise au point de vue de sa constitution peut avoir une plus grande valeur qu'une bonne. Pour procéder avec sûreté à l'évaluation d'une terre, on doit se placer d'abord dans les mêmes conditions économiques, c'est-à-dire considérer la facilité de la vente et le terme moyen de ses produits ; mais, comme ces considérations sortent de notre champ d'action, nous ne faisons que les signaler en passant. La meilleure terre, dans toutes les conditions possibles, sera celle qui donnera sans irrigation le plus d'herbe de bonne qualité ; celles de première classe donnent 16000 kilogr. de foin par hectare ; celles de seconde classe en donnent 4000 kilogr., et celles de troisième, 2000 kil. Le foin de cette estimation est de première qualité, c'est-à-dire qu'il en faut 300 kilogr. pour équivaloir 100 kilogr. de seigle en grains.

Les terres de seconde qualité sont les bonnes terres ordinaires dont le rapport moyen en autres produits peut être évalué comme suit :

	Hectol.	Kilogr.	Paille.
Froment	18	1440	3000
Seigle	18	1400	3400
Orge	18	1224	2000
Avoine.	30	1200	3800
Maïs	40	3200	7400
Pois	20	1600	2600
Colza	35	2590	2180
Trèfle sec, foin			5000
Pommes de terre, racines.			21000
Betteraves, «			21000

Si nous avons choisi le foin des prairies naturelles pour apprécier la valeur d'une terre, c'est que c'est celui des produits du sol qui varie le moins sous l'influence de diverses circonstances, et le seul qui soit en rapport direct avec sa richesse. En effet, une terre trop riche ne donnera pas plus de froment qu'une terre trop pauvre ; dans les deux cas, le grain ne peut se développer, tandis que dans ces deux cas on obtiendra du foin qui, peu abondant dans les terres pauvres, donne des produits vraiment fabuleux, dans celles qui sont très riches ; une gelée blanche détruit le maïs ; une pluie sur la fleur enlève la récolte de colza ; le vent empêche la fructification des céréales ; rien de semblable n'est à craindre avec l'herbe, qui est aussi le point de comparaison le plus rationnel que l'on puisse choisir pour contrôler le rapport de toutes les autres plantes cultivées.

CHAPITRE V.

Amélioration.

Toutes les terres ne sont pas aptes à la culture, et celles qui sont déjà cultivées se gâtent quelquefois, et peuvent toujours être améliorées; il faut, d'ailleurs, lorsqu'elles sont en bon état, avoir soin d'en conserver la fertilité, en leur rendant avec usure tout ce que les récoltes leur enlèvent. En conséquence, nous diviserons les soins à donner aux terres en :

Mise en culture ; — Labour ; — Fumure.

Les terres arables qu'on veut mettre en culture sont couvertes de forêts ou d'herbages, trop fortes ou très légères; sèches ou marécageuses; souvent pierreuses ou très inclinées ; presque toujours pauvres en débris organiques.

Quand le sol est couvert de forêts, on les coupe, quand le bois peut se vendre; dans le cas contraire, on les brûle. Quel que soit le mode d'exploitation adopté, les troncs restent en terre ; et, comme il est difficile de les en arracher, on les y laisse pourrir lentement, et ne cultive que les espaces libres entre eux, où on sème du sarrasin, du maïs, des fèves ou des céréales qu'on moissonne à la serpe.

Quand le terrain à défricher est couvert de prairies, on l'écobue, ou bien on le retourne profondément à la charrue, et on l'ensemence aussitôt, avec ou sans fumure simultanée. C'est le procédé qu'on suit lorsqu'on veut transformer les prés en champs.

Il y a plusieurs moyens d'améliorer les terres trop fortes ; tous consistent à les diviser. L'énorme ténacité des terres fortes est l'effet de l'argile qui s'y trouve et qui leur imprime son caractère et la propriété de retenir l'eau ; tous les moyens capables de diviser ou de modifier l'argile allégeront donc ces terres. Un des moyens les plus anciennement usités et les plus sûrs consiste à écobuer le terrain, à le brûler. Dans ce but, on enlève la croûte superficielle de terre qui porte l'herbe, on la divise en plaques grandes comme une tuile ordinaire, qu'on superpose, les racines en l'air, de manière à laisser entre elles une cavité centrale dans laquelle ou allume du feu dès qu'elles sont sèches ; l'argile subissant alors la même métamorphose qu'elle éprouve dans le four des potiers, elle passe de l'état mou et tenace à celui de terre dure, sèche et poreuse. Dès que la combustion est achevée, on défait les fours et réduit les mottes en poussière qu'on répand à la surface du champ qu'on veut améliorer. Le premier effet de l'écobuage est de dessécher une certaine portion de terre ; le second, de diviser le reste ; car cette poussière de briques, obtenue par la calcination du sol, s'incorpore facilement à l'argile, à laquelle elle donne une porosité dont l'influence, qui se fait bien vite sentir, se prolonge durant de longues années. Si l'écobuage améliore la consistance du sol, il l'appauvrit en matières organiques en lui enlevant toute la couche de végétaux qui en garnissait la surface ; il faut donc, après l'écobuage, donner une bonne fumure, et les récoltes obtenues seront de toute beauté. Il est malheureux que l'écobuage soit une opération assez chère, tant à cause de la main d'œuvre qu'elle nécessite, que de la quantité assez considérable de bois qu'elle emploie. Il est vrai qu'on pourrait remplacer ce combustible par les tiges des fèves et des topinambours, qui ne craignent pas ces terrains là.

On pratique trop souvent l'écobuage des terres légères garnies de bruyères ou de gazon serré, tel que celui qui couvre le sommet du Jura ou des Basses-Alpes ; ici l'écobuage a un but tout différent de celui qu'il atteint dans les terres argileuses. L'écobuage des terres légères n'agit pas sur le sol, mais seulement sur les végétaux qu'il réduit en cendres dont l'action favorise l'absorption de l'humus que bien des générations végétales ont laissé dans le sol. Les graines semées sur des terres traitées de cette façon rapportent beaucoup, mais elles les épuisent pour dix ans et plus encore. On pourrait même accepter, jusqu'à un certain point, ce gaspillage, si, en dénudant de vastes étendues de terrains qui ont en général une inclinaison très forte, il ne faisait que l'épuiser, mais il le gâte et va jusqu'à le détruire totalement, parce qu'en lui enlevant sa cohésion, il permet aux vents et à la pluie de l'entraîner, ce qui n'est que trop souvent la triste conséquence de l'écobuage des terres sèches.

Il y a dans les Alpes fribourgeoises, et probablement aussi ailleurs, de vastes et magnifiques plaines humides couvertes d'une espèce de tapis vert très court dont l'éclat et la fraîcheur attirent toujours l'attention des voyageurs. Cette belle verdure, respectée du bétail, et que n'endommage aucune autre plante, est produite par une espèce de saule qui rampe à la surface du sol qu'il couvre et enlace d'une façon telle qu'il y rend toute culture impossible ; il tue les arbres les plus vigoureux ; là l'écobuage rendrait d'énormes services ; il est absolument le seul moyen qui permette de débarrasser le sol de ce terrible parasite.

Les froids très vifs agissent sur les terres fortes à peu près de la même manière, quoique moins efficacement que l'écobuage ; c'est-à-dire qu'ils les divisent et les réduisent en poussière ; aussi les laboure-t-on en automne, afin que le froid puisse les ameublir pendant l'hiver. La gelée ne dissocie pas d'une manière complète les éléments de l'argile ; elle ne fait que les séparer pour un certain temps ; son action est due au passage de l'eau retenue par l'argile, de l'état liquide à l'état solide ; et comme son volume augmente beaucoup alors, elle divise l'argile en mille parcelles.

Quand des terres fortes se forment en sortant brusquement des entrailles de la terre, elles sont très longtemps stériles ; celles qui ont rempli la vallée de Goldau après l'éboulement du Rossberg, sont dans ce cas ; la stérilité de ces terres est due à ce qu'elles ne sont pas encore assez divisées ; il faut l'action longtemps continuée du soleil et de la gelée pour leur donner la ténuité qu'en exigent les plantes pour y végéter avec vigueur.

L'introduction du sable est utile dans toutes les terres fortes qu'il rend plus perméables ; malheureusement son action n'y est pas de longue durée, parce qu'étant beaucoup plus lourd que l'argile, il la traverse avec le temps, passe dans le sous-sol, et cesse alors d'exercer une action utile. Il ne faut pas confondre les sables les uns avec les autres ; il y en a de deux espèces : ceux qui sont purs sont stériles ; ils sont durs au toucher, tandis que les autres, moins durs, sont généralement d'un blanc laiteux et ont un toucher *gras* qui les fait appeler sables gras. Ces sables-là, qu'on trouve en abondance le long des rivières des Alpes, sont très riches en alcalis ; ils exercent sur la végétation une action tellement utile que leur usage ne saurait être assez recommandé dans les terres fortes : c'est bien dommage qu'ils soient si peu répandus.

Les terres calcaires parmi lesquelles il faut ranger en première ligne les marnes, valent encore mieux que toutes ces espèces de sables pour alléger les argiles, parce qu'étant plus légères qu'eux, elles se laissent mieux incorporer à ces sols tenaces sur lesquels le calcaire a d'ailleurs une excellente action chimique, parce qu'en s'unissant avec l'argile, il produit des composés insolubles qui lui font perdre aussi fortement que l'écobuage sa faculté de retenir l'eau. Tous les minéraux riches en calcaire sont faciles à reconnaître à la violente effervescence qu'ils produisent quand on verse sur eux du vinaigre ou un autre acide. C'est à l'aide de ce caractère qu'on divise les marnes en maigres ou riches en calcaire, et grasses ou riches en argiles ; on emploie les premières dans les terres fortes, et les secondes, au contraire, dans celles qui sont trop légères. Comme les marnes sont à l'état de roches, quelquefois assez compactes, au moment où on les extrait de la carrière, on les conduit en automne, ou pendant l'hiver, sur les champs, où elles gèlent et tombent dès les premières chaleurs du printemps en une poussière qu'on répand à la surface du sol. On applique la marne à la dose de 10 à 30 chars de 13 mètres cubes par hectare, suivant l'effet qu'on veut produire. Dans tous les cas, l'usage de la marne doit être soutenu d'une fumure convenable sans laquelle elle épuise promptement le sol en lui fournissant beaucoup d'alcalis, ainsi que va le prouver cette analyse d'une marne maigre :

Acide silicique	60,47
Argile	12,27
Carbonate calcique	12,19
Magnésie	43
Oxyde ferrique	8,00
» aluminique	3,32
» potassique	2,05
» sodique	0,06
Acide phosphorique	1,21
	100,00

Les marnes de mauvaise qualité ne se pulvérisent pas par l'action de la gelée, en sorte qu'on fait bien d'essayer en petit les marnes avant de les appliquer à l'amélioration des terres. Pour reconnaître si une marne est maigre ou grasse, on la dessèche au contact de l'air ; si elle durcit beaucoup, elle est grasse ; dans le cas contraire, elle contient du sable ou du carbonate calcique qu'on reconnaît facilement à l'effervescence qu'il produit avec les acides qui n'exercent aucune action sur le sable.

L'effet de la marne se prolonge fort longtemps, surtout celui des marnes grasses, qui dure jusqu'à 20 et 30 ans; celui des marnes maigres est beaucoup plus court, tant parce que les récoltes emportent beaucoup de chaux, que parce que cette terre, dissoute par l'acide carbonique, passe en grande quantité dans le sous-sol, où elle cesse d'être utile.

L'usage des terres légères est à conseiller toutes les fois que la marne manque; elles jouent du reste le même rôle qu'elle; mais sont beaucoup plus coûteuses; tant parce qu'il en faut davantage pour produire un même effet, que parce qu'elles sont plus chères, puisqu'il faut alors enlever à un champ, ce qu'on donne à l'autre.

La poussière des routes produit aussi d'excellents effets; surtout quand elles sont entretenues avec des pierres calcaires. Dans ce dernier cas, leur poussière divise le sol, non pas seulement mécaniquement; mais aussi, chimiquement en s'unissant à l'argile avec laquelle elle produit un composé sec et pulvérulent. Ajoutez à ces avantages, que la poussière des routes est habituellement très riche en matières organiques; et on comprendra sans peine ses effets souvent merveilleux.

Les cendres de bois lessivées, celles de tourbe ont sur les terres fortes une influence très heureuse due, non seulement à ce qu'elles les divisent; mais aussi, à ce qu'elles leur fournissent la chaux, et les alcalis qui leur manquent; on en met 40 à 50 hectolitres par hectare, leur effet est d'autant plus prononcé, que le sol auquel on les applique est plus humide; sur les prairies basses et marécageuses, les cendres de tourbe ont une action prodigieuse; ils faut les y étendre, avant l'hiver, ou immédiatement après, et avant que la végétation s'y développe. Sur les terres sèches, ces deux espèces de cendres, ont au contraire une très fâcheuse action, tant parce qu'elles augmentent la division de la terre, que parce qu'elles fournissent aux plantes trop d'alcalis qui les tuent en désorganisant leurs tissus.

La chaux est sans contredit l'amendement le plus précieux pour les terres fortes dont il change totalement les propriétés, déjà, à

la faible dose de 1 pour 100; on l'emploierait partout s'il n'était pas
cher. La chaux agit sur les argiles absolument de la même façon
que l'écobuage, c'est-à-dire qu'elle en dissocie les éléments;
mais, tandis que l'action de l'écobuage s'arrête là, celle de la
chaux continue, elle produit des silicates et des aluminates
calciques secs poreux, et met en liberté les alcalis que l'argile contient en forte proportion; ces derniers produisent
une végétation tellement luxuriante qu'il faut fumer après le
chaulage si on ne veut pas s'exposer à diminuer la fertilité du
sol. Dans les prairies marécageuses la chaux agit d'abord en
saturant l'acide qui s'y trouve quelquefois en forte proportion :
aussi voit-on la végétation changer au bout de quelques mois
et les bonnes plantes des prairies saines succéder au carex, joncs,
mousses et renoncules. Il faut 100 à 200 hectolitres de chaux
par hectare, on la conduit en automne sur les champs où on la
dispose de distance en distance en tas coniques qu'on recouvre
avec 30 centimètres de terre. La chaux s'humecte lentement;
tombe en poussière, et au bout de peu de jours, on la répand à
la pelle, aussi uniformément que possible à la surface des champs
qu'on laboure bientôt après; son action se prolonge, suivant la
nature du sous-sol, ainsi que des récoltes, pendant huit à douze
ans et même plus. Comme il y a plusieurs espèces de chaux, il
n'est pas indifférent de prendre l'une plutôt que l'autre; les
chaux grasses sont les seules que puisse employer l'agriculteur
pour améliorer ses terres. On appelle chaux grasses, les chaux
qui, plongées un instant sous l'eau et exposées ensuite à l'air, dégagent beaucoup de chaleur, sifflent, se gonflent fortement et
tombent alors en une poussière très ténue; quand cette action
est lente et que la chaux se gonfle peu ou point, elle est maigre
et excellente pour les constructions hydrauliques; mais elle ne
vaut rien pour le chaulage.

La chaux en poudre est enfin le meilleur moyen de débarrasser
de la mousse, les gazons ombragés tels que ceux des vergers;
on la répand à leur surface à l'entrée de l'hiver; son action est
aussi rapide que sûre.

Les décombres des bâtiments agissent sur les terres humides,
surtout par leur chaux; cependant, quand ils sont vieux, ils renferment aussi beaucoup de sulfates, nitrates et chlorures sodi

que, potassique et calcique qui agissent avec énergie sur la végétation; cet utile amendement ne se trouve guère, en quantité suffisante, que dans le voisinage des grandes villes; il a rendu d'immenses services à la culture des environs de Strasbourg, dont les vastes et fertiles plaines n'étaient jadis que de chétifs marais.

Le desséchement des terres fortes doit toujours marcher de front avec leur amélioration chimique, mais nous n'en dirons rien, devant traiter ce sujet à l'article de l'eau; rappelons seulement, pour faire apprécier toute l'utilité des travaux de cette nature, que c'est à leurs beaux établissements d'épuisement que les Hollandais doivent la prospérité de leur magique agriculture, et que c'est à la destruction des travaux romains d'assèchement de la campagne de Rome, que celle-ci doit d'avoir repassé de l'état de terre à froment à celui de marais incultes.

Quand on a affaire à des terres trop légères, il faut se rendre compte d'abord de la nature du corps qui leur donne cette fâcheuse propriété; ce peut être, du sable, du calcaire ou de l'humus. Dans les deux premiers cas, on y transporte de l'argile, des terres ou des marnes riches en ce principe; dans le troisième il faut employer les marnes ou les terres calcaires. Quelquefois les plaines sablonneuses à cultiver sont tellement grandes qu'il faut renoncer à les améliorer de cette manière, sur une grande échelle; alors on cherche à irriguer les sables, et si cela est impossible, il ne reste qu'à les fixer à l'aide de plantes convenables telles que l'ammophile, l'élyme et le pin d'Alep, quand ils sont secs et chauds; les saules, les pins de Weymouth quand ils sont humides, et les pins ordinaires quand ils sont secs et froids comme ceux du nord de l'Allemagne.

Lorsque les sols légers sont calcaires, c'est à l'aide de la pimprenelle et du sainfoin qu'on les fixe le plus facilement, quand ils ne sont pas très élevés; dans le cas contraire, il faut avoir encore recours aux pins, pour leur donner de la consistance. Quelquefois les sols calcaires sont de couleur très claire et comme ils renvoient alors les rayons solaires, ils sont froids et de tellement mauvaise qualité que même les plantes sauvages semblent les fuir; pour en changer la nature il suffit de verser sur eux des dissolutions de sulfate ferreux ou de chlorure manganeux, deux sels qu'on trouve à fort bas prix dans le commerce et qui, jetés sur les terres calcaires blanches, s'y décomposent aussitôt et cèdent leur acide à la chaux, tandis que les oxydes bruns mis par là en liberté donnent au sol la couleur qui lui manquait et qui y appelle bientôt la fertilité quand il a été bien travaillé et fumé.

Comme les terres légères sont facilement entraînées par les eaux, il est nécessaire de les retenir à l'aide de murs ou de haies, ou bien en les tenant toujours couvertes de plantes dont les racines soient assez fortes pour les fixer.

La mise en culture des terres pierreuses est fort coûteuse ; on en enterre les grosses pierres et enlève toutes les autres à la main ; le mieux est alors de les enfouir aussi, dans les terres fortes où on creuse des puits, de distance en distance, tandis que dans les terres légères, on les entasse au-dessus du sol, afin de ne pas en augmenter encore la porosité. Dans leurs défrichements du Jura, les Romains transportaient toutes les pierres des champs à leur partie la plus élevée, ce qui les empêchait d'être ravinés lors de la fonte des neiges et des grosses averses de l'été ; cette précaution est bonne à imiter dans tous les défrichements de montagnes.

Quand les terres mises en culture occupent la place d'anciennes forêts, il suffit d'y passer la charrue pour qu'elles donnent d'abondantes récoltes ; ce qui est rare, au contraire, lorsqu'elles prennent la place de prés en mauvais état ; alors il faut les fumer fortement soit en y mettant du fumier, soit en y semant du sarrasin ou des lupins qu'on enfouit en vert.

A la suite des procédés d'amélioration des terres, les unes par les autres, nous devons dire quelque chose des composés minéraux qu'on introduit quelquefois dans les terres et auxquels on applique le nom d'amendements, pour les opposer aux engrais qui sont les produits végétaux et animaux avec lesquels on améliore les terres. Les amendements sont aussi nombreux que variés, et leur utilité est aussi contestée que contestable dans la plupart des cas. Le plus important est : le sulfate calcique, appelé aussi gypse ou plâtre ; on l'applique en poudre fine, cru ou bien calciné, son action est la même dans les deux cas. Le gypse agit avec énergie sur les terres légères et de consistance moyenne, son action est peu marquée dans les terres fortes ; elle est nulle ou nuisible dans celles qui sont humides. En général, on plâtre les trèfles et les luzernes lorsqu'ils ont 20 centimètres de hauteur, en répandant sur eux 3 hectolitres de poudre par hectare ; pour faire cette opération on attend que la pluie soit imminente ; elle entraîne alors le gypse qu'elle laisse à la surface du sol où son action s'exerce bientôt ; en effet, dès que la terre se dessèche, le carbonate ammonique se volatilise ; mais au moment où il rencontre le gypse, il s'y attache, le change en craie et passe lui-même à l'état de sulfate ammonique fixe qui repasse dans le sol où il se décompose très lentement, sous l'influence de l'humidité qu'il y rencontre, en présence de la craie, en reformant du gypse et de petites quantités de carbonate ammoniaque qui est absorbé par les racines , soit tel quel , soit uni à l'acide humique. Il est donc clair que le gypse cessera d'avoir une action utile si on l'enterre, de même que si on le répand à la surface d'une terre humide, puisque celle-ci retient toute son ammoniaque en dissolution dans l'eau. Quelques auteurs recommandent de plâtrer les luzernes après la pluie, afin que le gypse s'attache à leurs feuilles ; cette pratique est absurde, parce qu'elle amène à boucher les pores des plantes, à les rendre ainsi malades, qu'elle empêche une bonne partie du plâtre d'arriver à la surface du sol, et enfin qu'elle expose à de graves affections d'estomac les animaux qu'on nourrit d'herbages ainsi chargés de plâtre. Il est assez curieux que le plâtre ne soit pas utile à toutes les plantes cultivées ; il profite surtout au trèfle et à la luzerne, c'est-à-dire aux végétaux dont les feuilles ombragent fortement la terre ; son action doit être marquée aussi sur les tabacs, les topinambours et le sarrasin ; mais aucune expérience décisive n'a encore été faite pour le prouver.

Quand on emploie le plâtre en trop grande proportion, il nuit beaucoup aux végétaux ; pour s'en convaincre, il suffit d'arroser une plante délicate avec de l'eau chargée de gypse telle que celle des puits de Paris ; elle se flétrit bientôt et périt ensuite si on n'interrompt pas ce traitement. Il y a quelques mois qu'un des plus grands horticulteurs de Londres, forcé de réparer le puits qui fournissait l'eau nécessaire à ses arrosages, la fit prendre dans un autre puits et vit bientôt toutes ses plantes délicates jaunir et dépérir ; peu de temps après, la plupart d'entre elles périrent ; il examina l'eau du nouveau puits, qui était chargée de gypse au point de tuer en quelques jours les plantes les plus vigoureuses. Il faut donc bien se garder d'employer le plâtre en excès et de le faire revenir sur le même terrain, plus souvent que de 5 en 5 ans; vouloir substituer le gypse à la chaux dans le chaulage des terres fortes, c'est s'exposer à les rendre stériles.

Une des applications les plus rationnelles du plâtre est celle qu'on en fait pour retenir l'ammoniaque des fumiers; on en saupoudre chaque couche de fumier frais; le gypse passe alors à l'état de carbonate calcique ou craie, et de sulfate ammonique qui, dissous dans l'eau, gagne la fosse à lizier. La seule précaution à prendre est de ne pas appliquer aux fumiers un excès de gypse quand ils sont destinés à des terres humides, parce qu'il y introduirait, ainsi que nous l'avons déjà vu, un élément de stérilité. Quand le gypse manque, on lui substitue avec avantage sur les fumiers, le sulfate ferreux, ou l'acide sulfurique étendu d'eau; ces deux corps peuvent aussi lui être substitués dans les champs sur lesquels il faut ne les répandre qu'avant que la végétation commence à se développer, parce que leur action sur les feuilles serait très dangereuse si la sécheresse survenait.

La suie des cheminées est tout à la fois un amendement par la chaux qui s'y trouve, et un engrais, parce qu'elle est formée en très grande partie d'acide humique que les plantes absorbent directement; son action est très marquée, mais cette substance est si peu abondante, qu'on ne l'utilise que dans les vergers, où on l'applique en l'enterrant au pied des arbres fruitiers auxquels elle est fort utile.

Passons maintenant à l'examen de la grande question encore tellement controversée de l'application des sels alcalins à la culture des terres; ces sels, sans action, ou bien nuisibles sur les terres sèches, en ont une d'autant plus marquée sur les terres fortes, et plus ou moins humides; ils sont nuisibles aux terres constamment submergées, comme les marais. Leur action est toute différente, suivant que ces sels, solubles dans l'eau, sont neutres ou alcalins, c'est-à-dire suivant qu'ils ont une saveur purement salée, comme le sel de cuisine et le salpêtre, ou en même temps un peu urineuse, comme la lessive de cendres. Dans le dernier cas, qui est aussi celui que la nature offre dans toutes les bonnes terres, les sels qui sont les silicates, carbonates ou phosphates sodique, potassique ou ammonique dissolvent l'humus que les plantes absorbent alors en grande quantité et retiennent, tandis qu'eux retournent dans le sol avec la séve descendante pour reproduire le même phénomène; ils sont donc les agents les plus énergiques de la nutrition des plantes par les racines. Quand ces sels alcalins existent en trop forte proportion dans une terre, ils agissent de la manière la plus fâcheuse, soit en permettant aux eaux d'entraîner avec eux l'humus qu'ils ont dissous, soit en attaquant et détruisant les tissus végétaux qu'ils dissolvent ou racornissent. Il est donc très important de n'appliquer jamais les sels alcalins qu'à très petite dose, seulement sur des terres riches en humus et jamais par un temps sec.

Quant aux sels neutres, ceux qu'on emploie le plus fréquemment sont le chlorure sodique, ou sel de cuisine, le sulfate sodique, ou sel de Glauber, et le nitrate sodique, ou salpêtre du Chili; ils n'ont par eux-mêmes aucune action, à ceci près, qu'ils tuent la plupart des plantes avec lesquelles ils entrent en contact direct; qu'on arrose un rosier avec de l'eau salée, et il périra bientôt; si alors on l'examine, on trouve ses tissus gorgés de petits cristaux qui les obstruent, et qui même les ont fait sauter sur plusieurs points. Comme tous les sels dont nous venons de parler se décomposent dans le sol, soit en présence de la chaux, soit de concert avec les débris organiques qu'ils y rencontrent, et se changent alors précisément en ces sels alcalins dont nous venons d'expliquer l'utilité, leur effet est généralement heureux. Pour que les sels neutres puissent subir la métamorphose à laquelle est liée leur action utile, le sol doit être suffisamment humide; s'il est sec ou détrempé, ils ne s'altèrent pas et sont absorbés tels quels par les plantes auxquelles ils causent un dommage souvent irréparable; cette action était si bien connue des anciens Hébreux, qu'ils semaient de sel les terrains qu'ils voulaient rendre stériles.

Le sel alcalin qu'on trouve dans les bonnes terres, est le carbonate potassique ou sodique; il provient, comme la terre elle-même, de la destruction des roches qui en contiennent une forte proportion, ainsi que vont le prouver les analyses suivantes:

	I.	II.	III.	IV.
Acide silicique	76.67	65.00	48.50	31.95
Oxydes aluminique et ferrique	14.23	21.25	40.40	
» calcique	1.44	»	»	63.24
» magnésique	0.28	13.75	0.90	1.15
Alcalis	7.38	»	10.20	3.66
	100.00	100.00	100.00	100.00

Le n° I est le trachyte, ou lave qui s'écoule des volcans, le n° II,
un feldspath, et le n° III un mica de Suède ; quant au n° IV,
c'est un calcaire jurassique dont la composition représente assez
bien celle des terres qui sont nées de sa destruction partielle : la
chaux et la magnésie qui s'y trouvent sont à l'état de carbonate ;
l'acide silicique y est combiné aux oxydes aluminique et ferrique
sous forme d'argile.

Les terres placées au pied des montagnes cristallisées, telles que
les Alpes et les Vosges, sont généralement riches en potasse, et
celles qui naissent du calcaire contiennent plutôt de la soude ; on
retrouve ces deux bases dans les cendres des plantes, mais elles
ne sont pas libres dans le sol où on les rencontre le plus souvent
combinées avec l'acide silicique qui ne les cède jamais qu'en fort
petite quantité aux racines. Comme les alcalis se trouvent quelquefois en proportion excessivement minime dans la terre, il est
clair qu'ils n'auraient point suffi au développement de la végétation si le Créateur, dans son adorable prévoyance, ne leur avait
pas donné un aide, et même, dans certains cas, un remplaçant
total dans le carbonate ammonique, qui est l'alcali contenu dans
les fumiers et la cause essentielle de leur action sur la végétation.

Le plus employé des sels neutres est le chlorure sodique qu'on
répand en automne sur les prés humides, à la dose de 150 à 300
kilogr. par hectare.

Quant aux carbonates alcalins, ils sont trop chers pour qu'on
s'en serve directement ; cela serait d'ailleurs impossible, puisqu'aucune plante ne supporte leur action, tant elle est corrosive ;
on ne les applique jamais que sous forme de cendres, et à la faible
dose de 10 à 12 hectolitres par hectare qu'on sème en automne aussi
uniformément que possible. La valeur réelle des cendres varie
d'ailleurs beaucoup ; car tandis que celles des arbres qui ont cru
sur des terres riches en alcalis en contiennent jusqu'à 60 pour

cent de leur poids, il n'y en a pas plus de 5 à 10 dans les cendres des sapins qui se sont développés sur les terres si calcaires du Jura ; il faut donc dix fois plus de ces dernières que des premières pour obtenir un même effet. En conséquence, les cendres ne doivent être appliquées qu'avec la plus grande circonspection, et peut-être ferait-on mieux d'en abandonner tout à fait l'usage, tant à cause du prix élevé qu'elles ont partout, que du danger que présente leur emploi, danger qui est toujours à craindre, même pour les terres humides, puisqu'on en détruit toute l'herbe, si la sécheresse survient après qu'on les a couvertes de cendres. Nous avons vu un propriétaire tuer une belle vigne de deux ans pour l'avoir inconsidérément amendée avec des cendres.

Il y a une autre classe de sels encore plus répandus que les sels minéraux, puisqu'on les rencontre partout, ce sont les sels ammoniacaux dont le plus précieux est sans contredit le carbonate ammonique que la nature nous offre toujours dans les terres comme dans les engrais, et en fort petite quantité aussi dans l'atmosphère ; l'utilité de son action est sanctionnée par l'expérience de milliers d'années ; pourquoi donc vouloir absolument lui substituer les sulfates, chlorure et autres sels ammoniacaux dont l'action est de beaucoup moins sensible que la sienne, et devient même quelquefois nuisible, lorsqu'ils sont absorbés en nature par les végétaux ? Il est cependant quelquefois nécessaire de recourir à ces derniers pour empêcher le carbonate ammonique de se répandre en pure perte dans l'air ; on les forme en répandant sur les fumiers ou bien à la surface du sol, du sulfate calcique ou ferreux, ou bien même de l'acide sulfurique. Pour empêcher le carbonate ammonique de se dégager des terres, il n'y a rien d'autre à faire que d'employer les corps en question ; mais il n'en est pas ainsi pour les fumiers qu'il vaut infiniment mieux abriter et arroser avec soin, ce qui empêche de la manière la plus complète la volatilisation du carbonate ammonique. L'action de ce sel est excessivement marquée non seulement parce qu'il favorise l'absorption de l'humus, mais aussi parce qu'il facilite la décomposition de l'acide carbonique de l'air par les feuilles ; il est facile de le prouver comme suit : Lorsqu'au printemps les plantes de serres, fatiguées par un long hiver, ont une couleur blême, et semblent affaiblies, il suffit de jeter sur le poële quelques fragments de carbonate ammonique pour rendre bien vite aux plantes leur couleur verte et leur ancienne vigueur; on ranime de la même manière les légumes dans nos jardins, les blés et les trèfles de nos champs, en les arrosant avec du lizier, qui est une dissolution de carbonate ammonique. Il faut se garder pourtant d'abuser de cette précieuse substance, parce qu'en se concentrant dans les plantes elle leur nuit, quoique moins fortement que les alcalis. Pour employer le lizier sans danger, il faut le répandre pendant ou avant la pluie, ou bien l'étendre d'un volume d'eau au moins égal au sien.

L'action des sulfate et nitrate alcalins est la même que celle du sel; on les emploie comme lui et en même quantité.

Plus le sol est divisé, mieux il permet aux racines des plantes de s'y étendre facilement et d'absorber la nourriture qui s'y trouve; la meilleure terre ne donnera d'excellents produits que lorsqu'elle sera assez divisée; on atteint ce but par un travail mécanique connu sous le nom de labour. Quand le labour dépasse 30 centimètres de profondeur, on l'appelle défonçage; il prend le nom d'ameublissement ou hersage quand il est, au contraire, très superficiel.

Le défonçage étant une opération fort coûteuse, puisqu'il s'exécute généralement à la main, on n'y a recours que lorsqu'il y a urgence; ainsi, quand on défriche des forêts, qu'on veut établir des jardins, des vignes, des garancières ou des luzernières. A 0,33 le défonçage est superficiel; on peut encore l'exécuter à la charrue; il est ordinaire à 0,50, et complet à 1 mètre. Pour diviser la terre aussi bien que possible, on la crible en sortant des fossés, ce qui lui donne une homogénéité parfaite, et permet d'en extraire toutes les pierres. Quoique très coûteux, ce mode d'ameublissement du sol est toujours largement payé, parce qu'il offfre une énorme surface de terre meuble aux plantes à racines ou tiges souterraines profondes, comme les arbres fruitiers, la vigne, la garance et la luzerne qui se développent mal dans une terre où elles ne peuvent pas s'étendre dans tous les sens. Comme dans cette opération on jette toujours au fond du fossé qu'on vient de creuser la superficie de la terre placée sur celui qu'on va ouvrir, il arrive qu'à la lettre on retourne le sol de telle façon qu'on enterre sa partie cultivable pour amener à sa surface une terre nouvelle, et qu'il faut fumer fortement pendant plusieurs années de suite avant qu'elle soit tout à fait fertile. Il est sous-entendu qu'on ne peut défoncer que des terres profondes; car, dans le cas où cette opération devrait amener à la surface du sol de l'argile ou des graviers, elle serait nuisible.

On appelle terres *profondes* celles dont le sol arable a plus de 0,33 centimètres d'épaisseur, *moyennes* quand il n'a que 0,20 centimètres, et *superficielles* ou *pauvres* quand son épaisseur ne dépasse pas 16 centimètres.

Le labour est le retournement superficiel du sol qu'on opère à des profondeurs variables, mais qui ne dépassent pas 0,33 cent. à la charrue, à la bêche, ou bien aussi à la houe. On laboure d'autant plus profondément que les plantes qu'on veut cultiver ont des racines qui s'enfoncent davantage en terre; on laboure à 25 cent. pour les céréales, 33 pour les fourrages racines, les trèfles et les luzernes; les labours du printemps qui précèdent les semailles ne descendent jamais au delà de 15 cent., surtout dans les terres légères dont il importe beaucoup de ne pas augmenter la division précisément à l'entrée de la saison sèche.

Les labours ont pour but de diviser le sol, ou d'y enterrer les engrais dont l'action serait fort diminuée si on les laissait gisants à la surface du sol. Il faut bien se garder, d'autre part, d'enterrer trop profondément le fumier, parce qu'il est d'autant plus facilement absorbé par les racines des plantes qu'il est plus près de la surface du sol. En divisant la terre, le labour favorise le développement des racines des végétaux, et permet à l'eau et à l'air d'arriver jusqu'à elles, ce qui est une condition indispensable de leur croissance. Il faudra donc labourer les terres d'autant plus profondément et plus fréquemment qu'elles sont plus fortes; l'effet obtenu est alors vraiment extraordinaire. Ainsi, dans les terres fortes des environs de Berne, on compte qu'un labour profond de 19 centimètres produit une récolte de 20; elle s'élève à 33 quand le labour est de 24 centimètres, et à 50 quand il est de 30 centimètres. Il est possible que les résultats, vraiment si extraordinaires, que produisent les labours profonds dans les terres fortes ne soient pas dus uniquement à la division du sol, mais aussi à l'étrange propriété qu'ont les argiles de retenir les engrais qui y descendent à une profondeur où les racines ne peuvent plus les atteindre, et où ils seraient perdus pour elles si on ne les ramenait point à la surface. Pour augmenter autant que possible l'effet du labour, dans les terres fortes, on l'effectue en automne et on a soin de ne pas en briser les billons qui restent ainsi exposés à toute l'intensité des froids. La gelée, en détruisant la cohésion des terres fortes, facilite leur travail à tel point qu'au printemps il suffit d'un léger labour superficiel pour les préparer à recevoir la semence.

On ne peut labourer les terres fortes que lorsqu'elles sont suffisamment égouttées, à cause de la difficulté qu'on éprouve à les travailler aussi longtemps qu'elles sont mouillées ; elles s'attachent alors aux instruments aratoires et aux pieds des hommes et des chevaux avec une telle force qu'elles en entravent la marche. Si le sec survient après ce travail, il durcit les mottes de terre à tel point qu'il devient impossible de les diviser. Comme d'autre part, lorsqu'elles sont desséchées, les terres fortes acquièrent une dureté trop considérable pour que la charrue puisse les retourner ; il faut donc bien choisir le temps favorable au travail de ces terres, temps souvent très court, sous le ciel brumeux et avec les brusques changements météorologiques de l'Europe centrale et septentrionale. C'est dans les terres fortes que les labours doivent être le plus profonds, sauf dans le cas où on ne veut qu'enterrer le fumier qu'on doit laisser aussi près que possible de la surface du sol si on veut que les plantes en profitent. Quand on n'observe pas cette règle et qu'on enterre profondément le fumier, les racines ne peuvent arriver jusqu'à lui, tant la terre est compacte ; comme d'ailleurs, elle retient aussi l'air et l'eau nécessaires à sa décomposition, il devient complétement inutile. Le fumier trop enterré se conserve presqu'en totalité dans les terres fortes, ce qui fait croire qu'il y profite beaucoup plus ; mais c'est une grave erreur ; le fumier n'est utile que lorsqu'il disparaît du sol, parce qu'il est absorbé par les racines des plantes ; quand il y reste, il est aussi inutile que le trésor enfoui d'un avare.

Les choses se passent tout autrement dans les terres légères, où il ne faut, au contraire, pas craindre d'enterrer un peu les engrais qui, plus rapprochés de la surface du sol, s'y dessécheraient et ne pourraient plus alors se décomposer. Quant aux la-

bours qui n'ont d'autre but que d'ameublir le sol, il faut les donner d'une façon aussi superficielle que possible, surtout dans les
sables, et se garder avec le plus grand soin de labourer par la
sécheresse, ce qui achèverait de dessécher la terre et de la rendre
momentanément stérile ; c'est donc avant, pendant ou immédiatement après la pluie, qu'il faut labourer les terres légères. Ces
sols exigent beaucoup d'engrais, mais ce sont aussi ceux qui l'u-
tilisent le mieux, aussi produisent-ils beaucoup plus de matières
végétales, pour un même poids de fumier, que les terres fortes.

Les terres fraîches, c'est-à-dire celles qui, légères par elles-
mêmes, reçoivent assez d'eau pour que les plantes qui y croissent ne s'y fanent jamais durant la sécheresse, peuvent être tra-
vaillées sans inconvénient en toutes saisons ; ce sont donc les plus
commodes ainsi que les plus fertiles. Les terres dites fraîches
retiennent même, pendant la sécheresse, 15 pour 100 de leur
poids d'eau à 33 centimètres de profondeur, et n'en doivent pas
contenir plus de 25 pour 100 deux ou trois jours après la chute
des pluies, même les plus fortes.

Dans les pays humides ou sujets aux inondations, on laboure
les champs en dos d'âne ou billons relevés, ce qui permet
d'avoir des récoltes passables ; même durant les années les plus
pluvieuses, la culture des billons relevés est assez difficile ; la
semence s'y repartit mal, et la végétation s'y développe quinze
jours plus tôt au sommet que sur les flancs où elle est aussi plus
vigoureuse.

Les sillons doivent, autant que cela peut se faire, être tournés du
nord au sud, afin de rendre l'échauffement du sol aussi uniforme
que possible ; dans les terrains humides, les sillons doivent être tracés dans le sens où s'écoulent les eaux, afin qu'elles ne puissent
pas rester dans la terre. Quand le sol est sec ou très-incliné, les
sillons doivent être tracés de l'est à l'ouest, afin de l'abriter contre
le soleil, puis aussi, en couper le plan d'inclinaison, afin de retenir
les eaux à sa surface et de l'empêcher d'être raviné.

Quand les labours n'ont pour but que de nettoyer le sol, ou
d'enterrer les racines, on herse, ou bien on butte, c'est-à-dire
qu'on divise la surface du sol à une certaine profondeur, toujours
faible, mais variable, suivant qu'on ne veut que déraciner les
mauvaises herbes, ou bien, qu'en même temps, on veut amon-

celer la terre autour des racines des plantes ; dans le premier cas, on herse, et dans le second, on butte. Le hersage s'effectue partout ; c'est le moyen le plus sûr et le plus économique de débarrasser les champs des herbes parasites qui les infestent trop souvent, et de renouveler les luzernes fatiguées par l'âge. La herse est un bâtis en bois garni d'une foule de dents en bois ou en fer, qui jouent le rôle du coultre de la charrue, et s'enfoncent d'autant plus profondément que la herse est plus chargée. Quand on ne veut qu'aplanir et pulvériser la surface du sol, on retourne la herse les dents en l'air, et on la promène aussi longtemps que cela est nécessaire. Le hersage est, comme le labour, beaucoup plus avantageux dans les terres fortes que dans celles qui sont légères. Il en est de même, absolument aussi, avec le buttage pour et contre lequel on a tant écrit ; butter une plante, c'est labourer entre ses lignes, de manière à creuser entre elles un sillon dont on rejette la terre de chaque côté sur ses racines. Dans les terres fortes, on butte les pommes de terre afin d'offrir à leurs racines une terre meuble et sèche dans laquelle elles puissent former sans peine de nombreux tubercules ; on y butte aussi les betteraves, les carottes et le maïs, tandis que dans les terres légères on ne butte que le maïs, dont les racines faibles et courtes ne suffisent pas pour fixer la plante au sol, de manière à ce qu'elle résiste aux coups de vent ; dans ces cas-là, il est absolument inutile, et quelquefois dangereux, de butter les récoltes racines qui s'y développent bien à leur aise, en tous sens, à cause de leur division naturelle. Quand les terres sont très fortes, il est bon de butter deux fois.

On appelle roulage, l'opération de tassement du sol qu'on exécute avec différents instruments dont le plus usité est un rouleau allongé en bois ou en pierre. Le roulage sert à enterrer les semences fines, à casser les mottes de terre soulevées par la charrue, à tasser le sol quand la sécheresse est à craindre, à rapprocher de sa surface les plantes que la gelée en a détachées, et enfin aussi, à détruire les insectes nuisibles, tels que les chenilles et les sauterelles, lorsqu'ils se multiplient d'une façon inquiétante. Le roulage est aux terres légères ce que le hersage est aux terres fortes ; c'est lui qu'on emploie pour leur donner la consistance qui leur manque ; aussi leur rend-il d'énormes services appréciables surtout dans les prairies. Dès que la sécheresse se déclare, on roule très fortement les prés secs, et tandis que ceux du voisinage qu'on a abandonnés à eux-mêmes jaunissent, ceux qu'on a roulés conservent leur teinte verte, parce que leur sol bien tassé retient avec force l'humidité qui s'y trouvait avant cette opération.

Les différentes espèces de division mécanique du sol ont pour effet de le rendre perméable aux racines, à l'air et à l'eau. Dans un sol compacte, les racines ne s'enfoncent pas, parce qu'y étant privées d'air, elles ne peuvent rien en tirer ; quand, au contraire, l'air y arrive, son oxygène agit sur les matières organiques mortes, sur les engrais qui s'y trouvent, et il les change en acide carbonique et en humate d'ammoniaque que les racines absorbent en dissolution dans l'eau ; la pénétration du sol par l'air est tellement indispensable, que nous avons vu dépérir un fort marronnier autour duquel on avait établi un pavé, et qui reprit son ancienne vigueur dès qu'on l'eut enlevé. Plus les terres sont divisées et poreuses, plus aussi les plantes s'y développent avec vigueur, parce qu'elles y puisent une masse d'aliments qu'elles ne trouvent jamais dans les terres fortes ; mais plus aussi elles exigent d'engrais ; aussi ne conservent-elles leur fécondité qu'à l'aide de fumures aussi abondantes que répétées. Les terres fortes produisent moins, et s'épuisent aussi moins vite ; mais toutes les terres, quelles qu'elles soient, quand on ne leur rend pas les engrais que leur enlèvent les récoltes, finissent par devenir stériles. Le sol si fertile de l'Amérique du nord s'épuise au bout de dix à douze ans ; les fertiles plaines de la Russie occidentale, qui étaient les greniers de l'Europe, s'épuisent d'une façon tellement sensible qu'on commence à les fumer ; bref, l'épuisement du sol n'est nié nulle part et par personne. La fertilité du sol est un capital dont il ne faut percevoir que la rente, et qu'il n'est permis d'attaquer qu'avec la certitude de pouvoir le remettre, sous peu, au grand complet. De prime-abord, il semble que plus un sol produit, plus aussi son épuisement sera considérable ; l'expérience a appris que cette conclusion n'est pas toujours fondée, et qu'il y a des plantes capables de donner d'abondantes récoltes sans fatiguer beaucoup la terre ; de ce nombre, sont les fourrages artificiels, tels que luzerne, trèfle, sainfoin, les fèves,

les lupins, le sarrasin, les topinambours et les vesces. Toutes
ces plantes ont des racines très fortes et des feuilles très développées, même quand leurs racines sont frêles comme celles des
vesces, des lupins et des topinambours ; c'est à cause de l'énorme
développement de leurs feuilles que ces plantes empruntent fort
peu au sol. En échange, toutes les plantes dont le feuillage est
peu développé, comme celui des céréales, des pommes de terre,
des betteraves et des carottes, épuisent beaucoup la terre.

Pour conserver au sol toujours le même degré de fécondité, il
est de la plus haute importance de connaître la force épuisante
de chaque plante, et c'est à cette étude que beaucoup d'agronomes distingués ont voué leurs soins sans être parvenus encore
à des conclusions définitives, comme cela était facile à prévoir en
présence de la grande variation que la nature de l'année fait subir aux récoltes. Tous les faits observés permettent d'établir, cependant, que l'épuisement d'un sol est égal à la moitié du poids
de la récolte sèche, pour les céréales et autres plantes à feuilles
étroites ; au quart pour les papilionacées, et au dixième seulement pour les fourrages racines. La différence en plus dans le
poids des récoltes correspond à la quantité de nourriture qu'elles
ont enlevée à l'air sous forme d'acide carbonique, et de nitrogène
ou d'ammoniaque. Quant à la perte d'humus faite par le sol, il
faut la remplacer par le poids correspondant de fumier bien consommé, supposé aussi à l'état sec ; l'expérience directe a appris
que, pour entretenir les terres en bon état, il faut leur donner,
quand elles sont excessivement légères, 800 de fumier consommé
et humide pour 100 d'épuisement, 600 du même fumier pour
100 de récolte sèche dans les terres fortes de consistance ordinaire, et 400 seulement dans les terres très fortes. Comme l'hectare de bonne terre ordinaire rapporte en moyenne :

		kilogr.
Foin		5,000
Pommes de terre		20,000
Graine de colza		2,500
»	de pois	1,600
»	d'avoine	1,200
»	d'orge	1,224
»	de seigle ou de froment	1,400

et que l'expérience directe a appris qu'il faut pour fumer convenablement ces terres 20,000 kilogrammes de fumier frais consommé, et contenant 75 pour 100 d'eau, il s'ensuit que tous ces produits enlèvent au sol une certaine quantité d'engrais qu'on a encore déterminée par l'expérience. On a trouvé que :

1 hectol. de froment, pesant 80 kil., enlève au sol 700 kil. de fumier.
1   —   de seigle,   »   650   »
1   —   d'orge,   »   550   »
1   —   d'avoine,   »   450   »
1   —   de colza,   »   650   »
1   —   de pommes de terre,   »   50   »

tandis qu'au contraire, le trèfle rend au sol, par hectare, et à l'aide de ses racines si abondantes, l'équivalent de 8,000 kilogrammes de fumier, et les prairies naturelles, la première année, l'équivalent de 6,000 kilogrammes de fumier ; la seconde et la troisième, de 4,000 kilogrammes pour chacune d'elles. De ces chiffres, il résulte que toutes les fois qu'on voudra augmenter les produits du sol, il faudra lui donner de l'engrais, soit directement, soit en y cultivant des plantes qui, comme celles des prairies, l'enrichissent par les débris qu'elles y laissent. Pour doubler, par exemple, le produit en froment des terres ordinaires, et le porter de 18 à 36 hectolitres, on devra donc ajouter aux 20,000 kilogrammes de fumier qu'exige la récolte habituelle, 12,600 kilogrammes de fumier en sus, et ainsi de suite.

Connaissant le prix du fumier et la valeur de la récolte qu'on veut produire, il devient facile, à l'aide des chiffres que nous venons de donner, d'apprécier les bénéfices qu'elle peut offrir.

Résumant tous les faits acquis par l'expérience dans tous les sols relativement à l'épuisement que leur causent les différentes plantes et aux moyens d'y remédier, nous dirons que l'épuisement du sol est égal pour les céréales et les fourrages racines à la moitié du poids de la récolte sèche ; que pour les pois, fèves et autres papilionacées, il est égal au quart, et pour les plantes commerciales, aux deux tiers de la récolte sèche. Pour parer à l'épuisement et conserver au sol sa fertilité initiale, il faut lui rendre, pour chaque 100 kilogrammes d'épuisement, 400 kilogrammes de bon fumier à 25 pour 100, soit un poids égal de matière sèche. Nous avons vu page 61, que ce chiffre varie avec la nature des terres.

Les plantes les plus épuisantes n'enlèvent donc jamais au sol plus de la moitié de leur poids de matières organisables, en sorte qu'elles reçoivent le reste de l'air qui fournit à toutes les autres davantage encore de substance organisable, et au trèfle et autres fourrages, la totalité de ce poids. Afin d'utiliser le mieux possible le fumier, on partage les terres arables en différentes portions, dans lesquelles on cultive des plantes choisies de telle façon, que pour une ou deux espèces épuisantes, il y en ait toujours deux ou une au moins fertilisante ; c'est ce qu'on appelle rotation des récoltes ou *assolement*. A Neuchâtel, par exemple, on a le plus souvent une rotation de sept ans disposée de la manière suivante , Première année, fumure avec pommes de terre ou colza; deuxième: froment ; troisième, orge, ou avoine avec sainfoin; quatrième, cinquième, sixième et septième année, sainfoin. Voici un autre assolement : Première année, fumier et fèves ; deuxième, froment ; troisième, orge et trèfle ; quatrième, trèfle, et ainsi de suite. Les assolements sont le meilleur moyen de ménager les engrais ; on a moins à s'en préoccuper quand on a assez de fumier.

Les assolements varient beaucoup, avec 1° le climat ; 2° le sol ; 3° l'espèce de plantes ; 4° la nature des cultures, et 5° les conditions d'exploitation.

Le climat doit fournir à la plante la chaleur et l'humidité nécessaires à son développement total. Sous un ciel humide comme celui du nord et des hautes montagnes, il faut produire de l'herbe et élever du bétail ; quand l'humidité est moins grande et le climat plus doux, la culture de lin devient lucrative. Pour les pâturages, on se sert habituellement de ray grass, de festuques, trèfle blanc, esparcette, luzerne ou autres, suivant la nature plus ou moins poreuse du sol. Quand le climat est changeant, on doit chercher à diminuer les chances de pertes en semant des graines de printemps et d'automne, en semant la même plante à différentes époques ; le lin, par exemple, partie en mars, partie en mai, ou bien adopter le système des cultures mêlées, et semer ensemble, par exemple, des pavots, des carottes et du lin, et ainsi de suite.

Quand le sol est mobile, il faut tenir la moitié de la sole en herbe ; on peut y cultiver la festuque ovine, la pimprenelle, et surtout la spergule, puis la pomme de terre et le topinambour.

La luzerne et l'esparcette viennent dans un sol un peu plus ferme où elles n'atteignent guère plus de sept ans. La rotation pour un terrain sablonneux de la plus mauvaise nature, serait seigle avec festuque ovine, qu'on laisserait huit ans. Dans un terrain un peu meilleur, on emploierait seigle et deux ou trois ans de festuque ovine. Si la luzerne prospère dans ce sol, on y sèmera seigle, pommes de terre fumées, seigle de printemps et luzerne, qu'on y laissera cinq ans. Quand on a des moutons, il est avantageux de substituer les topinambours aux pommes de terre, parce qu'ils produisent davantage, et à moins de frais. La nature du sol change aussi les conditions d'exploitation ; car, tandis qu'il ne faut que 2 chevaux ou 4 bœufs pour cultiver 15 à 20 hectares de terre de bonne nature, il en faut un tiers de plus pour les terres fortes ou légères dans lesquelles les travaux s'accumulent sur une ou deux saisons seulement.

Il faut tenir compte de l'espèce de plantes, car les unes ombragent le sol et détruisent les mauvaises herbes, ainsi que le font le sarrasin et les pois, tandis que les autres les laissent vivre ; c'est le cas des céréales et des carottes ; il faut à ces dernières un sol riche et propre ; suivant que le sol est plus ou moins profond, on y semera des plantes à racines plus ou moins longues ; celles des céréales et du lin descendent à $0^m.10$; celles des papilionacées, du tabac et des pavots à $0^m.20$; celles du maïs, des pommes de terre, des haricots, des raves et du chanvre, à $0^m.30$; enfin, celles des betteraves, des chou-raves, du sainfoin, du trèfle et de la luzerne, sont encore plus longues. Pour qu'une terre profonde soit utilisée dans toute son étendue, l'assolement doit faire intervenir ces quatre longueurs de racines, les unes après les autres.

Relativement à la nature du fumier, on ne peut cultiver sur du fumier frais, que les légumineuses, les oléagineuses, les lentilles et les manufacturières ; les céréales versent alors, les carottes se bifurquent, les betteraves se remplissent de sels ammoniacaux, et les pommes de terre sont aqueuses ; tous ces inconvénients sont dus à l'énorme activité que le fumier frais imprime à la végétation, ainsi qu'à la surabondance d'ammoniaque et d'eau qu'il leur fournit.

On a cherché à baser les assolements sur la nature des cendres végétales, et on avait partagé les plantes cultivées en plantes à cendres riches en potasse, en chaux ou en acide silicique qu'on devait semer les unes après les autres, de manière à utiliser successivement chacun de ces principes; mais cette division ne signifie rien, puisque la nature des cendres varie avec celle des terrains; la paille d'avoine, dont la cendre contient 34 pour 100 d'alcalis quand elle a cru dans les terrains volcaniques, n'en renferme plus que 11 dans les terrains sablonneux, et on n'y trouve que de la chaux dans les sols calcaires.

Depuis longtemps, on cherche la cause pour laquelle la même plante ne peut pas revenir sans cesse sur le même terrain ; cette cause, c'est l'épuisement de l'humus ; aussi longtemps que le sol renferme ces excès d'humus, on peut y faire revenir la même plante; c'est ainsi que dans le Tchornoï Zem, ou terre noire des Russes, on ne cultive que du froment depuis longues années, et toujours avec le même succès. C'est pour avoir assez d'humus qu'il faut tenir, dans les sols pauvres, au moins la moitié du domaine constamment en prairie; on récolte alors assez de fourrage pour fumer suffisamment le reste.

Il est clair que les cultures sarclées doivent succéder à celles à la volée, afin d'ameublir et de nettoyer aussi bien que possible le sol.

Sans nous occuper des conditions économiques d'exploitation, nous rappellerons cependant que, pour fumer convenablement une terre de qualité moyenne, il faut un bœuf au pâturage pour 1 hectare, et à l'étable pour $1\frac{1}{2}$ hectare, et que, dans des terres de bonne nature, les champs ne doivent jamais s'étendre au delà du double des prés si on veut pouvoir les fumer convenablement. Enfin, il est important, afin de laisser dans le sol le plus possible d'engrais, de cultiver beaucoup plus tôt les plantes fertilisantes à feuilles développées et racines profondes, que les plantes épuisantes douées, comme les céréales, de caractères tout opposés.

Pour compléter ces considérations, nous allons passer en revue les plantes convenables à tous les terrains, ainsi qu'à tous les climats.

Composition.

Sables frais. Sarrasin, spergule, seigle, topinambour, trèfle blanc, pommes de terre, avoine, raves, vesces, lentilles .

4.

Sables un peu consistants. Lin, orge, millet, pois, tabac, garance, chou blanc, maïs, chanvre, pavot, colza, épeautre et trèfle.

Terres argileuses fortes. Froment, avoine, fèves et graminées.

Terres argileuses moins fortes. Froment, avoine, épeautre, fèves, haricots, vesces, pois, trèfle, orge, colza, raves et betteraves.

Terres fortes. Froment, seigle, épeautre, avoine, orge, pommes de terre, plantes à siliques, trèfle.

Ces terres sont les meilleures; quand le climat n'est pas humide, tous les végétaux y viennent bien.

Terres calcaires. Sainfoin, luzerne, trèfle, pois, vesces, haricots, froment, orge, avoine, épeautre, seigle, pommes de terre, cardère, colza, lin et chanvre.

Tourbières. Graminées.

Tourbières amendées. Sarrasin, avoine, raves, pommes de terre.

Climat.

Chaud. Vigne, maïs, houblon, tabac, millet, sarrasin, orge d'hiver, épeautre, chanvre, betterave, patates, garance, luzerne, arachide.

Tempéré. Toutes les céréales, pommes de terre, lin, chanvre, raves, trèfle, fruits à siliques, colza et graminées.

Humide. Froment, avoine, orge d'hiver, trèfle, pommes de terre, raves, vesces, lin, chanvre, graminées et spergule.

Sec. Seigle, maïs, orge d'été, luzerne, pois, sarrasin, épeautre et pimprenelle.

Nature des plantes.

Améliorantes. Sainfoin, trèfle, luzerne et graminées.

Innocentes. Mélange coupé en vert de seigle, avoine, pois et vesces, ainsi que fèves.

Épuisantes. Toutes les autres.

Voici quelques assolements basés sur les règles précédentes :

I.	II.
Froment.	Tabac fumé.
Avoine.	Épeautre, puis vesces en vert.
Pommes de terre fumées.	Orge.
Orge.	Trèfle.
Trèfle.	Épeautre et raves.
Colza ou chanvre fumé.	Betteraves ou pommes de terre.
	Avoine ou orge.

III.

Pommes de terre ou raves fu-
mées.
Orge ou avoine.
Trèfle.
Froment d'hiver.
Pois fumés.
Froment d'hiver et vesces en vert.
Avoine ou seigle.

IV.

Colza fumé.
Seigle.
Froment ou pommes de terre.
Orge.
Esparcette 5 ans fumée.
Épeautre.

Pommes de terre ou betteraves fumées.
Avoine.

V.

Colza fumé.
Seigle.
Froment.
Orge.
Luzerne.
Colza.
Froment.
Orge.

VI.

Raves ou pommes de terre fumées.
Orge.
Trèfle.
Froment.

Pour rendre à la terre sa fertilité initiale, de même aussi que pour l'augmenter, il faut y apporter des engrais.

On appelle engrais les débris organisés qu'on introduit dans le sol pour lui fournir l'humus qui lui manque ou qu'il n'a pas en quantité suffisante; ils sont d'origine végétale ou animale, mais le plus souvent mixte, et on les nomme alors fumiers.

Les engrais végétaux sont beaucoup moins usités dans les pays froids que dans ceux du Midi, parce qu'ils n'y produisent pas un effet suffisant; il faut, pour en tirer parti dans le Nord, leur adjoindre de la chaux, ou bien des déjections animales capables par leur fermentation d'amener leur transformation en humus et d'en augmenter la proportion. L'action des engrais végétaux peut être bien étudiée dans les pâturages des hautes montagnes où toute culture est impossible, ainsi que dans les forêts; là on trouve à la surface du sol, une couche quelquefois fort épaisse de terreau, qui donne à la végétation une vigueur que nous ne lui connaissons pas dans nos champs. Ce terreau est produit par la décomposition lente de bien des générations végétales dont les débris se sont accumulés, et ses effets merveilleux prouvent que les efforts de l'agriculteur doivent tendre à le produire en grande masse et à bas prix, afin de pouvoir en augmenter sans cesse la fertilité de ses terres. Si on pouvait douter encore que c'est bien à l'humus qu'on doit le développement extraordinaire des plantes cultivées,

il nous semble que le doute deviendrait impossible en présence
de ce qui se passe lors des défrichements des vieilles forêts.
Quand les arbres ont cédé leur place aux céréales, on obtient des
récoltes magnifiques, mais dont l'abondance diminue rapidement,
à mesure que la couche de terreau s'épuise ; comme ces terres n'ont
pas été fumées et que leur humus diminue avec chaque récolte,
il est clair que c'est lui qui en produit l'abondance d'abord, puis
la cessation dès qu'il a disparu. La fertilité de ces terres se re-
lève dès qu'on les fume ; donc les fumiers agissent comme l'humus et ne sont absorbables par les racines, que lorsqu'ils ont
passé à l'état de terreau. La transformation naturelle des plantes,
et surtout des bois en humus, est trop lente pour que l'homme
puisse en tirer parti ; aussi l'accélère-t-il dans les composts avec
de la chaux, et dans les fumiers avec les déjections animales, ou
bien en enfouissant seulement les parties molles et très aqueuses
des végétaux. On divise tous les engrais végétaux en deux classes
comprenant : l'une, ceux dont la décomposition est lente, comme
la sciure de bois, les écorces d'arbres, les feuilles toujours vertes
et sèches ; l'autre, ceux dont la décomposition est rapide, comme
les parties vivantes, telles que les racines et les feuilles enfouies en
vert.

Les seuls engrais végétaux qu'emploie la grande culture sont
ceux qui résultent de l'enfouissement des pailles, des racines ou
des plantes vivantes tout entières. On ne fume jamais avec les
pailles seules ; elles se décomposent d'ailleurs tout aussi lentement que la sciure de bois, le tan, les branchages et les joncs.

Quant aux racines qui restent en terre, après les récoltes, leur
poids s'élève, à l'état humide, en moyenne, par hectare, à :

1,500 ou	2,000	kilogr. pour	les céréales.
4,000 —	10,000	»	le maïs.
1,000 —	2,000	»	les papilionacées.
14,000 —	»	»	le trèfle.
46,000 —	»	»	la luzerne.
2,000 —	4,000	»	le colza.

Valant environ moitié autant de bon fumier consommé ; il est
clair d'après cela qu'aucune plante n'épuise le terrain d'une manière absolue.

La dernière classe d'engrais enfouis en vert, porte ce nom plus spécialement que les autres, parce qu'elle se compose de plantes enfouies en pleine végétation et encore toutes vertes. Ces engrais sont de la plus haute importance à cause de leur bon marché ; on ne peut les tirer que des plantes à végétation courte et développement foliacé puissant, telles que le sarrasin, le colza, les lupins, la madia, la spergule et autres analogues. Toutes ces plantes, semées dans une terre sèche, y donnent par hectare :

Les lupins, 30,000 kilogr. de substance fraîche pesant sèche 6000 kilogr.
Le colza,   15,000   »   »   »   3000   »
Les vesces, 12,000   »   »   »   2500   »
Le sarrasin, 10,000   »   »   »   2000   »
Le seigle,   9,000   »   »   »   3000   »

Pour l'ensemencement, il faut, par hectare, 5 hectolitres de lupins, 12 kilogrammes de colza ou navette, 2 hectolitres de vesces, 1 de sarrasin et 3 de seigle. Toutes ces plantes valent moitié autant de bon fumier et constituent un engrais actif, mais dont l'effet ne se prolonge pas au delà d'un an. Au lieu d'une plante seule, on sème quelquefois ensemble des vesces et de l'avoine, ou du maïs et des vesces. On sème ces diverses plantes après les récoltes d'été et on les enterre en automne, lorsqu'elles sont en pleine fleur, aussi tard que possible, afin qu'elles aient acquis tout leur développement. Les engrais enfouis en vert sont beaucoup moins efficaces dans les pays froids, que dans les régions chaudes, ce qu'il faut attribuer essentiellement à la différence de température qui permet à ces plantes d'acquérir un développement bien plus complet dans les régions chaudes que dans les nôtres. Il est probable qu'une autre cause favorise, dans les pays chauds, l'effet des engrais enfouis en vert, c'est la facilité avec laquelle l'humus y absorbe le nitrogène de l'air pour former avec l'hydrogène de l'eau, de l'ammoniaque, puis du salpêtre. Cette facilité est telle qu'il suffit de quelques semaines pour rendre au sol des salpétrières des Indes orientales tout le salpêtre qu'on leur a enlevé en les lessivant ; en conséquence nous pouvons affirmer que les engrais enfouis en vert *remplacent* sous tous les rapports le fumier dans les pays chauds à terre humide, tandis que dans les pays froids, il faut leur fournir l'ammoniaque qu'ils ne peuvent pas produire d'eux-mêmes en suffisante quantité au simple contact de l'air. Dans le Midi de l'Europe, on enterre les plantes telles quelles, tandis que dans le Nord, il faut les écraser d'abord au rouleau, les saupoudrer de chaux et les enterrer ensuite, afin d'en faciliter la décomposition. Quand on le peut, on substitue à la chaux, du lizier qu'on conduit sur le champ après le labour.

Les engrais enfouis en vert sont pour le cultivateur une ressource des plus précieuses, puisqu'ils lui permettent d'exploiter avantageusement des terres trop escarpées pour qu'on puisse y conduire du fumier et qu'ils lui fournissent le moyen de remplacer le fumier lorsqu'il vient à manquer. On ne doit pourtant pas se faire illusion, et croire qu'avec les engrais enfouis en vert on puisse se passer de fumier ; ils peuvent bien le remplacer, mais avec perte sur la récolte. La véritable utilité de ces engrais consiste dans la facile augmentation de la masse des engrais ; ainsi par exemple, en donnant une faible fumure à un engrais enfoui en vert, on mettra la terre en aussi bon état que si on l'avait fumée fortement, et on en obtiendra l'effet beaucoup plus vite ; on aide et augmente ainsi l'effet des fumiers, mais on ne les remplace pas. Dans le midi de la France, où il n'y a que peu de bétail, on enfouit des plantes qui ont crû ailleurs ; ce sont, tout spécialement, des joncs et du buis qu'on réduit en pâte ou en petits fragments, en les faisant piétiner sur les routes et dans les rues ; on pourrait en faire de même, dans le Nord, avec les bruyères et les gênets. Ces plantes produisent presque autant d'effet que les fumiers, et leur action se prolonge beaucoup plus longtemps que celle des engrais verts ordinaires, parce qu'elles contiennent du bois dont la décomposition est fort lente.

Rien ne démontre mieux l'insuffisance des engrais enfouis en vert, que l'impossibilité de cultiver d'une façon régulière les champs où on ne peut employer que cette fumure ; ainsi, par exemple, les peuples nomades de l'Asie et de l'Afrique labourent une prairie, y sèment de l'orge et passent l'année suivante à la culture d'un autre terrain, parce que l'expérience leur a appris que s'ils ensemençaient deux ans de suite, le même terrain n'ayant pas reçu d'autre engrais que celui qui provenait de la décomposition de son gazon, ils n'obtiendraient pas, la seconde année, une récolte suffisante. Ce produit de la récolte enfouie en vert est bien faible ; il serait beaucoup plus fort partout ailleurs que dans les terres privées d'eau et brûlées par le soleil, dont nous venons de parler. La jachère est un perfectionnement du système précédent ; elle laisse reposer la terre pendant une année, durant laquelle on la laboure fréquemment ; ce système applicable aux terres fortes, quand les engrais manquent, ne peut être accepté dans les terres légères qu'il ruinerait en peu d'années. Du reste, la culture alterne et la jachère sont les preuves les plus patentes d'une exploitation misérable, et on les abandonne partout où l'éducation du bétail est assez développée pour fournir au sol les engrais dont il a besoin.

Parmi les engrais purement végétaux, nous devons citer encore :

Les tourteaux dont les plus employés sont ceux de colza ; puis, dans le Midi, ceux d'arachide et de sésame, dont on emploie 12 à 1500 kilogrammes par hectare seuls, tandis que dans l'Europe centrale on ne donne que 700 kilogrammes de tourteau de colza qu'on applique délayé avec suffisante quantité de lizier. L'action des tourteaux est grande, mais de courte durée ; il faut se garder de les semer, comme quelques personnes le recommandent, sur les jeunes plantes dès qu'elles sortent de terre ; car si la sécheresse survient alors, l'huile restée dans les tourteaux en sort et bouche les pores des feuilles qu'elle mortifie. Il faut, au contraire, enterrer les tourteaux, mais moins profondément que le fumier. Cet engrais est trop peu abondant pour qu'il joue jamais un rôle important dans la grande culture ; son application devrait se borner aux jardins potagers où elle rendrait d'immenses services.

Les débris de malt, soit la poussière, les tigelles et radicules qu'on sépare de l'orge germée, après sa dessiccation, constituent un engrais plus actif que le fumier ; on l'applique à la dose de dix à vingt sacs par hectare après l'avoir humecté avec du lizier.

La sciûre de bois, les marcs de raisins, de pommes et d'olives, ainsi que la poussière et les débris de tourbes sont de bien précieux engrais qu'on néglige cependant presque partout, parce qu'on ne sait pas les employer. Introduits tels quels dans le sol, ils s'y détruisent lentement ; surtout la sciûre de bois et la poussière de tourbe, tandis que mélangés d'abord avec de la chaux éteinte à l'air, ils s'altèrent assez vite et produisent un effet très grand. Tous ces engrais sont, à cause de leur consistance, mieux appropriés à la fumure des terres fortes, que de celles qui sont légères ; sauf pourtant le tourteau de pommes dont l'altération est rapide. On peut les appliquer aux terres les plus légères, après leur avoir fait subir un commencement de décomposition en les stratifiant par lits alternatifs avec de la chaux ou du fumier ; 30 à 40 sacs de sciûre de bois seraient une fumure très forte pour l'hectare.

On doit éviter soigneusement d'employer le marc de raisin non distillé parce que le papillon de la vigne déposant ses œufs sur la rafle, ils éclosent dans la terre qu'ils infestent de ces terribles vers gris qui sont le désespoir des jardiniers plus encore que des vignerons. Rien de semblable n'arrive avec le marc distillé dont les œufs de papillons ont été détruits par la chaleur.

Les herbes aquatiques d'eau douce constituent un engrais puissant dont l'action est malheureusement de courte durée ; celles d'eau salée ne peuvent être utilisées que dans les terres fortes, à cause de leur richesse en sel ; leur action est tout aussi énergique et un peu plus prolongée.

Quoique les engrais animaux soient infiniment plus actifs que les engrais végétaux, ils sont très rarement employés purs, tant parce que leurs effets sont trop brusques et trop violents, que parce qu'ils se putréfient assez rapidement pour rendre leur usage difficile et quelquefois dangereux pour l'homme. On fait donc bien de n'employer ces substances qu'unies avec des débris végétaux, avec des substances minérales ou bien encore, lorsqu'elles ont passé à l'état de terreau ; c'est ainsi qu'on utilise les animaux morts. Le cadavre est jeté dans une fosse profonde où on l'entoure de chaux vive sur laquelle on rejette la terre ; au bout de quelques semaines, on ouvre la fosse ; jette le terreau sur les champs et brise les os qu'on y répand ensuite.

Les os sont formés de :

Gélatine	33
Carbonate et phosphate calciques	67
	100

On peut donc les envisager comme un mélange naturel de substances animales et de chaux; ils constituent un engrais des plus puissants qu'on emploie en poudre à la dose de 4 à 6,000 kilogr. par hectare; leur action se prolonge pendant deux ou trois ans; il ne faut pas les employer dans les terres légères qu'ils divisent de la manière la plus fâcheuse; nous en dirons autant des tournures et râpures de cornes, ainsi que des poils qu'on applique à la dose de 1,500 kilogrammes par hectare, qu'on ne peut du reste employer qu'unies au fumier ou à la chaux, parce que leur décomposition est trop lente.

Le noir animal des raffineries est un engrais excellent pour les terres fortes; il réunit à une grande quantité de chaux, du charbon très divisé et accompagné d'une proportion considérable de substances animales et végétales dont la décomposition est rapide.

Le poussier de charbon est aussi favorable à la culture des terres fortes qu'il divise beaucoup et longtemps à cause de la difficulté avec laquelle il se détruit. Si cette substance était plus abondante, elle jouerait un grand rôle dans l'amélioration des terres argileuses blanches, qu'elle diviserait, tout en leur donnant la faculté d'absorber les rayons solaires, parce qu'elle les teindrait en noir. Le poussier de charbon a décidément passé dans les jardins fleuristes où on s'en sert pour diviser la terre dans laquelle on met les végétaux à racines très déliées, comme les bruyères par exemple.

Le sang frais est le plus actif des engrais animaux; son action est tellement violente qu'aucune plante ne le supporte; sauf, peut-être, la pomme de terre. Desséché, le sang est employé à la dose de 750 kilogrammes par hectare; il surexcite la végétation; aussi ne faut-il l'appliquer qu'aux récoltes industrielles qui demandent un sol déjà riche par lui-même.

Les engrais animaux les plus généralement usités seuls sont ceux qui résultent de la digestion, et que nous allons étudier dans l'ordre de leur richesse décroissante.

Les excréments humains sont d'autant plus actifs qu'ils proviennent d'hommes mieux nourris; il en faut de 6,000 à 8,000 kilogrammes par hectare. On ne doit les appliquer frais et purs qu'avant le labour, et on le fait rarement; en général on les délaie avec 4 à 5 fois leur volume d'eau et on les verse sur les prairies, ou les graines malades. Le mieux est d'en faire des composts avec des débris végétaux, ou de la terre, ou bien de les dessécher et d'en fabriquer de la poudrette On prépare la poudrette en grande quantité dans le voisinage de toutes les grandes villes où elle donne lieu à un commerce aussi considérable que lucratif. La poudrette est un engrais trop actif pour la grande culture ; elle est excellente, en échange, pour la culture maraîchère qui est aussi son débouché essentiel.

L'urine humaine est trop active pour qu'on l'emploie seule ; il faut l'étendre de 5 fois son volume d'eau, et le mieux est toujours de la verser sur les composts dont elle accélère la décomposition et qu'elle enrichit beaucoup.

Les déjections solides des bêtes à cornes contiennent 77 pour 100 d'eau ; leur rapport à la masse d'aliments ingérés varie avec la nature de ces derniers. Dans l'alimentation au foin, les déjections humides représentent le double, et sèches, la moitié du poids des aliments, tandis que dans l'alimentation au vert, ils représentent humides la moitié, et secs un huitième de ce poids, et dans l'alimentation avec les racines, ils égalent humides, les six dixièmes, et secs un douzième du poids des racines consommées. Ce n'est guère que dans les alpages qu'on emploie cet engrais tel quel ; on le répand alors aussi uniformément que possible à la surface des prés ; il vaut infiniment mieux le délayer dans 5 fois son volume d'eau et en faire une espèce de lizier qu'on verse sur les champs après qu'il a fermenté pendant un mois. Cet engrais s'applique à la dose de 480 hectolitres sur les céréales et de 960 sur les prairies ; il est tellement actif que grâces à lui on peut fumer un hectare, pour les récoltes les plus épuisantes, avec les bouses de deux bœufs de moyenne taille mangeant chacun 10 kilos de foin par jour. Cet admirable effet s'explique sans peine par la rapidité de la décomposition de la fiente des bêtes à cornes, qui passe en peu de jours à l'état d'humate alcalin qu'absorbent directement les racines.

Les excréments des chevaux contiennent 70 pour 100 d'eau ; ils sont secs et s'échauffent très facilement, aussi faut-il les arroser pour les empêcher de dégager de l'ammoniaque et de se moisir ; le meilleur moyen de les utiliser, de même aussi que les crottins de moutons, serait sans doute de les appliquer à l'état de lizier ; jusqu'ici on ne les a pas employés seuls.

Les déjections des moutons renferment 68 pour 100 d'eau ; aussi en rendent-ils 128 pour 100 de foin consommé ; on les emploie presque toujours seuls puisqu'on les fait répartir à la surface du sol par les moutons qu'on y parque ; leur action est si énergique qu'on ne peut guère les utiliser que pour les fourrages racines et pour les plantes oléagineuses, elles couchent les céréales.

Comme chaque mouton de forte taille mange par jour 4 kilogr. d'herbe verte et en rend 2 de crottins, il faudra 5,500 moutons pour fumer en une nuit un hectare auquel ils donneront 11,000 kilogr. de crottins, valant plus que leur poids de bon fumier consumé. Cette fumure est excessivement forte, parce que son effet ne dure qu'un an, pour une terre en bon état à laquelle on n'applique généralement que 20,000 kilogr. au plus, de fumier, pour trois ans. Dans le sud de la France où les moutons très petits ne pèsent en moyenne que 17 kilogr., il faut 10,000 moutons pour obtenir le même effet.

Comme les crottins de cheval et de mouton contiennent peu d'eau, et fermentent avec énergie, ils sont appropriés à la fumure des terres fortes, tandis que les déjections des vaches et des porcs sont mieux appropriées à celle des terres légères et chaudes. De toutes les déjections de mammifères, celles des porcs sont les plus remarquables par la difficulté avec laquelle elles fermentent, ce qui les a fait regarder depuis longtemps comme un engrais froid ; la digestion est tellement parfaite chez le porc qu'il ne rend guère que les cendres et le ligneux des aliments qu'il reçoit ; aussi son fumier ne se décompose-t-il pas plus vite que des débris de végétaux seuls.

Les excréments des oiseaux appartiennent aux engrais les plus actifs et les plus chauds ; aussi ne doit-on les employer qu'avec circonspection dans les terres sèches ; formés essentiellement de carbonate ammonique, ils agissent aussi comme ce précieux engrais dont ils ont l'activité, ainsi que la durée éphémère, aussi faut-il s'en servir avec précaution dans les terres sèches et surtout dans celles qui sont pauvres en humus, parce qu'ils y provoquent une végétation tellement luxuriante qu'elle les épuise bien vite. Les déjections des poules et des pigeons, appelées poulaitte et colombine, s'emploient en poudre, à la dose de 2,000 ki-

logrammes par hectare qu'on sème en poudre sur les végétaux
avant ou pendant la pluie ; on peut aussi les répandre en même
temps que la semence. C'est le moyen le plus sûr de faire rever-
dir au printemps les blés fatigués par un long hiver. Cet engrais
n'est pas assez usité dans les jardins potagers où il opère un
effet remarquable, surtout sur les choux ; il était beaucoup plus
employé chez les Romains qu'il ne l'est actuellement ; on allait
alors, jusqu'à entretenir d'immenses volières uniquement pour
avoir assez de fiente d'oiseaux. Le guano est formé par la décomposition des excréments des oiseaux de mer ; il possède toutes les
propriétés de ceux des oiseaux de basse-cour ; mais son action
est encore plus forte ; aussi ses effets sont-ils prodigieux dans
des terres humides et riches en humus, tandis qu'il ne fait qu'é-
puiser les terres fortes ; tous les propriétaires devraient défendre
à leurs fermiers d'utiliser le guano et les engrais salins en général qui dévorent l'humus du sol sans le remplacer.

Les crottins des vers à soie constituent aussi un engrais énergique qui se décompose assez rapidement pour qu'il faille l'en-
sevelir de suite quand on veut en profiter ; nous en dirons autant
des cadavres des poissons, des chenilles, des hannetons ou des
sauterelles dont des années exceptionnelles couvrent nos côtes,
ou nos champs.

Le lizier ou purin est le produit de la putréfaction de l'urine
de tous les animaux domestiques ; c'est une dissolution de carbonate ammonique ; mais elle est rarement pure, et comme il s'y
mêle 3 ou 4 fois son volume d'eau avec laquelle on arrose le fumier et qui entraîne de l'humus et des sels, il s'ensuit que le
lizier est une solution très étendue de carbonate et d'humate ammonique dont l'action fertilisante est prodigieuse ; on en verse
400 hectolitres sur les céréales et 800 au plus sur les prés, par
hectare. Le lizier pur, de vaches contient 17 millièmes de substances solides dont 6 de matières organiques et 11 de sels potassiques, sodiques et calciques. Un bœuf bien nourri en donne par
jour 20 à 30 litres, soit environ 20 kilogr., dont l'action moyenne
équivaut celle de 10 kilogr. de fumier bien décomposé. Depuis
quelques années, on s'est mis à ajouter au lizier de l'acide sulfurique ou des sulfates calcique ou ferreux, ce qui en transforme
l'ammoniaque en sulfate, qui n'a plus d'action directe sur les vé-

gétaux, et qui en précipite tout l'humus; ces coûteuses innovations sont ici très fâcheuses, puisqu'elles rendent lent un engrais actif et qu'elles en diminuent la richesse. Nous avons déjà
dit que, quoique le lizier soit déjà une solution fort étendue, on
ne doit jamais le verser sur les plantes par un temps sec, parce
que le carbonate ammonique qu'il laisserait en s'évaporant sur
les feuilles des plantes les corroderait. Comme cet engrais s'applique en toute saison, sur toutes les plantes, toujours avec succès, son usage ne peut être assez recommandé.

Les engrais les plus employés sont ceux qui sont formés d'un
mélange en proportions variables de substances animales et
végétales dans lesquelles ces dernières dominent cependant et
qu'on appelle composts ou fumiers. On appelle spécialement composts le mélange de substances végétales avec des terres, ou de
la chaux, et fumier, le mélange de la paille avec les déjections
du bétail. L'action des fumiers est si grande sur tous les végétaux qu'ils méritent bien d'être appelés la base et la clef
de l'agriculture; le cultivateur riche en fumier possède en abondance tous les produits des champs. Il est facile de juger le
développement de l'agriculture d'un pays à la simple inspec-
tion de ses fumiers qui sont d'autant mieux tenus, d'autant
plus abondants, qu'elle est plus florissante. Dans les grandes
plaines de la Suisse, à Genève, à Neuchâtel et tout spécialement
aussi dans l'Oberland Bernois, on soigne les fumiers d'une façon
extraordinaire; les paysans mettent une espèce de coquetterie
dans la disposition des tresses de paille dont ils les enlacent et
qui sont d'une propreté inconcevable quand on en ignore le but,
qui est d'accélérer la putréfaction en empêchant l'eau et l'ammoniaque de se dégager. Le but est si complétement atteint de cette
manière qu'à deux centimètres au-dessous de la couche extérieure de paille, si fraîche et si propre, la putréfaction est déjà
complète, ce qui n'arrive jamais aux fumiers hérissés et informes
autour et dans lesquels l'air joue presque librement.

Les anciens Romains, dans le temps de leur haute puissance,
donnaient aussi à leurs fumiers des soins dont nous n'avons plus
d'idée; ils allaient jusqu'à les couvrir de branchages pour empêcher la pluie de les laver, et le soleil de les dessécher.

En Chine, où la population est tellement agglomérée que dans

certaines provinces il n'y a pas un centimètre carré de terre
inoccupé, on recueille et soigne les engrais avec des précautions toutes fabuleuses. En un mot, partout où la terre a une
grande valeur, partout où elle doit produire beaucoup, pour
payer avec usure les frais de culture, la valeur des fumiers augmente ainsi que les soins qu'on leur donne, d'où on peut conclure
que partout et dans tous les temps l'expérience a prouvé que ce
sont les fumiers qui donnent à l'homme le moyen le plus sûr de
multiplier les produits du sol. La plus grande partie des fumiers
est formée de débris végétaux qui se décomposent rapidement
sous l'influence des déjections animales dont ils sont pénétrés ; le
résultat de cette décomposition est de l'humus, ce principe actif
que nous avons vu se produire dans les forêts, dans les prairies,
et diminuer sous l'influence de la culture, d'où nous avons conclu
que l'humus était la base de la fertilité des terres. Il y a peu d'années qu'en opposition avec l'expérience de tous les siècles et de
tous les agronomes, des hommes de science ont cru que l'action
des fumiers gisait, suivant les uns, dans l'ammoniaque ; suivant
les autres, dans les cendres des fumiers, et que chacun de leur
côté, ils ont prôné leur théorie des engrais avec une telle conviction
qu'ils ont entraîné beaucoup de praticiens dans cette voie fatale
où plusieurs d'entre eux ont déjà trouvé la ruine. Mais dans les
temps où nous vivons, et où on rejette comme mauvaises toutes
les traditions quelles qu'elles soient ; dans ces temps où on admet
que tout ce qui est vieux est mauvais, il ne faut pas s'étonner si
beaucoup d'agriculteurs, adoptant ces nouvelles idées, vendent
leur bétail et ne traitent plus leurs terres qu'avec des amendements, ce qui est, certes, bien plus facile ; mais en tout semblable à l'illusion qui fait prendre aux enfants, pour la pièce essentielle des moulins à vent, la girouette qui en surmonte le toit.

Assurément l'ammoniaque et les cendres des fumiers ont une
action ; mais elle est si faible, quand on la compare à celle que
l'humus exerce seul sur les végétaux, qu'elle disparaît en totalité ; sans humus, l'agriculture est impossible, quelle que soit
d'ailleurs la provision de sels ammoniacaux et de phosphates
ou autres sels alcalins qu'elle possède. Nous l'avons déjà dit, une
terre est d'autant plus fertile qu'elle est plus riche en humus ;
nos bonnes terres de jardins, qui ne se lassent jamais de donner

avec profusion toute espèce de légumes en contiennent au moins onze pour cent de leur poids, tandis que nous pouvons à peine apprécier la quantité d'acide phosphorique et d'alcalis qui l'accompagne. Avec ces fatales théories, on égare l'agriculture et on comprend pourquoi beaucoup de cultivateurs se défient des innovations agricoles et ne les acceptent qu'après les avoir vu adopter avec succès pendant plusieurs années, par d'autres.

Les soins qu'on donne aux fumiers ont pour but de les transformer rapidement en humus. Pour cela, il faut que les fumiers soient tenus à une température assez élevée, qu'ils soient garantis contre l'action desséchante de l'air, ainsi que du soleil, et humectés avec une quantité de liquide suffisante pour leur donner la plus grande consistance possible ; une bonne fosse à fumier doit réunir toutes ces conditions de réussite. Comme l'établissement de la fosse à fumier nécessite un creusage ou un transport de terre assez considérable, il faut calculer d'abord sa grandeur, ce qui est facile quand on sait qu'un mètre cube de fumier pèse 700 kilogr., et que chaque bête donne en fumier juste le double du poids du foin ou de la valeur en foin des aliments qu'on lui donne. La fosse à fumier devra donc présenter une capacité de 15 à 17 mètres cubes pour chaque bête chevaline ou bovine, et de 1 à 2 mètres cubes pour chaque mouton, suivant leur taille. S'il faut régler la capacité de la fosse à fumier d'après le nombre de têtes de bétail que possède l'exploitation agricole, il est plus important encore de borner ou d'étendre les terres cultivées d'après la quantité de fumier produit, ou, ce qui revient au même, d'après le nombre et l'espèce de bétail. Nous avons dit ailleurs que l'agriculture était impossible sans humus, nous ajouterons maintenant : sans fumier pas d'agriculture prospère, et nous complétons notre pensée en disant que les produits des terres étant en rapport exact avec la quantité de fumier qu'elles reçoivent, il vaut mieux en cultiver peu et les fumer fortement, que beaucoup et les mal fumer ; le produit est dans le premier cas plus grand et la peine moindre ; tel est le secret des Suisses, des Lombards, des Anglais et de tous les hommes dont les terres bien cultivées donnent de belles rentes.

La capacité de la fosse une fois fixée, on en dispose l'aire en carré régulier qu'on garnit de glaise bien battue sur laquelle on répand le sable destiné à recevoir le pavé en cailloux, ou mieux, en dalles. Le pavé, incliné du sud au nord, et des deux côtés vers le centre, amène toutes les eaux de fumier dans une rigole d'où elles s'écoulent dans un réservoir garni de planches ou de pierres, où on les puise. Autour de ce solide pavé on élève des murs de terre fortement battue, et à la base desquels on donne une largeur d'autant plus considérable que le fumier doit être plus élevé; verticaux en dedans, ces murs descendent en dehors en talus qu'on utilise pour la culture des plantes qui, comme les courges, demandent une terre excessivement fertile, en même temps que chaude et humide. On ferme ainsi la fosse de trois côtés, ne laissant ouvert que celui du nord au devant, et en avant duquel on place le creux de lizier. Cette disposition présente un seul inconvénient, celui de la difficulté qu'il y a à amener le fumier frais sur des tas quelquefois assez élevés; il est heureusement facile d'y remédier. En général, on a tort de creuser les fosses à fumier au-dessous de la surface du sol, parce que l'eau s'y accumule et empêche la paille de subir une fermentation suffisante; le fumier se noie et oblige à charrier à grands frais sur les terres une quantité d'eau fort inutile, et même nuisible, en ce sens qu'elle rend assez difficile une égale répartition de fumier à la surface du sol; comme d'ailleurs, le curage de ces fosses est difficile, il est par cela même plus coûteux que celui des fosses placées au niveau du sol.

Dans les régions sèches ou pluvieuses, il faut encore garantir le fumier en le plaçant sous un toit de chaume bien aisé à établir à l'aide de quelques perches sur lesquelles on attache de la paille longue, ou étend de grands paillassons. On enlève ce toit mobile toutes les fois que, le fumier étant sec, la pluie n'est pas trop abondante, ce qui régularise la fermentation du fumier ainsi que la quantité de lizier qu'il doit produire. Quand on a assez de lizier, il vaut mieux le pomper sur le fumier que de faire intervenir l'eau pluviale ou autre, parce qu'elle ne provoque pas la décomposition de la paille au même degré que le lizier.

La fermentation diminue rapidement la masse du fumier en transformant sa volumineuse paille en terreau compact; c'est à tel point que 100 parties de fumier frais n'en pèsent plus que 75 à 80 quand il est à moitié décomposé, et seulement 50 quand tout le fumier a passé à l'état de masse noire homogène, onctueuse, et qui est essentiellement formée d'humus, ainsi que le prouve sa composition :

    Eau.   72,20
    Terreau   15,67
    Humate potassique.   1,16
    Sels potassiques.   0,85
    Carbonate calcique.   3,30
    Phosphate calcique.   0,40
    Terre et sable.   6,42
                                               ____
                                                   100,00

Ce qu'on transporte dans la fosse à fumier est le produit du mélange des déjections animales avec la litière qui est de la paille ou des feuilles ; afin de pouvoir apprécier les proportions dans lesquelles ce mélange a lieu, on doit savoir qu'un bœuf bien nourri, recevant 3 1/2 pour cent de son poids de foin, et le tiers ou le quart du poids de ce fourrage en litière, donne annuellement 12,000 kilogr. de fumier frais, et 8,000 seulement quand il passe un mois au pâturage. Dans des conditions analogues, le cheval donne annuellement 5 à 6,000 kilogr., le mouton 600 kil.; 350 kil. quand il passe six mois au pâturage, et le porc 480 kil. Il est évident, d'après ces chiffres, que les déjections animales constituent la majeure partie du fumier ; aussi la pratique enseigne-t-elle que le poids de fumier frais, produit par une tête de bétail, est en général égal au double du poids de sa litière, ainsi que de ses aliments ramenés à leur équivalent en foin.

Chaque matin on transporte la litière sale avec les déjections dans la fosse, où on la tasse fortement et l'arrose s'il y a lieu avec de l'eau, ou mieux, avec du lizier. La quantité du liquide employé doit être telle que le fumier en soit fortement et uniformément pénétré, il en faut beaucoup plus pour les fumiers de chevaux et de moutons que pour ceux de vaches et de porcs. Le fumier se consomme d'autant plus vite qu'il est plus chaud, tout en restant humide ; sa fermentation est même alors quelquefois tellement intense, qu'elle le dessèche assez complétement pour lui permettre de moisir si on ne se hâte pas de l'arroser.

Au sortir de l'étable, le fumier est formé d'environ :

Déjections. 90
Paille. 10
                                          ———
                                          100

contenant 9 pour cent de parties solubles dans l'eau ; ces parties
constituantes, très visibles d'abord, finissent bientôt par se confondre en passant à l'état de terreau homogène et très divisé.
Dans cet état, le fumier est directement absorbé par les plantes ;
aussi son action, qui est énorme, ne dure-t-elle pas longtemps ;
cet engrais est donc excellent pour les terres légères, trop sèches
pour que le fumier frais s'y décompose sans peine ; il est utile surtout quand on veut en obtenir un effet immédiat ; on ne doit pas
l'employer dans les sols argileux dont il augmente encore la ténacité par sa consistance graisseuse. Pour les terres fortes, le
mieux est d'employer le fumier au sortir de l'étable, tant parce
qu'il diminue leur consistance que parce qu'il leur fournit plus
lentement le terreau dont elles ont besoin. Une fois que le fumier
a passé à l'état d'humus, il cesse de s'altérer par lui-même aussi
longtemps qu'il est humide ; quand il se dessèche, en échange il
dégage des quantités fort considérables d'acide carbonique, d'eau
et d'ammoniaque ; c'est-à-dire qu'il s'oxyde, se brûle lentement ;
telle est la raison pour laquelle il importe tant de ne laisser jamais
les fumiers se dessécher.

On divise les fumiers en froids, comme ceux de porcs ou de
vaches, et en chauds, comme ceux de moutons et de chevaux,
ainsi que de volailles. Tous ces fumiers sont d'autant plus actifs qu'ils proviennent d'animaux mieux nourris ; ils sont d'autant plus aqueux que l'alimentation l'était davantage ; cela est si
vrai, que les fumiers d'hiver sont beaucoup plus actifs que ceux
d'été, parce que l'herbe avec laquelle on alimente les bestiaux
dans cette saison, est beaucoup mieux digérée que le foin qu'on
leur donne en hiver. Le fumier le plus pauvre est celui des porcs,
parce que ces animaux, recevant une nourriture demi-liquide, ils
la digèrent de manière à ne rejeter que des substances incapables de fermenter ; aussi ne faut-il pas s'étonner des qualités
froides qu'on attribue à ce fumier, quand on l'oppose à celui de
tous les autres animaux domestiques.

Le fumier de vaches est universellement employé ; il est le seul qui convienne à la culture de toutes les terres, quoiqu'à raison de sa consistance molle et de la grande quantité d'eau qu'il retient, il convienne mieux aux terres légères qu'à celles qui sont argileuses. Ce fumier convient à toutes les plantes.

Quant au fumier de porc, il est si pauvre qu'on fait bien de ne pas l'employer seul, quoique le houblon ne le redoute pas ; on le mêle en général avec le fumier de cheval dont il tempère l'ardeur. Le lizier de porc étant le plus pauvre en ammoniaque, à cause de l'énorme quantité d'urine que les porcs rendent, on l'emploie avec moins de danger seul, et presque sans précautions.

Le type des fumiers chauds est celui de cheval ; sa fermentation est si intense qu'il exige l'emploi de beaucoup d'eau pour ne pas se dessécher et moisir. On utilise cet énorme dégagement de chaleur pour chauffer les couches dans lesquelles on sème les plantes dont on désire accélérer le développement au printemps, comme le tabac et les choux. On devrait n'en point appliquer d'autre à la culture des terres fortes sur lesquelles il agit par sa paille en les divisant, par sa fermentation en les échauffant, et par son humus qu'il développe beaucoup plus rapidement que le fumier de vache.

A côté du fumier de cheval, vient se placer celui de mouton et de chèvre qui est encore plus sec ; aussi, pour pouvoir le travailler, est-on obligé de le laisser pourrir dans la bergerie, sous ces pauvres animaux qui vivent ainsi dans une atmosphère méphitique dont ils souffrent d'autant plus, qu'à l'état sauvage, ils habitent les montagnes élevées dont l'air pur et vif leur semble indispensable. Un moyen facile de remédier à la sécheresse de ce fumier, consiste à délayer les crottins avec de l'eau et à verser ce mélange sur la paille étendue et piétinée sur le fumier ; sa fermentation marche alors régulièrement, et livre un terreau de toute perfection. Dans notre climat, le fumier des moutons est assez peu de chose ; on utilise beaucoup plutôt les crottins de ces animaux en les envoyant pâturer les prés qu'on veut labourer, ou bien passer la nuit sur ceux qu'on vient de labourer, avant, ou après les avoir ensemencés. L'action du pacage se soutient pendant un ou deux ans au plus ; elle est fort avantageuse au tabac et aux plantes oléagineuses, mais elle est défavorable aux betteraves dont elle diminue le contenu en sucre, et surtout a l'orge

qu'elle empêche de lever, ou qu'elle fait lever inégalement, et
dont elle diminue tellement la richesse en fécule, que les bras-
seurs la rejettent pour la fabrication de la bière ; ces deux derniers effets sont dus à l'énorme vigueur que les déjections de
brebis impriment à la végétation, ainsi qu'aux sels ammoniacaux
qu'elles dégagent et qui, dans les betteraves, prennent la place
du sucre. Le pacage produit peu d'effet durant les étés chauds,
parce que les crottins restent à la surface du sol sans s'y décomposer ; il serait donc éminemment salutaire aux terres humides,
qui sont malheureusement fort nuisibles à la santé des bêtes à
laine, qu'on n'ose y conduire que dans des conditions tout à fait
exceptionnelles de sécheresse. Dans les terres sèches, le mieux
est de parquer avant le labour, ou sur les fourrages qu'on veut
enterrer en vert.

Le fumier de volailles et des autres oiseaux en général, est le
plus chaud de tous ; aussi ne doit-on l'employer qu'avec la plus
grande circonspection.

Dans les fermes soignées, on établit une fosse destinée aux
composts, qui sont des engrais complexes formés de terre, ou de
marne avec des débris animaux, et surtout végétaux, de toute
espèce et en quantités très variables ; le produit de leur décomposition est encore du terreau beaucoup moins riche, il est vrai,
que celui de fumier, mais dont l'action est bien plus durable ; ils
sont d'une immense utilité pour la culture des arbres fruitiers,
des vignes et des prés. On construit les fosses à composts absolument comme celles à fumier, en déposant au fond une couche
assez épaisse de petits branchages, mousses, pailles et feuilles
sèches, sur laquelle on répand un peu de chaux vive ou de cendres ; on achève de remplir le creux de couches alternatives disposées de la même manière et auxquelles on ajoute un peu de
terre ou de marne, afin de leur donner plus de consistance. On
arrose fréquemment les composts avec de l'eau de cendres, ou
mieux, avec du lizier, sous l'influence duquel la fermentation se
développe assez vite pour que la transformation en terreau soit
achevée en peu de semaines. C'est ce mode de décomposition qu'il
faut appliquer au marc de raisins dont l'acidité est si grande que
sa transformation n'est pas encore achevée au bout de trois ans
quand on l'enterre tel quel, à la tourbe, aux feuilles sèches et au

tan pour lesquels nous devons répéter ce que nous venons de dire
pour le marc de raisins ; la chaux qu'on jette sur ces produits
végétaux en accélère la décomposition, non pas, comme on le
croit généralement, en vertu d'une action décomposante toute
spéciale, mais tout simplement en saturant les acides qui s'en dégagent, et dont la présence empêche toute fermentation ; nous
avons déjà vu ailleurs que c'est parce qu'ils contiennent les
acides acétique, tannique et malique, que les sphaignes des tourbières peuvent se conserver intacts sous l'eau pendant de longues
années. En Suisse, nous n'employons guère, pour les composts,
que la paille de colza, les petits branchages, les feuilles sèches,
la sciure de bois et la poussière de tourbe, que nous mêlons avec
de la terre ou bien avec la poussière des routes.

L'époque de la fumure des terres varie avec leur nature ; on
fume les terres froides au printemps et en été, tandis que c'est
en automne et en hiver qu'on fume les terres chaudes et légères ;
et toutes choses égales d'ailleurs, on applique le fumier frais aux
plantes qui, comme le trèfle et la luzerne, occupent longtemps
le sol, tandis qu'on garde le fumier consommé pour celles qui,
comme le lin, le chanvre, les pommes de terre, le tabac et les
légumes, ont une végétation de courte durée, et exigent par conséquent un engrais qu'elles puissent utiliser de suite. Les plantes
qui supportent le mieux le fumier frais, sont : le tabac, les choux,
le maïs, les féverolles, les betteraves, les pommes de terre, les
fourrages mêlés qu'on utilise en vert ; puis, mais moins bien,
l'épeautre, le seigle, le lin et le chanvre. Le lin et l'orge craignent le fumier pailleux ; sans doute, parce qu'il n'est pas assez
nutritif pour eux. La vigne est un des végétaux qui redoutent le
plus le fumier récent ; sous son influence, elle pousse avec une
grande vigueur et donne beaucoup de grappes, mais qui pourrissent avec une désespérante facilité. De plus, le vin qu'on retire de ces vignes devient facilement gras ; tous ces inconvénients
sont dus à ce que les raisins sont aqueux, et à ce que les feuilles
trop abondantes les couvrent de manière à les empêcher de mûrir. On peut employer le fumier récent à la culture des graines
du printemps, pourvu qu'on l'enfouisse en automne ; le mieux
est cependant toujours de l'appliquer aux plantes qui les précèdent, et qui sont les betteraves, les pommes de terre et le colza.

Quand la végétation d'un champ souffre, on le fume quelquefois en couverture, c'est-à-dire qu'on répand le fumier sur les plantes qui le couvrent, ou on le laisse jusqu'à ce que les pluies en ayant dissous toutes les parties solubles ou très divisées, il n'y reste plus que la paille qu'on enlève facilement. On guérit ainsi les blés qui ont souffert sous l'influence de gels et dégels successifs; et comme il faut, dans ce cas, que l'action soit prompte, c'est toujours du fumier très consommé qu'on prend pour cette application, avec laquelle on sauve toute la récolte. Quand le mal n'est pas très grand, on se contente d'arroser avec du lizier. Il faut bien se garder de fumer en couverture en automne, parce qu'on expose les plantes à s'étioler et à pourrir, ainsi qu'à être arrachées, parce que la couverture accélère le dégel.

Quand on cultive des plantes douées d'une végétation très active, comme le tabac, le pavot, les choux, les raves et les carottes, il faut leur donner, pendant leur vie, un supplément d'engrais qu'on dépose autour de leur pied, et qui est du terreau, ou bien du lizier, dans le cas où le sol est déjà très riche par lui-même.

Dans la grande culture, on ne fume que tous les deux, trois ou quatre ans, ce qui dépend de l'abondance de la fumure, de la nature du sol, du climat, et de l'espèce d'assolement. Quant aux champs de choux et de tabac, de chanvre, de pavots, ainsi qu'aux jardins potagers, ils exigent impérieusement la fumure annuelle et forte. Nous indiquerons la quantité de fumier nécessaire à chaque végétal, quand nous en tracerons l'histoire.

Il faut fumer les terres légères plus souvent et plus fortement que les terres fortes, parce qu'étant très divisées, elles oxydent et détruisent rapidement l'engrais; on leur donne tous les deux ou trois ans, 40 à 48 chars de fumier d'un mètre cube environ, pesant 5 à 600 kilogr. l'un, de fumier consommé; soit 24 à 25,000 kilogr. par hectare. On fume les terres ordinaires tous les quatre ou cinq ans avec 29 à 30,000 kilogr., et les terres lourdes, tous les six à neuf ans, avec 36 à 37,000 kilogr.; les jardins consomment chaque année de 50 à 60,000 kilogr. de fumier par hectare, et n'ont pas de peine à le payer. Aux terres lourdes, on donne l'engrais tel qu'il sort de l'étable, tandis que, si on veut le voir produire de l'effet dans les terres légères, il faut le laisser fermenter d'abord.

Le même genre de terre exige plus d'engrais dans les climats chauds et secs que dans ceux qui sont froids et humides, ce qui est tout naturel, puisque les plantes se développent, dans le dernier cas, avec beaucoup moins de vigueur que dans le premier, et qu'elles produisent beaucoup moins ; cette différence n'est, du reste, pas fort sensible, parce que, dans les pays chauds, les plantes de même espèce enlèvent beaucoup plus d'acide carbonique à l'atmosphère que dans les régions froides. C'est pour cette raison que toutes les plantes qui se développent avec vigueur dans les pays froids sont fertilisantes ; leur énergique organisation leur permet de lutter avec avantage contre notre pâle soleil, et d'enlever à l'atmosphère la plus grande partie de leur nourriture. Ces considérations devraient nous guider plus souvent dans le choix de nos plantes cultivées qui, généralement empruntées à un ciel plus chaud que le nôtre, exigent pour y prospérer une somme d'engrais trop forte pour nos ressources ; ne pourrions-nous pas substituer le coquelicot au payot, la moutarde sauvage au colza, les vigoureux brômes à grosses graines au froment, nos vivaces pois sauvages à ceux qui sont cultivés, et la vigoureuse gesse tubéreuse à la maladive pomme de terre ? C'est à la vigueur de leur végétation que le trèfle, la luzerne, les fèves, le sarrasin et les topinambours doivent de pouvoir donner des récoltes presque sans engrais ; c'est parce qu'elles développent peu de feuilles que les céréales dévorent une si grande masse de fumier.

La quantité d'engrais employée varie avec la nature de l'assolement ; il en faudra beaucoup dans le cas où il entraîne la culture de plusieurs céréales ou autres plantes épuisantes ; il en exigera peu ou point, s'il se compose essentiellement ou uniquement de végétaux qui, comme tous ceux dont la foliation est vigoureuse, laissent beaucoup de débris organiques dans le sol.

La culture en lignes demande plus d'engrais que celle à la volée, parce que le sol moins couvert de feuilles est mal défendu contre l'action de l'air, qui brûle tout ce qui n'est pas couvert par les feuilles, ou en contact direct avec les racines.

Quoique la valeur relative des divers engrais ne puisse pas être fixée d'une manière absolue, on ne se trompe pas beaucoup en admettant que, si :

100 k. de sang ou bouse de vache secs produisent 1,400 k. de grains de froment sec,

    il faudra :
116 » de fumier de mouton sec pour obtenir   »   »
140 »   »   de cheval   »   »
155 »   »   de pigeons   »   »
200 »   »   de bœufs   »   »
280 » de terreau végétal   »   »
870 » de vesces fraîches   »   »
1700 » de paille sèche   »   »

Nous terminons ici l'histoire des engrais ; car connaissant l'è-quivalent des engrais, la quantité qu'en produisent les animaux domestiques et celle qu'exigent les diverses terres, ainsi que les diverses plantes, il est facile d'estimer combien il faut de têtes de bétail pour féconder un terrain et une culture quelconque.

CHAPITRE VI.

L'eau.

Quand le froid se fait sentir et que la température descend au-dessous de 0°, l'eau passe à l'état solide, elle se change en glace et conserve cette forme vers les pôles ainsi que sur toutes les hautes montagnes où le froid est assez vif pour qu'il y gèle durant toute l'année. Quand l'eau gèle, elle augmente de volume ; aussi la glace est-elle, à volume égal, moins lourde qu'elle d'environ un dixième ; ce qui fait qu'elle se forme à la surface des eaux et non pas dans leur sein ; elle ne se dépose au fond des rivières, que dans le cas où leur eau étant limpide et le ciel transparent, les pierres qui le garnissent se refroidissent par le rayonnement plus que l'eau elle-même et retiennent à leur surface la glace à mesure qu'elle se forme.

La force avec laquelle l'eau se dilate est si prodigieuse, qu'elle fait sauter les pierres les plus dures, fait éclater des arbres et réduit les terres les plus lourdes en une poussière déliée. Quand la glace fond, elle absorbe beaucoup de chaleur et se change en eau qui pèse, à + 4° C. et par litre, un kilogramme ou 1000 grammes : elle est donc 773 fois plus lourde que l'air, dont un litre ne pèse à cette température, que 1^{gr}·293. L'eau liquide continuant à absorber de la chaleur, elle entre en ébullition à 100° C. et donne 1700 fois son volume de vapeur d'eau, dont le litre pèse 0^{gr}·622 ; il est possible que l'énorme masse de vapeur que doit produire l'eau en arrivant dans le foyer incandescent des volcans, ne soit pas étrangère au terrible phénomène des tremblements de terre. Comme pour se changer en vapeur, l'eau absorbe cinq fois et demie autant de chaleur que pour passer de 0° C. à 100° C., il s'ensuit qu'avec un kilogramme de vapeur d'eau, on peut chauffer, de 0° à 100° C., cinq kilogr. et demi d'eau ; c'est sur ce principe que repose le chauffage à la vapeur qu'on emploie souvent en agriculture pour cuire différentes substances dans des vases en bois où on fait arriver un tuyau de vapeur.

L'eau s'évapore à toutes les températures et l'air en dissout d'autant plus, qu'il est plus chaud ; dans un mètre cube d'air, il y a à 0° C. 4^{gr}·868 de vapeur d'eau ; à + 10°, il y en a 9,355 ; à 15° C., 12,737, et à 20° C., 17,145, quand il en est aussi saturé que possible, ce qui n'arrive presque jamais, sans quoi on ne pourrait rien sécher à l'air. Quand de l'air chaud saturé d'humidité se refroidit brusquement, sa vapeur d'eau se condense et tombe sous forme de pluie, de neige ou de grêle, suivant que ce refroidissement est plus ou moins considérable. C'est cette incessante transformation de l'eau en vapeur et de la vapeur d'eau en pluie qui est l'agent le plus actif de la vie à la surface du globe. L'immense réservoir des mers fournit à l'atmosphère la masse d'eau qu'elle va déverser au loin à la surface des terres, dont les fleuves la ramènent sans cesse a la mer ; dans ce gigantesque trajet, l'eau a servi à l'alimentation des plantes, à celle des animaux, elle a fait sauter les roches, lavé les terres, et partie, chimiquement pure, de la mer, elle y revient chargée d'une multitude d'impuretés dont l'analyse des eaux de la Seine va donner une idée ; elles contiennent par litre :

Grammes.

	Grammes.
Bicarbonate calcique	0,174
« magnésique	0,062
Sulfate calcique	0,039
« magnésique et sodique	0,017
Chlorures calcique, magnésique et sodique	0,025
Sels potassiques	traces
Acide silicique, oxyde ferrique et aluminique	0,014
Matières organiques	traces
	0,331

L'eau de tous les fleuves présente une composition analogue à la précédente, à ceci près, qu'en général elle renferme peu ou point de sulfate calcique que la Seine enlève au sol même de Paris. Les fleuves amènent donc à la mer, de la terre en suspension avec des substances organiques ; puis, des sels calciques, magnésiques, sodiques et potassiques en dissolution ; or, comme la mer ne perd que de la vapeur d'eau pure, il est clair que ses profondeurs doivent se remplir des puissantes masses de substances solides qu'y amènent les fleuves et que, le niveau des mers doit tendre à s'élever ; c'est aussi ce qui arriverait si les foyers volcaniques ne soulevaient pas sans cesse de nouvelles montagnes. Les eaux détruisent les terres, et c'est le feu qui les forme ; la stabilité de la croûte terrestre est due à l'équilibre existant actuellement entre ces deux terribles éléments.

L'eau est formée en poids de :

Oxygène	88,888
Hydrogène	11,112
	100,000

Et comme elle est excessivement riche en oxygène, on ne doit pas être surpris qu'elle agisse comme un oxydant très énergique ; c'est le dissolvant universel ; et elle dissout en général une quantité d'autant plus grande des solides, que sa température est plus élevée ; de là vient qu'en faisant geler l'eau de mer, on en sépare le sel qu'à la température ordinaire elle tient en dissolution en grande quantité, comme le prouve cette analyse d'un litre d'eau de la mer Méditerranée dont la densité est à celle de l'eau pure, comme 1,026 : 1000.

Grammes par litre).

Chlorure sodique	27,22
» magnésique.	6,14
Sulfate »	7,02
» calcique	0,15
Carbonates calcique et magnésique	0,20
Sulfate potassique	0,02
	40,75

Les eaux des puits et des rivières sont d'autant plus pures que leur température est moins élevée ; aussi ne faut-il jamais irriguer les terres avec des eaux froides, non pas seulement parce que leur température basse arrête la végétation, mais aussi parce qu'elles ne donnent que fort peu de substances solides au sol. Toutes les eaux potables sont plus ou moins chargées de matières solides; celles des puits en contiennent le plus, parce qu'elles sont plus longtemps en contact avec le sol.

Si le globe semble avoir eu avec l'eau, dans des temps fort éloignés de nous, des rapports qui ont beaucoup changé l'aspect de sa surface, ceux qu'il a conservés avec ce fluide sont encore tellement importants, qu'on peut les regarder comme la cause qui la modifie encore le plus énergiquement. Qu'on songe seulement aux pluies et aux inondations qu'elles produisent, et on aura une idée de la puissance de l'eau ; néanmoins, son action lente, mais incessante, produit des effets bien autrement importants que les élans de sa fureur. C'est à la filtration continuelle des eaux à travers les terres cultivées que nous devons d'en voir la chaux disparaître, et passer dans le sous-sol. C'est l'eau qui fertilise nos champs, en en apportant les principes solubles aux racines des plantes ; c'est elle encore qui les frappe de stérilité, lorsqu'elle les change en marais ou qu'elle les couvre de sables ou de graviers. Avec les siècles, l'eau vient à bout de réduire en poussière les roches les plus dures, de combler les lacs, former des plaines et remplir le lit des rivières. Il n'y a dans l'eau de mer que $\frac{1}{1000}$ de sels calciques, et cependant cette faible proportion suffit aux animaux marins pour former leur coquille, aux madrépores pour développer leurs innombrables tiges en assez grand nombre pour produire de nouvelles îles qui surgissent sans cesse des bas-fonds de la mer du Sud.

La surface du sol reçoit l'eau de l'atmosphère, ou bien des sources et des nappes d'eau situées plus ou moins profondément au-dessous d'elle. Comme les eaux pluviales sont chargées d'acide carbonique et d'ammoniaque, elles sont fertilisantes, sauf dans le cas où trop continues, elles détrempent la terre et amènent l'impossibilité de la travailler, ainsi que la pourriture des végétaux qu'on lui a confiés. Quand les pluies sont excessivement fortes, elles entraînent les terres, des côteaux vers les vallées ; puis, grossissant les rivières, elles vont ravager au loin les plaines qu'elles envahissent. En général, on ne rencontre sous la zône tempérée, les pluies torrentielles et surtout les inondations, dont elles sont la cause, que dans les pays déboisés où chaque goutte d'eau, ayant libre cours, suit la pente du terrain qu'elle ne pénètre point. Nulle part l'effet du déboisement n'a été aussi terrible que dans le Haut-Valais, dont les forêts abattues en presque totalité sur la rive gauche du Rhône, ont laissé le champ libre à l'action des eaux ; du sommet à la base, ces hautes montagnes jadis couvertes d'un sol fertile dans lequel prospéraient les plus beaux bois sont absolument nues, au point que l'œil attristé y chercherait en vain un buisson, le vestige d'un gazon ; il n'y a plus rien que des pierres et une espèce de marne grise ; les pluies sont tellement abondantes sur les crêtes de ces montagnes qu'il ne leur faut que peu d'heures pour transformer le Rhône en un torrent assez impétueux pour renverser tout sur son passage ; là, les digues et les éperons sont inutiles, on n'arrêtera l'inondation qu'en replantant les forêts ; mais c'est l'ouvrage de plusieurs siècles ; tant il est vrai qu'il est aussi dangereux d'attaquer les vieilles forêts, que les constitutions politiques sanctionnées par de longues années.

L'action des arbres ne se borne pas à empêcher les pluies brusques et torrentielles en soutirant lentement l'humidité atmosphérique, ils retiennent et fixent aussi le sol dans lequel ils plongent leurs racines qui sont aussi fortes que multipliées et exercent sur les brouillards une action des plus remarquables, puisqu'ils les arrêtent et les condensent lentement, ainsi qu'il est facile de s'en convaincre lorsqu'en automne, les forêts d'arbres toujours verts sont couvertes par leurs tristes voiles. Dans ces conditions-là, chaque feuille se mouille ; puis, abandonnant

son eau a la branche qui la porte, et celle-ci au tronc, on voit
apparaître à sa base un courant continu qui, en se joignant à
celui des autres arbres de la forêt, a bientôt produit un petit
ruisseau, bien qu'il ne tombe pas à terre une seule goutte de
pluie.

Au Caire, il pleuvait jadis, deux fois par an; les pluies y ont
doublé et triplé depuis que Mehemet-Ali en a planté tous les alentours avec des acacias; partout l'effet est le même, les arbres
attirent les nuages chargés d'eau.

Le boisement des montagnes entretient la richesse des sources
qui jaillissent de leurs flancs; aussi les voit-on diminuer rapidement et même disparaître, quand on coupe les forêts. Les
sources dont l'origine est placée bien au-dessous de la surface
du sol ne sont pas du tout influencées par l'abondance des forêts;
nous avons déjà vu que ces dernières étaient faciles à reconnaître à la constance de leur température en toutes saisons; elles
sont donc les meilleures pour le cultivateur, puisqu'il est assuré
de les conserver. Un autre caractère des eaux superficielles est
tiré de la facilité avec laquelle elles se troublent lorsqu'il pleut,
ce qui les rend en général malsaines; en tout temps, elles sont
fortement chargées de matières organiques dont on reconnaît
facilement la présence à leur odeur de poisson; enfin, lorsqu'elles
passent sur des terrains calcaires, elles s'y chargent de bicarbonate calcique qu'elles déposent ensuite au contact de l'air,
sous forme de tuf, à mesure qu'elles laissent échapper l'acide
carbonique qui le tenait en dissolution. Les eaux très tuffeuses
encroûtent le sol et peuvent même le pétrifier tout à fait; aussi
doit-on éviter de les conduire sur les prés auxquels elles ne
peuvent que nuire.

Les eaux chargées de plâtre, frappent de stérilité les sols les
plus féconds; elles sont faciles à reconnaître à ce qu'elles coagulent le savon à tel point qu'on ne peut les employer pour les
lessives; c'est à la présence de ces eaux à une certaine profondeur au-dessous du sol que les pépiniéristes des environs de Paris
doivent de ne pas pouvoir élever de grands arbres, parce qu'ils
périssent dès que leurs racines sont assez longues pour atteindre
ces eaux qui les mortifient en fort peu de temps. Quand n'ayant
pas d'autre eau que celle qui est chargée de gypse, il faut l'uti-

liser, on doit y ajouter une dissolution de cendres ou de cristaux de soude, aussi longtemps qu'elle y fait naître un dépôt ou précipité blanc ; on peut alors la boire et l'employer aux arrosements sans aucune crainte.

Les eaux chargées de sels métalliques sont faciles à reconnaître à leur saveur âpre et salée ou aigre ; elles sont plus dangereuses encore que celles qui sont gypseuses, et il faut s'en défaire à tout prix ; dans cette classe d'eaux, on n'en trouve guère que de ferrugineuses ou de salées, et les premières abondent surtout dans le voisinage des marais où elles se forment par le contact de la tourbe avec l'oxyde ferrique du sol.

Quant aux autres sels qui peuvent charger les eaux, les plus répandus sont ceux de magnésie qui s'y rencontrent sous forme de chlorure ou de bicarbonate. A l'état de chlorure, la magnésie produit le dévoiement, puis des coliques, l'excitation des intestins, et enfin la mort ; nous en avons vu les effets, il y a quelques années, à Neuchâtel. Dans le cœur de la ville demeurait une famille opulente qui prise d'abord d'un dévoiement continuel, vit apparaître chez tous ses membres, puis chez ses domestiques, tous les caractères de la fièvre typhoïde ; la maladie frappa bientôt aussi les chevaux ; alors on nous envoya quelques litres de l'eau du puits qui alimentait la cuisine de la maison ; nous y trouvâmes du chlorure magnésique en quantité si considérables que nous n'hésitâmes pas à lui attribuer tous ces fâcheux effets. Le jour même où on cessa de faire usage de cette fatale eau, la maladie cessa de faire des progrès, et la guérison fut totale au bout de peu de jours.

Quand les eaux sont chargées de bicarbonate magnésique, leurs effets sont plus lents, mais tout aussi marqués ; elles produisent le goître, débilitent et favorisent le développement du système lymphatique presqu'aussi fortement que les eaux alcalines, dont l'usage prolongé est toujours excessivement nuisible à la santé. Ces eaux-là ont pour effet presqu'immédiat de développer le goître, dont l'apparition est le symptôme précurseur d'une maladie générale du système lymphatique ; cet effet a lieu parce que la magnésie passe dans le sang à la faveur des sels ammoniacaux, ainsi que des substances organiques, et qu'elle y exerce la même action que les alcalis ; de là l'insalubrité des eaux magnésiennes. Quant aux eaux magnésiennes s'ajoute l'absence de lumière et d'air, alors apparaissent en même temps que le goître tous les hideux symptômes du crétinisme ; nier l'action de la magnésie sur la formation des goîtres, c'est nier la lumière en face du soleil ; l'attribuer à l'absence de l'iode dans l'air et dans les eaux, c'est substituer à une vérité, une explication impossible, tant est microscopique la proportion d'iode qui semble exister dans l'air, l'eau et le sol ; nous allons le prouver par le fait suivant. Tout près de Neuchâtel, entre deux villages et au-dessous d'un autre, où on ne rencontre pas un seul goîtreux, habitent, dans une des expositions les plus magnifiques et les plus saines, deux familles, dont les fontaines sont alimentées par la même source, très superficielle et formée uniquement par les eaux pluviales qui doivent être iodées, puisque partout aux alentours les goîtres sont inconnus. Les parents, nés ailleurs, sont exempts de goîtres ; tous les enfants qui sont nés dans cet endroit en ont ; les eaux sont excessivement magnésiennes, et l'iode doit cependant n'y pas manquer, puisque les habitants des environs n'ont pas de goîtres ; à moins cependant que l'iode ne soit enlevé aux eaux pluviales par le terrain même d'où jaillit la source ; mais, dans ce cas encore, nous répéterons donc que c'est à la magnésie abondante dans les eaux qu'il faut attribuer le dérangement du système lymphatique, et non pas à l'iode qu'on aurait peine à y découvrir en quantité appréciable. Pour assainir les eaux chargées de bicarbonate magnésique, il faut les précipiter par l'eau de chaux ou de soude, ou bien les faire bouillir, ce qui est plus long et plus cher, mais aussi plus sûr.

Les eaux que fournissent les puits artésiens sont généralement excellentes, abondantes, régulières, douées d'une température constante, et tiennent en dissolution des alcalis qui, ainsi que nous l'avons déjà vu, favorisent beaucoup le développement de la végétation ; elles sont particulièrement utiles pour l'arrosement des prairies. Il est à regretter que le forage des puits artésiens soit tellement coûteux qu'il ne puisse pas être exécuté partout, ce qui rendrait d'incalculables services à l'agriculture. Comme ces eaux arrivent généralement de grandes profondeurs, elles sont privées d'air et conséquemment lourdes ; aussi faut-il les exposer au contact de l'atmosphère pendant quelques heures avant de les boire; cette précaution est d'autant plus nécessaire qu'elles contiennent des traces de sulfide hydrique qui pourraient bien nuire quand on en fait usage habituellement.

Les eaux boueuses et troubles sont les plus répandues et souvent les plus malsaines, parce que, chargées de matières organiques en décomposition, elles portent dans les animaux des germes de putréfaction qui en causent presque toujours la maladie ou la mort. Les eaux courantes sont peu à redouter quand elles sont troubles; les plus dangereuses sont celles qui sont stagnantes; c'est à elles qu'il faut attribuer la fièvre typhoïde, les fièvres de marais, peut-être aussi la peste chez l'homme, le charbon et la peste du bétail. A Strasbourg, la fièvre typhoïde ne sévit qu'au moment où les eaux du canal, s'élevant, elles passent dans les puits, dont elles changent tellement les eaux qu'elles déposent en quelques heures une matière gluante dans les vases où on les conserve; en Suisse, le charbon est inconnu partout où on abreuve le bétail avec de l'eau vive ou conservée dans des citernes; il n'apparaît que lorsqu'on le laisse se désaltérer dans les flaques d'eau bourbeuse qu'on rencontre dans les forêts; en Hongrie, la mortalité débute aussitôt que le bétail n'a plus pour boisson que l'eau des fossés; on ne peut donc assez se garer contre ces funestes eaux stagnantes qui sont la source d'autant plus de maux qu'on n'en a souvent pas d'autres. Ces eaux peuvent être rendues innocentes de bien des façons; le procédé le plus ancien, mais aussi le plus coûteux et le plus lent, consiste à les filtrer sur des lits alternatifs de sable fin et de charbon pilé qu'on renouvelle aussi souvent que cela est nécessaire. Dans les Indes orientales, on purifie l'eau trouble en l'introduisant dans des vases en terre cuite dont on frotte les parois rugueuses avec une amande grasse; la clarification est presqu'instantanée, parce que le corps gras entraîne et coagule toute la chaux que l'eau tenait en dissolution; on obtiendrait un effet analogue en mêlant de l'eau de savon à l'eau trouble; mais l'effet voulu ne serait pas complétement atteint parce que le peu d'alcali qui resterait dans l'eau pourrait nuire à la longue; le meilleur procédé consiste à mêler à l'eau $\frac{1}{10000}$ de son poids d'alun; soit 10 grammes par hectolitre; elle se clarifie lestement; l'oxyde aluminique de l'alun entraînant dans sa précipitation la chaux, l'argile et toutes les matières organiques, il ne laisse en dissolution que des quantités si faibles de sulfate potassique ou ammonique, qu'elles ne peuvent exercer aucune action sur l'économie animale. L'eau trouble étant clarifiée, il faut encore l'exposer au contact de l'air pour qu'elle soit buvable; elle s'y charge alors d'un mélange gazeux plus riche en oxygène que l'atmosphère, puisqu'il est composé de :

	En volume.		En poids.
Oxygène	32	. . . .	33
Nitrogène	65	. . . .	63
Acide carbonique .	3	. . . .	4
	100		100

L'eau contient $\frac{1}{30}$ à $\frac{1}{29}$ de son volume de ce mélange gazeux; puis aussi des proportions variables de matières étrangères qui sont généralement formées de sels calciques, magnésiques et alcalins, avec des traces d'acide silicique, de fluorure et de phosphate calciques. C'est à la présence des mêmes gaz et des mêmes substances minérales dans l'eau, que dans l'air, et à la surface du globe que nous devons d'y voir tout un monde végétal et animal bien plus puissant que celui que nourrit l'air, parce que toutes les substances nutritives étant *dissoutes* dans l'eau, les plantes les y absorbent en bien plus grande quantité et beaucoup plus aisément. Les plus grandes forêts terrestres ne donnent aucune idée de celles qui se développent dans les mers, et qui ont quelques centaines de lieues d'étendue, tandis que les varecs et les fucus qui les composent ont quelquefois plus de 70 mètres de longueur. Qu'est-ce encore que l'éléphant à côté de l'immense baleine? que deviennent les troupeaux les plus nombreux à côté des bancs de morues, de thons, et surtout de harengs? Il n'y a pas de doute, la vie matérielle est plus active encore dans le sein des mers que sur la terre; mais les êtres vivants s'y présentent avec des formes bien différentes de celles des animaux aériens, parce qu'ils devaient résister au choc de l'eau, bien plus puissant que celui de l'air, parce qu'elle est infiniment plus lourde; aussi le tissu des plantes aquatiques est-il remarquablement tenace, tandis que leurs formes sont arrondies et dépourvues d'angles, comme celles des poissons. Les eaux sont peuplées surtout par des poissons carnivores qui se nourrissent de coquillages ou autres mollusques, dont la pâture est formée d'herbes et d'infusoires. Ce n'est guère que dans les fleuves ou sur les côtes qu'on trouve les lourds dugongs, les épais lamantins qui ne mangent que des herbes et dont les lèvres épaisses ainsi que les dents absentes, rappellent les ruminants terrestres. La partie solide du globe est donc couverte par deux atmosphères ; l'une dense et liquide, la mer ; l'autre légère et gazeuse , placée au-dessus de la première, l'air.

La nature des tuyaux de conduite des eaux n'est pas indifférente ; ils sont généralement en bois, et comme ils se décomposent assez vite , ils chargent les eaux de leurs parties solubles au point d'en altérer souvent le goût ; on fait donc bien de les remplacer , toutes les fois que cela est possible, par des tuyaux en fonte, en tôle ou en terre cuite vernissée ; la surface lisse de ces deux derniers ne permet pas aux dépôts terreux de s'attacher, en sorte que ces tuyaux ne se bouchent jamais; il n'en est pas de même de ceux en fonte, qui s'encroûtent assez vite pour se boucher en peu d'années ; on les nettoie en y faisant passer du chloride hydrique , vulgairement appelé acide muriatique. Les Romains se servaient de conduits en pierre ; ce sont les meilleurs pour les grandes masses d'eau ; ils sont trop chers pour les petites; la mode leur a fait substituer actuellement les tuyaux en plomb, quoique des expériences décisives aient prouvé qu'ils *empoisonnent les eaux ;* l'économie et la rapidité du posage de ces tuyaux, les a fait adopter malgré la certitude de les voir nuire d'ici à peu de temps à toutes les populations qu'ils alimentent ; c'est là un crime de lèse-humanité qu'on ne saurait assez flétrir et dont il est facile d'apprécier la portée quand on sait que des quantités inappréciables de plomb dans l'eau suffisent pour amener la maladie et bientôt après la mort. Le plomb se dissout tellement vite dans les eaux aérées, que nous avons vu tout récemment celles d'un puits déposer au bout de quelques heures du carbonate plombique provenant du tuyau en plomb qu'on y avait mis peu de jours auparavant. L'économie qu'on fait en substituant les tuyaux de plomb à ceux de fer ressemble à celle qu'on réaliserait en se coupant les pieds pour n'avoir plus à payer de chaussures.

Quoiqu'on se soit déjà beaucoup occupé des eaux au point de

vue de l'hygiène, elles sont encore bien peu connues; et cependant elles doivent nous intéresser à un bien haut degré, puisqu'elles forment la majeure partie du corps des plantes et des animaux qui en contiennent 75 à 80 pour 100 de leur poids total. L'absence de l'eau paralyse absolument l'agriculture des pays chauds et secs; elle ruine nos campagnes quand les pluies d'été manquent; aussi ne doit-on reculer devant aucun sacrifice pour se procurer ce précieux agent du développement de tous les êtres. Les peuples de l'antiquité appréciaient si haut la valeur des eaux, que partout où ils ont dominé, ils ont aussi laissé d'admirables travaux hydrauliques; qu'on songe seulement à ces gigantesques aqueducs qui amenaient les eaux depuis les montagnes jusque dans les plaines de Palmyre, d'Athènes, de Constantinople, de Rome, de Nîmes, de l'Andalousie, et on se convaincra de tout ce que la génération actuelle doit faire pour rendre au sol la fertilité qu'il avait jadis. Un magnifique exemple vient d'être donné par la ville de Marseille, qui n'a reculé devant aucun sacrifice pour amener dans ses campagnes et dans ses murs les eaux de la Durance; aussi, quelles merveilles n'y ont-elles pas produites; telle terre qui jadis suffisait à peine à l'entretien de quelques chèvres, nourrit seize magnifiques vaches et fournit annuellement sept fortes coupes de luzerne; la métamorphose est si totale qu'elle tient du miracle. Si Nîmes et Montpellier suivent l'exemple de Marseille, toute cette immense plaine du Rhône, qui n'offre à l'œil attristé que l'aspect de la désolation, se changera en prairies aussi magnifiques que celles des environs d'Orange, et deviendra le grenier de la France.

L'Égypte avait perdu sa fertilité; la famine la désolait chaque fois que l'inondation du Nil n'était pas assez forte; Mehemet-Ali paraît, fait creuser des puits dans tout le Delta, y bâtit des norias et en transforme le sable aride en une terre dont la fertilité est la solide base de la prospérité actuelle de l'Égypte tout entière.

En Espagne où le déboisement des montagnes a frappé de stérilité la terre à laquelle elles fournissaient l'eau, plusieurs communes se sont réunies pour établir dans le haut d'une vallée un barrage considérable et capable de retenir dans une espèce de lac les eaux provenant de la fonte des neiges, ainsi que des

pluies d'automne. On en ouvre les écluses quand la sécheresse
se déclare et on rend ainsi à la terre l'eau qui manquait à sa
fertilité. C'est la même précaution que les anciens Égyptiens,
ces hommes dont tous les travaux étaient faits pour des siècles
avaient employée pour subvenir à l'insuffisance du débordement
périodique du Nil ; ils avaient creusé un immense étang, le lac
Mœris, où ils conservaient une telle masse d'eau qu'elle servait
à l'arrosement de toute la basse Égypte ; quelle différence entre
nos travaux et ceux des anciens ! Nous vivons pour nous, au
jour le jour, insouciants pour l'avenir de nos enfants ; eux passaient leur vie à travailler et s'oubliaient eux-mêmes pour ne
songer qu'à subvenir aux besoins de leurs descendants. Sous ce
rapport-là, le parallèle entre l'ancienne société et la nouvelle
n'est pas en faveur de cette dernière ; mais, pourquoi ne relè-
verait-elle pas le gant que lui jette le passé ? Marseille a donné
l'exemple ; le grand-duché de Baden l'a suivi en construisant à
ses frais ses chemins de fer, dont l'exécution fait honte à ceux
du reste de l'Europe, tant ils sont plus solides et mieux con-
struits. De nos jours, on ne voit plus une nation tout entière
travailler, comme l'ont fait jadis les Romains et les Maures, à
l'assainissement d'un pays ; que disons-nous ? il y a bien plus,
puisque toutes les côtes des états romains et du royaume de
Valence, qui étaient autrefois les champs les plus féconds, sont
devenus des marais infects, depuis qu'on a laissé les aqueducs
qui les desséchaient, tomber en ruines ou s'obstruer. Seul parmi
toutes les têtes couronnées de ce siècle, le grand-duc de Toscane
a desséché les marais de ses états, et rendu ainsi à la culture
quelques centaines de lieues de terres jadis inhabitables. Chaque
jour, dans la société actuelle, l'individualité se prononce davantage parmi les états, comme entre les simples particuliers ; quand
donc reviendront ces beaux temps déjà si loin de nous, où la
générosité était le mobile des gouvernements et la charité celui
des particuliers ?

L'aridité des terres légères est due à la facilité avec laquelle
elles laissent filtrer l'eau ; aussi disparaît-elle dès qu'on leur donne
plus de consistance, ou qu'on les irrigue. Les irrigations doivent
se faire avec des eaux saines, d'une température au moins aussi
élevée que celle du sol sur lequel on veut les conduire, et pas assez

rapides pour entraîner les terres, ce qui arrive beaucoup plus facilement avec celles qui sont légères, qu'avec les terres fortes. Les
eaux froides sont tellement nuisibles à la végétation qu'on peut tuer
les plantes délicates en les arrosant avec l'eau qu'on vient de tirer
des puits ; c'est pour cette raison que les jardiniers soigneux tirent
toujours le matin dans un réservoir l'eau qu'ils emploient le
soir. En général, on irrigue en faisant pénétrer l'eau dans le sol
à l'aide de rigoles placées au-dessus de lui ; mais quelquefois aussi
on inonde, c'est ce qu'on fait quand les prairies sont basses, ou
bien que les eaux sont chargées d'un limon fertilisant. Au printemps et en automne, on irrigue depuis le lever du soleil jusqu'à
midi, afin de ne pas donner au sol, pendant la nuit une humidité
surabondante qui le disposerait aux gelées blanches ; quand
celles-ci apparaissent, on inonde ce qui en détruit le fâcheux effet.
En été, par contre, c'est pendant la nuit qu'on irrigue afin d'éviter aux plantes, pendant le jour, une évaporation telle que la végétation en souffrirait, en sorte qu'on n'ouvre les vannes qu'a-
près le coucher du soleil, pour les fermer à son lever. En hiver
on n'irrigue qu'avec des eaux assez chaudes pour empêcher la
terre de geler ; dans le cas où elles peuvent s'y transformer en
glace, leurs effets sont déplorables, le gazon se soulève et beaucoup de plantes gèlent. En été il est important de cesser les irrigations 8 à 10 jours avant la fenaison, tant pour faciliter la dessiccation de l'herbe que pour donner au sol une consistance
suffisante pour porter les hommes et les voitures, sans se dété-
riorer. Dans le cas où les terres irriguées retiennent l'eau, elles
se couvrent bientôt de joncs qu'on fait disparaître en y creusant
des fosses ou des canaux d'écoulement ; l'irrigation n'est donc
utile que là où l'eau court à la surface du sol ou le traverse ; dans
le cas où elle s'y arrête elle y fait plus de mal que de bien en
y développant cette fermentation acide si caractéristique des
marais.

Quand l'eau est placée au-dessous du sol à arroser, il faut l'élever à l'aide de machines convenables dont la plus simple et la plus
avantageuse est sans contredit la noria ou roue à auges employée
depuis la Chine jusqu'en Espagne, depuis le midi de la France
jusqu'en Algérie où on la remplace par une chaîne sans fin qui
porte les auges comme la roue sur sa circonférence. Partout où

le terrain irriguable n'est pas étendu, c'est à bras d'homme qu'on fait marcher les norias; quand on veut davantage d'eau, on se sert de bestiaux, du vent, de l'eau, ou de la vapeur, dont l'action n'a pas de limites. Pour faire monter l'eau à une grande hauteur, les frais deviennent assez considérables pour dépasser les moyens dont dispose une fortune ordinaire.

Il faut bien se garder d'irriguer des terres en pleine végétation avec des eaux troubles, parce qu'en bouchant les pores des plantes, auxquelles le limon s'attache, elles font pourrir les herbes et rouillent les blés; telle est la cause pour laquelle les foins des terres inondées sont généralement aussi pauvres que malsains.

Les terres qui ont besoin d'eau sont toutes celles qui à 0^m 60 de profondeur ne conservent pas plus de dix centièmes d'eau en été; tandis que celles qui en retiennent pendant cette saison dix centièmes à 0^m 30 de profondeur n'ont pas besoin qu'on les irrigue, et conservent toujours une végétation assez active.

Si l'arrosement des terres n'est pas facile, leur dessèchement l'est encore moins, et il est encore plus important, puisque les terres basses, humides et marécageuses sont aussi malsaines qu'infécondes. Pour dessécher un marais, on doit s'assurer d'abord de la nature du sous-sol; s'il est perméable, on ouvre un puits descendant jusqu'au gravier, où on fait arriver l'eau stagnante à l'aide de conduits bien disposés dont les plus économiques sont les tubes en terre cuite. Quand le sous-sol est imperméable, on doit ouvrir un écoulement à l'eau en perçant les montagnes qui limitent les marais; ce sont des travaux semblables qui ont assaini, en Suisse, la vallée du Locle et celle de Lungern, et à l'aide desquels on compte, en abaissant le niveau de l'Aar, faire baisser assez celui des trois lacs de Neuchâtel, Bienne et Morat pour dessécher et rendre à la culture les vastes marais qui existent entre eux. Les dessèchements ne sont pas sans danger, quand on les effectue sur de grandes étendues d'eau, parce qu'ils enlèvent brusquement au sol une pression assez considérable pour le maintenir en place, en sorte que les terrains glissent ou s'affaissent dès qu'on l'enlève; c'est ce qui est arrivé bien souvent; mais tout spécialement à Lungern, dont toute la partie basse du village s'est affaissée à mesure que les eaux du

lac qui la soutenaient se sont écoulées. Le dessèchement partiel
des trois lacs, dont nous venons de parler, entraînera certaine
ment la ruine de tous les villages de la plaine qui ne sont pas
bâtis sur le roc, mais bien sur le sol mouvant des marais ou
sur les graviers des bords de l'eau.

La terre que les dessèchements mettent à nu est argileuse, ou
purement tourbeuse ; dans la plupart des cas, il faut donc en
changer la nature à l'aide des moyens que nous avons précédemment indiqués. On laboure ensuite et on ensemence avec de
l'avoine, des fèves ou du sarrazin pour détruire les mauvaises
herbes qui y pullulent en général pendant les premières années,
parce qu'une foule de graines ensevelies sous terre germent
quand elles reviennent au jour.

Quand le marais est dû, comme ceux de Hollande et d'Allemagne, au peu de d'élévation, à l'enfoncement du sol et qu'il
n'est pas possible d'en faire écouler les eaux, il faut les
épuiser à l'aide des machines que les industrieux Hollandais ont
employées pour créer la plus grande partie de leur sol arable,
établir des digues pour empêcher l'afflux de l'eau, ou bien encore
élever le niveau de la terre en y jetant des plâtras, et des cailloux, des débris de carrières ou toutes autres substances capables
d'augmenter le volume du sol, ainsi que sa porosité. C'est ce
dernier moyen qu'on emploie pour assainir les marais de Strasbourg, qu'on transforme insensiblement en prairies fertiles et
en champs assez secs pour qu'on puisse y cultiver le froment et
la pomme de terre. D'autres fois, les marais ne sont que tempo-
raires et dus à ce que le sol, peu perméable, retient les eaux,
qu'y verse une source ou bien une rivière qui déborde ; il faut
alors donner un écoulement à la source, et tenir les eaux de la
rivière soigneusement endiguées. Les digues agricoles sont en
bois, on les fait avec deux lignes de pieux de saule vivants
entre lesquelles on jette de la terre glaise, qu'on y foule avec
force ; la terre est retenue entre les pieux par des osiers vivants
entrelacés horizontalement entre eux, de manière à faire une
espèce de corbeille dont les bois développant bientôt des racines
font du tout un massif tellement solide qu'il résiste aux plus
fortes eaux. Pour soutenir l'effet des digues, on fait bien de garnir le bord des torrents avec des aulnes, des saules et des frênes

dont les racines donnent au sol assez de consistance pour l'empêcher d'être entraîné par les eaux. La cohésion communiquée
au sol par les racines des arbres est telle qu'on le voit, dans le cas
où l'eau passe au-dessous de lui et le soulève, se détacher en
masse et surnager comme cela arrive périodiquement dans les
vastes terres d'Esterhaz, en Hongrie, ou bien s'en aller plus loin
en suivant la pente des montagnes, comme on ne le voit que trop
souvent en Suisse sur une foule de points.

L'action de l'eau est tellement puissante qu'il faut toujours en
tenir compte dans la culture des terres en pente, comme de celles
qui risquent d'être inondées. On empêche les terres d'être entraînées, en coupant le sol par des fossés ou des haies perpendi-
culaires à son inclinaison et desquels on retire tous les deux ou
trois ans les terres entraînées, qu'on reporte au haut des champs ;
d'autres fois on soutient les terres avec de coûteuses terrasses,
ainsi qu'on le fait en Suisse, et ailleurs, pour les vignobles de prix.
La rapidité avec laquelle les eaux entraînent les terres, tient du
prodige ; nous avons vu, il y a quelques années, une forte pluie
d'orage enlever les terres de vignes assez fortement inclinées avec
une telle impétuosité, qu'en une demi-heure, il y en avait au pied
de la colline des masses de deux mètres de hauteur ; l'eau entraîne d'autant plus de terre que son mouvement est plus rapide ;
elle peut en emporter un tiers de son poids, et quand le vent du
sud souffle avec violence, on la voit souvent jeter bien loin sur
les quais de Neuchâtel, des cailloux de plus de dix kilogrammes
qu'elle amène du lit du lac profond, dans cet endroit, d'un mètre,
tandis que le quai en a lui-même deux au-dessus de l'eau ; lors de
la grande inondation de 1852, l'eau du Rhin tenait en suspension
à Bâle un pour mille de son poids de terre à la surface, et par conséquent bien davantage au-dessous. Le Mississipi et le Gange
contiennent davantage encore de terre, à ce qu'on assure.

Quand les eaux ont enlevé la croûte de terre arable et laissé à
nu le roc, ou bien le gravier, qu'elle couvrait, la culture devient impossible jusqu'au moment où l'action réunie du temps,
de la végétation et des eaux, est parvenue à la reformer. Si ce
sont les flancs d'une montagne qui ont été découverts, il faut à
tout prix chercher à les boiser ; car l'action des racines des arbres
en favorise beaucoup la pulvérisation, et par conséquent aussi

la transformation lente en terre. En rase campagne, il n'y a non plus rien d'autre à faire, et comme les sols graveleux inondés sont généralement humides, on peut y planter des frênes ou des aulnes, des saules ou des peupliers.

Dans le cas où les eaux auraient couvert de sable ou de gravier, une terre fertile, on y creusera des fossés, au fond desquels on plante des arbres dont l'espèce varie avec le climat ; ce sont, dans le nord, des pommiers ou autres arbres à fruit ; dans le sud, de la vigne, des figuiers ou des mûriers. Quand les eaux n'ont amené que de la boue, il faut l'incorporer au sol par un labour et enterrer les plantes si elles sont assez avancées, pour qu'il n'y ait pas moyen qu'elles puissent se sécher avant la récolte.

CHAPITRE VII.

Atmosphère.

L'atmosphère est formée d'air plus ou moins chargé de vapeur d'eau ; sa hauteur est inconnue ; son poids, qui varie peu à la surface du globe, est égal à celui d'une colonne d'eau de 10 mètres de hauteur, ce qui explique, outre les effets mécaniques des vents, l'impossibilité d'élever l'eau dans les corps des pompes aspirantes, à plus de 10 mètres. La pression exercée par l'atmosphère à la surface du corps humain n'est pas sensible, parce qu'elle s'exerce dans tous les sens ; elle est égale cependant à 16000 kilogr. pour un homme de moyenne taille et diminue sensiblement à mesure qu'il s'élève au-dessus de la surface du globe ; de là vient qu'on respire plus librement et marche avec beaucoup plus de facilité sur les montagnes que dans la plaine ; cela est si vrai que les poumons des montagnards sont beaucoup plus développés que ceux des habitants des plaines. L'absence de cette pression facilite beaucoup l'évaporation ; on y voit arriver fréquemment, pour les hommes, les coups de soleil ; pour les terres humides, les gelées blanches.

L'atmosphère est formée par le mélange de plusieurs gaz dont deux sont unis dans un rapport presque invariables, tandis que le poids des deux autres varie beaucoup. Les deux premiers gaz sont le nitrogène et l'oxygène, qui constituent essentiellement l'atmosphère et dont le rapport est :

	En volume.	En poids.
Oxygène	21	23
Nitrogène	79	77
	100	100

Les deux derniers sont l'acide carbonique dont le volume varie de $\frac{2}{10000}$ à $\frac{6}{100000}$ de celui de l'atmosphère, faisant donc environ $\frac{1}{1000}$ de son poids ; puis, la vapeur d'eau dont la quantité augmente à mesure que la température s'élève ; il peut y en avoir 5 gr. dans un mètre cube d'air à 0°C, tandis qu'à + 20°C il peut en contenir jusqu'à 19 gr. Plus il y a de vapeur d'eau dans l'atmosphère, plus aussi elle devient légère, parce que la vapeur d'eau est plus légère que l'air ; moins on y trouve d'oxygène, ce qui rend la respiration pénible comme dans les temps d'orage, et plus aussi, les pluies qui tombent alors sont abondantes.

La quantité d'acide carbonique augmente à mesure qu'on s'élève au-dessus des plaines, tant parce qu'il est moins en contact avec les feuilles des végétaux, que surtout parce que les eaux de plus en plus rares ne peuvent plus l'enlever à l'atmosphère, tandis que dans les plaines elles en absorbent des masses tellement considérables, qu'elles permettent aux végétaux de se développer dans les eaux douces et salées tout aussi vigoureusement que sur la terre.

Résumant l'histoire et les fonctions de chacun des éléments de l'air, nous parlerons d'abord de l'oxygène, qui est le seul capable d'entretenir la respiration et la combustion. Qu'on mette une souris dans une bouteille, qu'on bouche hermétiquement ensuite, ou bien une bougie allumée ; la souris vivra, la bougie brûlera pendant quelques instants ; puis la flamme de la bougie s'allongera et s'éteindra, la souris donnera des signes de malaise, aura des convulsions et mourra si on ne se hâte de la ramener au grand air. Dans l'un et l'autre cas, l'air est devenu impropre à la respiration parce que la combustion de la bougie et la respiration de la souris lui ont enlevé son oxygène, et que le gaz qui l'accompagne, le nitrogène, est inutile à la respiration. Les fermentations, les putréfactions enlèvent aussi l'oxygène de l'atmosphère,

en sorte que voilà bien des causes capables d'en diminuer le volume, qui ne change cependant jamais, parce qu'il y a une source
qui le remplace à mesure qu'il est absorbé.

Le volume du nitrogène varie aussi, bien que dans d'étroites
limites ; le terreau l'absorbe quand il est humide et le change en
ammoniaque ; les feuilles des plantes semblent aussi être douées
de la même faculté que le terreau, quoique les expériences faites
dans le but de prouver cette absorption ne soient pas encore décisives. Nous ne concevons pas qu'on refuse *à priori* la propriété
d'absorber le nitrogène de l'air à ces mêmes feuilles qui décomposent avec tant d'énergie l'acide carbonique de l'air, quoique ce
problème soit bien plus difficile à résoudre que celui de la transformation du nitrogène en ammoniaque, ou bien en cyanogène.
Nous admettons donc que l'humus et les plantes absorbent le nitrogène de l'air ; mais la respiration des animaux le lui rend.

L'acide carbonique est absorbé avec une grande énergie par les
plantes, qui le décomposent en carbone qu'elles gardent, et en
oxygène, qu'elles rejettent dans l'atmosphère où il va remplacer
celui que la respiration des animaux, la combustion et la fermentation lui enlèvent sans cesse.

Quant à l'eau, nous avons dit quelques mots de sa circulation
à la surface du globe, et nous allons y revenir à propos de la neige
et des pluies ; qu'il nous suffise de dire ici que l'eau forme plus
des trois quarts des corps de tous les êtres vivants dans lesquels
elle passe avec une rapidité vraiment inconcevable ; entrée par les
racines ou par la bouche, elle s'échappe par les feuilles, la peau
et les reins.

Tous les êtres vivants étant formés d'acide carbonique,
d'eau, puis aussi d'oxygène et de nitrogène, ils empruntent
donc ces corps à l'air ; l'atmosphère est le réservoir de la vie ;
c'est d'elle que sont formés les plantes et les animaux ; on le
prouve en les brûlant ; car tous passent alors à l'état d'acide carbonique, d'eau et de nitrogène qui repassent dans l'atmosphère ;
il n'en reste qu'un peu de cendres qui ne font pas partie inté-
grante des êtres vivants. Chargée d'aussi importantes fonctions,
sa composition devait être immuable, et les moyens employés par
le Créateur pour lui conserver son intégrité, donnent une juste
et grandiose idée de Sa miséricordieuse puissance. En face de

toutes les causes d'absorption de l'oxygène de l'air, qu'elles changent en acide carbonique, Dieu a mis les plantes qui, sous l'influence de la lumière, décomposent l'acide carbonique dont elles s'assimilent le carbone et rendent à l'atmosphère précisément la même quantité d'oxygène que lui avaient enlevée les animaux, la combustion et la fermentation. Nous avons déjà vu que l'humus et les plantes enlèvent du nitrogène à l'atmosphère, eh bien, les animaux le rendent à l'air; car il s'en dégage une quantité considérable de leurs poumons; que peut-on voir de plus admirable que cette régularité dans l'échange de ces deux principes si essentiels à la vie? elle rappelle cette loi qui, présidant à la marche du soleil, règle depuis tant de milliers d'années la durée des jours et des nuits.

L'air n'est pas toujours saturé d'humidité; mais cela arriverait s'il n'y avait pas des causes capables de la lui enlever; la plus importante est le refroidissement de l'atmosphère; ensuite vient l'électricité dont l'action est mal connue, puis aussi les feuilles qui en soutirent une proportion considérable. Quand l'air chargé de vapeurs d'eau à une certaine température se refroidit, toute la vapeur qu'il ne peut plus tenir en dissolution se sépare et tombe sous forme de pluie, de neige ou de grêle, suivant que le refroidissement aura été de plus en plus brusque. La pluie qui tombe annuellement en Europe s'élève en moyenne à 670 ou 800 millimètres; c'est en été qu'il en tombe le plus, puis en automne, au printemps et en hiver; il tombe donc, comme cela était facile à prévoir, d'autant plus de pluie que la saison est plus chaude. L'eau de pluie est fertilisante, surtout lorsque l'averse ne dure pas longtemps, parce qu'en traversant l'atmosphère elle s'y charge d'acide carbonique et d'ammoniaque, qui favorisent beaucoup le développement des végétaux; comme d'ailleurs elle pénètre mieux le sol que l'eau des arrosements, et qu'elle est généralement aussi plus chaude, son action utile est bien marquée. La pluie pénètre dans le sol à une profondeur deux fois plus grande que la hauteur de la couche qu'elle aurait formée à la surface de la terre; pour produire de l'effet en été, elle doit fournir au sol 15 à 20 p. 100 d'eau à 30 centimètres de profondeur.

Quand l'atmosphère se refroidit jusqu'au-dessous de la température où l'eau gèle, la vapeur d'eau contenue dans l'atmosphère se solidifie et tombe sous forme de neige très divisée, ou bien de grêlons ; c'est-à-dire de morceaux de glace plus ou moins grands. La neige empêche le refroidissement du sol ; aussi les hivers abondants en neige sont-ils considérés partout, avec raison, comme très fertilisants , parce que sous cette épaisse couche isolante, les éléments nutritifs du sol se décomposent lentement et sont tout préparés pour être absorbés par les racines, dès que la végétation se met en mouvement. Les plantes aussi, et surtout les plus délicates , traversent l'hiver sans souffrir beaucoup, quand la neige est abondante, tandis que les plus robustes même ne résistent pas toujours à ces hivers irréguliers où, la neige refusant sa protection à la terre, le gel succède au dégel, arrache les plantes à racines déliées, paralyse la fermentation des débris organiques et coagule la sève encore active dans les arbres. La neige molle est beaucoup plus isolante que celle qui est compacte et gelée ; comme qu'elle soit, dès qu'elle atteint dans nos climats une hauteur de 30 centimètres, elle empêche toute variation de température dans le sol qu'elle couvre ; de là vient que les belles fleurs des Hautes-Alpes meurent de froid dans la plaine, où on ne peut les conserver qu'en orangerie. Ce qui est plus extraordinaire encore, c'est que la jolie souris qui peuple le sommet des Alpes et creuse pendant tout l'hiver, immédiatement sous la neige, les sentiers qu'elle suit pour se procurer les racines nécessaires à son alimentation , craint encore plus le froid que les plantes au milieu desquelles elle vit, et ne supporte pas un froid de 0° centigrade ; en plaine, on ne peut la conserver que dans des appartements chauffés pendant l'hiver.

La grêle ne tombe que durant la saison chaude ; aussi est-elle un juste sujet d'effroi pour tous les cultivateurs, dont elle gâte presque toujours, et quelquefois même détruit et hache totalement les récoltes ; ses causes sont peu connues. Il est probable que la formation de la grêle est intimement liée avec les phénomènes électriques, puisqu'elle accompagne souvent les orages et n'exerce guère ses ravages que sur les montagnes qui paraissent l'attirer tout aussi fortement que la foudre ; il grêle rarement en plaine ; on compte en Alsace une grêle au plus en dix ans, tandis qu'à Neuchâtel nous en avons chaque année plusieurs, dont les grêlons, généralement gros comme des pois, atteignent quelquefois le volume d'une noix et même celui d'une pomme. On entend quelques minutes à l'avance l'approche des nuages de grêle dont les grêlons font, en s'entrechoquant, un bruissement analogue à celui des vagues battant le rivage.

Les orages sont produits par un dégagement extraordinaire d'électricité terrestre qui, en passant brusquement dans les nuages, y détermine tous les effets de la foudre, le grondement du tonnerre et la chute de la pluie, accompagnée en général d'un vent plus ou moins violent. Les orages rafraîchissent beaucoup l'atmosphère et l'assainissent en lui enlevant l'énorme quantité d'eau qu'elle contient quand il fait chaud, et qui est fort nuisible à la respiration de tous les animaux et par conséquent aussi à la purification de leur sang. Plus l'air est chargé d'humidité, moins aussi il contient d'oxygène ; dès que le sang ne reçoit plus assez d'oxygène pour se purifier, il s'altère et donne lieu aux maladies du foie avec tout leur lugubre cortége de maladies putrides ; qu'on les appelle fièvres de marais, choléra, typhus, peste ou fièvre jaune. Il est bien difficile d'expliquer comment les orages purifient l'air ; mais il est probable que c'est en produisant l'ozone que vient d'isoler M. le docteur Baumert et dont l'action oxydante est assez énergique pour détruire tous les miasmes, toutes les particules organiques en décomposition qui infectent l'atmosphère.

Les objets saillants au-dessus du sol, spécialement ceux qui sont pointus, et les nappes d'eau attirent la foudre ; il faut donc éviter de bâtir au haut des collines ; les fermes devront, par conséquent être construites sur leurs flancs ou bien à leur pied, et autant que possible être entourées d'arbres élevés, te's que peupliers, plantés à quelque distance ; car, trop près des maisons, ils peuvent facilement leur transmettre le fluide électrique.

L'eau attire la foudre qui n'atteint jamais les maisons placées autour de notre lac, que dans le cas où elles se trouvent à l'entrée et sous le vent d'une vallée, ainsi que cela arrive pour le faubourg de Neuchâtel où une seule maison placée de cette façon est aussi la seule atteinte ; mais d'une manière tellement régulière, qu'il n'y a pas d'orage un peu violent qui ne la frappe ; dans ces malheureux cas-là, on ne peut trop recommander l'usage des paratonnerres, qui sont ici indispensables, et toujours, bons à avoir.

Dans l'Europe tempérée, les années orageuses sont les plus fertiles ; sans doute parce qu'elles sont les plus chaudes , sans être sèches, qu'elles sont claires et moins sujettes que les autres aux vents froids et continus.

Tout le travail des champs étant plus ou moins directement soumis à l'action de l'atmosphère, il est bien important pour l'agriculteur de pouvoir en connaître à l'avance les changements ; le baromètre est le conseiller le plus sûr auquel il puisse se confier. Une chute brusque du mercure dans cet instrument, indique plus souvent le vent que la pluie qui, dans ce cas, n'est jamais de longue durée ; tandis que sa chute lente et prolongée pendant plusieurs jours, annonce une pluie aussi longue que certaine. Il faut ajouter peu de foi aux variations diurnes du baromètre ; mais bien à celles de la nuit ; c'est à neuf heures du matin que les indications de cet instrument sont les plus sûres.

Quand le mercure remonte brusquement, le beau temps sera de courte durée ; il se prolongera au contraire d'autant plus longtemps que le mouvement ascensionnel du mercure aura été plus lent. Quand le baromètre est très haut et qu'il reste ainsi pendant deux ou trois jours, on peut compter sur quelques semaines de sécheresse non interrompue.

Les ouragans sont annoncés par la chute aussi brusque que considérable de la colonne mercurielle.

Passons actuellement en revue les autres moyens qu'a le cultivateur pour connaître à l'avance les changements de l'atmosphère.

Les bois crient et se contractent quand l'atmosphère se dessèche ; ils s'allongent quand elle devient humide ; tous les hygromètres se basent sur cette propriété ; le plus commode, est celui qu'on trouve cloué à la porte de nos paysans ; c'est une petite branche fourchue, en sapin dépouillé de son écorce, dont la grosse branche est solidement fixée , tandis que la petite parfaitement libre se rapproche d'elle par le sec et s'en éloigne d'autant plus que la pluie sera plus prochaine et plus abondante. Les approches de la pluie sont annoncées vingt-quatre heures à l'avance par les paons et les pintades, dont les cris discordants deviennent continus, par les pigeons qui font la toilette de leur élégant plumage et qui se baignent avec frénésie, tandis que durant la sécheresse ils évitent de se mouiller. Quand la pluie s'approche, les limaces se répandent à la surface du sol, les murs salpêtrés s'humectent, les fosses d'aisance répandent une odeur très forte, et les gracieuses hirondelles rasent le sol en poursuivant les insectes qui quittent prudemment le haut des airs.

A l'approche des grands vents, les paons, qui passent d'ordinaire la nuit sur les toits, descendent dans le poulailler ou bien vont se percher dans des arbres touffus, ou sur des murs abrités. Ce signe n'est pas infaillible, un autre bien plus sûr est celui qu'on tire de l'empressement des abeilles à rentrer dans leur ruche, et de la disposition des nuages qui sont d'autant plus dispersés et déchirés que le vent sera plus violent.

Après avoir observé les effets du refroidissement de l'atmosphère sur la vapeur d'eau, occupons-nous de ceux qu'exerce sur elle le refroidissement terrestre.

Quand le ciel est pur, comme l'atmosphère est dépourvue de chaleur, elle enlève à la terre sa chaleur avec une force telle, qu'un thermomètre placé dans l'herbe descend quelquefois de 8°C plus bas que celui qui est librement suspendu dans l'air ; alors l'humidité contenue dans l'atmosphère se dépose sur l'herbe en petites gouttelettes, d'autant plus abondantes que le refroidissement est plus considérable et qui constituent la rosée ; il n'y a pas de rosée quand le ciel est couvert, il n'y en a pas non plus dès que le vent souffle tant parce qu'il refroidit l'atmosphère que parce qu'il sèche la rosée au moment même où elle se forme. On favorise beaucoup la formation de la rosée en entourant le sol de haies, qui empêchent le mouvement de l'air et brisent l'effort des vents.

On appelle serein la rosée qui tombe le soir et qui, en entraînant toutes les particules organiques en décomposition qui remplissent l'atmosphère, devient dans certains pays excessivement dangereuse à respirer. Une nuit passée à l'air dans les Marais-Pontins donne la fièvre ; dans les pays chauds, le serein apporte avec lui la peste, le choléra et la fièvre jaune. En général, hommes et bêtes font bien de ne pas s'exposer à l'action du serein, qui est toujours plus ou moins nettement dangereuse dans tous les pays.

Quand le refroidissement du sol est assez considérable pour

qu'il atteigne 0°, alors la rosée se glace et produit ces désastreuses gelées blanches qui détruisent si souvent les espérances des maraîchers, des propriétaires d'arbres fruitiers et de mûriers, et qu'on ne peut empêcher qu'en interposant entre le ciel et les plantes des toiles ou autres objets capables d'empêcher leur rayonnement; c'est aussi ce qu'on fait pour les espaliers qu'on couvre quelquefois dans ce but de branches de sapin garnies de feuilles; cela est dangereux, parce que ces feuilles rayonnant fortement elles-mêmes, elles refroidissent les arbres qu'on a voulu protéger; avec les nattes et les paillassons, on atteint le but de la manière la plus complète.

Outre l'eau invisiblement répandue dans l'atmosphère, il y en a encore qui s'agglomère quelquefois en masses bien visibles, plus ou moins considérables, qu'on appelle nuages ou brouillards, suivant qu'ils s'élèvent dans les airs ou rampent à la surface du sol. On ignore la cause en vertu de laquelle les nuages et les brouillards ne laissent pas passer les rayons lumineux, ce qui empêche, d'une part le refroidissement terrestre, d'autre part le réchauffement du sol par les rayons solaires. Les nuages sont généralement plus abondants de février en août, que dans les autres mois; c'est de septembre en octobre qu'ils sont le plus rares. Quoique la hauteur des nuages varie beaucoup, elle est le plus souvent de 2 ou 3000 mètres. Les brouillards rampent sur la terre; ils sont secs ou humides; les premiers, fait encore inexplicable, dessèchent tout, les seconds mouillent tout, au contraire, et comme ils sont généralement accompagnés par l'absence de tout mouvement de l'air, ils disposent les plantes à la décomposition; ils font couler les fleurs et moisir les fruits; leur apparition n'est saluée avec plaisir par les vignerons, qu'un peu avant les vendanges, parce qu'en gonflant les raisins, ils leur font rendre beaucoup de jus.

L'air étant parfaitement froid, il reçoit sa chaleur du sol avec lequel il entre en contact, et celui-ci la reçoit du soleil; quand la terre s'éloigne du soleil, alors le refroidissement l'emporte sur le réchauffement solaire, l'hiver survient, le triste hiver qui arrête les travaux des champs et dépouille les plantes de leur fraîche et riante parure, qu'elles ne reprennent qu'au moment où le globe se rapproche assez du soleil pour en recevoir la quantité de chaleur nécessaire à la fonte des neiges et au réveil de la nature tout entière. C'est le soleil qui éclaire et chauffe le globe.

La lumière favorise le développement de tous les êtres organisés d'une manière complète ; bien peu d'entre eux, tels que les champignons et les vers, peuvent s'en passer ; tous les autres ne se portent bien que sous l'action directe des rayons solaires. Plus le soleil est ardent, plus aussi les plantes décomposent facilement l'acide carbonique qui les nourrit, mieux aussi les animaux digèrent leurs aliments et purifient leur sang ; les animaux s'étiolent dans les étables, comme les végétaux dans les chambres obscures ; leur nature change, ils deviennent plus impressionnables à toutes les causes de maladies, et finissent par mourir bien misérablement. Comme la chaleur accompagne la lumière dans les rayons du soleil, il est difficile de distinguer l'effet propre à chacune d'elles ; aussi vaut-il mieux n'en pas séparer l'étude.

La chaleur produite par le soleil est d'autant plus considérable, que l'action de cet astre est plus prolongée et que la terre est plus rapprochée de lui ; de la première cause vient que le blé mûrit en moins de temps à Upsal qu'à Paris, parce que les nuits d'été y sont plus courtes ; tandis que c'est à la seconde cause que les régions équatoriales doivent leur température si brûlante. Les mêmes plantes se développent d'autant plus tôt, au sortir de l'hiver, qu'elles se trouvent dans une station plus rapprochée de l'équateur ; ainsi les froments fleurissent à Parme vingt-cinq jours avant ceux de Berlin et cinquante-deux avant ceux de Christiania ; toutes choses égales d'ailleurs, on peut dire que la végétation est en retard ou en avance de quatre jours et la température d'environ $\frac{6}{10}$ de degré centigrade pour chaque degré de latitude, suivant qu'on s'approche ou qu'on s'éloigne des pôles. Jusqu'au 45ᵉ degré de latitude, on trouve en plaine toutes les denrées coloniales, plus les oliviers et les orangers ; jusqu'au 47ᵉ le châtaiguier ; jusqu'au 50ᵉ la vigne et le maïs ; jusqu'au 58ᵉ le tabac ; jusqu'au 60ᵉ le froment, les arbres fruitiers et les arbres forestiers à feuilles ; jusqu'au 62ᵉ les poiriers et les mûriers ; jusqu'au 63ᵉ les cerisiers, les pommiers et les pruniers ; jusqu'au 67ᵉ le seigle et l'avoine, ainsi que les arbres forestiers à aiguilles ; ceux à feuilles n'y viennent que mal ; enfin, jusqu'au 71° l'orge, les pommes de terre, les choux, les bouleaux, les peupliers et les saules. Sous une même latitude on trouve des climats variés ; ils sont dus à l'altitude, à l'état de l'atmosphère, à l'exposition et à la nature du sol.

A mesure qu'on s'élève au-dessus des plaines, le climat se refroidit ; de là vient que les Cordillères du Pérou, dont le pied est garni de palmiers, ont la tête couverte de neiges éternelles. En Saxe, une différence d'altitude de 33 mètres retarde la végétation d'environ deux jours et abaisse le thermomètre de 0,2 degrés centigrades. Sous le 23° degré de latitude, le maïs s'élève jusqu'à 2900 mètres ; sous le 40° les céréales s'élèvent jusqu'à 3000 mètres ; sous le 45° jusqu'à 2000 mètres, la vigne jusqu'à 600 mètres, les pommiers et poiriers jusqu'à 1000, les arbres forestiers à feuilles jusqu'à 1300, ceux à aiguilles jusqu'à 1600 ; les arbrisseaux jusqu'à 2300 où se développe la région des paturages au-dessus de laquelle on trouve, en Suisse, les neiges éternelles entre 2 et 3000 mètres.

L'action de la chaleur solaire est tellement grande sur les végétaux, qu'ils sont affectés par tout ce qui l'influence ; ainsi, par exemple, un printemps brumeux ou clair peut retarder ou avancer la végétation de trente-cinq jours ; le voisinage de grandes masses d'eau retarde la végétation, tant parce que leur évaporation produit du froid, que des brouillards qui troublent la transparence de l'atmosphère.

Le voisinage des océans fait exception à cette règle générale, parce que coulant sans cesse de l'équateur aux pôles, leurs eaux portent avec elles assez de chaleur pour réchauffer les pays riverains.

Si les printemps chauds et humides amènent toujours de mauvaises récoltes, c'est qu'ils produisent une végétation trop active, tandis que les récoltes de grains ne sont jamais plus abondantes qu'après des printemps secs et froids, qui ne permettent aux plantes de se développer qu'au moment où il fait assez chaud pour qu'elles puissent monter en boutons en peu de jours.

La chaleur est donc bien un des agents les plus essentiels de la végétation ; mais elle est inutile quand elle n'agit pas de concert avec la lumière, absolument aussi, comme la lumière est sans action quand elle n'est pas accompagnée de la chaleur ; il est aussi impossible de faire fructifier du blé dans une serre privée de lumière, quelle que soit la température qu'on y fasse naître, qu'à une température de 0°C sous l'action de la lumière, même la plus vive et la plus soutenue.

Bien des expériences ont été faites déjà, dans le but de découvrir combien il faut de lumière et de chaleur à chaque espèce de plante, pour arriver à son parfait développement ; mais aucune d'elles n'a donné encore des nombres à l'abri d'objections ; aussi nous tiendrons-nous aux chiffres suivants, fournis par une longue pratique.

Dans l'Europe moyenne et à une hauteur moyenne aussi, qui est celle des grandes cultures, la végétation dure 195 jours ; celle des graines d'hiver y dure 182 à 210 jours ; celle des fourrages racines, des légumineuses, du maïs et du payot, 126 à 161 jours ; celle des graines de printemps et du tabac, 119 à 140 jours ; celle du lin, du chanvre, de la cameline et du blé noir, 77 à 91 jours ; enfin il en faut 63 à 77 pour les fourrages tant annuels que vivaces. La différence dans la durée de la végétation d'une même espèce de plante, est essentiellement due à celle de la température et de l'éclat des rayons solaires ; comme on n'est pas encore parvenu à mesurer facilement la somme de la lumière produite chaque jour par le soleil, occupons-nous des moyens d'apprécier sa chaleur. Pour mesurer la température on emploie des thermomètres à mercure, divisés en 100 degrés égaux, depuis 0°C, point où l'eau se glace, jusqu'à 100, point où elle entre en ébullition.

Pour connaître la température moyenne de la journée, l'expérience prouve qu'il faut placer le thermomètre à l'abri des rayons solaires, qui en élèvent trop la température, ainsi que des courants d'air, qui l'abaissent ; le consulter à 8 heures du matin ainsi qu'à 8 heures du soir, parce que c'est alors que ses indications sont le moins variables, additionner ces deux observations et en diviser la somme par deux ; le quotient donne la température moyenne *du jour* qui est très variable ; aussi ne peut-on se servir que de la température moyenne des mois ou des saisons pour en apprécier l'effet sur la végétation. Dans une exposition semblable, on trouve qu'il faut 1546 degrés centigrades de chaleur pour mûrir le blé à Upsal, et 1943 degrés à Paris ; cette énorme différence en faveur d'Upsal, vient sans doute de la brièveté des nuits d'été dans le Nord, et par conséquent de ce que le froment reçoit à Upsal plus de lumière qu'à Paris, dans le même espace de temps. C'est pour la même raison qu'une même espèce de plante se développe beaucoup plus rapidement au sud d'un mur qu'au nord, quoique la température soit à peu de chose près la même des deux côtés ; l'effet de l'exposition est tel que non-seulement elle agit sur le développement général du végétal, mais aussi sur sa composition chimique ; car les plantes sont d'autant plus riches en substances nutritives, qu'elles ont été plus fortement éclairées ; cela est si vrai, que les plantes étiolées, comme les cardons, la chicorée blanchie, contiennent 90 p. 100 d'eau, et qu'un chou qui a crû au soleil est trois fois plus nutritif qu'un autre qui a crû à l'ombre, parce que ce dernier contient trois fois plus d'eau que le précédent.

Dans l'Europe moyenne on trouve que quand la température moyenne du jour s'élève au printemps de $+ 3°C$ à $+ 5°C$, le chèvrefeuille des bois et les lilas développent leurs bourgeons ; la même chose arrive à $+ 6$ ou $7°C$, pour les groseillers, les saules et les maronniers ; à $+ 8°C$, pour les figuiers, pommiers et cerisiers ; à $+ 10°C$, pour les mûriers, les vignes et la luzerne ; à $+ 12°C$, pour l'aune, le chêne et le robinier.

Pour la floraison, la température moyenne doit être de $+ 3°$ à $4°C$ pour le noisettier et le peuplier blanc, de $+ 5$ à $6°C$ pour le chèvrefeuille et le pêcher, de $+ 8°C$ pour le poirier, le cerisier et le colza ; de 11 à $12°C$ pour les fèves, le marronnier, l'aubépine et le sainfoin ; de $+ 14°C$ pour le seigle ; de $+ 16°C$ pour l'avoine, le froment et l'orge ; de $+ 18°C$ pour le châtaigner, le chêne et la vigne ; de $+ 19°C$ pour le maïs et le chanvre.

C'est pour la maturation des fruits que la température s'élève le plus, car elle doit être de $+ 14°C$ pour les pois verts, $+ 16°$ pour les cerises, $+ 17°C$ pour que le sainfoin arrive à sa première coupe, $+ 18°C$ pour que la plupart des fruits à baies ou à noyau, l'avoine et l'orge mûrissent ; $+ 20°C$ pour la maturation du froment, et $+ 23°C$ pour celle des raisins précoces et du chanvre.

Du reste, la température moyenne de l'air n'indique pas toujours celle que subissent les plantes, parce que le sol retient la chaleur solaire avec d'autant plus de force qu'il est de couleur plus foncée, plus sec et plus divisé; aussi peut-on admettre sans se tromper beaucoup que, durant la saison chaude, le sol est plus chaud de 2 ou 3 degrés que l'air. La terre est un si mauvais conducteur de la chaleur que, dans les terres à froment ordinaires, les différences quotidiennes de température ne se font pas sentir à plus de $0^m.60$ et les différences mensuelles à plus de $1^m.60$ de profondeur, en sorte que la température du sol est invariable en toutes saisons, à une profondeur qui varie de 6 à 10 mètres, suivant la nature du terrain. Sous notre ciel, la gelée ne pénètre pas au delà de $0^m.60$ de profondeur et même beaucoup moins quand la terre est couverte de neige. On a peu d'observations sur les températures extrêmes que supportent les végétaux; les plantes des tropiques meurent à $+ 5°C$ et ne supportent pas plus de $+ 50°C$; la plupart de nos végétaux de grande culture supportent sans peine des froids même très vifs, quand ils sont passagers; mais beaucoup d'entre eux succombent s'ils se continuent; des froids soutenus de $20°$ à $30°C$ et même moins, tuent la vigne et le noyer, qui les bravent impunément quand ils sont de courte durée.

Rien ne nuit autant aux végétaux que les gels et dégels successifs, parce que l'eau en imbibant leurs tissus les rend très-sensibles au froid, qui les fait éclater quand elle passe à l'état de glace. C'est à cette action qu'est dû l'effet désastreux des gelées blanches qui tuent à $0°C$ les bourgeons d'arbres qui supportent 20 et 30 degrés de froid, aussi longtemps que l'eau n'est pas encore montée dans leurs troncs. L'eau étant un fort bon conducteur de la chaleur, on atténue toujours les effets des gelées blanches en arrosant avec elle les plantes atteintes, avant que le soleil ne les frappe; le dégel s'effectuant alors d'une manière insensible, les tissus ne sont pas mortifiés, comme cela arrive infailliblement dans le cas où ils sont frappés par les rayons solaires, parce qu'ils liquéfient la glace trop brusquement.

Le froid est produit par tout ce qui intercepte ou affaiblit les rayons solaires; ainsi, par les nuages, l'exposition au nord et surtout la distance du soleil; quand le froid descend au-dessous du point de congélation de l'eau, toute végétation cesse et beaucoup de plantes périssent sans qu'on puisse se servir des classes, des espèces, ou des caractères physiques et chimiques, pour tracer une ligne de démarcation bien arrêtée entre celles qui supportent le froid et celles qui y succombent ; les roses thé gèlent facilement, tandis que celles du Bengale résistent aux froids les plus vifs ; les tubercules des dahlias gèlent, ceux de la plante qui lui ressemble le plus, du topinambour, résistent ; le chou-fleur gèle, celui de Suède, le rutabaga résiste ; l'araucaria, conifère du Brésil gèle, tandis que nos pins et sapins bravent les froids les plus vifs ; enfin, le sainfoin ordinaire supporte bien le froid, tandis que celui d'Espagne y succombe ; nous tenons en général trop peu compte de l'action du froid sur les végétaux cultivés en grand ; car l'usage des plantes rustiques aurait l'avantage d'épargner la construction des magasins et de diminuer les travaux déjà si nombreux de l'arrière-saison en permettant de rejeter sur l'hiver, au moins l'arrachage des fourrages racines.

Toutes les causes qui agissent sur la chaleur solaire contribuent à créer les climats qu'on divise en chauds, tempérés et froids ; les premiers et les derniers sont à peu près privés de culture ; c'est dans les climats tempérés seuls que florit l'agriculture. Dans les climats chauds, l'assimilation du carbone par les feuilles des plantes est tellement active qu'il est à peu près inutile de leur fournir de l'engrais ; elles produisent déjà à peu près tout ce qu'elles peuvent donner ; dans les climats froids, au contraire, l'été est trop court, les changements de température sont trop brusques pour que la culture puisse se payer ; il faut avoir recours aux pâturages et élever du bétail. Dans la zône tempérée, la chaleur moyenne de l'hiver est de $+ 2°$ C, et celle de l'été, de $+ 20°$ C, tandis que dans la zône froide, la température moyenne de l'hiver descend à $— 8°$ C, et que celle de l'été ne dépasse pas $+ 16°$ C : celle des pays chauds est trop invariable pour que nous nous y arrêtions, disons seulement qu'elle est généralement de $+ 22°$ à $+ 25°$ C, durant toute l'année.

Les Vents sont un des phénomènes atmosphériques les plus justement redoutés par les agriculteurs ; car ils dessèchent le sol et les plantes, refroidissent l'atmosphère et sont une des causes les plus fréquentes des mauvaises récoltes, parce qu'en emportant le pollen des fleurs et en desséchant le pistil, ils les empêchent de nouer. Plusieurs causes produisent les vents : d'abord, ainsi

que nous l'avons déjà vu, le refroidissement de l'atmosphère,
puis le mouvement du globe, et probablement aussi l'action des
astres qui doit être bien plus sensible sur l'atmosphère si mobile, que sur les eaux où elle est déjà assez sensible pour donner
naissance aux marées.

Les vents sont réguliers et généraux, ou irréguliers et locaux;
Les vents généraux sont ceux d'est et d'ouest, du nord et du sud;
les vents du nord et de l'est sont froids, secs et violents, ceux
de l'ouest et du sud chauds et humides; aussi ces deux derniers
ne sont-ils pas aussi redoutables que les deux autres. Afin de pouvoir apprécier la vitesse des vents, on est convenu d'appeler faibles
ceux qui ne parcourent que 2 mètres par seconde; moyens, ceux qui
parcourent 5 mètres dans le même espace de temps, forts, ceux qui
en parcourent 10; très forts, quand ils en parcourent 20, et ouragans, ceux qui ont une vitesse encore plus grande; quand leur vitesse atteint 40 ou 45 mètres par seconde, rien ne résiste plus à leur
impulsion, ils arrachent les arbres, et peuvent même culbuter les
maisons; ces ouragans, heureusement fort rares dans nos contrées,
ne le sont pas dans les pays chauds et humides où ils paraissent
être dus au déplacement instantané de la couche d'air inférieure,
humide et chaude par celle qui est placée au-dessus d'elle; le vent
ne souffle pas alors de côté, mais, de haut en bas, il tombe
en écrasant tout ce qu'il rencontre sur son passage. En Suisse
nous ne connaissons que trop un vent analogue, c'est le terrible
vent du soir, ou joran, qui se précipite au coucher du soleil dans
les jours chauds, du haut des airs vers la surface des plaines et
des lacs, où lui seul cause tous les nombreux accidents qui en
rendent la navigation si périlleuse. Nous n'avons rien à dire des
vents locaux, tant parce que leur action est étroitement circon-
scrite, que parce que, variant avec chaque vallée, il n'est pas possible de leur assigner des caractères un peu généraux, à ceci près
qu'ils sont tous froids et soufflent constamment, des montagnes
vers la plaine ou les vallées.

Parmi les vents généraux, le plus dangereux, qui est aussi le
mieux observé, est le vent d'est, la bise dont l'action desséchante est excessivement caractéristique; quelques heures de
bise suffisent pour faner tous les végétaux, pour diminuer considérablement la vendange, pour glacer la température et forcer

de rentrer le bétail à l'étable. La régularité avec laquelle souffle ce fatal vent est extraordinaire ; il commence au lever du soleil et se tait au moment où l'astre du jour disparaît à l'horizon ; pendant toute sa durée, il envoie six impulsions d'égale force, puis une septième excessivement intense ; c'est à l'uniformité variée de cette manière, du choc des vagues, que tant de personnes doivent de ne point supporter le bruit des vagues soulevées par la bise. La bise souffle davantage au printemps que durant le reste de l'année ; c'est le vent des mois de mars, avril et mai ; elle a le triste privilége de nous faire payer cher le printemps anticipé ; car arrivant sur les bourgeons délicats et gonflés de sucs, sur les fleurs épanouies, sur les fruits à peine noués, elle les dessèche de telle façon que le cultivateur dit qu'elle les cuit, et il a raison, puisque l'effet est le même, ces parties tombent privées de vie ; une journée de bise fait brusquement repasser toute la végétation, du printemps à l'hiver. Le froid tellement vif que produit la bise n'est point en rapport avec la température de l'air qu'elle agite ; il est dû uniquement à sa force desséchante, qui enlève à tous les corps, avec l'eau qu'ils contiennent, aussi, la chaleur nécessaire pour la transformer en vapeur ; de là vient que la bise gerce nos mains et nos lèvres, irrite nos paupières, dessèche et gerce les mamelles des vaches. La bise développe évidemment une action électrique, car elle met mal à l'aise les animaux, même enfermés dans les étables, et agit sur l'homme avec tant d'énergie, qu'elle produit habituellement des accès de fureur chez les fous, même les plus doux ; cette action électrique doit exister dans tous les cas, puisqu'elle apparaît partout où il y a évaporation ; reste à savoir si c'est elle qui agit dans le cas qui nous occupe.

Les vents mous et humides du sud et de l'ouest sont rarement violents et sont les bienvenus en temps de sécheresse, puisqu'ils apportent la pluie sans refroidir l'atmosphère ; on ne les redoute guère que sur les hauteurs où ils soufflent parfois avec beaucoup de force ; il y a quelques années, par exemple, qu'un ouragan venant du sud a arraché et brisé dans le haut Jura Vaudois, près de deux hectares de forêts de toute beauté, dont le propriétaire avait eu l'imprudence de faire couper en totalité la chemise, soit lisière sud.

Les vents qui passent sur les marais en transportent au loin les
miasmes, ceux qui soufflent des marais de Hongrie en apportent
les fièvres ; chaque automne, la ville de Barcelone, si saine d'ailleurs, est affectée de fièvres malignes dès que les vents descendent des montagnes en passant sur les vastes étangs qui dominent
la ville ; qu'est-ce donc que ces miasmes qui s'en vont semer au
loin la maladie et la mort, sinon une espèce de ferment qui, absorbé par les poumons, passe dans le sang et en change les caractères et les fonctions ; ce n'est évidemment pas un gaz, puisqu'il suffit d'un rideau d'arbres ou d'un voile de gaze pour
enlever au vent ses propriétés fiévreuses ; ce sont des particules
organiques en décomposition, excessivement déliées et susceptibles d'être transportées au loin, comme le sable du désert, et la
cendre des volcans qui s'étendent sur les mers jusqu'à 400 kilom.
au delà des côtes ; les miasmes sont aussi nuisibles aux bêtes
qu'aux hommes ; on voit souvent, au Brésil, tomber mort un chien
qu'on a fait passer dans un marais, au temps où sévit la fièvre
jaune. Une foule d'animaux vivent cependant au sein de ces marais pestiférés ; les crapauds, les serpents, les alligators, les
oiseaux d'eau y pullulent et restent insensibles à ces poisons ; cet
effet ne peut s'expliquer qu'en admettant que ces êtres sont doués
d'une organisation spéciale dont nous voyons une foule d'exemples parmi les autres animaux dont les uns mangent sans aucun
inconvénient, ce qui est un violent poison pour les autres ; les
chèvres mangent impunément les clématites et le tabac qui tuent
les bœufs ; les perroquets meurent dès qu'ils ont mangé du persil, qui est recherché par tous les autres animaux domestiques ;
ne le voyons-nous pas mieux encore chez l'homme, puisqu'il y a
des personnes sur lesquelles les fraises, les écrevisses si innocentes pour presque tout le monde, agissent comme des émétiques, et même comme des poisons ?

L'action mécanique des vents est encore mal étudiée ; les uns
sont brisants comme ceux de l'est et du nord, tandis que les
autres sont mous ; partout où soufflent avec force les vents brisants, il faut renoncer à la culture des plantes à larges feuilles,
comme le tabac et le houblon, parce qu'elles sont bientôt réduites
par eux à l'état de foin ou de canevas si leurs mailles sont assez
nerveuses pour résister au choc de l'air. On ne saurait trop tenir

compte de l'action des vents dans le choix des arbres destinés aux plantations; sur les coteaux, on ne devrait mettre que des arbres à feuilles étroites, comme les acacias, les peupliers, les ormes, les bouleaux, les hêtres et les chênes; sur les montagnes, que des arbres à aiguilles, et dans les plaines, que des arbres à larges feuilles, comme les tilleuls, les chênes, les noyers, les catalpas et autres analogues. Cultiver le tabac dans les endroits exposés aux vents, c'est s'exposer à une perte certaine; à chaque exposition, sa culture; contrarier la nature est une faute dont on est toujours puni.

Une des tâches les plus importantes de l'agronome est donc de préserver ses terres contre les vents; rien de plus facile, mais aussi rien de plus rare. De toute antiquité, on a clos de murs les jardins, et les magnifiques produits qu'on y récolte en si grande abondance sont dus en grande partie à la température égale, à la douce et constante humidité qu'y entretiennent les murs, en en interdisant l'entrée aux vents. L'usage des murs est malheureusement borné par leur prix élevé; à moins qu'on ne les fasse en planches, ce qui revient au même, lorsqu'après avoir été préparées à l'acétate ferreux, elles sont demeurées par là aussi inaltérables que le roc lui-même; nous indiquerons diverses préparations pour rendre les bois incorruptibles, quand nous nous occuperons des constructions rustiques. Il n'est plus question de murs lorsqu'il s'agit d'abriter de grands espaces de terrain; il faut alors avoir recours aux arbres les plus élevés; on se sert pour les terres humides, des peupliers, des sycomores, des magnifiques cyprès chauves et des sapins; pour les terres fraîches, du mûrier, du chêne, du frêne et du tilleul; pour les terres sèches, de l'acacia, du pin, et de l'orme. Quand il ne s'agit que des haies pour enclore des espaces plus restreints, alors on choisit le mûrier, l'érable, le bouleau, le frêne ou le groseiller à maquereau; les feuilles des quatre premiers de ces arbres constituent un fourrage excellent, tandis que le groseiller a sur eux l'avantage de croître vite et de donner beaucoup de baies capables de fournir un vin très agréable lorsqu'elles sont mûres, et beaucoup d'acide citrique quand on les cueille encore vertes. L'usage des haies-paravents est trop peu répandu; dans les terres exposées à l'action des vents, il doublera les récoltes et permettra bien des cultures impossibles jusqu'alors. Partout où on a établi des paravents, on s'est servi jusqu'ici des peupliers, c'est dire déjà, qu'on ne les a établis que dans des terrains humides ; on a commis presque toujours la faute de planter ces arbres sur le bord des ruisseaux : or, comme les peupliers étendent leurs racines horizontalement, et que le fossé les arrête d'un côté, il arrive qu'ils n'offrent pas de résistance de ce côté où ils s'arrachent sans peine quand le vent y souffle avec force. On doit éloigner avec soin des habitations les peupliers, parce que leurs feuilles sont le repaire d'une multitude d'insectes, et spécialement des teignes qui en sortent par myriades en été pour venir ronger les laines et dévorer les rayons de miel.

Dans le cas où l'on voudrait abriter de suite un terrain, il faudrait creuser autour de lui un grand fossé profond d'un mètre et large à proportion, dont on rejetterait la terre en dedans, de manière à y former une espèce de rempart à bords abruptes du côté du fossé et doucement inclinés en dedans ; on planterait plus tard une haie sur le sommet, ou bien sur ses flancs, qu'il serait facile de mettre en bonne et fructueuse culture.

Terminons ici ce que nous avions à dire de la chimie du sol ; c'est peu de chose en comparaison de ce que nous allons découvrir en nous occupant des plantes et des animaux ; mais aussi, quelle différence entre la nature morte et celle qui est vivante ! Quel abîme entre ce sol qui n'est que le réservoir de l'humus que les plantes vivifient ; entre lui et les animaux qui reproduisent et lui fournissent, sans se lasser jamais, cet humus, premier élément de sa fertilité, base de toute l'agriculture, et sans lequel les terres les mieux composées, les mieux situées du reste, ne suffiraient point à l'alimentation de l'homme !

DEUXIÈME PARTIE

CHIMIE DES VÉGÉTAUX.

Ce qui caractérise la vie, c'est ce mouvement continu de la matière qui produit l'accroissement et puis ensuite le décroissement de tous les corps; sous ce rapport-là, le minéral est tout aussi vivant qu'une plante ou un animal. Le mouvement vital s'opère à l'extérieur dans les minéraux ; à l'intérieur dans les plantes et les animaux. Le minéral reçoit ses aliments tout formés, tandis que la plante et l'animal les modifient avant que de les associer à la masse de leur corps ; c'est ce travail de la modification des aliments, qui distingue les êtres organisés de ceux qui, comme les minéraux, ne possèdent pas d'organes, ou, en d'autres termes, ont toutes les parties de leur masse douées des mêmes caractères et de fonctions identiques. Ainsi, par exemple, lorsqu'on plonge un cristal d'alun dans une solution saturée de ce sel, il s'augmente par tous les points de sa surface, tandis que les plantes n'absorbent leurs aliments que par les feuilles et les racines, et les animaux que par la bouche. Ces différences deviennent de plus en plus saillantes à mesure qu'en s'élevant dans l'échelle des êtres, on met en parallèle les individus les plus complets de chacun des règnes ; ainsi, par exemple, le cristal de roche, avec le cerisier et le cheval. Le cristal, avec ses angles et ses facettes, sa transparence et son énorme dureté; le cerisier avec ses racines, son tronc, ses feuilles, ses fleurs, sa dureté, son immobilité relativement au sol ; le cheval avec ses os, sa chair et sa peau, sa bouche, ses oreilles, ses yeux, la mollesse de ses tissus et la faculté de sentir et de se mouvoir ; il n'y a pas moyen de saisir d'emblée un rapport entre ces trois êtres, et cependant il y en a un des plus frappants, c'est celui de la symétrie de leurs parties intégrantes. En effet, toutes les parties des êtres organisés sont disposées entre elles avec une symétrie aussi grande que celle des minéraux; partout on retrouve cette grande loi naturelle qui apporte l'unité dans la variété, et qui lie entre elles toutes les parties de la création par la nécessité de l'ordre. Cette loi immuable qui règle la circulation de la matière, soumet celle-ci à des lois d'attraction qui en déterminent les formes aussi régulièrement que le mouvement des astres auquel elle préside; puis elle donne aux plantes la force d'organiser les minéraux; aux animaux, celle de s'approprier certains principes formés par les plantes, et les fait ensuite rentrer tous dans le règne minéral d'où elle les avait tirés.

La durée des corps est d'autant plus courte qu'ils mettent moins de temps à se former; celle des minéraux devrait être éternelle, parce qu'ils ne cessent pas de s'accroître, tout aussi bien que celle des végétaux et des animaux; nous ne pouvons pas deviner la cause de leur fin, qui est évidemment en dehors de la sphère d'action des lois qui régissent l'organisation de la matière. Il y a donc un terme fatal fixé à l'action de la vie, des bornes au delà desquelles elle ne peut s'avancer; mais ces bornes, nous ne les connaissons généralement pas; cette roche dure ici des siècles, et là elle ne cesse pas de se détruire; telle plante, un chêne par exemple, vit ici 4 ou 500 ans, qui là est déjà caduque au bout d'un siècle; enfin nous trouvons ces mêmes variations dans le chien et le cheval, vivant par exemple de 15 à 30 ans; le serin des Canaries, de 5 à 12 ans, et ainsi de suite.

Il existe entre les plantes et les animaux une différence tout aussi tranchée que celle qui les sépare des minéraux; les animaux n'absorbent leur nourriture que par une seule bouche, tandis que les plantes la reçoivent toujours par plusieurs ouvertures, placées sur les feuilles et sur les racines. De plus, la plupart des animaux peuvent changer volontairement de place et sont doués de sensibilité, ce qui les distingue très nettement d'avec les végétaux, qui n'en donnent jamais que de très faibles indices; sauf quelques rares exceptions, telles que la sensitive qui se contracte lorsqu'on la touche.

Les végétaux organisent quelques-uns des minéraux; à savoir

l'acide carbonique, l'eau et l'ammoniaque ; ils les font passer de l'état de corps stables à celui de substances en général facilement décomposables, et qui le sont d'autant plus qu'elles doivent servir à former le corps d'êtres plus parfaits ; ainsi le bois qui est la substance caractéristique des plantes, ne se décompose que lentement à l'air, où la viande, qui constitue essentiellement le corps des animaux, se pourrit en fort peu d'instants. Plus la vie est puissante dans un être, plus aussi les substances constituantes de son corps sont aqueuses, amorphes et instables ; cette vérité s'étend même aux différentes parties de son corps ; ainsi, par exemple, le cerveau qui est le siége de la volonté et des sensations, est aussi la partie du corps la plus molle et celle qui se décompose la première.

Il y a bien plus encore, c'est qu'à mesure que la vie se développe, la force organisatrice de la matière disparaît ; ainsi, par exemple, la plante immobile et insensible organise les minéraux, tandis que les animaux mobiles et sensibles, n'ont pas cette faculté ; ils se nourrissent de plantes et forment leur corps aux dépens de quelques-uns de leurs principes. Les animaux utilisent les végétaux, comme ceux-ci utilisent les minéraux ; mais ils ne créent pas de nouvelles substances, ils ne font qu'employer, en les triant, celles que les plantes leur fournissent. Les animaux sont donc le produit de la végétation ; ils en sont comme les graines, dans ce sens que toutes les parties des plantes sont utilisées pour la nutrition de l'animal, tout aussi bien que pour la formation de la graine ; la plante crée la substance organique et l'animal la consomme ; elle l'organise pour qu'elle soit apte à supporter la vie intellectuelle qui, elle, la fatigue et la détruit ; aussi peut-on dire que plus l'intelligence se développe, moins la force d'assimilation est grande. Parmi tous nos animaux domestiques, ceux qui s'engraissent le plus facilement sont le porc et le bœuf, ceux aussi dont l'intelligence est la plus obtuse ; la chèvre, le chien surtout ne s'engraissent pas facilement, mais aussi, combien leur intelligence est développée ; pour le chien, si justement appelé l'ami de l'homme, elle semble quelquefois avoir reçu une parcelle de cette âme, apanage de l'homme seul.

La nature tout entière nous fait sentir qu'entre la force matérielle et la force intellectuelle il y a la même distance qu'entre le jour et la nuit, qu'entre la vie et la mort, et il se trouve cependant encore des hommes assez éblouis par leur prétendu savoir pour oser chercher à expliquer les phénomènes de l'intelligence, à l'aide des modifications de la matière. On a vu des savants soutenir que le développement de l'intelligence est en rapport avec le volume du cerveau ; mais la nature a bientôt prouvé la fausseté de cet impie rapprochement ; car les pauvres idiots ont souvent un cerveau énorme, et les hommes de science les plus distingués ont quelquefois terminé leurs jours dans les maisons d'aliénés. D'ailleurs qu'est-ce que cette raison dont l'homme se glorifie tant, sinon un piége toujours tendu à sa vanité, un instrument dont il ne peut se servir sans se blesser, qu'à la condition de l'employer en toute humilité ; qu'est-ce que cette raison, qu'une chute, un mal de dents, un coup de soleil, souvent même un léger écart de régime seulement, trouble et quelquefois même anéantit ? Oui, glorifions-nous de notre raison, tirons vanité de notre intelligence et bientôt nous serons arrêtés, tandis qu'en rapportant tous ces beaux dons au ciel, qui nous les a accordés, nos vues s'étendent sans gêne sur tous les objets créés, elles sondent sans indiscrétion les mystères de la nature et nous conduisent à louer Dieu des vérités qu'il nous découvre, tout aussi bien que de celles qu'il juge à propos de nous cacher.

L'étude des végétaux offre un intérêt tout particulier, puisqu'elle permet de voir comment les minéraux se changent en substance organisée. Le règne végétal offre l'expression la plus pure des fonctions matérielles ; tous ses membres n'ont d'autre but que de croître et multiplier, et comme ces fonctions s'effectuent sans qu'ils en aient la moindre conscience, on trouve un rapport frappant entre les plantes et les minéraux ; aussi peut-on dire qu'elles ne sont que des minéraux organisés. Les plantes sont les minéraux chargés de transformer les matières stables en substances décomposables, absolument de même que les volcans remanient la terre et reproduisent des roches à mesure que l'effort des ans en use d'autres.

Si les plantes sont chargées d'organiser la matière, les animaux, eux, la modifient et l'utilisent ; ils lui donnent le plus haut degré de perfectionnement dont elle soit susceptible ; puis ils la brûlent et la font rentrer dans le nombre des substances purement minérales, en lui donnant précisément la forme sous laquelle les plantes l'enlèvent à l'atmosphère.

Chose étrange, mystère des plus profonds, tous les êtres vivants naissent de l'air, l'atmosphère qui nous entoure est le réservoir de la vie ; cet air, si léger que nous lui comparons souvent le néant, est précisément la matière première que Dieu utilise pour créer toutes les plantes, tous les animaux. Quelle est donc cette force qui, après avoir liquéfié et solidifié tous ces gaz, les organise ? c'est la force vitale, c'est cette puissance que l'homme cherche à nier, mais contre laquelle tout son savoir fait naufrage, c'est le rocher que n'entament pas plus les scalpels que les creusets, c'est le secret du Créateur. Un seul connaît le secret de la vie, dont nous ne pouvons percevoir que les effets, contentons-nous de cette étude déjà si admirable, si infinie, et adorons-en l'origine que nous ne pouvons pas comprendre.

Il n'est aucune des branches de la chimie physiologique qui soit aussi étendue que celle qui s'applique à la botanique, et cela tout naturellement, puisque ce sont les plantes qui sont chargées d'organiser la matière ; aussi donnent-elles naissance à une foule vraiment extraordinaire de produits dont la multitude des substances minérales ne donne aucune idée. Quant aux animaux qui ne doivent qu'utiliser, puis minéraliser ensuite les substances organisées, ils ne produisent que bien peu de nouveaux corps, dérivés toujours des substances végétales dont ils se nourrissent.

CHAPITRE PREMIER.

Formation.

Tous les végétaux sont composés de carbone, d'hydrogène, d'oxygène et de nitrogène en proportions variables ; quelquefois leurs produits ne contiennent que deux de ces corps simples, comme l'acide oxalique ; ou trois, comme l'acide tartrique, la fécule et le bois ; rarement tous les quatre, comme le blanc d'œuf et la viande. Quand on les brûle, car tous les végétaux sont combustibles, de même aussi que les animaux, ils laissent une cendre

dont la quantité est très variable, puisqu'elle s'élève depuis 1 jusqu'à 5 ou 600 pour mille du poids de la plante sèche. Sa composition
varie d'ailleurs tout autant que sa proportion; elle peut contenir
les oxydes potassique, sodique, calcique, magnésique, aluminique,
ferrique et manganeux ; puis les acides sulfurique, phosphorique
et chloride hydrique. Comme tous ces corps se rencontrent aussi
dans les animaux, nous en ferons ici l'étude complète.

On appelle carbone le charbon pur ; quand il brûle à l'air, il absorbe l'oxygène de l'atmosphère et disparaît en passant à l'état de
gaz ou air acide carbonique. C'est ce gaz qui se dégage des poumons, c'est lui aussi qui sort des cuves de moût en fermentation,
qui fait mousser l'eau de Seltz, la bière et le vin de Champagne. On
le trouve partout dans l'atmosphère, dans la petite proportion de 3
à 5 dix-millièmes de son volume total ; il se dissout dans l'eau ;
aussi le rencontre-t-on dans la plupart des sources. Quand l'eau
est très chargée d'acide carbonique et qu'elle passe sur des terrains calcaires, elle en dissout une certaine quantité qu'elle va déposer plus loin au contact de l'air, sous forme de tuf. C'est à cette
action que nous devons de voir les terres perdre chaque année davantage de leur chaux , qu'entraîne l'acide carbonique contenu
dans les eaux pluviales. L'action prolongée de ces eaux calcaires
forme des terrains souvent très étendus ; c'est elle qui bouche lentement toutes les cavernes du Jura. Son action est bien intéressante à étudier sur les roches compactes ; ainsi, par exemple, dans
la grotte de Gorgier, formée de calcaire gris très dur et amorphe,
l'eau dépose au-dessous de la voûte, du néocomien bien cristallisé et
jaune, tandis qu'elle laisse tomber à terre de l'argile ; l'eau a donc,
dans ce cas-ci, dissocié les éléments de la roche primitive. Cet
exemple suffit pour faire comprendre de quelle manière ont pris
naissance les terres si fortes qu'on trouve souvent au pied des
roches jurassiques.

L'acide carbonique joue un rôle bien important dans la nature,
puisque c'est lui qui nourrit les végétaux qui l'absorbent en
grande quantité par leurs feuilles, sous l'influence de la lumière
solaire ; c'est lui qui est, avec l'eau, le produit définitif de la
décomposition de tous les êtres vivants ; aussi se dégage-t-il des
terres en quantité d'autant plus considérable qu'elles sont plus
riches en humus. Les animaux expirent une énorme proportion

d'acide carbonique par la peau et surtout par les poumons, parce que ce gaz est le produit essentiel de la respiration.

Il n'est pas possible de deviner sous quelle forme existe le carbone dans les êtres organisés ; il est évident cependant qu'il y existe à l'état de combinaison dont il forme la plus grande partie, puisqu'il suffit de chauffer hors du contact de l'air, dans un tube par exemple, une partie quelconque d'un végétal ou d'un animal, pour qu'il y reste du charbon. Le charbon est l'élément le plus caractéristique des êtres organisés, dans lesquels on le rencontre toujours associé tantôt avec l'hydrogène, avec l'oxygène, ou avec le nitrogène seulement ; avec deux d'entre eux , ou avec tous les trois.

Les immenses dépôts de lignites et de houille, ainsi que d'anthracite qu'on trouve dans les entrailles de la terre, sont le produit de la décomposition lente des générations végétales passées. Dans les lignites, il est facile de reconnaître encore la structure des arbres et de distinguer parmi leurs troncs épars , des palmiers, des noyers, des saules , des noisettiers, dont les espèces ont disparu de la surface du globe et dont on retrouve même des feuilles et des fruits, disséminés au milieu des débris des arbres qui les ont produits. Sur les côtes de la Baltique, on trouve au-dessous du sol, d'immenses forêts de pins, sur le tronc desquels est attachée la belle résine connue sous le nom de succin ou ambre jaune ; ces pins eux aussi appartiennent à une espèce perdue. Il est probable que les lignites sont le produit de l'enfoncement des forêts dans le sol. Quant aux houilles, dont la structure homogène et comme résineuse exclut toute trace d'organisation, il est probable qu'elles sont le produit de la putréfaction au sein des eaux salées, de ces immenses masses de plantes marines qui garnissent les bas fonds dans certaines régions où elles constituent de véritables forêts, comme cela arrive dans le voisinage du cap Vert. Quand ces plantes se décomposent, elles fermentent, s'affaissent sur elles-mêmes et produisent une bouillie noire qui prend l'aspect de la houille à mesure qu'elle se dessèche. Lorsque les lignites ou la houille ont subi l'action du feu souterrain, ils ont perdu leur hydrogène, leur oxygène et leur nitrogène, il ne reste plus d'eux qu'un charbon lourd et grisâtre qui est l'anthracite.

Après le carbone, qui forme la plus grande partie du corps des plantes, vient l'hydrogène, qui en est après lui, la partie essentielle. L'hydrogène est un gaz incolore, inodore, insipide et tellement léger, que quand on l'introduit dans des ballons il leur fait traverser l'atmosphère tout aussi facilement, et pour la même raison qu'un morceau de liége monte à la surface de l'eau sous laquelle on l'a tenu plongé. Associé au carbone, l'hydrogène produit le gaz d'éclairage; à l'oxygène, il donne naissance à l'eau. On l'obtient facilement en mettant de la limaille de fer au fond d'un vase à moitié plein d'eau, à laquelle on ajoute un peu d'acide sulfurique ou huile de vitriol; une vive effervescence se manifeste alors dans le liquide, des bulles de gaz se dégagent de chaque parcelle de fer et montent à la surface de l'eau, c'est l'hydrogène. Cette décomposition a lieu parce qu'en présence de l'acide sulfurique, le fer attire et retient l'oxygène de l'eau, dont l'hydrogène se dégage à mesure que son oxygène la quitte pour s'unir au fer. L'hydrogène est éminemment combustible, aussi prend-il feu dès qu'on en approche un corps enflammé; on doit ne faire cette opération qu'avec précaution, parce que quand ce gaz est mêlé avec l'oxygène de l'air il détone avec une effroyable violence au moment où on l'enflamme.

L'eau est une des substances les plus essentielles aux êtres vivants; on la trouve dans toutes leurs parties, et cela en quantité d'autant plus considérable, que ces parties sont chargées de fonctions plus importantes; ainsi, par exemple, le bois ne contient que 10 p. 100 de son poids de ce liquide, tandis qu'il y en a 80 p. 100 dans les raves et les carottes, 75 à 80 p. 100 dans la chair des animaux. Les graines ne contiennent que fort peu d'eau; mais elles confirment cette règle, puisqu'elles sont des organes dans lesquels la vie sommeille; elles ne germent qu'après avoir absorbé une énorme proportion de ce liquide. Plus la vie est développée dans un être, ou dans l'un de ses organes, plus aussi, toutes choses égales d'ailleurs, il est riche en eau; dans les plantes, les feuilles et surtout les fleurs sont les parties les plus aqueuses, tandis que dans les animaux c'est la chair, c'est tout spécialement le sang et le lait.

Dans le bois, la fécule, la gomme et le sucre, l'hydrogène est associé avec le carbone et l'oxygène; aussi quand on les chauffe à l'abri du contact de l'air, laissent-ils distiller de l'eau, tandis que leur charbon reste dans le tube.

Avec le nitrogène l'hydrogène produit de l'ammoniaque ou esprit de corne de cerf, c'est-à-dire la substance active des fumiers auxquels elle communique son odeur forte et piquante. C'est elle qui infecte l'atmosphère des étables dans lesquelles on laisse séjourner les fumiers, et c'est elle encore qui se forme aux dépens du nitrogène de l'air, quand il entre en contact avec l'humus humide.

L'oxygène est encore un gaz incolore, inodore, insipide et assez lourd ; il forme 21 p. 100 du volume total de l'air, dont il est le seul principe capable d'entretenir la vie et la combustion. Quand on met une souris dans une bouteille et qu'on la bouche hermétiquement, le pauvre animal n'offre d'abord rien d'extraordinaire, mais bientôt il devient inquiet, sa respiration est pénible, haletante; il prend des convulsions et meurt; cela arrive parce que l'oxygène lui a manqué; la souris ne serait pas morte si on avait, à l'aide d'un soufflet, renouvelé l'air de la bouteille. La même chose se passe quand on substitue à la souris une bougie allumée, sa flamme brillante d'abord devient de plus en plus petite et rouge, elle s'allonge, fume et s'éteint, parce que l'oxygène lui manque. Ce sont ces deux caractères de l'oxygène qui lui ont valu le nom d'air vital ou air du feu ; la respiration des animaux, la combustion des bois, l'oxydation de l'humus, enlèvent sans cesse à l'air une immense quantité d'oxygène que les plantes lui rendent bientôt, à mesure que leurs feuilles décomposent l'acide carbonique produit par ces différentes combustions.

Plus une substance organique contient d'oxygène, plus aussi elle possède les caractères des acides, c'est-à-dire la saveur aigre et piquante ; l'acide oxalique qu'on trouve dans l'oseille est formé de carbone et d'une très forte proportion d'oxygène ; l'acide des raisins, des groseilles et des pommes est formé de carbone, d'hydrogène et d'oxygène, de même aussi que l'acide acétique qu'on trouve dans le vinaigre.

C'est l'oxygène qui fait repasser tous les êtres organisés à l'état de minéraux ; il les brûle en leur faisant reprendre la forme d'acide carbonique, d'eau et de nitrogène, sous laquelle les plantes les ont utilisés en les décomposant d'abord, pour en former plus tard toutes les substances nécessaires à l'entretien de la vie. Il y a là, dans le règne végétal, une force toute particulière qui paralyse celle de l'oxygène, dont l'action s'étend sur tous les minéraux, ainsi que sur tous les animaux ; les plantes repoussent l'oxygène tout aussi fortement que les animaux et les minéraux l'attirent. Cette mystérieuse propriété tiendrait-elle à leur état électrique ; on est tenté de le croire, en voyant que la réaction du règne végétal est constamment acide, tandis que celle des règnes minéral et animal est fortement alcaline ; surtout celle du dernier qui est, des deux, celui qui a le plus de tendance à absorber l'oxygène de l'air. Si l'oxygène de l'air, dont il ne forme cependant que les 21 p. 100, suffit pour entretenir la combustion et la respiration, il le peut à bien plus forte raison quand il est pur. Son action est tellement vive alors, qu'il rallume un copeau de bois qui présente encore quelques points en incandescence et qu'il brûle le fer chaud tout aussi facilement que l'air consume le charbon.

L'oxygène est répandu dans la plupart des minéraux et en quantité énorme ; ainsi il y en a 300 kil. dans 625 kil. de calcaire, et 24 kil. dans 45 kil. de cristal de roche ou de grès quelconque, depuis la molasse jusqu'à la pierre meulière, tandis qu'il ne s'en trouve point dans le sel de cuisine. L'oxygène est de tous les corps simples celui dont l'action est la plus puissante à la surface du globe ; aussi n'est-ce que pour fort peu de temps que les plantes lui enlèvent le carbone et l'hydrogène que la mort, ou bien l'action des animaux, ne tardent pas à lui rendre. Le but du règne végétal est donc d'enlever à l'oxygène certaines substances qu'il crée, organise, et que l'oxygène reprend dès qu'elles se sont usées sous l'influence de la force vitale. L'oxygène joue le rôle du principe de la destruction, vis-à-vis des êtres vivants, tandis que les plantes ont celui de la création, absolument comme les eaux tendent à en anéantir les montagnes que les volcans relèvent ou même reforment sans cesse. Nous trouvons donc à la surface, comme dans l'intérieur du globe, toujours deux forces en présence, l'une qui anéantit, l'autre qui produit, l'une qui rappelle le principe du mal, et l'autre celui du bien. Au reste, plus on approfondit les mystères de la nature, mieux on voit partout et constamment aux prises ces deux puissances dont les efforts continus maintiennent l'équilibre du monde.

Les plantes n'ont besoin de l'oxygène que lorsqu'elles germent ; elles jouent alors vis-à-vis de lui le même rôle que le bois qui brûle, parce qu'elles ne vivent pas encore ; les choses changent dès qu'elles ont poussé des feuilles ; alors l'antagonisme commence, elles séparent et déplacent l'oxygène de ses combinaisons, jusqu'au moment où la mort vient mettre un terme a leur travail.

Le nitrogène forme la plus grande partie de l'atmosphère où il se trouve mélangé avec l'oxygène. C'est un gaz inodore, incolore, insipide et qui paraît ne pouvoir pas être directement absorbé en grande quantité par les plantes auxquelles les racines le transmettent généralement sous forme d'ammoniaque, après qu'il a revêtu cette forme en s'associant avec l'hydrogène de l'eau, en présence du carbone de l'humus, qui en retient l'oxygène en produisant une quantité d'acide carbonique d'autant plus considérable qu'il y a eu davantage d'ammoniaque formée. Ce gaz semble pouvoir exister dans l'air, sous forme d'ammoniaque, d'acide nitrique et de nitrate ammonique, né de l'union de ces deux principes ; au moins est-il bien établi qu'on trouve toujours de faibles quantités d'ammoniaque dans l'air, et que l'eau des pluies d'orages renferme une proportion appréciable d'acide nitrique. L'ammoniaque de l'air provient sans doute de l'humus du sol et de la transpiration des animaux ; quant à son acide nitrique, il paraît avoir été produit par le passage de l'étincelle électrique au travers de l'atmosphère dont elle associe les éléments ; car l'acide nitrique est une combinaison de nitrogène et d'oxygène, comme l'ammoniaque en est une du même principe avec l'hydrogène.

On trouve le nitrogène dans toutes les parties les plus nutritives des végétaux, surtout dans leur sève et dans leurs graines, sous la forme de viande, de blanc d'œuf et de fromage que les animaux s'approprient pour en fabriquer à leur tour leur corps. Le nitrogène est un des éléments constitutifs essentiels du corps des animaux ; de là vient qu'après leur mort, il dégage beaucoup plus d'ammoniaque que celui des plantes.

Quant aux substances incombustibles qui accompagnent la matière organisée dont elles constituent les cendres, la proportion dans laquelle elles s'associent à elle est excessivement variable autant pour son poids total que pour sa composition. Ainsi, par exemple, la même plante qui, sur les Alpes, fournit beaucoup de potasse, donnera, sur le Jura, beaucoup de chaux et un peu de soude.

La composition des cendres dépend de celle du sol sur lequel croissent les plantes, parce qu'elles y sont mécaniquement apportées par l'eau que leurs racines enlèvent au sol; aussi sont-elles d'autant plus abondantes que la terre est plus riche en parties solubles; c'est si vrai que les herbes qui se développent dans les prairies salées possèdent le goût du sel. La quantité et la composition des cendres varient aussi avec l'âge; les jeunes plantes, beaucoup plus riches en sève que les vieilles, donnent plus de cendres qu'elles, et surtout beaucoup plus d'alcalis, tandis que ces dernières ne laissent guère que de la chaux ou de l'acide silicique dont le temps a encroûté leurs tissus et qui ne se déposent jamais qu'en fort petite quantité dans leurs parties vertes et bien vivantes. Toutes les plantes sont riches en alcalis pendant qu'elles sont en pleine végétation, et riches en chaux et acide silicique quand elles se reposent, parce que ces dernières restent mécaniquement unies à leurs tissus, tandis que les alcalis repassent dans le sol où les entraîne la sève descendante.

Les substances minérales qu'on rencontre dans les plantes semblent n'avoir d'autre but que d'en durcir les tissus et de saturer les acides qui s'y développent. Chez les animaux, leurs fonctions sont semblables, puisque la chaux unie avec les acides phosphorique et carbonique, produit la charpente osseuse qui soutient leurs tissus, tandis que les alcalis tiennent en dissolution dans le sang les éléments destinés à les régénérer à mesure qu'ils se détruisent.

Dans tous les êtres organisés, le rôle des cendres est donc plutôt mécanique, pour les éléments insolubles dans l'eau pure, tels que l'acide silicique, ainsi que les carbonate et phosphate de chaux, tandis qu'il est chimique pour ceux qui sont solubles, tels que les sels de potasse ou de soude et d'ammoniaque; ces derniers ont pour but de prévenir la formation des acides et d'en arrêter l'effet désastreux lorsqu'ils ont pris naissance.

CHAPITRE II.

Composition.

Tous les végétaux présentent des organes qui jouent le rôle de feuilles, et d'autres celui de fruits; on n'en trouve pas d'autres dans ces plantes si simples et si répandues, qu'on appelle sur terre mousses et lichens, dans l'eau varecs et fucus; ces deux groupes d'organes sont bien l'expression la plus nette de la vie végétale, de cette vie absolument matérielle, puisque la feuille nourrit, et que la graine multiplie. Ces deux organes qui existent seuls dans les plantes inférieures, ne tardent pas à se diviser à mesure que les plantes se développent, en sorte que la feuille donne bientôt naissance à une racine dirigée vers le centre de la terre, puis, quelquefois, à un tronc, à des bourgeons, toujours à des feuilles plus ou moins distinctes, tandis que la graine est précédée par la fleur et couverte d'enveloppes plus ou moins compliquées auxquelles nous devons tant de fruits savoureux, et qu'elle acquiert elle-même un degré d'organisation bien remarquable. Comme l'agriculture ne s'occupe guère que des plantes les plus développées, on peut laisser de côté sans inconvénient l'examen des champignons, mousses et lichens, et cela avec d'autant plus de raison que l'analyse de ces étranges végétaux n'a point encore jeté un jour bien éclatant sur leur développement et leurs fonctions. Qu'il suffise de savoir que la force végétative de ces êtres si simples est beaucoup plus considérable que celle des plantes à organes développés, ce que prouvent suffisamment ces énormes champignons auxquels il ne faut qu'une seule nuit pour développer leur large et épais chapeau; puis aussi ces lichens et ces mousses auxquels il ne faut que peu de semaines pour tapisser les rochers les plus arides, le tronc des arbres ou le sol des forêts. Parmi les mousses les plus utiles à l'homme sont les sphaignes ou mousses d'eau dont la végétation, continue autant que vigoureuse, transforme les marais en tourbières. Ces plantes croissent avec une telle rapidité que, malgré l'exiguité de chacune d'elles dont le diamètre ne dépasse guère celui d'un fil à coudre, il ne leur faut que sept à neuf ans pour remplir un fossé d'exploitation large de deux mètres sur un de profondeur. Il semble même que leur végétation est d'autant plus active que le climat est plus froid; car c'est dans le haut Jura que les tourbières se régénèrent avec le plus de rapidité, et cependant il y gèle durant toute l'année.

Jamais une plante n'a été étudiée avec autant de soin et de succès que les sphaignes sur lesquels M. le docteur Schimper de Strasbourg vient de publier un travail complet et admirable sous tous les rapports; nous ne pouvons assez le recommander à tous les penseurs qui y trouveront *tout*, *absolument tout* ce qu'ils peuvent désirer savoir du développement de ces plantes, depuis leur génération jusqu'à leur mort; M. Schimper n'a rien oublié, et les magnifiques planches qui accompagnent ce travail unique en son genre, en font une œuvre d'art autant que de science.

Toutes ces plantes élémentaires ou cryptogamiques se développent rapidement sur les substances organiques en décomposition et en accélèrent alors la destruction d'une manière effrayante, comme cela n'arrive que trop souvent aux boiseries appliquées contre des murs humides. Leur développement est si rapide qu'il ne faut pas plus d'une nuit aux champignons de la moisissure pour envahir tout un pain cuit la veille; il suffit pour cela que ce pain soit en contact avec les semences des moisissures, ce qui arrive lorsqu'on le dépose sur une planche où il y a des traces de ces parasites. Quelquefois la moisissure produit dans les corps une modification particulière qu'on utilise pour faire promptement mûrir les fromages; à Roquefort, on introduit dans les fromages frais un petit morceau de fromage vieux et bien moisi qui a bientôt marbré toute sa pâte des belles végétations bleues et rouges qu'on aime à y voir.

La masse de tous les cryptogames paraît n'être formée que d'un tissu cellulaire homogène, ce qui les distingue des autres végétaux dans lesquels on découvre des tissus variés et une foule d'organes fort divers les uns des autres. On peut les diviser en cryptogames riches en eau, comme les champignons, les ulves, les tremelles, et en cryptogames secs, comme les mousses, les sphaignes, les fougères et les lichens. Les champignons

ne se forment jamais que sur des objets ou dans un air très chargé
d'humidité ; de là vient qu'ils se développent avec une telle rapidité dans les saisons humides à l'approche des pluies, et que
le retour de la sécheresse en arrête complétement la multiplication. Il ne faut cependant jamais oublier que les champignons
ayant des graines, ils reviennent facilement à l'endroit où ils se
sont développés une fois, et éviter par conséquent d'offrir de
nouveaux aliments à leur végétation. Si on dépose du pain, du
fromage ou du fruit sur une planche où il y a eu quelque objet
moisi, bientôt ils seront envahis par les champignons de la moisissure, quelque sain et sec que soit d'ailleurs l'air de l'appar-
tement. Quand la moisissure envahit les rayons d'une cave ou
d'un fruitier, il faut les enlever, les laver à l'eau bouillante chargée de lessive de cendres, les gratter avec soin ; puis les laver
une seconde fois à l'eau bouillante seule et les laisser sécher avant
que de les mettre en place. Il faut se mettre, pendant ce net-
toyage, à l'abri des poussières de la moisissure qui sont très vénéneuses, comme du reste aussi tous les aliments moisis.

Quand les champignons envahissent la poutraison d'une habitation, il faut sur-le-champ en enlever toutes les parties atteintes,
couvrir de chaux les murs humides, imbiber les bois d'une dissolution de chlorure zincique et faire subir à la maison ou à ses
alentours les travaux nécessaires à l'éloignement des eaux qui
la rendent malsaine. Du reste, on ne peut se garantir avec trop
de soin de ces terribles champignons des bois qui sont tellement vénéneux que leurs vapeurs ont déjà causé la mort de
beaucoup de personnes. L'odeur de ces champignons est heureusement si forte qu'elle en trahit la présence assez tôt pour
qu'on puisse arrêter leurs ravages à temps.

Les champignons, sous quelque forme qu'ils se présentent, sont
pour l'agriculteur des ennemis qu'il faut détruire partout et à tout
prix, ce qui est facile avec les dissolutions de cendres, ou avec le
lait de chaux, qui est aussi le meilleur remède contre les lichens
et les mousses ; il semble que tous les cryptogames fuient les substances alcalines ; cela est si vrai que les mousses d'eau, les sphaignes se développent dans des eaux dont l'acidité est si forte quelquefois qu'elle est sensible au goût, et que la moisissure attaque
les fruits les plus acides et se développe jusque dans le vinaigre,

Dans le voisinage des grandes villes on cultive le champignon des couches, et dans les campagnes on recueille avec soin la morille, le mousseron et la truffe; la culture de ces trois derniers champignons serait très lucrative si on parvenait à la pratiquer; malheureusement on l'a essayée jusqu'ici sans beaucoup de succès. La morille aime les endroits ombragés, un peu humides, et les sols fertiles; la truffe se développe dans les mêmes conditions, mais il lui faut plus de chaleur; quant au mousseron, il exige le grand air et se trouve en automne dans les prés les plus arides où il se développe sur un morceau de bois pourri, ou dans le voisinage des déjections des vaches. Les mousserons et les morilles ne se trouvent pas souvent plusieurs années de suite à la même place; nous n'avons observé le contraire qu'une seule fois, et durant trois années consécutives, dans une forêt au-dessus de la fosse où on avait enterré un chat; les morilles qui se formaient là étaient énormes, en sorte qu'on pouvait croire que ces champignons se développeraient peut-être sur des terres engraissées avec du sang ou d'autres matières purement animales. Il se pourrait bien d'ailleurs que chaque champignon exigeât un autre genre d'engrais; ce qui tend à le faire croire, c'est que chaque plante, et pour ainsi dire chaque substance organique, possède une moisissure spéciale, et que la truffe ne se trouve en abondance que dans les forêts de charmes ou de chênes.

Les champignons offrent toutes les couleurs et souvent les teintes et les formes les plus variées, comme les plus brillantes; une seule leur manque, c'est la couleur verte que possèdent en échange presque tous les autres cryptogames; leur mode de végétation est aussi différent du leur; car les champignons ne peuvent se développer que sur des matières organiques en décomposition; ils sont incapables de décomposer l'acide carbonique de l'air et sont donc les parasites du règne végétal absolument comme les puces, les vers et les pous le sont du règne animal.

Quoique les analyses que nous possédons des champignons soient fort imparfaites, elles donnent cependant une idée approchée de leur composition; voici comment est composé le bolet des noyers :

Graisse.   0,19
Sucre incristallisable.   0,04
Viande et albumine   2,96
Sels potassiques et calciques   0,48
Ligneux   7,60
Eau   88,73
                                             ─────────
                                              100,00

Il y a peu de végétaux aussi riches en viande que les champignons ; aussi doivent-ils être rangés parmi les plus nutritifs, et ne devrons-nous pas être surpris de voir les insectes les attaquer avec tant de préférence.

Tous les autres cryptogames en échange décomposent l'acide carbonique de l'air et vivent à ses dépens, comme les végétaux des ordres supérieurs ; on peut juger de leur force vitale par la rapidité avec laquelle croissent les sphaignes des tourbières, les conferves des eaux douces, les varecs et les fucus des mers, ainsi que les mousses et les lichens.

Les sphaignes ou mousses d'eau possèdent les mêmes caractères que les mousses de terre ; leur couleur est verte, leur tissu raide et dur ; ils sont essentiellement formés de bois, et constituent donc de vrais arbres forestiers en miniature ; ces plantes ne demandent d'autres soins qu'une quantité d'eau suffisante et une exploitation prudente ; il faut éviter d'exploiter les tourbières en grandes masses ; on ne doit les enlever que par fossés alternativement entrecoupés de bandes intactes destinées à fournir les graines nécessaires à leur remplissement consécutif.

Quant aux conferves, ce sont ces charmantes végétations d'un vert si tendre, d'un tissu si délicat qui couvrent les pierres des ruisseaux d'eau douce, et qui tapissent celles des fontaines et des étangs ; elles se développent d'autant mieux que les eaux sont plus tranquilles et plus chaudes. Ces végétaux servent de pâture aux poissons herbivores, tels que les carpes et les tanches ; ils agissent avec une énorme puissance sur l'acide carbonique dissous dans l'eau et en dégagent des torrents d'oxygène, ce qui rend écumeuses les eaux riches en conferves, dès que les rayons solaires facilitent cette décomposition. L'action que les conferves exercent en petit dans les eaux douces est reproduite sur une gigantesque échelle par les varces et les fucus dans les eaux de la mer, que la respiration de tous ses innombrables habitants charge d'une masse d'acide carbonique probablement plus grande que celle qui se produit à la surface de la partie solide du globe; aussi les forêts sousmarines produites par ces plantes ont-elles une étendue dont les forêts terrestres ne peuvent donner qu'une bien faible idée. C'est à la mort de ces forêts qu'on attribue la formation des houillères; ce sont elles qui servent de pâturage à plusieurs des gigantesques habitants des eaux, ainsi qu'aux coquillages dont les animaux à corps mou ne sont pas faits pour poursuivre une proie vivante. Dans la profondeur des mers il y a un monde absolument semblable à celui qui se développe dans l'air, mais bien plus peuplé, et beaucoup plus étendu; tant parce que sa croissance est continue, que surtout, parce que l'homme qui domine en tyran sur le globe n'a point encore trouvé le moyen de s'en approprier les richesses dont il ne connaît que la fraction perdue à la surface ou sur les bords des mers immenses.

Les habitants des rivages de la mer utilisent les fucus qu'ils y trouvent pour leur alimentation, et surtout pour la culture des terres dont ils sont un excellent engrais; de même aussi, les paysans de la Bresse emploient les conferves à la fumure des étangs qu'ils mettent à sec.

Les mousses et les fougères entravent la culture; elles gâtent les prés au milieu desquels elles se développent et tuent les arbres sur l'écorce desquels elles croissent en abondance; il faut leur faire une chasse aussi active qu'aux champignons. Quand elles envahissent le sol des forêts, il faut les enlever et les employer à la confection des composts, et non pas au lien de paille, à la litière du bétail, parce qu'elles remplissent les étables des insectes qu'elles nourrissent par myriades. La mousse nuit beaucoup au développement des forêts, tant parce qu'en couvrant le sol, elle empêche l'oxygène de l'air de parvenir jusqu'aux racines des arbres, que parce qu'elle empêche les graines qui tombent sur elle, de s'enraciner; une couche de mousse est presque aussi dangereuse à la surface du sol qu'une croûte pierreuse et compacte.

Quant aux lichens, ils ont une tout autre nature; essentiellement composés d'amidon, ils sont très nutritifs, et comme ils croissent non-seulement sur les terrains les plus arides, mais jusque sur les rochers et dans les pays les plus froids, ils constituent une matière alimentaire des plus précieuses pour les habitants des pays du Nord. Sans les lichens, le Lapon n'aurait en hiver que le poisson pour tout aliment, et il ne pourrait pas nourrir ses rennes. Sur le Jura on trouve en abondance le lichen d'Islande dont on fait un commerce assez actif; il est fort à désirer qu'on trouve les moyens de cultiver cette plante, puisqu'elle permettrait d'utiliser les terrains les plus pierreux des régions les plus froides. Cette plante est fort nutritive, comme le prouve son analyse que voici :

Chlorophylle.	2,0
Extrait amer.	10,0
Sucre incristallisable	4,0
Sels potassiques et calciques	2,0
Fécule, gomme et ligneux.	82,0
	100,0

Il y a encore d'autres lichens qu'on utilise pour l'extraction de diverses matières colorantes du plus beau violet; mais ils appartiennent presque tous à des régions plus chaudes que celles de l'Europe centrale.

Quelquefois les lichens se développent sur l'écorce des arbres qu'ils encroûtent d'une manière fâcheuse, et dont il faut les enlever avec soin. On doit aussi les détacher des murs qu'ils attaquent très profondément; sans doute à l'aide des acides que quelques-uns d'entre eux sécrètent en abondance. Quel que soit leur mode d'action, le fait est que ces singuliers végétaux attaquent et détruisent les roches les plus dures; ils réduisent en poussière jusqu'aux granits blancs du Mont-Rose, qui s'exfolient sous leurs racines beaucoup plus vite que sous l'action de la pluie et de l'acide carbonique de l'air.

Les parties constituantes chimiques des cryptogames, sont celles qu'on retrouve dans tous les végétaux; à savoir : le bois ou ligneux, et la fécule ou amidon, avec des proportions variables de viande, de sucre, de résine et de gomme.

Toutes les autres plantes sont appelées phanérogames, parce qu'on connaît leurs fleurs, tandis qu'on a si peu vu encore celles des cryptogames, qu'on ignore où et comment se forment leurs graines qui sont tellement petites, qu'elles échappent en général à la vue. On appelle aussi ces plantes *végétaux vasculaires*, parce qu'elles ont des vaisseaux qui unissent entre elles les cellules qui forment cependant toujours la majeure partie de leur masse, comme aussi celle des animaux; reste à savoir d'ailleurs, si réellement les vaisseaux qu'on trouve en elles, sont doués ou non de fonctions importantes pour la vie; ce qu'il y a de positif, c'est qu'ils diffèrent beaucoup de ceux qui contiennent le sang chez les animaux. Dans tous les cas, les plantes de cet ordre ont des organes très développés; toutes ont des racines, des feuilles, des fleurs et des fruits; beaucoup possèdent encore des troncs et des bourgeons. Elles naissent d'une graine ou d'un bourgeon et durent un an, deux ans, ou bien davantage; il y a des arbres qui vivent depuis plus de quatre mille ans, comme par exemple les baobabs du Sénégal, les dragonniers de l'île de Ténériffe et quelques autres encore. En France on trouve, en Normandie, des ifs qui ont huit cents ans; certains châtaigners de l'Etna ont au moins le même âge. Les plantes qui vivent plus de deux ans diffèrent des autres en ce qu'elles ont une écorce et une tige ligneuse, quand elles sont vivaces par leur tige, comme les noisettiers et les tilleuls; cela n'arrive point quand leur racine seule est vivace, comme c'est le cas de la luzerne, du sainfoin, de l'oseille et de tant d'autres plantes encore.

Il est facile de comprendre comment finissent les plantes qui n'ont pas d'écorce, c'est le froid qui les tue, comme cela arrive aux pois, aux haricots et à la plupart des fleurs des jardins. En échange, comment se fait-il que le lin, le pavot et tant d'autres plantes sèchent après avoir porté des graines, et cela en plein été; par conséquent, ayant tout ce qu'il leur faut pour se développer avec vigueur; voilà une question à laquelle il n'est pas possible de répondre; la durée de la vie des plantes dépend des mêmes lois qui règlent celle de la vie des animaux, c'est un mystère tout à fait en dehors des lois physiques et chimiques.

Toutes les plantes phanérogames naissent d'une graine ou d'un bourgeon, ce qui revient au même, puisque le bourgeon n'est pas autre chose que le germe d'une graine, en sorte qu'un arbre convert de ses bourgeons, est semblable à un fruit rempli de graines. C'est une ressemblance que la nature indique en transformant quelquefois les bourgeons en graines, et plus souvent encore les graines en bourgeons. Les bourgeons de plusieurs espèces de lis, ainsi que d'une dentaire, se changent en graines qu'on peut semer, tandis que dans le trèfle blanc, les oignons et les aulx, on trouve souvent que de jeunes plantes, c'est-à-dire des bourgeons très développés, ont pris la place des graines. Quand on greffe, on transporte le bourgeon d'un arbre sur un autre; c'est donc absolument comme si on mettait ces graines dans un sol fertile.

Les graines sont formées d'une partie charnue et d'un germe très facile à voir dans les haricots. Quand on ouvre avec précaution un haricot, on le partage en deux parties dont l'une retient le germe; cette dernière seule lève lorsqu'on les met toutes les deux en terre; l'autre pourrit. La partie charnue sert à nourrir la jeune plante durant la germination; elle est formée d'amidon, ou d'huile et de viande; à mesure que la jeune plante se développe, l'amidon disparaît de même aussi que l'huile, tandis que la viande forme les tissus si délicats de la jeune plante. Dans ce travail, la fécule et l'huile disparaissent en totalité; elles se brûlent et passent dans l'air, sous forme d'acide carbonique et d'eau.

Pour qu'on puisse avoir une idée nette de ce qui se passe lors de la germination des graines, nous donnons l'analyse de la graine de froment avant et après cet acte.

	Avant germination.	Après germination.
Fécule	74,91	68,80
Gluten	11,95	7,44
Gomme.	3,56	8,92
Sucre	2,44	6,47
Albumine.	1,44	2,67
Ligneux, huile et résine. .	5,70	5,70
	100,00	100,00

Les choses changent dès que la plante est développée; alors enfonçant sa racine en terre, elle y puise l'eau nécessaire à sa végétation; tandis que les parties vertes de sa tige enlèvent à l'acide carbonique de l'air le carbone, et à l'eau l'hydrogène et les sels dont elle fait sa nourriture. Quand la plante a achevé de croître, elle épanouit ses fleurs, forme et mûrit ses graines.

Aucune végétation n'est possible au-dessous de 0°, c'est-à-dire lorsque l'eau gèle ; aussi le développement des plantes s'arrête-t-il dès que la température s'abaisse jusqu'à ce degré ; celles qui sont vivaces perdent en général leurs feuilles, et les autres périssent. Dans nos climats la végétation ne commence à devenir générale au printemps, qu'au moment où la température moyenne de l'air atteint $+ 10° C.$; il y a plus, toutes les plantes vivaces ne supportent pas le froid ; car les arbres des pays chauds, tels que le caféier, le laurier à cannelle, le muscadier, périssent en hiver en Europe, quoiqu'ils soient constitués tout à fait de même que les cerisiers et les lauriers amandiers. Il en est d'eux, absolument de même que des animaux des tropiques qui, comme les singes et les perroquets, ne supportent pas le froid des hivers de l'Europe centrale. A chaque zône appartiennent ses plantes et ses animaux ; sous l'équateur, les palmiers et les arbres à épices, les singes, les perroquets et tous ces oiseaux à couleurs éblouissantes ; plus haut, le froment et les arbres à fruit avec les gros animaux domestiques ; enfin, vers la région des neiges, les pâturages et les forêts d'arbres nains, avec leurs rennes et leurs bœufs musqués.

Les plantes et les animaux appartenant à chaque zône terrestre, à chaque climat, lui sont tellement propres, qu'on ne peut pas non plus les transporter impunément d'un pays froid dans un autre plus chaud ; les rennes meurent à Berlin, et les oies de Sibérie ne vivent pas longtemps dans le midi de la France. Les animaux finissent cependant à la longue par s'acclimater ; il n'en est point ainsi des plantes. Les végétaux de la Laponie ne se développent pas dans le centre de l'Allemagne ; le lin vient mal dans les pays chauds ; le froment et la pomme de terre ne donnent pas leurs produits dans la région des palmiers. Cette sage distribution des richesses végétales et animales, différentes pour chaque zône, est des plus heureuses, puisqu'elle nécessite la culture de chacune d'elles, qui sans cela seraient abandonnées par l'espèce humaine qui se porterait en masse vers la plus fertile, et ne s'occuperait plus que du végétal et de l'animal qui lui fourniraient le plus facilement les produits qui lui sont indispensables; il n'est donc pas rationnel de vouloir faire produire artificiellement à un climat, les substances que donne un autre climat tout naturellement; ainsi, par exemple, la culture du cotonnier et de la canne à sucre en Europe, est une absurdité, puisque le lin et le chanvre, la betterave et la carotte les y remplacent avantageusement. L'agriculture de chaque pays doit produire tout ce qui est nécessaire à l'entretien de l'homme, et chaque zône peut y suffire jusqu'à un certain point; car, elles sont toutes tributaires les unes des autres, à tel point, qu'il est impossible à la société humaine de se diviser longtemps, parce qu'elle compromettrait par là l'intérêt de toutes ses fractions. Les pays chauds demandent des farines, du lin, de la laine, et exportent du coton, des huiles, du sucre, des épices; les pays tempérés demandent des huiles, des suifs, du coton, du lin, du bois, du sucre, des épices, et exportent des farines, des viandes et des laines; les pays froids exigent les mêmes importations que les pays tempérés, plus les farines, et exportent le lin, le chanvre, le bois, la peau, la chair et la graisse des bêtes à cornes, et d'autres encore.

Chaque plante exige donc, pour se développer, une certaine température qui varie avec la plupart d'entre elles, et quelquefois même avec les individus d'une seule et même espèce; ainsi, on voit dans un champ de pavots, quelques têtes rester vertes, tandis que toutes les autres sont mûres. La végétation est d'autant plus rapide, que la température est plus élevée; ainsi, dans l'Europe tempérée, les moissons et les vendanges avancent ou retardent d'un mois sur leur époque ordinaire, quand les étés sont chauds, ou froids et pluvieux. Les différences sont moins marquées sous les tropiques où les saisons ont une température presque absolument régulière. La végétation des plantes semble donc être liée, non point au temps, mais à la température; c'est ce qui a conduit à calculer quelle est la chaleur nécessaire à la maturation des fruits de la plupart des plantes cultivées, et on a trouvé pour chacune d'elles, des nombres dont nous avons parlé en traitant de la chimie du sol, et qui sont fortement influencés par l'intensité de la lumière solaire.

La racine fixe la plante au sol d'une manière d'autant plus

solide qu'elle s'y enfonce plus profondément; sous ce rapport, il y a une différence encore entre les végétaux, puisque quelques-uns d'entre eux, comme les sapins, les trèfles et les carottes, plongent d'abord leurs racines profondément en terre, tandis que d'autres, comme les peupliers, les framboisiers et toutes les céréales, les étendent à la surface de la terre. Les végétaux à racines profondes n'épuisent généralement pas le sol; ils vivent essentiellement aux dépens de l'acide carbonique de l'air; aussi leur culture améliore-t-elle toujours beaucoup les terres; ce sont ceux qui produisent l'énorme masse d'humus qui étonne tous les colons de l'Amérique du Nord, lorsqu'après avoir défriché les forêts, ils les mettent en culture; les arbres sont effectivement les meilleurs types des plantes fertilisantes, parce qu'ils n'enlèvent rien à la terre dans laquelle ils laissent chaque année les débris de leurs racines et à la surface de laquelle ils répandent la totalité de leurs feuilles qui, en se décomposant, y produisent une couche d'humus d'autant plus abondante, qu'elles sont en plus grande masse. Toutes les plantes à courte végétation ont les racines très divisées et superficielles; elles tirent la plus grande partie de leur nourriture de l'humus du sol qu'elles épuisent ainsi rapidement; mais aussi, en fabriquant dans le même espace de temps, beaucoup plus de matière organisée que les arbres. La composition des racines est très variable; elle est identique à celle des tiges dans les plantes annuelles, tandis qu'elle se rapproche beaucoup de celle des graines dans les plantes vivaces par leur racine, comme le prouve l'analyse suivante de la racine de saponaire :

Résine	1
Gomme	67
Ligneux	22
Sucre	
Eau	10
	100

Plus la végétation d'une plante épuisante est vigoureuse, plus aussi elle emprunte de matière organique au sol; la pomme de terre de Rohan, par exemple, avec ses gigantesques tiges de 2 à 3 mètres, épuise la terre beaucoup plus que la pomme de terre bleue dont les fanes sont courtes.

La fertilité de la terre est un capital auquel on ne doit demander que des intérêts, et qui diminue dès qu'on en exige plus que le taux légal; l'usure est punie en agriculture encore plus sûrement que dans les affaires; l'abondance des récoltes est en rapport direct avec la richesse du sol, en sorte qu'il faut maintenir entre elles un sage équilibre duquel dépend la prospérité du cultivateur.

Le développement des arbres est trop lent, leurs produits trop incertains et leur nature trop peu nutritive pour qu'ils puissent jamais être utiles et cultivés en grand, pour la nourriture exclusive de l'homme; il n'est possible de faire exception ici, que pour le châtaigner et le chêne à glands doux; deux arbres dont la culture est limitée aux régions chaudes de l'Europe. L'énorme multiplication de l'espèce humaine l'ayant contrainte à exiger du sol la plus grande masse possible de nourriture dans le plus court espace de temps, et avec une très grande régularité, l'agriculture a dû avoir recours aux végétaux les plus épuisants, c'est-à-dire aux plantes annuelles qui parcourent en peu de semaines toutes les phases de la végétation, et dont les produits sont aussi constants que possible. Il ne faut donc point être surpris de ne rencontrer dans la grande culture, presque absolument que des plantes épuisantes, dont font partie toutes celles que l'homme emploie à son alimentation, depuis le maïs et le froment, jusqu'au chou et à la laitue. Les fourrages seuls font exception à cette règle, et bien heureusement; car sans eux, il serait difficile de trouver assez d'engrais pour compenser les pertes que la récolte des plantes épuisantes fait subir au sol. Cependant ici encore on découvre une précaution naturelle qui a pour but de parer à l'appauvrissement du sol; toutes les récoltes épuisantes, comme le froment, produisent beaucoup de paille, qui retournant en terre sous forme de fumier, lui rend la plus grande partie de l'humus qu'elle avait perdu, en sorte que la fertilité de la terre ne peut diminuer d'une façon notable, que dans le cas où on ne lui rend ni la paille ni les engrais produits par la consommation et la destruction des plantes qu'elle a produites.

Les racines profondes n'enlèvent au sol que de l'eau, avec les sels qu'elle tient en dissolution et qui en constituent les 3 à

6 millièmes. Ces sels ont une constitution variable avec la nature du sol ; en général cependant, ce sont des silicates, chlorures ou sulfates de potasse ou de soude, des phosphates ou des carbonates de chaux et de magnésie. Les premiers de ces sels et ceux de magnésie étant très solubles dans l'eau, ils se trouvent dans les parties les plus vivantes de la plante, comme les feuilles, les fleurs et les fruits, tandis qu'on ne rencontre les sels de chaux, de fer et les silicates que dans leurs parties mortes comme l'écorce, ou douées d'une faible vitalité comme le bois ; cela vient de ce que ces sels ne se dissolvent que dans l'eau chargée d'acide carbonique, en sorte qu'ils se déposent dès que les feuilles leur enlèvent ce dissolvant et qu'ils sont rejetés au dehors. Quand la sève n'amène plus assez d'eau pour les entraîner, ces sels se déposent dans le tissu même des feuilles qu'ils altèrent et minéralisent. On s'assure de ce fait en brûlant une feuille âgée et en voyant quelle énorme masse de cendre formée de chaux et d'acide silicique elle laisse, tandis que les jeunes feuilles vertes qui en laissent beaucoup moins, ne contiennent guère que des alcalis. Plus la plante est vigoureuse, moins il se dépose de chaux dans ses tissus qui ne sont gorgés que de sels alcalins ; telle est la raison pour laquelle les plantes annuelles coupées vertes, fournissent beaucoup plus de potasse que les arbres. Il ne faut cependant pas se figurer que ces plantes annuelles doivent leur richesse en alcalis à une disposition particulière de leurs tissus, puisqu'elles n'en contiennent plus que fort peu lorsqu'on les laisse sécher sur pied avant de les couper. De même encore, les feuilles des arbres sont très riches en alcalis quand on les coupe au mois de juin, tandis qu'elles n'en contiennent plus quand elles tombent au mois d'octobre. Il n'y a donc pas moyen de douter que les substances minérales qu'on trouve dans les plantes y soient apportées par l'eau que leurs racines enlèvent au sol, et qu'elles y sont d'autant plus abondantes que la plante plus jeune retient davantage d'eau. Tant que les tissus sont gorgés de sève, la chaux est entraînée vers l'écorce ou dans le sol ; mais à mesure que sa masse diminue, la chaux se dépose dans les tissus qu'elle incruste d'autant plus fortement, qu'ils sont plus éloignés des parties essentiellement vivantes. C'est pour cette raison que tandis qu'on trouve peu de chaux dans les graines des

plantes, on en rencontre davantage dans leur aubier, plus encore dans leur bois, et que c'est dans l'écorce qu'il y en a le plus.

A mesure que le mouvement vital de la plante se ralentit, les alcalis que la sève avait apportés dans ses tissus repassent dans le sol, parce qu'étant plus solubles dans l'eau que les sels de chaux, ils déplacent ceux-ci auxquels ils se substituent; de là vient que les branches d'un arbre sont relativement plus riches en chaux en hiver qu'en été, où la sève leur apporte l'eau en abondance. Quand la sève cesse de circuler dans un végétal, elle entraîne donc en terre presque tous les sels alcalins qu'elle tenait en dissolution.

Il est clair que si les racines n'enlevaient au sol qu'une dissolution de sels minéraux, elles ne pourraient pas l'épuiser. Les racines des plantes épuisantes lui enlèvent encore de l'acide carbonique qu'il leur donne tout formé, ou bien aussi sous forme d'humus; l'effet produit est le même, en ce que, quelle que soit la forme sous laquelle la matière organique est absorbée, le sol s'appauvrit. Quand on coupe un arbre à végétation très vigoureuse, un peuplier, par exemple, au printemps, au moment où la sève monte avec le plus d'énergie, on la voit sortir du tronc toute remplie de bulles de gaz acide carbonique qu'elle a tiré du sol. Cependant si on laisse cette sève exposée pendant quelques heures au contact de l'air, elle se trouble bientôt; il s'y dépose des flocons gommeux, d'abord incolores, mais qui bientôt brunissent et affectent alors tout l'aspect de l'acide humique. En conséquence, il est probable que les racines des arbres enlèvent au sol son humus, en partie tel quel, sous forme d'humate ammonique, en partie sous celle d'acide carbonique.

L'acide carbonique du sol est formé par la combustion de l'humus, provoquée directement par l'oxygène de l'air, ou bien par celui que les racines laissent constamment passer dans la terre et qu'elles reçoivent des feuilles. Quant à l'humus qui est absorbé par les racines, elles le trouvent toujours à leur portée sous forme d'humate ammonique ou alcalin soluble dans l'eau.

La structure des racines est analogue à celle des tiges, c'est-à-dire qu'elle se complique avec la leur; très simple dans les graminées, elle présente dans les arbres trois tissus différents correspondants à l'écorce, à l'aubier et au bois. Elles sont en général plus riches en eau et en principes nutritifs ou autres que les tiges ; ainsi, par exemple, dans les racines des carottes et des betteraves on trouve de la fécule et du sucre, dans celles de la rhubarbe et de la gentiane, du sucre, de la gomme et des substances amères ; dans celles du pin, beaucoup de résine ; dans celles de la guimauve, beaucoup de gomme et dans celles de la garance, de la gomme et une belle couleur rouge.

Sans aucune autre signification pour la plante annuelle que celle d'organe nutritif et adhérant au sol, la racine en acquiert une autre fort importante dans les végétaux bisannuels ou vivaces par leurs racines ; elles servent alors de dépôt aux substances nutritives amassées par le végétal pour son développement de l'année suivante, aussi longtemps que ses racines et ses feuilles ne sont pas encore assez puissantes pour le nourrir. Sous ce rapport-là, elles jouent le rôle des graines et sont composées aussi d'un germe et d'une substance nutritive qui s'épuise au printemps pour nourrir le germe jusqu'au moment où ayant développé des feuilles, il peut décomposer l'acide carbonique de l'air.

En effet, les carottes, les topinambours, les dahlias, les pommes de terre, les betteraves et les raves qu'on conserve d'une année à l'autre pour en avoir les graines, deviennent d'autant plus flétries que la tige est plus grande et finissent par ne plus présenter qu'un tissu ligneux, mou et desséché.

Les tubercules des pommes de terre et des patates douces, ainsi que des topinambours, ne sont pas des racines, mais bien des tiges souterraines ; elles diffèrent des racines en ce qu'elles portent des yeux ou bourgeons capables de former tout autant de nouvelles plantes, tandis que les vraies racines bisannuelles ou vivaces à tiges caduques ne présentent jamais qu'un seul bourgeon placé à la partie supérieure, comme c'est le cas des raves, de l'oseille et des asperges. Nous allons rapporter l'analyse des tubercules, ou plutôt tiges souterraines de la gesse tubéreuse, afin de prouver que dans les plantes à tiges vivaces il s'accumule d'abondantes provisions de matières nutritives, analogues à celles qu'on trouve dans les graines :

Fécule.   168
Sucre de canne   60
Huile   18
Albumine   58
Ligneux   50
Sels.   9
Eau   637
                                               ————
                                               1000

On voit par là, que la différence essentielle qu'il y a dans le
rapport des différentes substances nutritives contenues dans les
graines et les tiges vient du sucre qui se trouve en beaucoup plus
forte proportion dans ces dernières dont il constitue quelquefois
la partie essentielle, comme c'est le cas pour la canne à sucre qui
est formée de :

Sucre cristallisable   15
Ligneux.   11
Eau   74
                                               ————
                                               100

Quand la tige des plantes est vivace, leurs racines ne servent
plus de magasin spécial à leurs aliments ; on les trouve disséminés sous toute leur écorce où le développement des bourgeons
au printemps les absorbe. Pour bien comprendre les fonctions de
la tige comme réservoir de la nourriture végétale, il faut l'examiner dans les plantes où elle se présente en raccourci, comme
dans les oignons, par exemple. Là on la trouve toute gorgée de
sucs nutritifs, tels que gomme, sucre et fécule.

Parmi toutes les racines, il n'y a donc d'alimentaires que celles
des plantes dont les tiges périssant chaque année, les racines ou
les tiges souterraines contiennent souvent les provisions destinées à les reproduire chaque printemps.

Les feuilles sont aussi l'apanage de tous les végétaux chez lesquels elles se présentent avec une diversité de formes et de couleurs vraiment admirable ; les unes sont entières, comme celles
des choux et des pommiers, tandis que les autres sont découpées
de la façon la plus pittoresque, comme celles du trèfle et des
acacias. Il y en a de charnues comme celles de la joubarbe, tau-

dis que la plupart des autres plantes les ont minces et même quelquefois sèches, comme celles des rosiers. Les unes sont rouges, les autres vertes; d'autres encore panachées de vert et de blanc. Cette diversité de formes, de consistance et de couleur n'était pas encore assez; une étude approfondie des végétaux a appris que toutes les fleurs, tous les fruits naissent de la métamorphose des feuilles. Il est donc absolument vrai de dire que tout le végétal est formé de feuilles; la feuille est son représentant le plus complet. En général, les feuilles sont vertes; on en trouve cependant quelquefois de rouges, comme celles des épinards, du hêtre, et surtout du noisettier à feuilles rouges, ce qui n'empêche pas ces plantes d'être très vigoureuses. Il n'en est plus ainsi, quand les feuilles prennent une teinte jaune ou blanche; elle dénote toujours chez elles une maladie; les végétaux dont les feuilles prennent cette couleur sont rabougris et faibles, à une exception près, c'est l'Aucuba japonica, arbrisseau très fort, à larges feuilles persistantes, panachées naturellement de blanc, tandis que toutes les autres panachures sont l'effet d'accidents.

Les feuilles sont la partie du végétal qui se développe dans l'air; leur tissu délicat indique déjà qu'elles ne peuvent subsister que dans un élément très mobile; elles apparaissent dès que le germe se développe, à peu près en même temps que la petite racine de la graine s'enfonce dans le sol. Blanches d'abord, puis jaunes, elles verdissent rapidement au contact de l'air auquel elles enlèvent l'acide carbonique destiné à nourrir la plante par son carbone, et à entretenir par son oxygène l'équilibre dans la composition de l'air; leurs fonctions sont bien importantes, puisque aucune plante ne pourrait se développer normalement sans feuilles. Cet axiôme n'est point infirmé par la végétation souterraine de la petite pomme de terre Marjolin, qui peut se développer uniquement à l'aide de ses tiges souterraines sans former de tiges aériennes, non plus que de feuilles; dans ce cas, il ne peut en effet être aucunement question d'une décomposition de l'acide carbonique, puisque le soleil n'arrive pas jusqu'à la plante; il faut donc qu'elle se nourrisse d'humus absorbé directement, et c'est donc la preuve la plus forte qu'on puisse invoquer en faveur de l'utilité immédiate de l'humus.

Les feuilles reçoivent la sève pompée par les racines, c'est-à-dire une dissolution d'acide carbonique, d'humate ammonique et de sels minéraux ; elles absorbent d'autre part l'acide carbonique de l'air ; en d'autres termes, en laissant de côté les sels qui n'ont qu'une part indirecte à la nutrition de la plante, les feuilles reçoivent de l'humate ammonique, de l'acide carbonique et de l'eau. Il est probable que l'humate ammonique est employé à la formation de la viande et du blanc d'œuf qu'on trouve dans toutes les feuilles, surtout dans celles qui sont charnues, ainsi que dans les graines de tous les végétaux. Quand on pile des feuilles de choux et qu'on en exprime le jus, on obtient une solution verdâtre qui se coagule quand on la fait bouillir, tout à fait de même que si on y avait versé du blanc d'œuf.

Dans le grain du froment il y a beaucoup de viande ; c'est elle qui en se décomposant fait lever la pâte et rend le pain nutritif ; tandis que, chez les pois, on trouve dans la caséine, la même substance qui se sépare du lait lorsqu'il se caille. Au reste, la manière dont s'opère cette transformation de l'humate ammonique est encore parfaitement inconnue ; il y a même beaucoup de physiologistes qui pensent que le nitrogène qu'on trouve dans la viande, qui fait partie du corps de toutes les plantes, ne vient pas uniquement de l'ammoniaque absorbée par les racines ; mais qu'il a été directement soustrait à l'air par les feuilles. Cette manière de voir est très probable, puisqu'il y a beaucoup de plantes qui croissent comme les pins sur des rochers nus, et où, par conséquent, il n'y a pas la plus faible trace d'humate ammonique. D'ailleurs, pourquoi les végétaux n'absorberaient-ils point directement le nitrogène de l'air, eux qui non-seulement lui enlèvent l'acide carbonique, mais encore le décomposent aussi ; beaucoup d'expériences sont venues ici appuyer les prévisions de la théorie. Cette absorption directe du nitrogène de l'air n'a cependant point encore pu être mesurée dans les expériences faites en petit, probablement parce que les plantes étaient malades, ou bien aussi parce que les observations n'ont point été assez prolongées. On ne doit d'ailleurs pas être surpris que ce point de l'alimentation végétale soit encore dans l'obscurité, puisque les substances nitrogénées ne constituent qu'une très petite fraction de la totalité du végétal.

Les choses se passent tout autrement relativement à l'assimilation de l'acide carbonique de l'air qui s'effectue sur une immense échelle, puisque le carbone forme la plus grande partie des substances végétales. La décomposition de ce gaz est si rapide, que lorsqu'on remplit de feuilles un tube exposé au contact des rayons solaires, par un bout duquel on fait entrer de l'acide carbonique, il ne se dégage à l'autre que de l'oxygène pur ; le poids des feuilles augmente alors précisément dans le rapport de la diminution du poids de l'acide carbonique ; c'est-à-dire que si on fait passer 275 gr. d'acide carbonique sur gr. 500 de feuilles, elles pèseront gr. 575 après l'opération, tandis que le poids de l'oxygène dégagé s'élèvera à gr. 200. Connaissant cette décomposition, il est facile de se rendre compte de la formation des plantes.

Toutes les parties essentielles du corps des végétaux sont formées de charbon et d'eau, sauf la viande ; leur formule ressemble beaucoup à celle de la fécule qui est exprimée par $C^{12} H^{10} O^{10}$, c'est-à-dire par douze parties de charbon et dix parties d'eau composée d'un nombre égal d'équivalents d'hydrogène et d'oxygène ; il suffira donc de savoir comment la fécule peut se former aux dépens de l'acide carbonique et de l'eau pour connaître la manière dont prennent naissance tous ses dérivés, tels que le bois, les sucres et les gommes. Si 12 équivalents d'acide carbonique et 10 équivalents d'eau arrivent dans les feuilles, ils produiront un équivalent de fécule et vingt-quatre équivalents d'oxygène suivant l'équation $C^{12} O^{24} + H^{10} O^{10} = C^{12} H^{10} O^{10} \quad 24 O$.

La formation de la viande est beaucoup plus difficile à expliquer, parce qu'elle suppose que l'eau a dû se décomposer aussi en même temps que l'acide carbonique, ce qui n'a point encore pu être observé directement. La formule de la viande étant $C^{36} H^{50} N^8 O^{10}$, on la reproduit en additionnant 36 équivalents d'acide carbonique, 50 d'eau et 8 de nitrogène, et en séparant tout l'oxygène de l'acide carbonique soit 72 équivalents, et les quatre cinquièmes, soit 40 équivalents de celui de l'eau dont on garde le dernier, soit dix équivalents pour fournir à la viande l'oxygène qui s'y rencontre ; on obtient ainsi l'équation $36 CO^2$, $50 HO$, $N^8 = C^{36} H^{50} N^8 O^{10} + 112 O$. On voit par cet exemple que les végétaux doivent dégager beaucoup plus d'oxygène quand ils produisent de la viande que lorsqu'ils forment leurs tissus propres.

Si on n'a point pu encore observer la décomposition de l'eau dans le tissu des plantes, elle n'en est pas moins avérée, puisqu'on y rencontre des substances pauvres en oxygène et riches en hydrogène, qui n'ont pu se former qu'aux dépens de l'eau, par le départ de son hydrogène. L'acide des huiles est dans ce cas; sa formule est $C^{36} H^{34} O^4$, tandis qu'elle devrait être $C^{36} H^{34}, O^{54}$, s'il était formé de carbone et d'eau, puisque l'eau contient autant d'hydrogène que d'oxygène; cet acide en se formant a donc dû dégager 30 équivalents d'oxygène de l'eau en sus des 72 équivalents du même corps provenant de la décomposition de l'acide carbonique.

Une autre raison doit faire admettre sans objection la décomposition de l'eau dans les tissus des plantes, c'est que tout l'oxygène produit par eux ne sort pas par les feuilles, ainsi que cela arrive quand ils dissocient les éléments de l'acide carbonique; des observations récentes ont appris qu'il y en a une partie qui descend des feuilles à travers tout le corps de la plante et ressort par les racines, d'où elle se répand dans le sol où elle transforme le terreau en acide carbonique absorbable par les racines. C'est une vérité dont il est facile de se convaincre, quand on observe par un jour serein les racines du pontenderia crassipes, plante aquatique qui croît dans les parties chaudes de l'Océanie, où elle forme presque seule, dit-on, les fameuses îles flottantes qui ont si souvent émerveillé les voyageurs. Les racines de cette plante ont un tube central noir sur les côtés duquel les radicelles se développent sur deux rangs opposés l'un à l'autre, absolument comme les barbes d'une plume; dès que le soleil darde ses rayons sur la page de la feuille, on voit les bulles d'oxygène descendre des feuilles dans leur pédicule et se dégager à l'extrémité de chacune des radicelles.

Cette expérience est concluante, puisqu'elle est faite avec un végétal placé dans son élément; il est à regretter qu'on ne puisse pas la répéter avec les végétaux terrestres; mais nous ne pouvons d'aucune façon recueillir pur le gaz qui, probablement aussi, est secrété par leurs racines. Au reste, on ne doute plus de la sécrétion de l'oxygène par les racines des plantes, lorsqu'on voit l'énorme proportion d'acide carbonique qui se dégage de l'humus du sol, quoique celui-ci ne soit en contact que par sa superficie avec l'oxygène de l'air ; il est donc évident, puisque son oxydation est si forte, qu'il doit y avoir au-dessous de sa surface une source abondante d'oxygène, qui ne peut provenir que des racines des végétaux.

Ce n'est que durant le jour que les feuilles décomposent l'acide carbonique et cela d'autant plus abondamment que le soleil est plus vif ; leur action est très grande sous l'influence directe des rayons solaires, tandis qu'elle se ralentit lorsque ces mêmes rayons ne leur arrivent plus directement ; c'est au point que le moindre nuage qui passe au devant du soleil diminue le dégagement d'oxygène qui sort des feuilles. C'est à cette cause qu'il faut attribuer la différence si grande qu'on remarque dans le développement des mêmes plantes, croissant dans le même terrain, quand les unes sont exposées au midi et les autres au nord, ou bien tout simplement quand, placées dans les mêmes conditions, les unes interceptent les rayons solaires directs pour les autres.

On a cru que certaines couleurs favorisaient le développement des plantes, en accélérant la décomposition de l'acide carbonique par les feuilles ; mais de nouvelles recherches faites pour s'assurer de cette action ont prouvé qu'elle était toujours plus forte derrière les verres incolores que derrière tous les autres. Une seule espèce de verre fait exception à cette règle générale, c'est le verre ordinaire à surface dépolie ; mais cette exception n'est qu'apparente ; car ce dernier verre n'agit plus fortement sur les feuilles, que parce qu'il laisse passer tous les rayons lumineux dont le verre non dépoli renvoie une partie.

Plus la température est élevée, plus aussi les feuilles décomposent l'acide carbonique avec énergie, quand elles reçoivent assez d'eau des racines pour ne pas se flétrir ; car dans le cas contraire, elles n'ont plus aucune action sur lui. Ce fait explique l'énorme développement des plantes pendant la saison chaude, et fait comprendre pourquoi les récoltes des pays tropicaux sont de beaucoup plus abondantes et plus sûres que celles des climats tempérés et surtout froids. A mesure que la température s'abaisse, les feuilles décomposent de moins en moins fortement l'acide carbonique sur lequel elles cessent d'avoir aucune action à + 10°C.

Les feuilles décomposent d'autant plus d'acide carbonique qu'elles offrent à l'air une surface plus considérable ; il ne faut donc pas être surpris de voir les noisettiers, les marronniers, le trèfle, les laitues et les légumes en général, croître avec beaucoup plus de vigueur que les chênes, les acacias, les pommiers, les poiriers, les pins, les asperges, toutes les céréales, les graminées et les pommes de terre. Toutes choses égales d'ailleurs, plus une plante porte de feuilles, plus aussi elle est saine, plus son développement est complet et rapide. Dans beaucoup de cas cependant on cherche à entraver le développement des feuilles, parce qu'on a trouvé que lorsqu'il est très actif, les végétaux se refusent à fleurir et à porter des fruits ; c'est ce qui arrive facilement aux arbres fruitiers. Cet effet est facile à comprendre lorsqu'on sait que les fleurs et les fruits sont les produits de la métamorphose des feuilles ; métamorphose qui ne peut plus avoir lieu dès que la plante reçoit un excès de nourriture, parce qu'alors toutes les feuilles peuvent acquérir leur plein et entier développement. Ce qui est vrai pour les plantes que l'homme cultive dans le but d'en recueillir les fruits, cesse de l'être pour les forêts et les légumes, dont il ne demande que le développement foliacé ; il est impossible, dans ce cas-là, de nourrir trop bien les végétaux ; aussi n'a-t-on jamais vu un jardin potager trop fortement fumé, ni un sol forestier trop fertile.

Dans les climats tempérés on partage les arbres en deux groupes, comprenant l'un, ceux à feuilles persistantes, tels que les conifères, le lierre et le houx ; l'autre, ceux à feuilles caduques, tels que les chênes, hêtres, frênes, saules, ainsi que tous les arbres fruitiers. C'est dans ce dernier groupe que se rangent toutes les herbes ou plantes annuelles, ou à tiges annuelles. La cause de la chute des feuilles est sans doute multiple ; la plus essentielle est l'encrassement de leurs tissus par la chaux qui s'y dépose, en quantité d'autant plus grande qu'elles sont plus âgées ou plus mal abreuvées d'eau, et qui finissant par en obstruer totalement les pores, les tue ; de là vient que tous les végétaux, même en été, comme sous les tropiques, changent leurs feuilles dès qu'elles ont fonctionné pendant un certain temps. Dans les climats tempérés et froids, l'approche de l'hiver fait tomber toutes les feuilles, même les plus jeunes et les plus fraîches, parce que le froid les tue; la végétation prend alors ses habits de deuil, dont le feuillage sombre des arbres toujours verts fait encore ressortir la tristesse. Tous les végétaux qui perdent leurs feuilles en hiver ont une sève riche en gomme, tandis que ceux qui les conservent ont un suc résineux. Toute plante qui conserve ses feuilles pendant l'hiver est riche en résine, dont l'action est facile à saisir. Le sol ayant toujours une température plus élevée que celle de l'air, et cela au point que la gelée ne l'attaque jamais très profondément, surtout quand il est couvert de neige, les racines des plantes plongent généralement dans un sol assez chaud pour leur fournir de l'eau, en sorte que toutes les plantes pourraient sous ce rapport-là végéter aussi bien en hiver que pendant l'été; mais cette eau se gèlerait dans le tronc et les branches, qu'elle ferait sauter en tuant ainsi la plante, comme cela arrive, surtout aux noyers durant les hivers très rigoureux, ce qui donne la preuve que le bois des arbres vivants n'est jamais tout à fait privé de sève, même pendant qu'ils n'ont plus de feuilles. Les choses se passent tout autrement dans les arbres à feuilles persistantes, parce que la sève y est entourée d'une couche de résine ou d'essence qui, ne conduisant pas du tout la chaleur, lui conserve toute sa fluidité primitive et permet à ces arbres de se développer sans cesse, même sous l'influence des froids les plus vifs; il suffit pour cela que le soleil darde ses rayons sur leur noir feuillage. C'est à cette même couche isolante que les arbres à feuilles persistantes doivent de résister si bien aux sécheresses les plus continues, parce qu'elle empêche l'évaporation de l'eau d'une façon bien extraordinaire.

La couleur des feuilles favorise beaucoup aussi la végétation hivernale des arbres toujours verts, parce qu'elle absorbe la chaleur solaire d'autant plus fortement qu'elle est plus foncée; voilà pourquoi les sapins se développent avec beaucoup plus d'énergie que les pins, dont les feuilles grisâtres renvoient beaucoup de la chaleur solaire; cette action s'augmente du reste par la grande différence dans l'abondance des feuilles qu'il y a aussi entre ces deux arbres.

Pour bien comprendre l'action de la résine ou, ce qui revient

au même, de l'essence contenue dans la sève des arbres toujours
verts, une seule expérience suffit. On met dans un vase quelconque de l'eau qu'on expose au froid ; elle gèlera dès que la température de l'air descendra au-dessous de 0° ; elle ne gèlera point
si avant de l'exposer au froid on a versé sur elle quelques gouttes
d'essence de térébenthine. Mais ce n'est pas tout, nous avons affaire ici à l'un de ces petits moyens que le Créateur, dans son
ineffable sagesse, emploie pour produire d'immenses effets. Quand
on expose de l'eau à l'air en été, elle s'évapore ; elle ne s'évapore
point si on verse auparavant sur elle quelques gouttes d'essence
de térébenthine. La même cause a donc pour *effet*, en été, d'empêcher l'évaporation de la sève ; en hiver, d'empêcher qu'elle
gèle, et pour *but* de permettre aux arbres résineux de se développer toujours et partout ; de là vient aussi que leur immense
famille enserre le globe entier dans une barrière de forêts sans
bornes qui couvrent les rochers et descendent jusque dans les
marais. Il y a cependant une grande différence dans la répartition
de ces utiles arbres à la surface du globe ; fort répandus dans les
pays froids, on voit leur nombre diminuer sans cesse à mesure
qu'on s'approche des tropiques, où on ne trouve plus parmi leurs
représentants que les gigantesques araucarias, aussi remarquables par leur noir feuillage et la majesté de leurs branches pendantes, que par l'exquise saveur des amandes que leurs énormes
cônes recèlent en abondance. Cette inégale répartition indique
quelles sont les fonctions de ces végétaux ; ils sont destinés à purifier sans cesse l'air, et cela, dans toutes les saisons ; aussi ne
faut-il pas être surpris de la salubrité des climats dans lesquels
on cultive les arbres résineux, auxquels la Suisse doit bien certainement en partie son air si pur et si sain. Tout homme prudent
devrait entourer sa maison d'arbres toujours verts ; tout gou-
vernement sage devrait ordonner d'en étendre les forêts qui sont
la condition peut-être la plus essentielle de salubrité d'un pays.

Dans les pays chauds, les arbres résineux devenaient inutiles,
puisque la végétation des arbres gommeux ne s'arrêtant jamais,
l'air est suffisamment purifié par eux.

A l'appui de la théorie formulée pour expliquer les fonctions
de l'essence de térébenthine, vis-à-vis de la sève des arbres toujours verts, citons deux preuves. Il est clair que si l'essence de

térébenthine possède l'action que nous lui avons attribuée, les arbres résisteront d'autant plus à la gelée et à la sécheresse qu'ils seront plus riches en essence de térébenthine; or, celui des arbres résineux qui est le plus riche en essence est le pin, qui est celui qui s'avance seul jusqu'en Laponie, le seul qui croisse dans les sables arides du nord de l'Allemagne et sur les rochers les plus brûlés du midi de la France et de l'Italie. D'autre part, il n'y a que deux arbres résineux qui perdent leurs feuilles en hiver : ce sont le mélèze et le cyprès chauve ; mais ils sont aussi les plus pauvres en résine et les seuls qui croissent, surtout le dernier, volontiers dans l'eau, ce qui surcharge leur sève d'une quantité extraordinaire de ce liquide. Il n'y a plus moyen d'en douter, c'est à l'essence de térébenthine que les arbres toujours verts doivent leur végétation continue, et c'est à ces forêts que l'homme doit essentiellement la pureté de l'air, en hiver.

Tous les arbres conserveraient leurs feuilles en hiver si leur sève contenait une quantité d'essence de térébenthine, ou autre capable d'en empêcher le refroidissement ; la preuve en est que si on réchauffe en hiver la tête d'un arbre, il se mettra en pleine végétation, quoique ses racines restent exposées au froid. On tire parti de la connaissance de ce fait pour avancer la maturité des raisins ; pour cela, au mois de février, on couche un cep de vigne planté au devant d'une serre, de manière à y faire entrer quelques-uns de ses sarments qui s'y couvrent bientôt de feuilles, de fleurs et de fruits, tandis qu'aucun mouvement vital ne se manifeste dans les tiges qu'on a laissées exposées aux froids du dehors. Il est clair que l'expérience manque lorsqu'on fait l'inverse ; c'est-à-dire que mettant les troncs en serre, on laisse les sarments à l'air ; ceux-ci gèlent dès qu'ils commencent à végéter.

Puisque les feuilles et les racines nourrissent les plantes, il est clair qu'on les fera périr en leur enlevant les unes ou les autres, et cependant les jardiniers ont l'habitude de tailler fortement la tête et les racines des arbres qu'ils plantent en automne et au printemps. Les racines des arbres sont très semblables à leurs branches, et le chevelu ou les petites racines qui s'en dégagent correspondent à leurs feuilles ; ce sont elles et non pas les grosses racines qui pompent les sucs de la terre ; or, en automne, ce chevelu se détache des racines à peu près en même temps que les feuilles tombent des branches, et il ne repousse qu'au printemps.

Quand donc on arrache un arbre au commencement ou à la fin de l'hiver, il n'a plus de chevelu et on brise le bout des racines, autour duquel il se forme; dès lors, l'arbre est placé dans des conditions anormales, puisqu'il ne recevra plus autant de nourriture dans le terrain où on va le planter, que dans celui qu'il vient de quitter; par conséquent, les aliments contenus sous son écorce ne suffisent plus pour développer les feuilles de tous les bourgeons et le chevelu de toutes les racines; il faut donc tailler les branches pour diminuer le nombre des bourgeons et rabattre les racines afin qu'il se forme moins de chevelu. On ne doit cependant jamais couper les racines aussi court que les branches, parce qu'elles ne pourraient pas soutenir l'arbre et l'empêcher de se coucher sous l'action des vents.

On ne taille jamais les arbres toujours verts lorsqu'on les transplante, parce qu'ils n'ont qu'un seul bourgeon au bout de chaque branche, en sorte qu'on les arrête dans leur développement, et qu'on peut même les tuer si on l'enlève. Les conditions de végétation sont d'ailleurs tout autres pour ces arbres que pour ceux à feuilles caduques, puisque leurs feuilles les alimentent durant toute l'année, sans aucune interruption, en sorte que le retranchement de leurs branches serait plus nuisible qu'utile.

D'après ce qu'on vient de voir, il est facile de comprendre que lorsqu'on transplante des arbres en pleine végétation, il faut tout autant se garder d'en enlever le chevelu que les feuilles; l'un comme l'autre les tuerait; l'essentiel alors est de les arroser avec soin, afin que leur végétation ne s'arrête point; avec ces précautions, nous avons obtenu des fruits de poiriers et de pommiers, transplantés lorsqu'ils étaient en pleine fleur.

L'effeuillaison des végétaux en arrête complétement le développement; aussi les mûriers blancs, dont on donne les feuilles aux vers à soie, ne deviennent-ils jamais grands et forts, comme ceux auxquels on les laisse. Il suffit d'effeuiller complétement deux ou trois fois de suite l'arbre fruitier le plus vigoureux pour le faire périr; aussi ne l'applique-t-on jamais qu'aux arbres trop vigoureux qu'on force ainsi à donner des fruits. C'est aussi le seul moyen

de sauver les champs de choux dont les pucerons se sont empa-
rés ; on attend que le temps se mette à la pluie, et quelques
heures avant qu'elle tombe on enlève toutes les feuilles, puis on
arrose chaque pied avec du lizier ; bientôt les plantes se développent avec vigueur et donnent une récolte abondante, qu'on aurait
perdue en les abandonnant aux insectes qui en viciaient la sève.
L'effeuillaison ne peut être pratiquée sans inconvénient sur des
plantes bien portantes que lorsque les feuilles sont âgées et prêtes
à jaunir ; elle est même utile alors, parce que les vieilles feuilles
gênent le développement des nouvelles et leur enlèvent l'air et la
lumière.

Quand un végétal a ses feuilles envahies par un parasite qui les
tue, comme cela arrive depuis quelques années pour les pommes
de terre et pour la vigne, il faut effeuiller ; la nouvelle poussée
sera saine et donnera encore une récolte ; mais il est absurde de
vouloir faucher les tiges des pommes de terre en même temps
qu'on enlève les feuilles, parce qu'on épuise les tubercules. En
laissant les tiges elles donnent bientôt, ainsi que l'expérience l'a
d'ailleurs bien appris, des feuilles très saines.

Quand on veut mettre à fruit des arbres trop vigoureux, on
emploie au lieu de l'effeuillaison, qui est coûteuse, l'incision des
branches ou leur courbature. Cette dernière opération étant aussi
pénible que peu sûre dans ses effets, arrêtons-nous à l'incision
qui a pour but de faire sortir de la plante une certaine quantité
de sève. On incise les branches du côté du nord ou du levant
avec un couteau acéré, dont on fait pénétrer la lame jusqu'au
bois.

Les incisions doivent être faites à la montée de la sève, c'est-
à-dire de mai en juin, et être d'autant plus nombreuses que l'arbre
est plus vigoureux ; on ne doit jamais les pratiquer au midi ou
à l'ouest, parce que le soleil les dessèche et les cicatrise trop vite,
en sorte qu'elles manquent leur effet.

La composition chimique des feuilles est à peu de chose près la
même pour la plupart des plantes ; elles sont formées de ligneux,
d'albumine, de chlorophylle et de graisse, accompagnés de quantités variables de résine, d'huiles essentielles et de malates ou
autres sels de chaux, soude ou potasse, ainsi que le démontre
l'analyse suivante des feuilles de :

	Sauge.	Thé.
Sucre et gomme,	3,63	3,56
Fécule	2,90	6,60
Albumine	0,43	3,00
Ligneux	15,87	15,08
Essence	0,16	0,79
Chlorophylle		2,22
Cire		0,28
Résine		2,22
Acide tannique		15,80
Théine		0,43
Cendres	2,17	3,56
Eau	74,84	46,46
	100,00	100,00

Le suc des feuilles possède une réaction toujours acide, qui est due à la présence de l'acide malique qu'on y rencontre en quantité considérable.

Les feuilles sont les organes qui exhalent l'eau absorbée par les racines, en sorte que la sève cesse de monter, ou du moins, que son mouvement se ralentit beaucoup lorsqu'on les enlève en totalité ; aussi les arbres effeuillés souffrent-ils beaucoup moins de cette opération lorsqu'on laisse au haut des branches où se trouvent les feuilles les plus jeunes, et par conséquent aussi les plus actives, quelques-uns de ces organes. Suivant qu'elles sont plus au moins charnues, les feuilles renferment 54 à 98 p. 100 de leur poids d'eau, et elles en exhalent en vingt-quatre heures, par un beau temps, 13 à 85 p. 100 de leur poids, suivant l'espèce et les conditions dans lesquelles elles sont placées ; en général, les jeunes feuilles expirent beaucoup plus d'eau que celles qui sont adultes. La quantité d'eau expirée par ces organes est en rapport avec la vigueur de la plante ; elle est énorme en général ; ainsi, par exemple, un poirier nain pesant 35 kilogr. 750 gr., expire en douze heures 9 kilogr. d'eau, c'est-à-dire à peu de chose près le quart de son poids de ce liquide. Un tournesol pesant 5 kilogr. expire environ 1 kilogr. 250 gr. d'eau en douze heures, c'est-à-dire le quart de son poids ; mais cette quantité d'eau expirée ne représente pas toute celle que la plante a enlevée au sol, parce qu'il en redescend beaucoup vers les racines ; il est facile de s'en assurer par un simp'e calcul. Le tournesol pesant 5 kilogr., qui expire 1 kilogr. 250 gr.

d'eau en douze heures, est formé de 4 kilogr. d'eau et 1 kilogr. de matière sèche, contenant 50 gr. de cendres; d'autre part, l'eau contient en général de 3 à 6 p. 1000 de son poids de minéraux en dissolution ; l'eau absorbée par le tournesol renfermerait donc au moins 3 gr. de minéraux, au plus 6 gr., en sorte que l'eau expirée en douze heures seulement, par un tournesol, lui fournirait, en 18 ou même seulement 9 jours, autant et même plus de substances minérales qu'il ne s'en trouve dans la totalité des cendres de la plante. Il faut donc que la plus grande partie des minéraux entraînés par la sève ascendante, retourne dans le sol avec la sève descendante, c'est ce qu'enseigne aussi l'observation directe, qui fait voir que les racines excrètent des sels minéraux, de même aussi que des substances organiques tantôt nuisibles, tantôt utiles au développement des plantes qui se développent après elles. Jadis on s'étonnait de la présence des cendres dans les végétaux et on allait jusqu'à croire qu'ils pouvaient créer des minéraux, maintenant, grâce à l'expérience que nous venons de rapporter, on doit bien plutôt être surpris de trouver aussi peu de cendres dans les plantes. Si la quantité d'eau expirée par les plantes adultes est considérable, celle qu'elles laissent passer dans leur jeunesse doit être cependant encore beaucoup plus grande. Ainsi, par exemple, le plus insoluble de tous les principes du sol, que les végétaux absorbent, est l'acide silicique, qui est si peu soluble dans l'eau, qu'on l'envisage en général comme ne l'y étant pas du tout. Eh bien, cependant, quand on sème dans un vase, de l'avoine ou de l'orge, on découvre chaque matin au haut de chaque jeune plante, longue de 3 à 4 centimètres, une gouttelette d'eau qui, en s'évaporant sous l'influence des rayons solaires, laisse une petite masse blanche qui est de l'acide silicique pur, et invisible aussi longtemps qu'il est baigné par l'eau ; il est évident ici que la jeune plante doit avoir secrété plusieurs fois son poids de ce liquide, pour avoir pu entraîner une masse aussi considérable d'acide silicique. On remarque un fait analogue dans les équisetum ou prêles qui croissant dans les argiles, qui ne cèdent à l'eau que de l'acide silicique, ne renferment guère que ce principe qui constitue 94 à 98 du poids total de leurs cendres. L'acide silicique qui incruste leurs tissus étant excessivement dur, il explique l'usage qu'on fait de ces plantes pour polir les bois.

Une autre preuve que les végétaux n'exhalent point la totalité de l'eau que les racines leur envoient, peut être tirée de la nature de leurs feuilles, qui retiennent quelquefois, comme celles des choux et des laitues, jusqu'à 90 p. 100 de leur poids, de ce liquide qu'on y découvre quelquefois à l'œil nu, comme par exemple dans la mésembrianthème cristalline, dont les feuilles sont toutes couvertes de petites vésicules pleines d'eau, qui les font paraître au soleil comme incrustées de glace.

Il est évident que l'eau joue un rôle immense dans la formation de la sève et la décomposition de l'acide carbonique, puisque les plantes cessent d'absorber celui-ci dès que l'eau vient à leur manquer; cela vient sans doute, d'abord de son rôle chimique, puisqu'elle s'empare du carbone qui se sépare de l'acide carbonique dès que son oxygène est mis en liberté; ainsi que de son rôle mécanique, puisqu'elle entraîne dans les différentes parties du végétal les principes qui se sont formés dans ses feuilles. C'est ce dont il est facile de s'assurer en examinant ce qui se passe dans un tronc de laitue, coupé à quelques centimètres au-dessus du sol; la sève, qui sort en abondance de la moelle du tronc, est très fluide, douce au goût, limpide et incolore, comme de l'eau, tandis que celle qui suinte sous l'écorce de la partie coupée, tout autour de la moelle, est blanche, épaisse et douée, d'un goût âcre et amer; ce n'est plus de l'eau presque pure, comme la sève ascendante, c'est une dissolution chargée de principes variés.

L'eau est tellement indispensable aux métamorphoses des plantes, qu'on la rencontre dans leurs tissus en quantité énorme; elle y est d'autant plus abondante que les parties sont plus vivantes; c'est donc dans les feuilles qu'on en trouve la plus grande proportion; elles en contiennent de 60 à 90 p. 100 de leur poids. Après les feuilles, ce sont les fruits, les tiges et les racines charnues qui en renferment le plus; il y en a 80 à 85 p. 100 dans les pommes et les poires, 70 à 80 p. 100 dans les pommes de terre et les betteraves, enfin 75 p. 100 dans les tiges de canne à sucre; les tiges sèches, comme la partie interne du tronc des arbres, n'en contiennent par contre, souvent pas plus de 10 p. 100 de leur poids.

Il y a deux espèces de sève, celle qui monte des racines aux feuilles, ou sève ascendante, et celle qui descend des feuilles vers les racines, ou sève descendante : la première possède la même constitution pour tous les végétaux ; c'est une dissolution d'acides humique, carbonique et de minéraux dans l'eau ; quant à la sève descendante, elle varie avec chacun d'eux ; douce et sucrée dans les hêtres et les bouleaux, elle est composée de :

Gomme et sucre	5,76
Fécule et chlorophylle	0,63
Albumine	0,29
Résine	05
Eau	93,27
	100,00

La sève descendante varie avec chaque espèce végétale, fade et sucrée dans les arbres fruitiers, elle est âcre dans le figuier et le mûrier, acide dans l oseille et la rhubarbe, amère et narcotique dans le pavot et la laitue ; enfin, gommeuse dans les mauves et et le tilleul, résineuse et sucrée dans les pins, les génévriers et les mélèzes.

C'est la sève descendante qui imprime au végétal son caractère individuel ; elle est le produit de l'action des feuilles sur la sève ascendante, ainsi que sur l'air atmosphérique ; ses principes sont multiples, quoiqu'on ne puisse cependant pas y retrouver tous ceux que fournit la plante ; ainsi, par exemple, elle ne contient jamais la matière verte des feuilles, non plus que la cire qui en couvre la surface, et rarement les corps gras et la fécule qu'on rencontre dans les graines ; il est donc certain que les aliments fournis aux diverses parties des plantes par la sève descendante sont encore travaillés et métamorphosés par chacune d'elles ; ainsi par exemple, quoiqu'on ne rencontre point d'essence dans la sève des orangers, on en trouve dans leurs feuilles, leurs fleurs et leurs fruits ; il en est de même pour la sauge et l'estragon.

On a fait déjà beaucoup d'hypothèses pour expliquer la montée de la sève dans les végétaux ; mais aucune d'elles n'explique ce mouvement. Généralement on admet que c'est l'endosmose qui provoque l'ascension de l'eau, depuis les racines vers les feuilles ; mais cela est faux, puisque la sève ne monte fortement que pendant le jour, quoique l'endosmose agisse sans cesse. L'endosmose est la force en vertu de laquelle les liquides purs sont attirés vers ceux qui sont chargés de substances en dissolution. Quand on plonge dans l'eau une vessie à moitié remplie d'eau sucrée et bien soigneusement fermée, on voit l'eau pénétrer rapidement dans son intérieur qu'elle remplit ; or, comme le végétal est formé de cellules ou petites vessies garnies de sucre ou de gomme, on a cru que la sève s'y élevait par endosmose ; mais il n'en est rien, puisque la sève ne monte pas de nuit. Bien plus, la montée de la sève est en rapport direct avec l'intensité des rayons solaires ; voici comment on peut s'en assurer : lorsqu'on coupe le soir une plante de balsamine au niveau du sol et qu'on la couvre avec un vase renversé, on trouve la terre toute sèche autour du tronc le lendemain matin. Mais dès que le soleil monte à l'horizon, la sève commence à couler lorsqu'on découvre la plante, et son abondance est telle en plein midi que le sol se mouille fortement autour du tronc. La sève cesse de monter lorsqu'on couvre le tronc ; elle recommence à couler quand on le découvre ; bref, l'écoulement de la sève est en rapport direct avec l'intensité de la lumière et non point avec l'état de siccité, non plus qu'avec la température de l'atmosphère, quoique certainement ces deux conditions l'influencent ; surtout cette dernière, puisque la sève ne se met en mouvement dans nos climats que lorsque la température de l'air est au-dessus de 10°C.

Dans les pays chauds, le développement des arbres n'est jamais totalement interrompu ; il est seulement moins rapide durant la saison des pluies qui correspond à l'hiver de nos climats. Dans les pays tempérés au contraire, la végétation des arbres à feuilles caduques est totalement interrompue durant l'hiver ; elle se développe dans toute son énergie au printemps ; puis, quand les feuilles ont mûri vers la fin de juillet, la sève prend un nouvel élan, elle produit de nouveaux bourgeons ; c'est cette seconde montée de la sève qu'on appelle sève d'août et qui est assez irrégulière, parce qu'elle dépend des pluies de cette saison, qui la favorisent si elles sont abondantes et la suppriment tout à fait quand elles n'ont pas lieu. Le mouvement vital n'est donc point continu dans les arbres, comme dans les herbes ; il se manifeste au printemps en épuisant les provisions que l'arbre avait amoncelées sous son écorce durant l'automne précédent ; puis, quand les feuilles sont développées, elles les reforment. Dès que ces provisions d'été sont assez abondantes, elles servent à produire de nouveaux bourgeons ; mais qui étant beaucoup moins bien nourris que ceux du printemps, ne se développent qu'imparfaitement et ne donnent que bien rarement des fleurs, dont les fruits d'ailleurs n'ont jamais le temps de mûrir. La végétation des arbres est donc saccadée, parce qu'elle s'effectue aux dépens de certains principes contenus dans les racines ou dans le tronc, et qui doivent être remplacés avant que la végétation dévelop e de nouveaux tissus ; il y a ici une analogie frappante entre la plante et l'animal, puisque tous les deux préparent dans leur sein, avec les germes d'une génération à venir aussi, les aliments qui leur sont nécessaires dans les premiers temps de leur existence.

Quant à la végétation des plantes annuelles, elle est continue et correspond à la sève du printemps des arbres, puisque le germe de chaque graine se développe comme le font chacun de leurs bourgeons ; mais, aux dépens des aliments renfermés dans la graine qui enveloppe chacun d'eux, tandis que tous les bourgeons puisent ensemble leurs aliments dans les provisions rassemblées sous l'écorce des arbres. Dès que les graines sont formées, la plante dépérit, parce qu'elle a épuisé toutes ses forces pour les produire ; les arbres sont donc une agglomération de plantes annuelles à laquelle il reste encore assez de provisions, après que chacune d'elles a fructifié pour recommencer à végéter. Cette analogie une fois admise, on va comprendre sans peine de quelle manière le tronc prend naissance.

Quand les plantes annuelles ont parcouru toutes les phases de leur végétation, leurs tiges sont sèches et ligneuses ; elles ont tous les caractères du bois ; la même chose se passe dans les arbres. Dès que les bourgeons se développent au printemps, ils étendent sous l'écorce des filaments plus ou moins longs qui s'enfoncent au-dessous d'elle dans le jeune bois ou liber et qui descendent plus ou moins loin vers les racines, en pompant sur leur trajet toute la sève avec laquelle ils entrent en contact. De là vient que lorsqu'on lie avec un fil de fer une branche ou le tronc d'un arbre, on détermine la formation d'un bourrelet de bois au-dessus et non pas au-dessous de l'anneau ; on prouve donc par cette expérience que le bois se forme depuis les feuilles vers les racines. S'il en était autrement, il est bien clair que le volume

du tronc serait plus considérable que celui des branches prises
ensemble, ce qui n'arrive jamais.

Chaque série de bourgeons qui se développent et meurent produit une couche de bois d'autant plus épaisse, que l'année a été
plus favorable à la végétation, que l'arbre était mieux nourri et
mieux exposé à l'action des rayons solaires. Lorsqu'on coupe horizontalement à 30 centimètres environ au-dessus de terre le
tronc d'un arbre, on découvre à son centre un canal qui est la
moëlle, autour duquel se rangent beaucoup de cercles concentriques représentant la quantité de bois produite par la végétation de chaque année. Chacun de ces cercles est en général double ; c'est-à-dire qu'il est divisé en deux parties inégales par une
petite cloison en dedans de laquelle la couche de bois correspondant à la végétation du printemps est beaucoup plus épaisse
qu'en dehors où elle correspond à la végétation d'été ; cela va si
loin que dans le cas où l'été est très sec, cette dernière couche de
bois est nulle et l'anneau annuel tout à fait simple. Dans les arbres
fruitiers, on trouve que les couches de bois sont constamment
plus épaisses du côté du midi que de celui du nord, ce qui vient
de ce que les branches se développent de même que les feuilles,
en beaucoup plus grand nombre du côté du midi, ce qui prouve
une fois de plus que ce sont bien les bourgeons qui fabriquent
le bois. Ce fait prouve aussi que si l'arbre est bien formé par une
agglomération de plantes dont les générations se succèdent, elles
possèdent toutes leur individualité jusqu'à un certain point ; car,
si cela n'était pas, il est bien clair que leurs fibres se confon-
draient totalement, de manière à ce que la forme du tronc fût
régulièrement cylindrique, tandis que chacune d'elles a sa direction spéciale.

Le nombre des couches de bois d'un tronc peut donc servir à
en constater l'âge.

Le bois n'a point le même aspect, non plus que la même consistance dans tout le tronc ; il est toujours plus coloré et plus dur
au centre qu'à la circonférence. Ainsi, par exemple, le cœur du
tronc est brun dans le chêne, vert dans l'acacia ordinaire ou
robinier, rougeâtre dans le peuplier et l'if, tandis que son enveloppe est blanche dans eux tous. Le premier s'appelle bois, le
second aubier. Le bois est mort dès qu'il est formé, il devient

inutile à la végétation et ne sert plus qu'à soutenir et élever l'arbre ; cela est si vrai que le bois peut être absolument pourri, sans que pour cela l'arbre meure ; c'est ce qu'on peut observer tous les jours sur les saules qui se creusent totalement à l'intérieur à mesure que leur âge avance ; de même aussi que sur les châtaigners, les pommiers, les poiriers et tous les autres arbres en général.

Quant à l'aubier, il est bien vivant, la sève le traverse, et c'est lui qui la transmet aux bourgeons ; il ne se change que lentement en bois auquel il fournit chaque année une couche, à mesure que la sève en dépose une nouvelle à sa surface placée immédiatement sous l'écorce. L'aubier est le réservoir dans lequel l'arbre accumule les substances destinées à alimenter chaque génération de bourgeons ; aussi est-ce dans cette partie que les insectes se développent de préférence ; c'est ce qui engage les charpentiers à le détacher avec soin du bois. L'aubier contient une si forte proportion d'amidon, qu'on l'emploie comme aliment dans les temps de famine ; il suffit pour cela de le réduire en poudre et de le mêler soit à la farine, soit aux racines alimentaires. En automne, il est tellement chargé d'amidon, qu'il est lourd et compact comme le bois, tandis qu'en été il est poreux et souvent aussi léger que du liège. Lorsqu'au printemps, sous l'influence des premiers beaux jours, la sève monte et que les bourgeons se développent, ils enfoncent leurs racines sous l'écorce à la surface de l'aubier auquel ils enlèvent l'amidon, en lui faisant subir une métamorphose que nous approfondirons en étudiant la germination des graines ; ils l'absorbent sous forme de sucre ; sous l'influence de cette métamorphose, la couche extérieure de l'aubier se détache et s'applique à l'écorce qui s'augmente donc chaque année d'une couche, en sorte qu'elle s'accroît, mais de dedans en dehors, à l'inverse du bois ; aussi l'écorce la plus âgée est-elle toujours la plus extérieure. Comme la sève passe alors entre l'aubier et l'écorce, celle-ci se détache et devient très facile à enlever ; c'est le moment qu'on choisit pour greffer, c'est-à-dire pour fixer un bourgeon d'un certain arbre sur un autre d'espèce analogue.

L'aubier qui est donc la partie vivante de l'arbre, est emprisonné entre deux parties mortes ; l'une interne qui est le bois, l'autre externe qui est l'écorce. Le bois a la même composition que l'aubier dont il ne diffère que parce qu'il est plus lourd, plus condensé, tandis que l'écorce a une tout autre structure; elle est formée de feuillets plus ou moins isolés les uns des autres et entre lesquels on trouve une foule de substances minérales ou organiques que le végétal rejette parce qu'elles lui sont dangereuses; c'est dans l'écorce que le végétal repousse toutes les matières nuisibles ou inutiles lorsqu'elles sont peu solubles, tandis qu'il rejette celles qui sont solubles, dans le sol par ses racines qui s'allongent sans cesse afin d'échapper à leur action nuisible. La couche intérieure de l'écorce s'appelle liber et prend souvent un aspect particulier; elle produit le liége dans le chêne qui porte ce nom et une matière filamenteuse spéciale dans beaucoup d'arbres, tels que les tilleuls; la filasse du lin et du chanvre est le liber de ces plantes; ce n'est pas autre chose que du ligneux tellement divisé, qu'il en devient élastique et souple.

Le tronc est donc le grenier d'abondance des arbres, et sa structure en couches concentriques a pour but d'arrêter les effets du froid. En effet, on sait à présent que le bois qui conduit bien la chaleur dans le sens de ses fibres, ne la conduit pas dans le sens opposé, en sorte que la chaleur du sol passe sans peine des racines jusqu'aux branches et l'inverse, parce que elle ne peut pas sortir du tronc, garanti d'ailleurs aussi par une couche d'écorce qui ne conduit pas non plus la chaleur. Les arbres pourraient cependant fort bien se passer de tronc; mais il faudrait alors que le volume de leurs racines devînt assez considérable pour recevoir toutes les provisions nécessaires au développement des bourgeons, comme cela arrive aux betteraves, aux dahlias, aux carottes et à toutes les plantes vivaces par leurs racines. Le tronc n'étant donc pas une pièce essentielle à la vie végétale, nous le laisserons de côté dans l'étude du développement de la graine.

Quand on expose une graine à l'action de la chaleur humide, elle se gonfle, son enveloppe éclate et il en sort une feuille qui se dirige vers le ciel, et une racine qui descend vers la terre et qui s'y enfonce. A mesure que la feuille se développe, elle en produit d'autres; mais aussi à mesure que cette création a lieu, la graine toute gonflée de sucs, se vide et finit par être réduite à son enveloppe. Avant de germer, la graine était formée de la jeune plante qu'on y aperçoit en général à l'état embryonnaire, comme un filament plus ou moins développé, puis des provisions qui lui sont nécessaires. Ces provisions sont de la fécule ou de l'huile et de la viande enfermées dans un réseau ligneux, seule partie de la graine que la germination ne détruise pas. Lorsqu'on fait germer une graine, sa fécule et son huile disparaissent, parce que la jeune plante développe un suc particulier qui les change en sucre qu'elle absorbe et brûle, tandis qu'elle retient la viande de la graine avec laquelle elle fabrique ses tissus. Ce qui entretient la vie du germe des graines, c'est donc de la fécule ou de la graisse, tandis que pour les bourgeons, c'est toujours de la fécule et jamais de la graisse; sans doute parce que celle-ci se serait opposée au passage de la sève dans le tronc; cette différence dans leur alimentation n'affaiblit donc en rien l'absolue identité qu'il y a entre le bourgeon de l'arbre et le germe de la graine, puis entre le mode de développement de chacun d'eux.

Le bourgeon pendant qu'il passe à l'état de feuille, bien loin de former comme cette dernière des substances organiques, en absorbe qu'il brûle et rejette dans l'air sous forme d'acide carbonique et d'eau; il opère donc une vraie combustion, tandis que la feuille fait l'inverse, c'est-à-dire réduit, enlève l'oxygène à l'acide carbonique et à l'eau. L'expérience enseigne que tandis que c'est sous l'influence de la lumière directe et incolore que les feuilles agissent avec le plus d'énergie, il arrive précisément l'inverse avec les graines qui germent beaucoup plus vite sous des verres bleus ou violets que sous des verres ordinaires, ce qui vient de ce que les rayons doués de ces deux couleurs favorisent beaucoup l'oxydation, tandis que les rayons incolores ont sur les feuilles une action diamètralement opposée à la leur. Avant de former des substances organiques, le germe du végétal détruit ses enveloppes; il lui faut des aliments tout préparés absolument comme à l'animal; son état est en tout semblable à celui du jeune animal allaité par sa mère, et plus encore à celui du poulet qui se développe dans l'œuf aux dépens de l'huile existant dans le jaune, et n'éclôt que quand il en a épuisé toute la provision.

Après que le germe a produit des feuilles et donné naissance à une plante capable de tirer ses aliments de l'atmosphère, arrive un moment où les feuilles se modifient et produisent des fleurs qui donnent, à leur tour, naissance à des fruits. Les fleurs sont des organes complexes dont la partie essentielle échappe presqu'à nos yeux, tandis que celle qui attire nos regards, les feuilles ou pétales dont les formes sont aussi variées que les teintes, n'est qu'accessoire, puisqu'elle manque dans beaucoup de plantes. Au centre de la fleur se trouve un groupe de petits organes portés sur des filets plus ou moins déliés, dont les uns appelés étamines sont chargés d'une poussière qu'ils projettent sur les autres appelés pistils qui la fixent à l'aide du fluide dont ils sont remplis, et la transmettent à l'enveloppe des graines dont ils sont une prolongation. Pour que les graines se développent, il faut qu'elles aient subi l'action fécondante de la poussière des étamines; aussi est-il facile de stériliser toutes les graines en coupant toutes les étamines de la fleur. C'est à l'aide de la connaissance de ce fait, qu'on obtient les divers croisements qui parent les jardins fruitiers, potagers et fleuristes de tant de nouvelles espèces; il suffit pour croiser deux plantes, d'enlever les étamines de l'une et de porter sur son, ou ses pistils la poussière fécondante ou pollen des étamines de l'autre.

Les végétaux que produisent ces graines présentent des caractères intermédiaires à ceux des plantes qui leur ont donné naissance; ainsi, par exemple, lorsqu'on sème des courges dans le voisinage des melons, comme le vent ou les abeilles portent la poussière fécondante des fleurs de l'une de ces plantes, sur les fleurs de l'autre, les melons s'abâtardisent de telle sorte que leurs graines donnent des plantes dont les fruits peu sucrés ont tout à fait le goût des courges. De même encore, il suffit de planter des haricots nains dans le voisinage des espèces à verges, pour que leurs graines donnent l'année suivante des espèces à longues tiges. En général, c'est la plante la plus vigoureuse qui influence le plus fortement aussi les produits de ces croisements, ce dont on doit bien tenir compte dans le calcul des produits que l'on veut obtenir. Il s'ensuit donc que ce pollen qui, semblable à une poussière légère, vole dans les airs où il échappe à nos regards, possède une individualité qu'il est capable de transmettre, et qu'il est l'essence de la plante, son principe vital; cela est si vrai que dans les végétaux peu développés, comme les mousses et les fougères, on ne trouve plus de fleurs proprement dites, mais des espèces de sacs remplis de pollen dont les granules reproduisent directement le végétal qui leur a donné naissance ; le pollen est à toute la plante ce que la feuille est à chacune de ses parties ; il en est le point de départ. L'individualité du pollen est tellement prononcée qu'on ne peut pas féconder une plante avec le pollen d'une espèce différente de la sienne ; il ne peut féconder que les pistils des genres analogues ; ainsi, par exemple, le pollen du froment fécondera les pistils de l'orge, comme celui du poirier fécondera les pistils du pommier ; mais il n'y a pas moyen de faire fructifier un pommier en portant sur ses pistils le pollen des fleurs du froment. La forme des grains de pollen rappelle tout à fait, lorsqu'on les regarde sous le microscope, celle des graines de la plante à laquelle ils appartiennent ; au moins l'avons-nous trouvé ainsi pour la plupart des plantes cultivées, ce qui est une preuve de plus en faveur de leur individualité. Le pollen, répétons-le bien, est donc la véritable graine de la plante ; il est l'organe chargé de sa reproduction.

Tous les pollens examinés jusqu'ici sont formés de fécule enveloppée d'une graisse et d'une résine que teignent différentes matières colorantes ; on y trouve encore une petite quantité d'une substance analogue au fromage ; ils ont donc la composition des graines outre leur forme ; ce sont des graines en miniature.

À mesure que les plantes se chargent d'organes, leurs fleurs se compliquent et les organes de la génération, soit les étamines et les pistils, s'entourent d'une série de feuilles plus ou moins vivement coloriées, qui portent le nom de pétales. Autour et au-dessous des pétales on remarque souvent encore un cercle de petites feuilles, vertes en général, qu'on appelle sépales et qui quelquefois restent adhérentes au fruit, dont elles constituent ce qu'on appelle la mouche dans les poires, les pommes et les grenades. Les fleurs n'étant pas des organes absolument indispensables à la plante, elles semblent lui avoir été données plutôt pour multiplier les plaisirs de l'homme qui seul sait en apprécier toute la beauté. La multiplicité des formes, des couleurs et la variété des parfums qu'exhalent les fleurs, surpasse toute idée et pénètre d'admiration. Quel abîme entre la fleur du froment, réduite à quelques écailles brunes et inodores, et la rose parée de feuilles multiples, délicates et élégantes comme sa couleur, attrayantes comme son suave parfum! Laissons les formes des fleurs pour nous attacher à leurs caractères chimiques, savoir leur consistance, leur couleur et leur odeur.

La consistance des fleurs est sèche comme dans les froments, les immortelles, molle comme dans les roses et la plus grande partie des autres fleurs, ou bien charnue comme dans les cactus et les tulipes, les hyacinthes et les camellias. Les fleurs sèches sont les plus rares, elles sont aussi les seules auxquelles le temps n'enlève pas plus la forme que la couleur, ce qui permet de les employer dans les habitations pour produire durant l'hiver la douce illusion d'un continuel été; malheureusement les fleurs sèches sont fort peu répandues; ainsi, par exemple, dans nos climats on ne trouve guère, outre les céréales, que la seule petite gnaphale à fleurs roses ou blanches qui émaille si agréablement en été les clairières bien chaudes, au milieu des bruyères. La couleur des fleurs sèches varie beaucoup; elle est en général blanche, jaune ou rouge; aucune d'elles ne possède de parfum.

Quant aux fleurs à pétales mous, elles sont les plus riches en formes, en couleurs et en parfums. C'est dans cette catégorie que se rangent les roses, les auricules et les primevères, les violettes, les pensées, les pivoines, tous les arbres fruitiers, les renoncules, ainsi que les violiers. Leurs couleurs passent par toutes les teintes depuis le blanc, au jaune, au rouge, au violet et au bleu. On y retrouve toutes les odeurs, celle de la rose, du jasmin, de la violette, de l'œillet, de la vanille dans l'héliotrope, de l'orange dans le lupin tricolor et le robinier, de la cannelle dans le géranium triste; peu d'entre elles sont inodores; ce sont en général celles de couleur blanche ou jaune. Toutes les fleurs durent en général peu, sauf celles que l'art a fait doubler.

Les fleurs doubles sont incapables de donner des fruits, parce que leurs pistils se sont changés, ainsi que leurs étamines, en stériles pétales; en échange, leurs couleurs sont plus vives et leur parfum est plus intense que celui des fleurs simples.

Les fleurs charnues ont une consistance molle, comme celle des fleurs des pavots ou des violettes, ou bien résistante comme celle des hyacinthes et surtout des camellias; les premières passent plus vite que les secondes, dont la durée est quelquefois extraordinaire. La plus grande partie de ces fleurs est peu odorante; c'est, par exemple, le cas des camélias, des tulipes et des cactus, tandis que le petit nombre répand une odeur suave, comme les lis, les hyacinthes et beaucoup de magnolias. C'est parmi les fleurs charnues molles qu'on rencontre celles dont la durée est la plus courte, tout spécialement, parmi les cactus. L'un d'eux, connu sous le nom de cactus à grandes fleurs, porte aussi celui de reine de la nuit, à cause de la singulière particularité qu'il offre, de n'ouvrir ses immenses fleurs que durant les ténèbres. Ces fleurs, aussi larges qu'une assiette ordinaire, sont en dedans d'un admirable blanc d'ivoire et toutes remplies d'étamines soyeuses, nacrées qui entourent un pistil jaune. La fleur, qui a la forme d'une trompette, est doublée en dehors d'une couche épaisse de lanières jaunes, d'où s'exhale une suave odeur de vanille; elle s'ouvre entre dix et onze heures du soir, se referme vers cinq heures du matin et tombe en putréfaction déjà vers sept ou huit heures. Quel dommage que cet admirable luxe de végétation soit le partage de la nuit, et que son peu de durée l'enlève si tôt aux yeux qui aiment le beau; on ne peut s'expliquer cet acte d'avarice de la part de la nature, qu'en se rendant compte de la nature du cactus qui produit ces magnifiques fleurs. En effet, ce cactus qui croît sur des rochers, a ses tiges très sèches et incapables par conséquent de fournir à leurs fleurs la quantité d'eau qui les empêcherait de se faner si elles s'épanouissaient au soleil, en sorte que si le cactus épanouissait ses fleurs de jour, le soleil les fanerait tout de suite, et alors la fécondation des graines deviendrait impossible.

Au reste, on trouve encore trois ou quatre plantes qui n'épanouissent leurs fleurs que durant la nuit; elles sont en général caractérisées par leur teinte jaune ou brune, qui leur a fait donner le nom de tristes, et par le peu de développement de toute la plante. Le géranium triste, par exemple, n'ouvre ses petites fleurs brunes qu'au moment où le soleil se couche, et il exhale alors une délicieuse odeur de girofle et de cannelle. Cette fois, il faut renoncer à expliquer cette bizarrerie de la nature autrement qu'en admettant qu'elle reconnaît, elle aussi, des exceptions à ses lois les plus générales, parmi lesquelles on trouve celle qui met en rapport direct l'épanouissement des fleurs avec l'apparition du soleil à l'horizon. Cela est si vrai que beaucoup de fleurs se ferment pendant la nuit; c'est le cas des immortelles et des soucis; d'autres encore se tournent du côté du soleil et le suivent dans sa course, comme les tournesols.

L'action trop vive du soleil diminue beaucoup le parfum des fleurs, tant parce qu'il les fane que parce que ces odeurs étant excessivement volatiles, il les répand dans l'air d'autant plus promptement que la température est plus élevée; telle est la raison pour laquelle l'odeur des roses et surtout des violettes est beaucoup plus forte le matin et le soir qu'au milieu du jour, où elle conserve cependant toute son intensité quand le ciel est couvert. Il est possible aussi qu'en présence d'un excès d'oxygène, ces essences passent rapidement, en plein jour, à l'état de composés oxydés, ce qui est d'autant plus probable que toutes les essences isolables montrent pour l'oxygène une affinité telle qu'il est presque impossible de les conserver pures, au contact de l'air. Toutes les fleurs ne sont pas odorantes, il s'en faut beaucoup; mais la plupart d'entre elles contiennent du sucre, que quelques-unes donnent en quantité énorme; les belles fleurs des cactus en laissent distiller jusqu'à 4 et 5 gr. pour les larges fleurs du beau *cereus speciosissimus* qu'on rencontre actuellement sur presque toutes les fenêtres. Il est probable que cette production de sucre a pour but d'attirer les insectes qui, en le butinant, transportent la poussière fécondante des étamines sur le pistil et en assurent ainsi la fécondation; ce qui nous porte à le croire, c'est que ces fleurs nouent rarement dans les serres où il n'y a pas d'insectes, tandis qu'en plein air elles donnent presque toutes, des fruits excellents et très gros. C'est dans les labiées, les papilionacées et en général, dans toutes les fleurs, dont le tube allongé soustrait les étamines à l'action des vents, qu'on trouve le plus constamment l'eau miellée, destinée à en favoriser la fécondation à l'aide des insectes qu'elle y appelle; voilà encore un de ces petits moyens employés par le Créateur pour produire de grands effets; ces insectes que nous craignons tant et qui nous ravissent souvent tout ou partie de nos récoltes, en font naître d'autres. Les insectes butineurs par excellence sont les abeilles, dont la plus grande utilité pourrait donc bien ne pas venir de leur produit en miel, mais surtout de leur incroyable activité qui les chassant de fleur en fleur, à des distances de plusieurs lieues, porte dans le sein de chacune de ces gracieuses productions de la nature le germe de la fécondité, tout en y puisant le miel dont elles remplissent leurs rayons dorés.

La couleur des fleurs varie autant que leur forme et leur parfum, et on remarque en général que chaque famille végétale est caractérisée par une teinte prédominante ; dans les roses, c'est le blanc et le rouge ; chez les crucifères, c'est le blanc et le jaune ; chez les campanules, le blanc et le bleu ; chez les courges, le blanc et le jaune ; chez les pois, le blanc et le bleu ; il est tellement rare de trouver dans la même famille la couleur bleue réunie à la rouge ou à la jaune, que quelques physiologistes avaient distribué toutes les fleurs dans des séries contenant, l'une, des fleurs bleues, et l'autre celles qui sont jaunes ou rouges, sans remarquer l'étroite liaison que la présence des fleurs blanches établit entre ces deux séries. Il y a plus, cependant, puisque non-seulement on rencontre, dans la famille des lins, des fleurs bleues, jaunes ou rouges, de même aussi que dans celle des gentianées ; mais, qu'on trouve toutes ces teintes réunies dans le lupin tricolor, dans les pensées et dans la belle de jour. Comme ces fleurs ne sont que des feuilles modifiées, il est probable que leur couleur est due à une transformation de la matière verte des feuilles ; on n'a pas pu l'isoler en quantité suffisante pour l'étudier d'une façon complète ; on sait seulement qu'elle est extrêmement fugace ; la couleur jaune fait seule exception à cette règle générale ; car elle est d'une stabilité qui tient du prodige ; nous n'avons par exemple pas réussi à altérer la teinte des fleurs du pissenlit ordinaire en les faisant bouillir durant plusieurs heures avec une solution assez concentrée de potasse caustique. Les acides font en général passer au rouge les fleurs violettes et bleues ; il n'y a d'exception que pour celles dont le suc est laiteux, comme celui des campanules, tandis que les alcalis teignent en vert ou en bleu les fleurs violettes et rouges ; c'est sur cette réaction que se base la charmante conversion de la teinte lilas des thlaspis et des violiers en vert céladon quand on fait arriver sur leurs fleurs la fumée alcaline d'un cigarre.

Les enveloppes florales semblent n'avoir pas d'autre but que de concentrer les rayons solaires sur les organes de la fructification, afin de les échauffer autant que possible, ce qui est tellement nécessaire à la plupart des plantes cultivées, qu'elles ne viennent bien que sous l'action directe des rayons solaires ; aussi les temps couverts sont-ils les plus défavorables à la fructification.

La composition des fleurs est identique à celle des feuilles ; mais elles contiennent moins de ligneux, en sorte qu'elles sont aussi plus nutritives ; mais, existant en quantité relativement petite, elles ne sont jamais employées seules à l'alimentation des hommes et des bêtes auxquels on ne les administre guère seules que comme médicament ; elles doivent presque toutes leur action thérapeutique à l'essence dont elles sont imprégnées.

Quand, la floraison ayant rempli son but, le germe placé à la base du pistil a été fécondé par la poussière des étamines, la fleur tombe ou se dessèche, et la graine commence à se développer. Gélatineuse d'abord, la jeune graine perd son eau en quantité d'autant plus grande qu'elle s'approche davantage de la maturité ; à sa gelée s'ajoute d'abord du blanc d'œuf et du sucre qui passent bientôt à l'état de viande et de fécule ou d'huile ; dans les pois verts, par exemple, ainsi que dans les graines de colza, cette transformation est si complète qu'on ne rencontre plus que des traces insignifiantes de sucre dans les graines mêmes, tandis qu'il en reste des proportions appréciables au goût dans les châtaignes, les amandes et quelques autres encore. Tant que les graines ne sont pas mûres, elles sont laiteuses ; c'est alors que nous consommons les pois verts, les fèves de marais et les épis de maïs qu'on substitue quelquefois aux petits pois ; les graines qui une fois mûres retiennent encore beaucoup d'eau, comme les glands, les marrons et les châtaignes, se détruisent rapidement, parce que le germe qui commence à se développer dès qu'elles sont mûres en absorbe toutes les provisions ; il faut donc les dessécher artificiellement dans des fours lorsqu'on veut les conserver, et alors elles perdent leur faculté germinative ; il y a beaucoup de plantes des pays chauds qui sont dans ce cas ; tout spécialement le caféier et le cannellier. La plupart des graines perdent avec le temps leur force germinative, ce qui fait qu'elles lèvent en quantité d'autant plus grande qu'elles sont plus récentes ; il y en a pourtant chez lesquelles la vie semble n'avoir pas de bornes ; de ce nombre est surtout le froment, si indispensable à l'homme, et qu'on a vu germer après avoir été enfermé pendant trois mille ans dans les pyramides d'Égypte. Les graines qui perdent le plus vite leur force vitale sont celles des arbres, sans qu'on puisse assigner entre elles et celles dont la force germinative est plus grande une différence provenant de leur composition chimique, ainsi que le prouvent les tableaux I et II pour les plantes herbacées. Dans le tableau 3 nous avons classé les graines d'après la durée de la faculté germinative, afin de prouver qu'il n'y a pas davantage moyen de saisir les rapports existant entre la durée de la puissance germinative et l'espèce botanique.

I. Graines féculentes.

Durée de la force germinative.

Féverolles	5 ans
Sarrasin	3
Engrain	3
Pois	5
Sainfoin	5
Orge	3
Avoine	2
Millet	2
Trèfle rouge	3
Lentilles	2
Luzerne	4
Maïs	4
Seigle	4
Froment	4
Carottes	4
Betteraves	5
Vesces	6

II. Graines huileuses.

Chanvre	3
Pavot	3
Chou cabus	5
Courge	8
Lin	6
Raves	5
Colza	3
Tabac	9

III. *Plantes conservant leur force germinative.*

6 mois : érable, hêtre, chêne, aulne, frêne, tilleul et sapin.

1 an : mélèze, maïs et oseille.

2 ans : pommier, angélique, bouleau, millet, trèfle, lentille, pavot, panais, pommier, fève de marais et oignon.

3 ans : poirier, cyprès, cresson, persil, ricin, raves, céleri et asperges.

4 ans : céréales, fenouil, carotte, betterave, laitue, épinard et melon d'eau.

5 ans : choux, radis et féverolles.

6 ans : pomme de terre, melon et chicorée.

7 et 8 ans : concombre, lin et chicorée pommée.

On favorise beaucoup la conservation des graines en les desséchant à une température de 15 à 25°C, ce qui tendrait à faire croire que ce sont les graines les plus aqueuses qui perdent le plus vite la faculté de se reproduire ; sans doute parce qu'elles subissent une espèce de fermentation qui mortifie le germe.

Ce tableau indique le temps durant lequel toutes les graines conservent la puissance germinative, et non pas celui jusqu'auquel quelques-unes d'entre elles seulement la gardent ; ainsi, par exemple, le blé de trois mille ans dont nous venons de parler n'a fourni que bien peu de plantes ; tout le reste était gâté. Quand les graines sont très vieilles, on peut quelquefois les faire germer encore en les mettant tremper pendant douze heures dans une eau légèrement acidulée par le chloride hydrique qui en désagrége les tissus et permet à l'eau de les gonfler lorsqu'on les confie ensuite à la terre, en sorte que si les graines perdent avec le temps la faculté germinative, c'est peut-être moins parce que leur germe s'altère, que parce que leurs pores se bouchent de manière à empêcher que l'air et l'eau n'y pénètrent.

On divise toutes les graines en féculentes, comme le blé, la châtaigne et les pois, et en huileuses, comme le colza, les noix et le lin ; les premières se rencontrent essentiellement dans les pays tempérés et les secondes dans les pays chauds ; il n'y a cependant pas entre elles de ligne de démarcation bien tranchée, puisqu'on trouve dans les grains d'orge 2 à 3 p. 100 de suif, et dans le maïs 9 p. 100 d'huile, de même aussi qu'on rencontre de la fécule dans toutes les graines huileuses, même dans celles qui contiennent, comme le pavot, plus de moitié de leur poids d'huile. Pour décider la question, on appellera oléagineuse toute graine qui, écrasée sur du papier, y laissera une tache grasse, et féculente celle qui, dans les mêmes circonstances, n'y laissera aucune trace.

Les graines se forment dans une enveloppe charnue d'abord, qui se dessèche ensuite peu à peu, comme dans les blés, les pois et les pavots, tandis que dans d'autres elle se développe en même temps que les graines et constitue alors des fruits plus ou moins savoureux, tels que les cerises, les raisins, les abricots et les pommes. L'enveloppe des graines, quoique charnue, n'est pas toujours comestible; c'est ce qui arrive à celle des châtaignes et des noix.

Les fruits secs ont absolument la même composition que les feuilles; les fruits charnus en diffèrent parce qu'ils sont presque toujours fortement sucrés; les graines, par contre, sont l'essence des feuilles, puisqu'elles en renferment toutes les parties constituantes, nutritives, exemptes d'eau.

De prime abord il semble que les graines devraient être d'autant plus grosses que la plante à laquelle elles donnent naissance doit devenir plus grande, et on ne s'étonne pas en voyant l'énorme noix de coco produire les arbres les plus gigantesques, tandis que le grain de froment ne donne naissance qu'à une herbe peu élevée; mais ce fait est l'exception, et, en thèse générale, on peut dire que les graines des herbes et des arbrisseaux sont plus grosses que celles des arbres; les pois sont plus gros que les pepins de pommes, le colza est aussi gros que la graine des pins et des sapins; la noisette atteint presque à la moitié de la grosseur des noix, et la graine des graminées qui couvrent le sol de nos prairies est plus grosse que celle des aunes et des bouleaux, des peupliers et des saules; cela était nécessaire, d'une part, pour que les graines des arbres pussent être disséminées au loin; d'autre part, pour que les graines des herbes offrissent à l'homme une nourriture assez abondante. Que serions-nous devenus si les herbes n'eussent donné que des graines d'une excessive ténuité? Nous aurions dû emprunter nos aliments à ces arbres dont la croissance est si lente et les produits si incertains; nous nous serions trouvés sans cesse exposés à la famine, comme les insulaires de la mer du Sud quand la récolte des noix de coco et des fruits d'arbre à pain leur manque; mais d'une manière bien plus cruelle encore, puisque nous n'aurions pas eu, comme eux, un ciel toujours chaud et des poissons en abondance. Cette même proportion n'existe plus pour les fruits charnus, qui contiennent une quantité d'eau tellement grande qu'ils ne pourraient évidemment pas être nourris par des herbes; les pommes, les poires, les prunes, les oranges croissent sur de grands arbres; les raisins et les groseilles sur des buissons; les herbes ne donnent, pour ainsi dire, jamais de fruit charnu; la fraise n'est point une exception à cette règle; car elle n'est pas un véritable fruit, mais seulement un renflement de la tige sur lequel sont fixées les graines; la figue présente la même organisation, à ceci près qu'au lieu de porter les graines à sa surface elle les cache en se courbant sur elle-même. La véritable exception à cette règle est faite par les melons et les courges qui fournissent les plus gros fruits connus; il n'est pas rare de voir des potirons de 50 à 60 kilogr. et des melons de 5 à 6 kilogr.; cette production énorme de matière organisée est vraiment incroyable quand on ne songe pas à la prodigieuse quantité d'eau et d'humus qu'absorbent ces plantes; leurs fruits contiennent d'ailleurs 90 p. 100 d'eau qu'ils retiennent avec une grande force, à raison de l'épaisseur et de la consistance de leur peau épaisse comme du cuir. Les melons et les courges sont les moins acides de tous les fruits; aussi entrent-ils facilement en fermentation et sont-ils fiévreux; les baies à chair aqueuse comme les raisins, les oranges, les citrons et les groseilles, sont généralement beaucoup plus acides que les fruits à chair dure comme les pommes et les cerises; du reste, il y a des cerises et des pommes aigres, ainsi que des oranges et des raisins doux.

Le développement des baies et des fruits charnus a été étudié avec soin; on a trouvé que la différence la plus saillante existant entre un fruit vert et un autre fruit, mûr, c'est qu'avant sa maturité il contenait plus de ligneux et d'eau, et après, plus de sucre et moins d'eau, comme on va le voir :

	Groseilles à maquereau vertes.	Mûres.
Chlorophylle	0,03	
Sucre	0,52	6,24
Gomme	1,36	0,78
Albumine	1,07	0,86
Malate calcique	2,04	
Citrate »		3,01
Cellulose et pepins	8,50	8,02
Eau	86,48	81,09
	100,00	100,00

A n'en juger que par la différence de leur consistance, on pourrait croire que l'eau se trouve en beaucoup plus forte proportion dans les fruits, après qu'avant leur maturité ; mais l'analyse prouvant qu'il n'en est absolument rien, il est probable que c'est à la rigidité de leur fibre ligneuse qu'il faut attribuer leur dureté. Les fruits ne mûrissent bien que lorsqu'ils sont directement frappés par les rayons du soleil ; dans le cas contraire, ils restent verdâtres, pâles et fades ; nous verrons plus tard que cela vient de ce que les couleurs et les essences sont des produits d'oxydation, qui ne se forment bien que par l'action des rayons solaires directs. Les jardiniers connaissent parfaitement bien cet effet, puisqu'ils ont soin d'exposer les plus beaux fruits au soleil en arrachant les feuilles qui les couvrent dès qu'ils approchent de la maturité. Cueillir les fruits avant qu'ils soient mûrs est un abus criant, duquel résulte qu'ils sont décolorés, insipides, fanés et beaucoup moins nutritifs que lorsqu'on les a laissés mûrir en plein ; on n'attend cependant jamais ce degré pour les fruits de longue garde, qui sont exposés à se gâter en tombant à terre ; mais on le fait toujours pour les fruits qu'on ne conserve pas, comme les groseilles, ou dont le parfum ne se développe, comme pour les abricots et les pêches, qu'au moment où leur maturité est complète.

Les fruits se conservent d'autant plus longtemps que leur chair est plus sèche et leur peau plus épaisse ; les framboises et les mûres dont la peau est excessivement mince ne se gardent que peu d'heures ; c'est pour la même raison que les raisins rouges se conservent beaucoup moins longtemps que les blancs, et qu'on peut garder les pommes presque indéfiniment.

Comme les plantes sont immobiles, les sexes devaient être réunis dans la plupart de leurs espèces, comme dans les coquillages et autres animaux inférieurs qui sont attachés au sol, c'est aussi ce qu'on remarque chez la plupart d'entre elles, à l'inverse de ce qui arrive aux animaux, dans lesquels les sexes sont presque toujours séparés. Les sexes existent pourtant bien nettement dans les plantes où les mâles sont représentés par les étamines et les femelles par les pistils; la nature elle-même a pris soin de nous le prouver en créant des végétaux chez lesquels il y a, comme dans les chênes, les noisettiers et les courges, sur le même pied des fleurs stériles qui n'ont que des étamines et des fleurs fertiles qui n'ont que des pistils; il y a plus, car dans le chanvre, le houblon, l'épinard, le dattier, les sexes sont disposés sur des pieds différents, ce qui fait que pour en avoir des graines fertiles, il faut placer près les uns des autres ceux dont les sexes sont différents. L'hermaphroditisme général met donc, une fois de plus et nettement, le règne végétal en opposition avec le règne animal; les plantes réunissent donc toutes les conditions nécessaires à une multiplication aussi abondante que prompte et sûre.

Les graines et les fruits charnus sont la base de l'alimentation humaine, quoiqu'ils ne puissent pas suffire seuls dans les pays tempérés et froids, où ils ne sont plus assez riches en viande, ce qui oblige à leur adjoindre la chair des animaux.

CHAPITRE II.

Composition.

Après avoir étudié brièvement la constitution physiologique des plantes, passons en revue leurs éléments chimiques les plus importants, en commençant par les plus répandus, pour finir avec les plus rares. Ce qui caractérise tout le règne végétal, c'est la présence du ligneux ou bois pur formé de 12 équivalents de carbone ou charbon et de 10 d'eau, soit $C12\,H10\,O10$; ce corps possède identiquement aussi la composition de la fécule, de l'inuline, de la bassorine, de l'arabine et du sucre de canne.

Quand le ligneux est pur on l'appelle cellulose, et il est la base de tous les tissus végétaux dans lesquels il apparaît d'abord sous forme de gelée qui s'organise peu à peu en produisant des espaces clos plus ou moins nettement limités qui, peu à peu, durcissent en produisant le bois. Le coton, le lin et le chanvre sont de la cellulose presque pure, de même aussi que les noyaux des pêches et des noix, dans lesquels il est bien facile de poursuivre la formation du bois, à cause de la lenteur avec laquelle leur gelée s'organise, ce qui n'arrive pas dans les tiges du lin et du chanvre, dans lesquelles la transformation de la gelée en bois est presque instantanée. Dans le bois, la cellulose est toujours incrustée d'une foule de substances étrangères, telles que des sels minéraux, des résines et des essences ; le bois de sapin et de pin est riche en résine et en essence ; aussi se consume-t-il avec facilité, et exhale-t-il une agréable odeur aromatique quand il est frais ; nous ne possédons pas d'analyse exacte et complète des bois ; c'est une bien déplorable lacune de la chimie organique qu'il faudra remplir pour s'expliquer les propriétés si différentes qu'ils manifestent à l'usage ; car les uns brûlent facilement, comme les bois blancs, tandis que les bois de couleur foncée se consument très difficilement ; ces derniers résistent beaucoup plus facilement que les premiers à l'action des eaux qui pourrissent bientôt les bois de tilleul et de sapin. Les bois durs et lourds, comme celui de chêne, donnent davantage de chaleur que ceux qui sont légers comme le bois de sapin ; mais leurs charbons étant moins poreux, ils sont aussi moins facilement combustibles. Tous les bois ne se ressemblent pas ; ce qui le prouve une fois de plus, et d'une façon bien frappante, c'est l'action qu'exerce l'acide nitrique concentré sur leur râpure ; car il détruit aussitôt celle des bois durs en produisant de l'acide oxalique, tandis qu'il s'unit à celle des bois tendres en donnant naissance à un composé analogue à la poudre coton ; il faut donc qu'il y ait dans les bois blancs beaucoup plus de cellulose que dans les bois durs où elle s'encroûte fortement, sans doute, d'une autre matière que l'acide nitrique attaque et détruit très facilement.

Lorsqu'on fait agir l'acide nitrique étendu d'eau sur la sciûre de bois de sapin, elle s'oxyde en majeure partie en produisant de l'acide oxalique, tandis qu'il reste dans la cornue une masse de

petits filaments soyeux et du plus beau blanc, qu'on reconnait
sans peine, au microscope, pour être de la cellulose pure. Quand
on lave ce produit de manière à en séparer tout l'acide nitrique,
il se gonfle beaucoup et s'y dissout même en totalité sous l'influence des alcalis ; les acides le précipitent de cette dissolution
sous forme de gelée incolore et transparente comme du cristal, tellement analogue à l'acide pectique que nous les croirons identiques
aussi longtemps que le contraire n'aura pas été prouvé ; il s'ensuivrait que dans de certaines conditions le bois peut se changer
en acide pectique soluble et nourrir ainsi la plante aux dépens de
son bois ; c'est aussi ce qui arrive toutes les fois qu'on place un
arbre dans des conditions telles qu'il ne puisse plus suffire à son
entretien ; alors, il maigrit, c'est-à-dire que son aubier se dissout pour le nourrir ; l'écorce se trouvant bientôt séparée de
l'aubier par un espace vide, il s'y introduit de l'air et l'arbre périt. Un effet tout semblable se manifeste quand les arbres à noyau
sont atteints par la maladie connue sous le nom de gomme ; leur
aubier se change alors en gomme, qui s'écoulant au dehors les
épuise et les mortifie partiellement ou eu totalité. Quelle que
soit la cause de cette altération de l'aubier, elle ne s'étend jamais
jusqu'au bois, ce qui nous fera dire que le ligneux ne peut se
redissoudre qu'autant qu'il est récemment formé, et ce qui nous
fortifie dans cette opinion, c'est que lors de la maturation des
fruits une portion du ligneux qu'ils contenaient à l'état vert en
disparaît et est remplacée par une certaine proportion d'acide pectique, qui n'est donc pas autre chose que ce ligneux devenu gélati-
neux, d'où il s'ensuit que l'acide pectique doit être un isomère du
ligneux et posséder la formule $C12\ H10\ O10$, ce qui est aussi le
cas ; reste à savoir si cet acide est nutritif ou non ; ce qui tendrait à faire croire que non, c'est que l'urine des lapins nourris
avec des carottes, qui sont excessivement riches de ce principe, en
est tellement chargée qu'elle se gélatinise par le refroidissement,
en sorte que, dans ce cas-ci du moins, l'acide pectique n'est
pas absorbé par le tube intestinal ; tous les autres animaux, ainsi
que l'homme, le digèrent sans peine, en sorte qu'il est probable
que ce qui se passe chez les lapins est une exception à la règle
générale, et que l'acide pectique doit rester rangé parmi les substances alimentaires.

L'acide pectique ne mérite pas ce nom, ce n'est point un acide, mais une substance absolument neutre comme la fécule ; il ne diffère de la bassorine ou gomme adragante, qu'absolument parce qu'il est soluble dans les alcalis et moins facilement attaquable par les acides ; il est placé entre le ligneux et la bassorine, comme la gomme arabique entre la bassorine et la dextrine qui se change si facilement en sucre. L'acide pectique n'existe pas avant le bois ; mais il se forme à ses dépens ; il est donc un produit d'altération du ligneux correspondant à une métamorphose des parties constituantes du liber, des fruits ou des racines, dans le but de fournir des aliments à une nouvelle génération.

Le ligneux est insoluble dans presque tous les réactifs, absolument comme la chair des animaux, et c'est à ce caractère sans doute qu'on doit de le trouver dans chaque végétal, et à toutes les époques de sa vie. Le ligneux est caractéristique des plantes, et si on l'a trouvé chez quelques animaux inférieurs de la famille des tuniciers, il ne faut point en être surpris, puisque les animaux se forment aux dépens des végétaux ; on doit au contraire bien plus tôt s'étonner de voir avec quelle persistance l'estomac de la plupart des animaux rejette cette substance, quoiqu'elle possède la plus grande analogie avec la fécule. Il y a donc des animaux dont une partie du corps est formée de bois ; mais, comme ces animaux se nourrissent de débris de végétaux, il est possible qu'ils se soient enveloppés d'acide pectique, comme tant d'insectes et de mollusques se font un abri artificiel à l'aide de fragments de bois, de grains de sable, de fragments de feuilles qu'ils unissent entre eux avec une gomme, ou des fils soyeux.

Le ligneux est le type des corps neutres, formant la première section des parties constituantes des végétaux, dont la seconde comprendra les corps acides et la troisième les corps alcalins. Dans chaque section on s'occupera d'abord des substances solides, puis des liquides, et enfin des gaz.

La *fécule* est presque aussi répandue dans les plantes que le ligneux dont elle possède la composition ; mais on ne l'y retrouve pas à toutes les époques de leur vie ; elle en disparaît en proportion plus ou moins considérable lorsqu'elles sont en germination. Quoiqu'elle soit insoluble dans l'eau, elle s'y dissout cependant dès qu'elle a été en contact avec les acides, ou bien avec un prin-

cipe particulier qu'on trouve dans toutes les graines et dans tous
les bourgeons en train de se développer ; c'est cette curieuse
substance qu'on appelle diastase et qui n'est sans doute pas autre
chose qu'un peu d'albumine en décomposition ; au moins celle-ci
agit-elle sur la fécule absolument de même que la diastase, en la
changeant d'abord en gomme, puis en sucre ; la fabrication de la
bière se base sur cette métamorphose. Le diastase fait passer la
fécule à l'état de dextrine, puis de sucre de raisin qu'on rencontre
dans toutes les parties végétales en voie de se développer, dans
les bourgeons, les graines en germination, les fruits ; mais, chose
bien remarquable, jamais dans les parties qui doivent conserver
longtemps leur état, c'est-à-dire, dans les troncs, les racines et les
graines mêmes ; il est donc probable qu'ils sont uniquement destinés à l'alimentation de la plante et qu'ils ne se forment qu'au
moment où elle en a besoin. La fécule gorge donc les tissus susceptibles de donner naissance à de nouveaux organes, où on la
rencontre agglomérée en masses souvent considérables formées
de grains très petits dont l'enveloppe résiste à l'action des dissolvants qui les vident. Or, en examinant une racine ou un bourgeon en voie de se développer, on remarque que leurs tissus
semblent n'être formés que d'enveloppes de grains de fécules
superposées, ou bien ajoutées bout à bout, lorsqu'elles produisent des vaisseaux ; les grains de fécule pourraient donc être le
point de départ de tous les tissus végétaux.

Malgré tout ce qu'on a écrit contre cette hypothèse, les grains
de fécule possèdent une enveloppe ; il est bien facile de s'en convaincre en dissolvant la fécule dans une quantité d'eau suffisante
pour qu'elle ne se prenne plus en empois par le refroidissement ;
au bout d'un certain temps, le liquide, trouble d'abord, s'éclaircit en laissant tomber au fond du vase une foule de petites outres
qui sont les enveloppes des grains dont le contenu reste en dissolution sous forme de gomme, facile à obtenir par son évaporation.
Cette gomme se gonfle lorsqu'on la met dans l'eau, absolument
comme la gomme adragante, ce que ne fait jamais la fécule, dont
l'enveloppe seule fait donc qu'elle ne peut pas être gonflée par
l'eau. Quand on traite la fécule par l'eau bouillante ou bien aussi
par les alcalis caustiques, ses enveloppes se rompent et leur contenu absorbe l'eau en produisant un empois plus ou moins épais.

Une solution d'iode dans l'alcool ou dans l'eau, colore en beau violet les grains de fécule que cette réaction distingue d'avec ses isomères, le bois, l'inuline et les gommes ; elle est très précieuse dans beaucoup de cas, surtout pour les observations microscopiques. L'iode teint en jaune les substances protéiques, telles que l'albumine et la viande.

C'est la fécule qui forme la plus grande partie de l'approvisionnement des végétaux ; on la trouve dans le tronc de plusieurs palmiers, dans l'aubier de tous les arbres, dans toutes les tiges souterraines et spécialement dans les pommes de terre, dans toutes les graines ; mais en beaucoup moins grande proportion dans celles qui sont huileuses, que dans les autres ; on la rencontre aussi dans lichens, les mousses, et la plupart des racines bisannuelles. Dans les racines des herbes vivaces, la fécule est partiellement remplacée par l'*inuline* dont la composition est aussi identique à celle de la fécule dont elle ne diffère absolument que parce que, soluble dans l'eau bouillante, elle s'en précipite à mesure qu'elle se refroidit. On la rencontre dans les dahlias et les carottes : sans doute aussi dans la plupart des racines charnues vivaces dont elle doit favoriser beaucoup le développement des bourgeons, à cause de la facilité avec laquelle elle se change en sucre, tout simplement par le contact prolongé de l'eau. Si on pouvait obtenir ce principe en grande quantité, il prendrait place sans doute parmi les aliments les plus faciles à digérer ; pour le préparer, on lave bien les racines de dahlias qu'on râpe et dont on exprime le jus ; on les humecte d'eau et les exprime une seconde fois ; alors on fait bouillir la solution qui s'éclaircit parce que son albumine se coagule, on la jette sur une toile et l'inuline se dépose par le refroidissement du liquide filtré, à l'état de poudre d'un blanc éclatant.

L'extraction de la fécule est bien plus facile, puisqu'il suffit de laver les parties dans lesquelles elle se trouve pour entraîner la fécule qui se dépose bientôt.

L'inuline paraît être en dissolution dans les végétaux, puisqu'elle s'écoule avec le jus exprimé des dahlias ; elle doit s'y trouver plutôt en suspension, comme la fibrine dans le sang, qui se coagule à mesure qu'il se refroidit.

Si le rôle de l'inuline est bien important, celui de la bassorine

est immense ; car cette substance est aux plantes, ce que l'albumine est aux animaux, c'est leur point de départ, la matière qui
les forme en totalité ; la gelée qui remplit les bourgeons, les
jeunes feuilles, tous les organes en voie de formation, c'est de la
bassorine. Dans le pois sucré on la trouve associée au sucre et au
blanc d'œuf ; à mesure qu'il s'approche davantage de la maturité,
la bassorine disparaît de plus en plus et la fécule la remplace ;
dans les noix vertes, la coque ligneuse est une gelée transparente
de bassorine qui s'organise lentement, se change en petits tubes
ligneux et constitue plus tard l'enveloppe si dure de la noix même.
La bassorine semble n'être pas autre chose que la substance contenue dans les grains de fécule ; elle se gonfle dans l'eau ; puis,
suivant les circonstances où elle est placée, elle s'organise et
passe à l'état de bois, ou bien se change en gomme et en sucre
que les plantes absorbent ou accumulent dans leurs tissus. La
bassorine est la seule gomme insoluble dans l'eau, elle est insoluble dans les alcalis, ce qui la distingue de l'acide pectique, de
même aussi, que la facilité avec laquelle les acides forts la changent en gomme et en sucre. La gomme adragante, la partie de la
gomme de cerisier qui ne se dissout pas dans l'eau, est de la
bassorine pure ; ce principe est le plus répandu dans tout le
règne végétal, depuis les plus grands arbres jusqu'aux humbles
lichens dont il constitue presque toute la masse. Dans les plantes
grasses telles que les sédums, le pourpier, les cactus, les ficoïdes,
la bassorine existe en très forte proportion, ce qui leur permet de
retenir l'eau avec assez de force pour qu'elles puissent se développer sans peine sur les terrains arides où elles végètent en général.
Comme la bassorine se rencontre partout où coule la sève, depuis les feuilles jusqu'aux racines, nous pensons qu'elle prend
naissance dans les feuilles et descend ensuite dans la plante dont
elle forme peu à peu tous les organes. Cette réaction est facile
à expliquer, puisqu'en mettant en présence 12 équivalents
d'acide carbonique et 10 d'eau, on en forme un de bassorine, en
même temps qu'il y a 24 équivalents d'oxygène éliminés, ainsi que
le prouve l'équation : $C12\ O24 + H10\ O10 = C12\ H10\ O10 + O24$.

Quand on fait bouillir la bassorine avec de l'acide nitrique,
elle ne donne pas seulement de l'acide oxalique, comme tous les
composés précédents ; mais aussi un nouvel acide, l'acide mucique

C6 H5 O8 que la nature ne produit jamais et qu'on n'obtient que dans le cas actuel, ou bien aussi, lorsqu'on traite de la même manière les gommes solubles dans l'eau, dont le type est :

L'*arabine* ou gomme arabique, dont la formule est encore semblable à celle du ligneux C12 H10 O10. Cette gomme se rencontre avec deux caractères dans les végétaux, suivant qu'elle est employée à l'alimentation, ou bien que, produite par une maladie, elle est rejetée au dehors ; dans tous les cas, elle ne s'accumule jamais dans l'intérieur des végétaux desquels elle disparaît peu de temps après sa formation ; elle accompagne presque toujours la bassorine, comme on le voit dans la gomme de cerisier, dont elle semble provenir ; au moins obtient-on en faisant bouillir la bassorine avec des acides étendus d'eau, ou bien en la chauffant avec de la diastase, d'abord de l'arabine, puis du sucre de raisins. En tenant compte de son mode de formation, il est probable qu'on pourrait guérir les arbres atteints de la gomme en en lavant les plaies avec de l'eau de cendre qui, en saturant l'acide qui transforme la bassorine en arabine, en arrêterait aussitôt la formation. Il y des familles végétales qui livrent beaucoup plus facilement l'arabine que d'autres ; c'est le cas des acacias, des cerisiers, abricotiers, pruniers et autres semblables ; la gomme qui s'écoule des arbres malades est ordinairement assez acide, tandis que celle qui est employée à leur nutrition l'est beaucoup moins.

On appelle sucre, toute substance organique soluble dans l'eau, douée d'une saveur sucrée et dont la solution aqueuse mise en contact avec du ferment se détruit en produisant de l'acide carbonique et de l'alcool, comme on le voit dans la fermentation du moût de vin ou de bière dans lesquels se développe l'alcool à mesure que leur saveur douce diminue.

Le *sucre de cannes* est encore doué de la même formule C12 H10 O10 que le ligneux ; il se trouve dans tous les liquides nutritifs, dans tous les organes en voie de formation ; c'est lui qu'on rencontre dans la sève de tous les arbres ; surtout dans celle des érables, des bouleaux et de la canne à sucre ; dans celle des racines de betteraves et de carottes ; dans le jus des melons et des courges ; nous l'avons trouvé dans les petits pois verts, dans les graines de maïs vertes, ainsi que dans la sève sucrée qui

s'écoule des grandes et magnifiques fleurs de certaines espèces
de cactus. C'est au sucre de cannes que l'herbe doit sa saveur
douce et agréable, c'est encore lui qu'on trouve dans les noiset-
tes et les châtaignes. A mesure que les organes dans lesquels
existe le sucre de cannes se développent, il en disparaît peu à
peu et fait place à des matières insolubles, soit parce qu'elles se
forment à ses dépens, soit parce qu'il repasse dans la sève pour
aller former d'autres organes, ce qui est fort possible, à cause de sa
grande inaltérabilité. Il est plus probable que le sucre se change
en présence des ferments qui l'accompagnent toujours dans la sève
en acides ou en essences, résines ou graisses dont nous décrirons
la formation quand nous serons amenés à faire l'histoire de chacun
de ces corps ; la transformation qu'il subit alors est en tout semblable à celle dont nous venons de parler, en disant qu'il peut se
changer en alcool et en acide carbonique.

Dans les organes en voie d'altération on rencontre, au lieu du
sucre de cannes, celui de raisins qui n'en diffère que parce qu'il
contient deux équivalents d'eau de plus, en sorte que sa formule
est $C^{12} H^{12} O^{12}$; c'est lui qui prend naissance quand on met tous
les corps précédents en présence des acides ou des ferments ; on
le rencontre dans les graines en germination, dans la sève extra-
vasée qui constitue les miellées et le produit appelé manne, et
qu'on recueille sur les feuilles et le tronc des frênes et des mélèzes. Cette espèce de sucre se trouve dans tous les fruits acides,
depuis les fraises et les raisins, jusqu'aux poires et aux pommes,
auxquels il communique la propriété de fermenter très facilement, ce que ne fait pas le sucre de cannes.

On admet encore une troisième espèce de sucre qu'on appelle
incristallisable, par opposition aux deux premiers qui sont doués
de la propriété de cristalliser fort bien ; il doit ce caractère à des
matières étrangères dont il est très difficile de le séparer, bien
que la nature opère sans peine ce qui nous est impossible ; ainsi,
on admet la présence du sucre incristallisable dans le miel
des abeilles. Il y a deux espèces de miel d'abeilles : celui de printemps qui est incolore, et celui d'été qui est brun clair ; le premier est fait avec le sirop des fleurs, le second avec la miellée
des feuilles ; eh bien, quand on expose à la gelée le miel de printemps, il se change en totalité en sucre de raisin tout à fait

blanc et admirablement bien cristallisé, tandis que dans les mêmes conditions le miel d'été ne subit aucune altération, parce que contenant une petite quantité d'essence de térébenthine qui provient des bourgeons des pins et des sapins, il ne gèle pas; ces deux miels sont cependant identiques, et il suffit donc de quelques traces imperceptibles d'essence de térébenthine pour en changer toutes les propriétés. Le sucre incristallisable n'existe donc pas, c'est un sucre impur; il n'en est point ainsi du *sucre de lait* qui a la même formule $C^{12} H^{12} O^{12}$ que le sucre de raisins, et qu'on trouve seulement dans le lait des animaux herbivores où il paraît se former aux dépens du sucre des aliments; celui-ci est doué de caractères si remarquables, qu'ils en feraient une espèce à part si les acides ne le changeaient pas, de même aussi que la fermentation en sucre de raisins ordinaire. Bouilli avec de l'acide nitrique, il fournit les acides oxalique et mucique, comme les gommes, ce qui tendrait à en faire une combinaison de gomme arabique et de sucre de raisin ou de canne.

Quand une solution concentrée de sucre quelconque est abandonnée à elle-même dans un endroit chaud, elle s'altère et bientôt il s'y forme de belles aiguilles satinées de mannite $C^6 H^7 O^6$ qu'on retrouve dans les miellées ou suc extravasé des feuilles de la plupart des plantes; la majeure partie de la manne du commerce est formée de mannite; elle diffère des sucres en ce qu'elle ne fermente pas; du reste, son histoire est loin d'être complète; ce pourrait être une combinaison dont on n'a point encore réussi à séparer les éléments. D'après sa formule, la mannite serait un oxyde de la glycérine $C^6 H^7 O^5$ ou sirop de sucre des corps gras dans lesquels elle joue le rôle de base. Ces deux corps se ressemblent par leur saveur sucrée, leur inaltérabilité et leur grande diffusion dans la plupart des plantes dans les feuilles desquelles ils semblent se former en même temps que les sucres, la viande et les graisses.

A côté de la bassorine, qui semble être le premier corps produit dans les feuilles et qui se change bientôt en bois ou bien en fécule, en gomme arabique ou arabine et en sucre de canne ou de raisin, vient se ranger une nouvelle substance qui l'accompagne toujours, c'est l'albumine ou blanc d'œuf $C^{40} H^{31} N^5 O^{12}$ qui est toujours souillée par des quantités variables de soude, de sulfate et de phosphate calcique. Cette même formule est aussi celle de la fibrine ou viande et de la caséine, matière nutritive du lait qui s'en sépare lorsqu'il se caille en produisant alors le fromage; c'est ce qui lui a valu le nom de protéine, parce qu'elle engendre tous les tissus animaux, comme la bassorine est le point de départ de tous les tissus végétaux; il y a donc deux protéines : l'une végétale qui est la bassorine, l'autre animale qui est l'albumine ou blanc d'œuf. L'albumine est aussi répandue que le sucre dans toutes les parties des plantes; il suffit d'en exprimer le suc et de le chauffer pour qu'il s'en sépare d'abondants flocons d'albumine coagulée; abondante dans les organes en voie de formation, tels que les bourgeons et les jeunes graines, elle diminue avec l'âge et passe alors à l'état de viande qu'on trouve associée en quantités variables à la fécule et au bois. Quand on cueille de jeunes pois verts et qu'on en exprime le jus, on y trouve de l'albumine et du sucre de canne qui font place bientôt après à la viande et à la fécule qui rendent les pois mûrs si nourrissants.

Il y a beaucoup d'albumine dans les feuilles où elle est associée à la bassorine, ce qui donne à penser que leur formation a été simultanée et que l'albumine peut s'être formée aux dépens de la bassorine et de l'ammoniaque de la sève, comme l'explique cette équation : $4\,C^{12}H^{10}O^{10} + 5NH^3 = C^{40}H^{31}N^5O^{12} + 2C^4H^2O^4 + 20\,HO$, ce qui revient à dire que par l'union de quatre équivalents de bassorine et de cinq d'ammoniaque on peut produire un équivalent d'albumine, deux d'acide malique et vingt d'eau. S'il n'est pas possible de prouver directement que l'albumine se forme sous l'influence de la réaction qu'indique cette formule, nous soutenons que cela est probable, puisqu'elle rend compte de la formation simultanée de l'acide malique qui l'accompagne toujours dans le suc des feuilles et qui la tient en dissolution.

Comme il est difficile d'isoler la fibrine d'avec l'albumine et la caséine, on a appliqué à ces trois substances le nom de protéiques, en sorte que quand dans une analyse nous indiquerons le poids des matières protéiques, il est sous-entendu que c'est une, deux ou toutes les trois des substances précédentes. Nous ferons la même chose pour les dérivés de la bassorine, en sorte que nous appliquerons le nom de corps bassoriques à la fécule, à la gomme, à la cellulose et au sucre, bien qu'en général on indique séparément le poids de ces deux derniers corps, à cause de la facilité avec laquelle on les isole.

Dans les animaux, la fibrine correspond à la cellulose chez les végétaux, l'albumine à la bassorine et la caséine à l'arabine. Comme nous avons vu que le bois peut se changer en bassorine, en arabine et en sucre, nous verrons aussi que la fibrine se métamorphose en albumine et en caséine; de même que l'albumine et la caséine peuvent donner naissance à la fibrine, absolument comme dans le cas où la bassorine se change en bois.

L'albumine ou blanc d'œuf est la matière qui forme le corps de tous les animaux; elle leur est fournie par les plantes dont toutes les parties nutritives en sont plus ou moins chargées, en sorte qu'aucun animal ne peut former son corps, s'il ne reçoit pas des parties végétales riches en albumine comme les feuilles, les racines et surtout les graines des plantes; c'est dans ces dernières qu'il y en a le plus sous forme de viande, ainsi qu'il est facile de le prouver en analysant la graine du froment. Pour cela on en pétrit la farine avec assez peu d'eau pour faire une pâte très solide qu'on enferme dans un nouet de linge fin, qu'on malaxe entre les doigts sous un petit filet d'eau, jusqu'à ce qu'elle cesse d'être colorée en blanc par l'amidon ou fécule qu'elle entraîne; ce qui reste dans le nouet est une masse filandreuse, grise, élastique, douée d'une odeur particulière, qui se laisse cuire comme la viande et qui prend en fermentant l'odeur et l'aspect du fromage; en un mot, c'est de la viande privée du sang et sans aucune trace d'organisation, ce qui n'arrive jamais à la viande animale, qui est toujours disposée en filaments bien distincts et facilement reconnaissables au microscope. Ce n'est donc pas dans les graines mêmes que nous irons chercher l'albumine, mais dans les organes en voie de formation où nous en trouverons toujours, bien qu'en petite quantité.

L'albumine est peu soluble dans l'eau pure, davantage dans celle qui est salée et très soluble dans les alcalis, ainsi que dans les acides végétaux faibles; celle d'œuf de poule se coagule à 63^0 C quand elle est concentrée, et seulement vers 75^0 C quand on l'a étendue d'eau. Elle est coagulée par les acides minéraux; mais ne l'est pas par les acides organiques, ce qui la distingue de la caséine ou fromage qui est coagulée d'abord par l'acide acétique, mais qui s'y redissout quand on l'emploie en excès. Lorsqu'on chauffe la solution d'une substance protéique dans l'eau, avec un peu de nitrate mercureux, elle se colore en beau rouge ; quand par contre on dissout une substance protéique dans du chloride hydrique concentré et qu'on chauffe, on obtient une liqueur bleue. Après avoir été coagulée, l'albumine se dissout encore dans l'acide acétique en excès, de même aussi que dans les alcalis : ces caractères appartiennent à tous les composés protéiques et nous servent à les séparer d'avec les composés bassoriques.

L'albumine se trouve à l'état soluble dans tous les liquides nutritifs, ainsi que dans tous les organes en voie de formation : dans le sang, dans la lymphe, ainsi que, et surtout dans les œufs où sa consistance et ses caractères varient beaucoup, puisque le blanc de l'œuf de poule se coagule à une température plus élevée que celui de canard, tandis que celui des œufs de tortue ne se coagule pas, et conserve toute sa viscosité, même après une ébullition très prolongée. Il est probable que c'est une simple modification de l'albumine qui constitue la caséine du lait, et que c'est en passant lentement à l'état insoluble qu'elle produit la fibrine du sang, puis celle de la chair ; ce qui est positif, c'est que l'albumine se change directement en chair, le développement du poulet le prouve ; car à mesure que ses chairs se forment, le blanc d'œuf diminue et finit par disparaître totalement. La caséine du lait sert aussi directement à former la chair des petits des mammifères, puisque leur poids augmente en proportion de la masse de lait qu'ils absorbent ; du reste, la caséine n'est que de l'albumine tenue en suspension avec un corps gras dans un liquide neutre, légèrement acide, ou très faiblement alcalin ; aussi les vaches donnent-elles, au lieu de lait, une solution de blanc d'œuf quand leur nourriture est alcaline et que leur lait prend cette réaction, ce qui n'est pas très rare. Le jaune d'œuf n'est pas autre chose que du lait très concentré ; aussi donne-t-il du véritable lait lorsqu'on le délaie avec de l'eau, et sert-il à nourrir le jeune oiseau dont le corps se forme uniquement aux dépens du blanc qui est alcalin ; car, c'est une règle sans exception que les liquides qui contribuent à former directement le corps de tous les animaux complets sont alcalins. L'œuf des ovipares correspond donc aux petits et au lait des vivipares, absolument comme la graine des plantes correspond au bourgeon et à la sève des arbres; ce sont quatre manifestations différentes de la même loi qui devait s'appliquer à quatre manifestations différentes de la vie.

La caséine n'est donc que de l'albumine très divisée dans un liquide généralement neutre; la fibrine est de l'albumine qui a passé à l'état insoluble; elle affecte la forme de disques superposés, et constitue, en s'encroûtant plus ou moins, la plupart des tissus organiques, depuis la peau et la chair jusqu'aux artères et aux tendons. La réaction de la chair est acide, parce que le fluide qui la baigne contient de l'acide lactique qui pourrait bien contribuer tant à sa conservation, parce qu'il est un puissant antiseptique, qu'à sa formation, en coagulant l'albumine ou la fibrine du sang au moment où elles sortent des vaisseaux capillaires qui les déversent dans toutes les parties du corps. Si les choses se passent réellement de cette manière, il s'ensuivrait que le serum du sang soit la partie liquide dans laquelle nagent les globules rouges en serait la portion nutritive, tandis que les globules n'auraient pas d'autres fonctions que d'absorber l'oxygène dans les poumons à l'aide du fer dont ils contiennent 10 p. 100 de leur poids à l'état sec, et de le transmettre à toutes les substances inutiles qu'ils brûleraient ainsi, dans le sang même, d'où elles sortiraient ensuite par les reins sous forme d'acide urique, par les poumons et la peau, à l'état d'acide carbonique, de nitrogène et de vapeur d'eau.

L'albumine est beaucoup plus rare dans les graines, que la caséine, par la bonne raison, que ces organes sont neutres; la fibrine, par contre, s'y trouve en forte proportion; surtout dans les pois et les blés durs. C'est dans les feuilles qu'on rencontre habituellement l'albumine, quand elles sont charnues comme celles des laitues et des choux; ce corps s'y rencontre alors en dissolution dans les sels ou les acides faibles.

Les graisses existent en très forte proportion dans tous les végétaux, quoiqu'on les rencontre surtout dans certaines familles végétales et en beaucoup plus forte proportion dans les pays chauds que dans ceux qui sont tempérés et à plus forte raison froids. Dans le nord, aucune plante ne fournit assez de graisse pour qu'on puisse l'utiliser ; dans les régions tempérées, le colza, le pavot, le chanvre et le lin nous la fournissent parcimonieusement et avec une grande irrégularité, tandis que dans les pays chauds, presque tous les palmiers, le ricin, l'olivier, les crotons, l'arachide, le cotonnier, le sésame et une quantité d'autres plantes en donnent en abondance, en sorte que, relativement à leurs produits utiles à l'agriculture, nous pourrions partager le globe en trois zônes : celle des graisses ou chaude, celle des fécules ou tempérée, et celle des bois, qui est aussi celle des pâturages, ou région froide.

Les graisses sont solides ou liquides ; presque toujours elles contiennent ces deux principes mélangés en quantités variables ; ainsi par exemple, en soumettant le suif à une pression très violente, on en extrait de l'huile, tandis qu'en faisant geler l'huile d'olives et la soumettant à la presse on en retire un suif très solide et du plus beau blanc. A part l'huile de noix de coco qui est toujours un peu acide, toutes les autres sont neutres et formées par l'union des acides gras avec la glycérine $C6\ H7\ O5$, espèce de sucre incristallisable qui a les plus grands rapports avec la mannite et pourrait bien en être un isomère. La combinaison des acides gras avec la glycérine en change toutes les propriétés ; elle les rend plus fusibles, d'une altération plus facile et beaucoup moins solubles dans l'alcool. Les graisses pures ont le toucher gras ; elles font sur le papier, une tache persistante et sont insolubles dans l'eau ; chauffées avec les alcalis caustiques, elles s'y dissolvent en produisant des savons qui sont solubles dans l'eau pure et insolubles dans l'eau salée, ce qui les distingue des savons de résine, qui sont aussi solubles dans l'eau salée que dans celle qui est pure.

Au contact de l'air les corps gras se comportent bien différemment les uns des autres ; les corps gras proprement dits deviennent aigres et puants, ils rancissent, c'est ce qui arrive au suif, aux huiles de colza et d'olives, tandis que les corps gras siccatifs, tels que les huiles d'œuf, de lin, de pavot et de noix se résinifient, ce qui les fait employer dans la confection des vernis ; dans les deux cas, l'huile absorbe en s'altérant une très grande quantité d'oxygène. Comme le rancissement des corps gras s'effectue lentement, il est difficile d'en saisir la cause ; mais il n'en est pas de même de la résinification des huiles siccatives, parce qu'elle marche rapidement, comme il est facile de s'en assurer avec l'huile d'œuf. Pour cela on fait cuire un œuf jusqu'à ce qu'il soit bien dur, et on en enlève avec précaution le jaune, qui, exposé au contact de l'air, en absorbe assez rapidement l'oxygène pour perdre bientôt sa mollesse et prendre l'aspect d'une masse translucide d'ambre jaune d'une grande dureté ; il y a ici une transformation de l'acide oléique en une résine solide.

L'acide solide le plus répandu dans les huiles végétales est :

L'acide margarique $C_{36} H_{36} O_4$ qu'on extrait facilement de l'huile d'olives figée, et de beaucoup de graisses animales ; il fond à 60°, tandis que l'acide stéarique $C_{36} C_{36} O_{31/2}$ qui lui ressemble beaucoup ne fond qu'à 70°C et cristallise beaucoup moins bien. Quand ces acides s'unissent à la glycérine, c'est dans la proportion de trois équivalents avec un seul de cette base, et il s'en sépare alors cinq équivalents d'eau, dont trois viennent de l'acide, et les deux autres, de la glycérine ; on obtient l'acide margarique par la simple distillation de l'acide stéarique, ou bien en l'oxydant par l'acide nitrique ; c'est donc un produit d'oxidation de l'acide stéarique, en sorte qu'il devrait se trouver plutôt dans les animaux qui sont oxydants que dans les plantes qui sont réductrices ; cette anomalie donne à croire que les deux acides en question pourraient bien être isomères et ne différer entre eux que par leurs caractères physiques, comme la fécule et la gomme. La différence existant entre les acides gras liquides est bien plus considérable que celle qu'on remarque entre les mêmes acides solides ; d'abord ils ont une tout autre composition ; puis celui des huiles siccatives passe si rapidement à l'état de résine en absorbant l'oxygène de l'air, qu'il est presque impossible de l'obtenir pur ; l'acide oléique des huiles grasses est formé de $C_{36} H_{34} O_4$; c'est une huile incolore qui s'acidifie et se rancit promptement au contact de l'air. L'acide oléique cristallise à $+ 4°$ C et passe à l'état solide sous l'influence des vapeurs nitreuses et de l'acide sulfureux ; le nouvel acide gras qui se forme alors possède la même formule que l'acide oléique liquide ; mais il cristallise fort bien et fond seulement à $+ 45°$ C. L'acide oléique est aussi peu répandu chez les animaux qu'il est abondant dans les plantes ; à en juger par sa formule, qui prouve qu'il contient moins d'hydrogène que l'acide margarique, il pourrait bien naître de l'oxydation de ce dernier qui se rencontre en effet dans les feuilles de la plupart des plantes, tandis qu'on ne trouve l'acide oléique que dans leurs graines et quelquefois aussi, comme pour l'olive, dans la chair de leurs fruits. L'acide margarique peut très bien se former directement dans les feuilles, par la désoxydation de l'eau et de l'acide carbonique ; mais il est possible aussi qu'il prenne naissance plus tard, par l'altération du sucre dans la graine elle-même, puisque son apparition y correspond avec la disparition du sucre. Quand trois équivalents de sucre de raisin perdent 32 équivalents d'oxygène, ils produisent un équivalent d'acide margarique, ce qui revient à dire qu'en désoxydant le sucre on produit des graisses ; dans les laboratoires on peut effectuer en partie cette transformation en donnant naissance à l'acide butyrique et à l'oxyde propionique, qui sont des espèces d'essences dont nous ne parlerions point si l'étude des graisses n'avait pas conduit à trouver entre elles et les corps que nous venons de nommer une parenté si étroite que de la formation de l'un il est rationnel de conclure la possibilité de celle de tous les autres. En effet, en réunissant tous les acides gras, on remarque qu'on peut les représenter par de l'acide acétique, plus une proportion variable d'hydrogène carboné CH ou gaz d'éclairage, ainsi par exemple, l'acide acétique ayant pour formule $C_4 H_4 O_4$, l'acide margarique devient $C_4 H_4 O_4 + 32 CH$, l'acide palmitique $C_{32} H_{32} O_4$ qu'on trouve dans l'huile de palme $C_4 H_4 O_4 + 28 CH$, l'acide butyrique $C_4 H_4 O_4 + 4 CH$ et l'acide propionique $C_4 H_4 O_4 + 2 CH$. Plus un corps gras se charge d'hydrogène carboné, plus il a de tendance à prendre l'état solide ; aussi, tandis que les acides butyrique et propionique sont liquides et volatils, l'acide margarique qui est bien plus riche qu'eux en hydrogène carboné est solide. L'acide margarique peut donc se former aux dépens du sucre contenu dans les plantes ; reste à savoir si telle est toujours son origine.

Dans les graines des choux, du pavot, des noyers et du lin, on trouve beaucoup d'huile ; dans le froment, l'orge et les pois, fort peu d'une graisse solide toute semblable au suif, et aucune trace d'huile ; dans presque toutes les autres plantes on trouve l'un ou l'autre de ces corps gras qu'on rencontre dans presque tous leurs organes où ils sont accompagnés par des quantités variables de résine ou de cire.

La cire molle et incombustible par elle-même, se rapproche aussi par sa formule des corps gras dont elle diffère en ce qu'elle ne se laisse pas facilement saponifier. Elle est très répandue sur les feuilles de presque toutes les plantes, et forme le fard des prunes, des raisins, et de beaucoup d'autres fruits ; elle se dépose en si grande quantité sur les feuilles d'un palmier d'Amérique qu'elle sert à fabriquer toutes les bougies employées au Brésil. La cire d'abeilles paraît être un mélange de cire proprement dite ou acide cérotique C54 H54 O4 avec des proportions variables de graisse, de résine et de matière colorante. La cire est très soluble dans l'alcool et insoluble dans l'eau ; pure, elle est incolore et translucide.

Comme les huiles siccatives produisent, quand on les chauffe, du caoutchouc, et quand elles s'oxydent, des résines, elles établissent le passage des corps gras aux essences et aux résines proprement dites.

Les essences ou huiles essentielles ont, en général, l'aspect, le toucher et la viscosité des huiles grasses dont elles diffèrent en ce qu'elles sont odorantes, distillables sans altération et surtout, parce qu'elles s'enflamment lorsqu'on les met en contact avec un corps en ignition ; l'essence de térébenthine présente tous ces caractères à un dégré très développé. Au contact de l'air, toutes les essences absorbent de l'oxygène ; mais, les unes, comme l'essence de térébenthine, passent alors à l'état de résine, tandis que les autres, comme l'essence d'amandes amères et l'alcool, se changent en acides ; les unes, comme le camphre, sont solides ; presque toutes sont liquides ; mais la plupart de ces dernières contiennent des quantités variables d'une substance solide appelée stéaroptène et d'une matière liquide nommée éléoptène ; l'essence d'anis, liquide en été, depose en hiver beaucoup d'un stéaroptène cristallisé en magnifiques feuillets blancs et nacrés. Les huiles essentielles offrent donc tous les caractères physiques et chimiques des huiles grasses ; l'analogie s'étend jusqu'à leur composition ; en effet, les essences sont toutes formées du même hydrogène carboné CH qui par son union avec l'acide acétique produit toutes les graisses ; il y est plus ou moins mélangé du composé C2H

qu'on rencontre seul et pur dans le styrax qui est une résine douée
d'une odeur délicieuse rappelant à la fois celle de la vanille et de
la cannelle. L'essence de roses, par contre, est formée de 16CH ;
dans l'essence de térébenthine C20 H16 on trouve 4C 2H + 12CH ;
dans le caryophylène C10 H8 qu'on extrait des clous de girofle
2C 2H + 6CH et ainsi de suite. Ces divers hydrogène-carbonés peuvent en s'oxydant produire d'abord des composés particuliers qui jouent le rôle d'acides très faibles, sans perdre les
caractères des essences. Dans l'essence de cannelle, par exemple,
on trouve tout à la fois, le composé C18 H10 très odorant, le
composé C18 H8 O2 qui en présente l'odeur et la plupart des
caractères, puis enfin l'acide cinnamique C18 H8 O4 qui cristallise très bien, et ne possède plus aucune odeur. En général l'oxydation des hydrogène-carbonés est accompagnée par la formation
des résines toutes les fois qu'ils contiennent le composé C2H, et
dans ce cas ils présentent une consistance huileuse très prononcée. Pour nous faire une idée juste de la formation et des produits
dérivés des essences, étudions leur type, l'alcool C4 H6 O2 qui apparaît en même temps que de l'acide carbonique, quand on fait
fermenter le sucre. Chaque équivalent de sucre produit deux
équivalents d'alcool et quatre d'acide carbonique suivant la formule C12 H12 O12 = 2C4 H6 O2 + 4C O2 ; de même encore la
salicine qui est un corps soluble dans l'eau et inodore, donne,
quand on l'oxyde, d'abord de l'essence de reine-des-prés, puis
un acide fort bien cristallisé et inodore, l'acide salicilique. L'alcool est de l'hydrogène-carboné combiné avec de l'eau qu'on
peut enlever ; alors l'hydrogène-carboné se dégage pur ou bien
suivant le cas, sous forme d'éther, retenant encore un équivalent
d'eau. Quand l'alcool absorbe l'oxygène de l'air, il se change d'a-
bord en aldéhyde C4 H4 O2, corps très fluide, doué d'une odeur
agréable, très volatil et qui chauffé avec des alcalis en dissolution dans l'eau produit une résine brune, tandis qu'en s'oxydant
à l'air il se change totalement en acide acétique C4 H4 O4 ; à
raison de la facilité avec laquelle il s'oxyde. On ne trouve pas
l'alcool dans les végétaux, mais bien l'acide acétique, car on rencontre les acétates dans la sève de la plupart d'entre eux. L'alcool est le type de toutes les essences volatiles qu'on ne peut pas
obtenir par simple distillation et qui sont tellement dangereuses

à respirer, parce qu'elles asphyxient comme les gaz qui se dégagent des charbons. Le parfum des violettes, du jasmin, du muguet, et surtout des lis, est dans ce cas, en sorte que pour l'obtenir on doit le dissoudre d'abord dans un corps gras. Au reste, si l'alcool du vin est trop volatil pour qu'il se rencontre dans les plantes, on en trouve un autre qui se forme aussi par la fermentation du sucre dans de certaines conditions, c'est l'alcool amylique qui seul, ou uni à de certains acides, parfume les pommes, les poires, les coings, et probablement aussi beaucoup d'autres fruits. L'alcool de vin est un liquide incolore, très fluide, doué d'une odeur agréable, d'une saveur aromatique et brûlante ; il est plus léger que l'eau avec laquelle il se mêle en toute proportion et bout à 78° C. ; au contact d'un corps en ignition il prend feu et brûle en totalité, sans fumer, ce qui le distingue des autres huiles essentielles qui étant toutes plus riches en carbone que lui dégagent en brûlant des torrents de noir de fumée.

Toutes les autres essences sont douées de caractères analogues à ceux de l'alcool ; mais elles sont généralement plus fixes que lui ; on les rencontre dans toutes les parties des plantes, mais dans les feuilles surtout, comme c'est le cas pour les sauges, les menthes, les orangers ; on les trouve aussi dans leur écorce, comme pour le camphrier et le cannellier, dans les enveloppes des graines, telles que celles d'anis, de genièvre, de vanille, de badiane ; dans les racines, c'est le cas du gingembre, de l'iris ; dans la sève, comme dans les arbres résineux ; dans les graines, comme c'est le cas de la moutarde, des fèves de touka ; très rarement ou en très petite quantité dans le bois, et tout aussi rarement dans les fleurs ; car celles d'orangers et de citronniers font seules exception à la règle générale.

Certaines familles végétales sont caractérisées par la présence des essences ; ainsi celle des labiées dans laquelle on range les sauges, le romarin et les menthes, celle des lauriers, tandis que celles des renonculacées ne possède que des plantes inodores. Dans la même plante on trouve quelquefois deux essences différentes, c'est ainsi que dans le serpolet, à côté de l'essence qui lui donne son agréable parfum, il y a du camphre ; dans le réséda dont les fleurs ont une odeur si suave, la racine répand une odeur de cresson ; dans le robinier ou acacia blanc, dont les fleurs ont l'odeur de celles d'oranger, la racine sent très mauvais ; enfin entre deux essences dont l'odeur n'offre aucun rapport il peut y avoir une très proche parenté ; c'est ainsi, par exemple, qu'on peut changer l'essence de térébenthine en essence de citron et l'essence de moutarde en essence d'ail.

Les fonctions des essences sont multiples ; mais elles ne sont point d'une importance majeure, puisqu'elles manquent dans une foule de végétaux ; nous avons déjà vu que, dans les arbres résineux, c'est à l'essence de térébenthine qu'il faut attribuer en grande partie, sinon en totalité, la faculté dont ils jouissent de se développer sous l'influence des étés secs et des hivers les plus rigoureux, cet effet n'a lieu que dans le cas où l'essence entraînée par la sève enveloppe toute la plante, et c'est le cas le plus rare ; l'essence se localise généralement, ainsi qu'on le découvre facilement en examinant une feuille de menthe ou d'oranger. En plaçant cet organe entre l'œil et la lumière, on le voit tout criblé de points transparents formés par les vésicules remplies d'essence ; on observe la même chose dans les fleurs d'oranger, les tubercules de dahlias, et l'écorce des oranges. Cette localisation de l'essence indique qu'elle n'est pas utile à la végétation et qu'au contraire elle lui serait nuisible si elle se mêlait à la sève ; ce sont des produits excrétés et qui semblent n'exister que pour la sûreté des plantes ; car toutes celles qui sont aromatiques sont peu attaquées par les insectes, ou sont même tout à fait exemptes de leurs ravages ; la menthe seule fait exception à cette règle générale ; car elle est rongée par la larve d'un gros coléoptère du plus beau vert doré qui en dévore toutes les feuilles, quelque chargées d'essence qu'elles soient.

Les essences fournissent à la médecine beaucoup de précieux remèdes, en général antiseptiques ou excitants ; celle de térébenthine sert à la fabrication des vernis, et l'alcool est le principe excitant de toutes les boissons fermentées.

Les résines se forment par l'oxydation, ou bien aussi par la modification isomérique des essences. Quand on distille de l'essence de térébenthine, $C^{20} H^{16}$, elle absorbe assez rapidement l'oxygène de l'air pour laisser un dépôt de colophane $C^{20} H^{15} O$, qui s'est formée par l'union de 2 équivalents d'oxygène avec l'essence de térébenthine, dont ils déplacent 1 équivalent d'eau HO qui se dégage.

En abandonnant à elle-même l'essence du styrax ou styrol, elle s'épaissit, puis, sans changer de composition, elle se transforme lentement en une résine blanche, dure et transparente, qui reproduit le styrol liquide lorsqu'on la distille ; comme le styrol est la seule essence qui ait offert jusqu'ici ce caractère, il est à croire que les résines produites par toutes les autres sont des substances oxydées.

Les résines proviennent essentiellement des plantes de la famille des conifères et des lauriers ; elles sont plus ou moins solides, suivant qu'elles retiennent plus ou moins d'essence qu'on en sépare par distillation ; en distillant avec de l'eau le galipot, il passe de l'essence de térébenthine, et il reste dans la cornue de la colophane.

Elles sont presque toutes insolubles dans l'eau, solubles dans l'alcool et l'éther, et brûlent d'elles-mêmes lorsqu'on les enflamme, ce qui les distingue des corps gras solides. Les résines sont des produits d'excrétion qu'on ne rencontre qu'à la surface ou au-dessous de l'écorce des plantes ; elles sont bien plus abondantes dans les arbres que chez les herbes, où elles semblent servir à empêcher l'évaporation de la sève et la pénétration directe de l'eau pluviale dans les pores de la plante ; l'épiderme des végétaux est donc recouvert par une légère couche de résine imperméable à l'eau. Bouillies longtemps avec les alcalis, les résines finissent par s'y unir en produisant une masse pâteuse, soluble dans l'eau, d'où le sel ne la précipite pas, ce qui distingue les savons résineux des savons gras qui en sont précipités, et fournit un bon moyen de les séparer.

Les essences et les résines sont aussi peu répandues chez les animaux qu'elles sont abondantes dans les plantes ; on ne les rencontre guère que chez les carnivores, tels que les fouines , les putois, la civette et la zorille d'Amérique, qui dégage, lorsqu'on l'irrite, une odeur infecte tellement active , qu'elle peut altérer gravement la santé de l'homme le plus vigoureux. L'odeur de la plupart des animaux est musquée , elle semble due à un acide gras analogue à celui du beurre et qui imprègne le sang de tous les animaux auxquels il donne leur odeur spéciale et tellement caractéristique, que les chiens les suivent sans peine en flairant la trace de leurs pieds. Certains animaux conservent l'odeur des aliments qu'ils consomment, c'est ainsi que la larve de la coccinelle du saule a une forte odeur d'acide salicyleux, tandis que les vautours répandent l'odeur infecte des charognes dont ils se nourrissent.

Les animaux n'offrent pas de résines, à moins qu'on n'applique ce nom à l'humeur demi-solide qui se forme dans les oreilles, puis aussi, dans la poche à parfum du castor, du musc et de la civette; mais ces corps ont beaucoup plus d'analogie avec les graisses qu'avec les résines. A raison de leur odeur en général repoussante, les odeurs animales sont employées quelquefois en médecine; quant aux parfums végétaux, leurs emplois sont aussi variés que possible; les uns, comme l'essence de cannelle, de poivre, de sauge et de laurier, servent à épicer nos aliments; les autres, comme les essences de cajeput, de laurier cerise et le camphre, constituent d'énergiques médicaments, tandis que tous les autres nous attirent par leur délicieuse odeur; qu'on songe seulement à la rose, à la tubéreuse, au jasmin et à la violette, et on se fera une juste idée de leur incroyable variété.

Il est une résine à laquelle nous devons nous arrêter d'une façon toute spéciale, c'est le caoutchouc qui, répandu dans la sève de plusieurs arbres des pays chauds, se rencontre aussi dans celle du mûrier et du figuier; le caoutchouc est l'hydrate d'une essence $C^8 H^7$, il est doué d'une élasticité extraordinaire; la gutta-percha lui ressemble beaucoup; tous les deux sont insolubles dans l'alcool et les alcalis, mais ils sont attaqués par tous les autres dissolvants des résines. Dans le suc du figuier le caoutchouc est accompagné par une substance douée de caractères extraordinaires; ainsi par exemple, une seule goutte du jus blanc que sécrètent leurs feuilles lorsqu'on les coupe, suffit pour liquéfier aussitôt de grandes quantités d'albumine de poule; il y a plus, pour attendrir les viandes les plus dures, on n'a qu'à les couvrir de feuilles de figuier ou les suspendre dans leur feuillage, l'action est tellement rapide qu'au bout d'une heure la viande est aussi tendre que possible; bientôt après elle se décompose; il y a donc dans le figuier un principe qui dissocie les parties constituantes du corps animal; cela est tellement vrai, que la plus petite parcelle de figue mal mûre suffit pour produire chez la personne qui l'a mangée, de la fièvre et une violente diarrhée ; la médecine ne pourrait-elle pas employer cette matière pour dissoudre les engorgements des glandes et apaiser les inflammations ?

Les couleurs sont tout aussi répandues et au moins aussi variées que les odeurs ; on peut les ramener toutes au bleu, jaune et rouge, et il est probable qu'elles sont dérivées d'une même matière colorante qui pourrait bien être l'indigo ; au moins ce corps est-il capable de donner toutes les nuances possibles, et le retrouve-t-on dans la plupart des plantes où il existe à l'état soluble. Les feuilles sont généralement vertes ; il y en a cependant de rouges, comme celles de la blète du Malabar, et des variétés rouges du hêtre et du noisettier ; peu de plantes en bonne santé offrent la coloration blanche ; sauf l'Aucuba du Japon, dont les feuilles vert foncé, marbrées de blanc, font pendant toute l'année l'ornement de nos jardins. La teinte des feuilles ne paraît pas exercer d'action sur leur force assimilatrice, puisque les tilleuls se développent plus vigoureusement que les chênes, quoiqu'ils aient les feuilles d'un vert beaucoup plus clair que celui de ces derniers, et que les plantes à feuilles rouges sont tout aussi fortes que celles à feuilles vertes ; la couleur de ces organes pourrait donc exercer sur l'assimilation de l'acide carbonique, une action beaucoup moins importante que leur constitution anatomique et la nature des sucs qui s'y rencontrent. Toutes les couleurs des organes foliacés sont fugaces, à part la couleur jaune qui est d'une fixité extraordinaire ; c'est aussi, avec la blanche, la plus répandue ; la plus rare est la rouge et surtout la bleue.

Si la couleur verte des feuilles est assez altérable, il n'en est pas de même de celle de l'indigo dont elle paraît dériver ; cette magnifique couleur bleue qu'on trouve en abondance dans les feuilles de l'indigotier, du laurier-rose et de la renouée des teinturiers, jouit d'une fixité extraordinaire aussi longtemps qu'elle n'a pas été soumise à l'action des acides ; alors elle devient soluble dans l'eau à laquelle elle communique toutes les couleurs, toutes les nuances imaginables, depuis le bleu et le violet, jusqu'au rouge, au jaune et au vert ; mais qui cette fois sont aussi fugaces qu'était solide le bleu produit par l'indigo avant qu'il eût subi cette altération. En admettant l'existence de l'indigo dans les feuilles de tous les végétaux, il ne faut pas s'étonner de la difficulté qu'on éprouve à l'en retirer, puisque leur suc, toujours acide, doit l'avoir altéré très profondément ; nous attribuons donc toutes les colorations végétales à l'indigo, $C^{16} H^5 NO^2$, absolument comme nous pensons que toutes les couleurs animales sont produites par la modification de l'acide urique.

L'acide urique, $C^{10} H^4 N^4 O^6$, est tout aussi répandu dans les animaux, que l'indigo chez les végétaux ; on le rencontre dans l'urine au sortir des reins ; ce sont les animaux à cloaque, tels que les oiseaux, les grenouilles, les serpents et les insectes qui en produisent le plus ; les autres animaux qui possèdent une vessie destinée spécialement à conserver l'urine, n'en possèdent que peu ; sans doute parce que, sous l'influence de l'acide de l'urine et de la chaleur du corps, l'acide urique se change en urée en s'assimilant une certaine quantité d'eau, ainsi que l'indique l'équation $C^{10} H^4 N^4 O^6 + 4 HO = 2 C^2 H^4 N^2 O^2 + 6 CO$; chaque équivalent d'acide urique produirait deux équivalents d'urée et six d'oxyde carbonique qui passerait dans le sang où il se brûlerait. L'acide urique, qui est presque insoluble dans l'eau quand il est cristallisé, s'y dissout en forte proportion dans le cas contraire ; il peut donc se rencontrer dans le sang, et comme ce liquide est chargé d'oxygène, on peut admettre que dans ces conditions il peut s'oxyder et se changer en alloxane $C^8 H^4 N^2 O^{10}$, qu'on prépare artificiellement en traitant l'acide urique par l'acide nitrique. Toutes les fois que l'alloxane est en contact avec l'ammoniaque, elle produit une superbe couleur rouge à reflets verts dont l'éclat rappelle celui des plumes des colibris et des élytres des insectes dorés ; cette couleur appelée muréxide, est excessivement stable et doit pouvoir se produire dans les tissus animaux, s'il y arrive de l'alloxane ainsi que nous le pensons, parce que l'acide urique disparaît en presque totalité des déjections des oiseaux pendant qu'ils changent leurs plumes. Comme l'alloxane peut donner, dans d'autres conditions, aussi du bleu et du jaune, il est donc possible que ce soit à l'acide urique qu'il faille rapporter toutes les couleurs animales réelles et qui ne sont pas dues, comme celles de la nacre et des plumes de paon, à l'état physique de la surface des corps. On distingue bien vite les teintes dues à une couleur, de celles qui sont l'effet d'un jeu mécanique de lumière, en pilant les organes qui les présentent ; dans le premier cas, les couleurs ne changent pas, tandis qu'elles s'effacent et disparaissent dans le second. Ce qui rend les couleurs des plumes des oiseaux, du fard des papillons, des élytres des insectes dorés si éclatantes, c'est qu'à leur couleur propre s'ajoute l'organisation spéciale de ces organes, qui est sèche et toute différente de celle des poils.

Après l'indigo les couleurs les plus solides sont le rouge, qu'on tire de la racine de garance, le jaune qui imprègne toute la plante de gaude, et l'orange que fournit le bois santal. Les couleurs animales sont généralement beaucoup plus stables que les couleurs végétales ; elles changent cependant beaucoup avec le temps ; c'est ainsi que le plumage rouge-feu du coq de roche devient assez vite rose, puis blanc ; il n'y a pas jusqu'à la couleur, si inaltérable en apparence, des coquillages que l'action de l'air n'affecte aussi.

Le sang qui nous paraît complétement rouge, pourrait bien contenir une substance bleue, ou bien sa nature colorante doit pouvoir se modifier et présenter cette teinte que nous voyons apparaître sur les barbillons du cou du dindon, de la pintade, les joues et les fesses de plusieurs singes, de même aussi que sur la face et quelquefois sur tout le corps des personnes dont la respiration est altérée.

La gélatine ou colle $C^{13} H^{10} N^2 O^5$ forme, en s'unissant à des quantités variables de substances minérales, les tendons, les aponévroses, la peau et les os des animaux d'où on l'extrait en les faisant bouillir pendant longtemps avec de l'eau. Insoluble dans l'eau froide, la gélatine en contact avec ce liquide s'y gonfle énormément et finit par s'y dissoudre à chaud ; mais elle s'en sépare par le refroidissement en donnant une gelée tremblante qu'on n'obtient pas toujours ; car la gélatine peut, dans de certaines conditions, perdre la propriété de produire de la gelée, sans que pour cela sa composition change en aucune façon. La gélatine semble prendre naissance sous l'influence de l'oxydation de l'albumine, dont la formule $C^{40} H^{31} N^5 O^{12}$ n'explique pas facilement la formation directe, ce qui vient sans doute de la difficulté qu'on éprouve à purifier la gélatine, qui peut bien d'ailleurs être formée par l'union de plusieurs substances associées dans des pro portions variables ; aussi est-il bien difficile de lui assigner un caractère spécial, à part peut être celui de former avec l'acide tannique un composé insoluble dans l'eau et inaltérable à l'air, qui constitue le cuir. Quand on fait bouillir la gélatine avec des alcalis ou des acides forts, elle se change peu à peu en sucre de gélatine $C^4H^5NO^4$, cristallisant fort bien et jouissant de la faculté de s'unir aux acides avec lesquels il produit de nouveaux corps fort intéressants, dont le mieux connu est l'acide hippurique, qu'on rencontre dans l'urine des herbivores et qui est formé de ce sucre et d'acide benzoïque, ainsi que le prouve sa formule $C^{18}H^9NO^6$, à laquelle il ne manque qu'un équivalent d'eau pour reproduire celle de ses éléments qu'on sépare en le faisant bouillir avec un acide. Le sucre de gélatine semble être un corps complexe dû à l'union du sucre avec l'urée, ce qui est facile à croire, puisque ces deux corps se trouvent en présence dans les reins.

La gélatine n'a pas encore été positivement découverte dans les végétaux.

Les acides se rencontrent dans toutes les parties des plantes et tout spécialement dans celles où la vie est la plus active, comme dans les feuilles et les fruits, où ils empêchent la putréfaction de se développer dans les substances si altérables qui en font partie. L'acide le plus répandu a été découvert d'abord dans les pommes, ce qui lui a fait donner le nom d'acide malique $C^4H^5O^5$. C'est lui qu'on trouve dans les feuilles et les fruits verts de tous les végétaux où il est remplacé dans les fruits seulement, d'abord par l'acide citrique, qui a la même formule que lui, puis par l'acide tartrique $C^4H^5O^6$, qu'on ne rencontre que dans les fruits mûrs, et tout spécialement dans les raisins. Comme presque tous les malates sont très solubles dans l'eau, il est probable que c'est sous cette forme que les sels terreux sont transportés dans toutes les parties des végétaux. Les acides sont presque toujours combinés aux bases dans les plantes ; cependant, on les y trouve quelquefois libres ; c'est le cas de l'acide oxalique sur les feuilles des pois chiches, et de l'acide citrique dans les citrons. A côté de l'acide malique se range l'acide succinique $C^4H^5O^4$, qu'on trouve uni à l'ammoniaque dans les vesces en germination et qui semble très répandu dans les plantes ; en oxydant ce composé, on le transforme en acide malique, de même aussi qu'en réduisant l'acide malique on le change en acide succinique ; ce dernier acide est remarquable par la facilité avec laquelle il cristallise, ce qui le distingue de l'acide malique qu'il est presque impossible d'obtenir sous une autre forme que celle de sirop épais.

On rencontre l'acide oxalique $C^2 H O^4$ dans les feuilles de l'oseille, des oxalis, dans les racines d'iris, sur les feuilles des pois chiches ; il est peu répandu ; c'est le plus fort des acides végétaux.

L'acide benzoïque $C^{14} H^6 O^4$ diffère de tous les précédents parce qu'il n'est pas soluble dans l'eau ; combiné avec différentes substances, il est excessivement répandu dans la nature, et tout spécialement dans les graminées et dans l'enveloppe des grains d'avoine, d'où il passe dans l'urine des animaux herbivores, où on le retrouve combiné au sucre de gélatine, à l'état d'acide hippurique. Toutes les parties des plantes dans lesquelles il y a de l'acide benzoïque possèdent une odeur de vanille qui se développe quand on les chauffe.

L'acide tannique $C^{40} H^{18} O^{26}$ ne se trouve guère que dans le bois et surtout dans l'écorce des arbres ; c'est une combinaison de sucre et d'acide gallique qui est bien importante, puisqu'elle jouit de propriétés antiputrides assez énergiques pour conserver les bois et les préserver fort longtemps contre la décomposition ; sa saveur n'est pas acide ; mais bien plutôt astringente ; il est très soluble, et se décompose rapidement en présence des bases et de l'air, en produisant du terreau ; il ne peut pas cristalliser. On le rencontre en grande quantité dans l'écorce des chênes, des saules, des pins et sapins ; puis aussi dans les tiges de myrtille et la racine de quelques herbes, telles que la scabieuse, la tormentille ; nous avons déjà vu que les sphaignes ou mousses des marais sont imprégnées d'acide tannique qui les garantit de la putréfaction. L'acide tannique est employé au tannage des cuirs ; c'est un remède fortifiant employé surtout sous forme de cachou, qui est un extrait fait avec l'infusion de différentes espèces d'acacias.

Quand du sucre fermente en présence des bases à une température voisine de 30°C., il s'altère, se change en une masse gommeuse ; puis en un acide qui, en s'unissant à la base, forme un composé cristallin; le sucre a passé alors à l'état d'acide lactique $C^6H^6O^6$ sans changer de composition; car il contient les mêmes éléments, dans le même rapport, tandis que leurs propriétés sont aussi différentes que possible; car c'est un acide fort, tandis que le sucre est absolument neutre. Rare dans les végétaux, où il ne se rencontre que sous l'influence de la fermentation, l'acide lactique est au contraire très répandu dans le corps des animaux, où il semble jouer le même rôle que l'acide malique dans celui des plantes; c'est-à-dire que c'est lui qui fournit aux différentes parties du corps les minéraux dont elles ont besoin, et tout spécialement la chaux nécessaire à leurs os; c'est l'acide lactique qui rend acide la chair de tous les animaux; c'est lui qu'on trouve dans l'estomac, dans le sang, dans la sueur et dans l'urine; c'est donc lui seul qui empêche la chair de s'altérer; car il est un antiseptique très énergique. L'acide lactique se forme très probablement dans l'estomac aux dépens des substances bassoriques, ou bien peut-être aussi dans le sang aux dépens du sucre qui s'y trouve en forte proportion. Quand l'acide lactique existe en trop grande quantité dans l'organisme, il reprend la chaux qu'il lui avait donnée, et produit la maladie rachitique que caractérise le ramollissement des os.

Parmi les *bases* nous ne parlerons que de la morphine qu'on trouve dans l'opium, de l'atropine dans la belladone, de la solanine dans la pomme de terre, et de la nicotine dans le tabac; toutes les autres, caractérisées par leurs caractères horriblement vénéneux, telles que la strychnine, la brucine, la hyoscyamine, ne sont plus du domaine de la chimie agricole. Les alcalis organiques présentent tous les caractères des résines et des huiles essentielles combinées avec des quantités variables d'ammoniaque; toutes sont douées de propriétés médicinales énergiques; la morphine endort, de même aussi que l'atropine, tandis que la solanine et la nicotine tuent à la façon des poisons âcres. Ces corps ne se rencontrent qu'en très petite quantité dans les plantes; ils sont généralement insolubles dans l'eau, et très solubles dans l'alcool.

La morphine $C^{34}H^{19}NO^6$ est le principe actif de l'opium; on ne la trouve que dans le suc de la tête des pavots au moment où ils mûrissent; il n'y en a pas trace dans les graines; encore moins dans les feuilles, ce dont nous nous sommes assuré directement, tant par l'analyse qu'en en donnant au bétail qui n'en a jamais été incommodé; la solanine, ou base des pommes de terre existe dans toute la plante, de même aussi que l'atropine ou poison de la belladone; aussi leurs feuilles sont-elles vénéneuses; surtout celles de la belladone. Quand on fourrage des moutons avec les fanes des pommes de terre, leurs jambes de derrière se paralysent au bout de peu d'heures, et ils finissent par tomber par terre, sans pouvoir plus se relever jusqu'au moment où une purgation vient débarrasser leurs intestins du poison auquel sont dus ces curieux effets. La morphine est solide comme la plupart des bases organiques; elle est incolore et douée d'une saveur amère et désagréable.

La nicotine $C^{10}H^7N$ est le principe actif des tabacs; elle est liquide et soluble dans l'eau; son odeur est forte, elle rappelle celle du tabac; c'est un violent poison qui se décompose rapidement au contact de l'air, en passant à l'état de terreau.

Toutes les plantes et les parties des plantes qui sont douées de caractères toxiques ou médicamenteux très énergiques les doivent en général à des alcalis organiques; la ciguë, l'æthuse, que leur ressemblance avec le persil fait confondre avec cette plante, causent des empoisonnements à cause des alcalis organiques qui s'y trouvent en forte proportion; quelquefois cependant des substances actives se trouvent en si petite quantité qu'on ne peut pas les isoler; c'est le cas de la substance vénéneuse qui se trouve dans les poils des orties et qui suffit cependant pour causer de vives démangeaisons quand ils s'introduisent sous la peau; quelques observateurs en ont conclu que les poils des orties n'irritaient la peau que mécaniquement; mais les grandes orties des pays chauds prouvent qu'ils se sont trompés. En appuyant un corps imperméable, tel qu'une lame de couteau, sur les piquants qui garnissent les feuilles de l'ortie de l'Himalaya, dont les piqûres sont dangereuses, on voit sortir de la pointe de chacun d'eux une gouttelette de liquide à laquelle seule il faut attribuer les effets produits par la piqûre de cette dangereuse plante; les piquants de l'ortie n'agissent donc, comme le dard de l'abeille et la dent du serpent venimeux, qu'en transportant dans la plaie qu'ils ouvrent le venin contenu dans leur cavité et sécrété par une glande placée près de leur base. Il ne faut point confondre ces venins avec ceux de la rage, du charbon, de la peste ou de la petite-vérole; ceux-là ne sont pas des poisons, mais de vrais ferments; ils agissent en altérant le sang, comme le levain altère la pâte, comme le ferment qui change le sucre en alcool et en acide carbonique. Rien n'explique mieux l'action de ces substances que ce qui arrive quand on s'inocule le suc d'un cadavre en décomposition; dans ce cas-là, la partie atteinte s'enflamme bientôt, une fièvre violente se déclare, la gangrène survient et la mort termine le plus souvent cet ensemble de phénomènes effrayants; le cadavre n'était cependant pas empoisonné, non, mais il se décomposait et les substances qui s'altèrent communiquent à d'autres qui sont saines le mouvement de décomposition qui les anime, absolument comme l'ébranlement d'une cloche agite les airs et fait ainsi arriver les vibrations sous forme de sons jusqu'à notre oreille.

Il nous reste à examiner actuellement un petit groupe de corps neutres extrêmement intéressants par leurs produits de décomposition, ou bien par leur action thérapeutique; le plus intéressant est :

La salicine $C^{26}H^{18}O^{14}$, qu'on trouve dans l'écorce de saule; c'est une matière blanche, soluble dans l'eau à laquelle elle communique une saveur excessivement amère; elle colore en beau rouge l'acide sulfurique concentré dans lequel elle se dissout. Quand on fait fermenter la salicine, elle se dédouble en sucre et en une résine qui en s'oxydant produit l'essence qui parfume d'une manière si agréable les fleurs de la gracieuse reine des prés, connue des botanistes sous le nom de spirée ulmaire.

Dans les graines de moutarde il n'y a pas d'essence, mais une substance neutre qui la produit quand on les soumet à la fermentation. On rencontre aussi dans les amandes amères une substance neutre qui se transforme sous l'influence de la fermentation en essence d'amandes amères.

La phlorizine $C^{42}H^{24}O^{20}$ présente les mêmes caractères que la salicine, mais elle cristallise beaucoup mieux; elle est répandue dans l'écorce de la plupart des arbres fruitiers d'où on l'extrait, surtout de l'écorce de la racine des pommiers. Ce principe est fort remarquable, en ce qu'après avoir été dissous dans l'ammoniaque, il se colore au contact de l'air en violet pensée de la plus grande beauté, qui pourrait bien être le point de départ de la formation de l'indigo.

La caféine $C^{16}H^{10}N^4O^4$ est le principe actif du café et du thé, auxquels elle communique leurs propriétés stimulantes; on la trouve en beaucoup plus forte proportion dans les feuilles de ces arbres que dans leurs fruits. C'est à la caféine contenue dans les fruits du paulinia sorbilis, qu'on vend desséchés sous le nom de guarana, que cette préparation doit ses propriétés antiputrides, rafraîchissantes et fébrifuges.

Maintenant que nous connaissons les parties constituantes essentielles des plantes et des animaux, nous pouvons passer à leur analyse.

CHAPITRE III.

Analyse.

Admettons que nous ayons à examiner une feuille dans laquelle se trouvent tous les composés que nous venons de passer en revue; d'abord nous la pilerions ou la réduirions en fragments aussi petits que possible dont on desséchera une partie à 100°C. jusqu'à ce que son poids cesse de diminuer; la perte qu'elle aura éprouvée est due à *l'eau et aux huiles essentielles* qu'elle contenait. Les essences existent en si minime proportion qu'on ne peut les doser qu'en opérant sur de très grandes masses qu'on distille; en pesant l'essence produite on apprécie ainsi le poids de ce principe qui doit se trouver dans chaque feuille. Il y a des matières dont on ne peut pas doser l'eau en les desséchant au contact de l'air ou bien en les chauffant, parce qu'elles s'altèrent spontanément, ou bien parce qu'elles absorbent l'oxygène de l'air; dans ce cas on les dessèche dans le vide de la pompe pneumatique desséché par du chlorure calcique ou de l'acide sulfurique; ce cas se présente surtout pour les matières animales et les huiles grasses ou essentielles. On traite le résidu de la dessiccation par l'éther qui lui enlève les graisses et les résines; la solution évaporée à 30° C. laisse le mélange qu'on pèse, après quoi on le traite par les alcalis caustiques étendus d'eau, on fait bouillir pendant une heure et on laisse refroidir; la résine se solidifie à la surface du liquide, on la dessèche et la pèse; la différence existant entre le poids de la résine et celui du mélange doit être attribuée à la graisse qu'on peut d'ailleurs retirer de sa combinaison avec l'alcali caustique en la saturant avec de l'acide tartrique et chauffant; le corps gras vient nager à la surface du liquide où on le recueille. Quand on veut séparer les corps gras solides d'avec ceux qui sont liquides, on les fait bouillir avec de l'eau et de l'oxyde barytique jusqu'à ce qu'ils s'y soient unis; la glycérine reste en dissolution; on recueille et dessèche le précipité qu'on épuise par l'alcool absolu qui n'enlève que l'oléate barytique qu'on décompose par le chloride hydrique pour obtenir l'acide oléique libre. On décompose le résidu insoluble dans l'alcool par le même acide, et on obtient ainsi les acides gras solides et purs. Le résidu de toutes ces opérations est calciné, afin de connaître le poids de cendres qui s'y trouve.

On prend alors une seconde portion de la substance primitive qu'on délaie dans beaucoup d'eau froide, après quoi on filtre au bout de six heures de macération à une douce température. On fait bouillir la solution; ce qui se précipite est l'*albumine;* on filtre, conserve ce qui reste sur le filtre, et ajoute à la solution filtrée de l'acide acétique qui précipite la *caséine;* on filtre encore et concentre jusqu'à consistance sirupeuse; ce qui cristallise au bout de vingt-quatre heures est du sucre de canne dont on sépare les eaux-mères aussi bien que possible, après quoi on les mêle avec 10 fois leur volume d'alcool qui précipite la dextrine et dissout le sucre de raisin qu'on obtient en les distillant.

Revenant alors au résidu resté sur le filtre lors de la première filtration, on le broie derechef avec de l'eau froide et le jette sur un tamis de soie à mailles très serrées sur lequel on le malaxe sous un filet d'eau aussi longtemps qu'elle passe trouble; quand ce point est atteint, on laisse l'eau déposer et on recueille le précipité sur un filtre on on le lave avec de l'alcool qui lui enlève de la graisse et de la résine; le résidu est de la *fécule.* On reprend la masse restée sur le tamis, on la fait bouillir avec de l'eau et on la passe derechef sur le tamis de soie; ce que cette eau laisse déposer au bout de vingt-quatre heures, c'est de l'*inuline*. Comme il y a beaucoup d'inuline entraînée par l'eau, en même temps que la fécule, on fait bien de concentrer ses eaux de lavage lorsqu'on tient à la doser en totalité. Le résidu resté sur le tamis est chauffé avec une solution très étendue de potasse, puis filtré et bien lavé ; en précipitant la solution par l'acide acétique, on obtient toute *la viande et l'acide pectique* à l'état de flocons blancs faciles à recueillir. En traitant ces flocons par l'acide acétique concentré, on dissout la viande et laisse l'acide pectique insoluble. Le résidu resté sur le filtre est enfin chauffé une dernière fois pendant une heure, avec de l'acide sulfurique très étendu d'eau, puis jeté sur un filtre où on le lave bien ; ce qui reste sur le filtre est du ligneux pur ; quant à la solution, on la neutralise avec de la craie, puis on la concentre et l'évapore à sec ; le résidu de sucre de raisin ainsi obtenu correspond à la bassorine, qui était combinée au ligneux, dans la proportion de 225 du premier pour 202 de bassorine, ce dont il faut bien tenir compte dans le calcul de l'analyse.

La détermination des acides et des alcalis organiques est trop compliquée et trop délicate pour que nous puissions en faire mention ici, où nous ne devons nous occuper d'ailleurs que de l'analyse des composés directement utiles à l'agriculteur. L'examen des substances animales se fait de même que celui des matières végétales, en laissant de côté tout ce qui a trait aux substances qu'on ne rencontre jamais dans les animaux, comme le bois, la fécule, la bassorine, l'inuline et l'arabine.

CHAPITRE IV.

Amélioration ou Culture.

Quittant les préliminaires, nous arrivons actuellement à l'examen des moyens employés pour perfectionner les plantes sauvages, au point de leur faire produire toutes les substances utiles à l'homme, en aussi grande quantité et dans le plus court espace de temps possible.

La différence qu'il y a entre les plantes cultivées et leurs parents sauvages est telle, qu'il est souvent difficile de croire qu'il

y ait quelque affinité entre elles ; cela est si vrai que les botanistes
ne sont pas d'accord sur les espèces sauvages qui ont donné peu
à peu les différentes variétés de froment, d'orge et des autres
céréales. La différence est moins grande entre notre succulente
carotte et son type sauvage, dont la racine sèche et ligneuse ne
possède aucune saveur ; mais qui irait reconnaître dans la chicorée sauvage la souche de nos innombrables variétés de laitues ?
Les moyens dont l'homme dispose pour perfectionner les espèces
végétales sont les mêmes que ceux qu'il applique aux animaux ; il
les met dans des conditions telles qu'elles puissent acquérir tout le
développement dont elles sont capables, conditions que la nature
n'offre presque jamais réunies. Si la culture développe la taille et
les organes des êtres doués de la vie, ce n'est donc pas parce
qu'elle agit directement ; mais uniquement parce qu'elle en lève
les causes qui les empêchaient d'atteindre leur développement
normal ; quand le maximum de la taille du bœuf, du chou, est
atteint, l'homme ne peut plus y ajouter un atome ; il n'arrivera
jamais, quelque soin qu'il leur donne, à avoir des bœufs grands
comme des éléphants, des moutons comme des bœufs et des épis
de froment aussi gros que ceux du maïs. Pour mieux développer
notre pensée, voyons ce qui arrivera à seize marcassins de la plus
grosse espèce de porcs et que nous prendrons au moment où ils
sont sevrés ; huit d'entre eux seront bien nourris, les huit autres
le seront parcimonieusement ; les premiers atteindront la taille
de leur mère, les seconds resteront beaucoup plus petits ; ils ten-
dront à reprendre les caractères de la race sauvage ; l'homme ne
peut donc qu'aider la nature, il ne lui commande point ; aussi,
dans ses essais de perfectionnement des races, doit-il bien tenir
compte des lois naturelles s'il ne veut pas s'exposer à des fautes
irréparables ; la nature est un maître qu'il faut comprendre avant
que de pouvoir l'aider. Pour être bon agriculteur, il faut être
d'abord excellent observateur ; puis, aussi instruit que possible
dans toutes les branches des sciences naturelles, ce qui permet
d'éviter bien des fautes auxquelles le simple praticien ne peut pas
échapper, quelque habile qu'il soit.

Les soins que nécessitent les diverses cultures sont les mêmes
pour la plupart d'entre elles, ou bien ils sont spéciaux pour le
plus petit nombre ; nous ne traiterons de ces derniers qu'en nous

occupant de chaque plante en particulier, et nous nous arrêterons d'abord aux *Moyens de Multiplication*.

Pour multiplier les plantes on emploie toujours une graine, un bourgeon ou une partie végétale capable de lui donner naissance. Les graines employées pour la multiplication doivent être bien mûres, fraîches et parfaitement conformées; il est impossible d'obtenir de fortes plantes avec des graines imparfaites; aussi ne peut-on apporter trop de soin dans le choix des graines; c'est pour cette raison qu'il faut changer les semences de certaines plantes et en tirer les graines des endroits où elles se développent le mieux. Quand on cultive le lin et le chanvre dans des terres sèches, on fait bien d'en chercher les graines dans les pays humides parce qu'ils présentent à ces plantes les conditions indispensables à leur parfaite croissance; de même encore que pour empêcher les céréales et les pommes de terre de dégénérer quand on les cultive dans des sols humides, on doit en tirer les semences des terres sèches, qui sont celles qui leur conviennent. Toutes les fois qu'une plante dégénère, cela prouve qu'elle est placée dans de mauvaises conditions; aussi ne doit-on pas s'obstiner à la cultiver; il vaut infiniment mieux la remplacer par une autre à laquelle le terrain et les conditions de culture conviennent sous tous les rapports et qui y donnera en abondance les produits que la plante déplacée ne fournissait que parcimonieusement. A chaque climat ses plantes et ses animaux; sachons les choisir; c'est ce qui sera facile en jetant un coup d'œil sur le catalogue si complet des êtres vivants auxquels l'agriculteur emprunte ses richesses. Le lin veut un sol léger, un ciel humide; le chanvre un sol humide, un ciel chaud; le froment un sol léger et un ciel sec; les prairies un sol frais; les pommes de terre un sol et un ciel secs; les choux un sol et un ciel humides, les pois et les haricots un sol et un ciel secs; tandis que les féverolles et les topinambours, les raves et les betteraves ne redoutent pas l'humidité. Laissons aux pays chauds l'olivier, l'arachide, la patate, le riz, la canne à sucre et le cotonnier, n'avons-nous pas le pavot, le colza, le noyer, les céréales, les pommes de terre, la betterave, le lin et le chanvre; nous sommes plus riches qu'eux; ils vivent de nos labeurs; nous n'aurions rien à leur envier si nous possédions leur éternel été qui du reste a bien aussi ses inconvénients, puisque c'est à lui qu'on attribue les maladies putrides qui déciment si fréquemment la population des pays chauds.

Comme les plantes annuelles ne supportent généralement pas les frimas, on les sème au printemps, en commençant par les plus robustes, telles que l'avoine, l'orge, les pois et les vesces ; celles qui sont les plus délicates et que les gelées détruiraient, ne doivent être confiées à la terre qu'au moment où elles ne sont plus à craindre ; ce sont tout spécialement le maïs, les haricots, le sarrazin, les betteraves, tabacs, courges et melons. Quand les plantes annuelles ne craignent pas le froid, on les sème en automne, parce qu'étant totalement développées dès les premiers beaux jours, elles profitent mieux du printemps que celles qu'on sème seulement dans cette saison ; elles tallent davantage et rapportent beaucoup plus ; aussi sème-t-on toujours en automne une partie des céréales, telles que le froment, l'orge et le seigle, certaines espèces de pois et de fèves.

On traite les plantes bisannuelles absolument comme celles qui sont annuelles, parce qu'elles acquièrent tout le développement utile à l'agriculteur dès la première année ; on en garde seulement quelques pieds qui, replantés à la seconde, développent alors leurs fleurs et leurs fruits. A ce groupe appartiennent les raves, betteraves, choux, ainsi que les plantes vivaces qui ne supportent pas le froid, comme les pommes de terre, patates, dahlias, ainsi que les oignons.

Quant aux plantes vivaces, telles que la luzerne, comme elles se développent assez lentement et qu'elles sont passablement délicates dans leur jeunesse, on les sème au printemps, avec une plante annuelle telle que l'avoine, ou l'orge qui les abrite et utilise le sol en lui faisant produire une récolte, que le fourrage semé avec elle ne peut donner qu'à la seconde année.

Comme les graines des arbres ne conservent généralement pas longtemps la faculté de germer, on fait bien de les semer dès qu'elles sont mûres.

Dans l'Europe centrale la végétation dure en moyenne pendant 190 jours ; elle commence quand la température atteint + 10°C et s'arrête quand elle tombe au-dessous de ce degré ; il est donc inutile de semer en automne et au printemps quand la température est descendue au-dessous de + 10°C, parce que les graines ne se développent pas et qu'elles courent le risque de se pourrir ou d'être dévorées par les oiseaux et les souris, ce qui n'arrive que trop souvent. En thèse générale, on ne peut assez répéter que les semailles précoces sont les plus sûres et les plus lucratives.

En automne, il faut ensemencer les terres fortes plus tôt que celles qui sont légères, parce qu'étant plus froides les plantes s'y développent moins vite que dans les sols secs ; c'est l'inverse qu'on doit faire au printemps, parce que les sols légers se dessèchent si facilement que la sécheresse y arrête bien vite la végétation quand le printemps est beau.

La quantité de semence employée varie pour la même étendue de terrain avec le volume de la semence, l'étendue qu'occupe la plante, la nature de la culture et celle du sol ; de toutes ces considérations, la seconde et la dernière seules nous intéressent. Plus une plante talle et s'étend, plus aussi il faut la semer clair ; le pavot, par exemple, dont la graine est tellement petite, ne doit pas être semé plus rapproché que les pois, parce qu'il devient très rameux et que ses larges feuilles veulent pouvoir croître à l'aise.

L'expérience a appris que pour ensemencer convenablement une bonne terre ordinaire, il lui faut par hectare 450 à 600 litres d'épeautre, 180 à 250 de froment ou de seigle, 225 à 315 d'orge, 270 à 540 d'avoine, 45 à 60 de millet, 60 à 80 de maïs, 225 à 300 de pois ou de vesces, 150 à 200 de lentilles ou de sarrazin, 270 à 400 de féverolles, 18 à 20 kilogr. de graines de trèfle, 30 à 45 de luzerne, 540 à 800 litres de sainfoin, 225 à 360 litres de vesces à faucher en vert, 60 à 90 litres de spergule, 1080 à 1800 litres de tubercules de pommes de terre, 6 à 18 kilogr. de graine de betterave semée à la main, 3 à 6 kilogr. au semoir, 5 kilogr. de raves, 3 à 5 kilogr. de choux-raves, 360 à 400 gr. de choux-blancs, 8 à 9 kilogr. de carottes, 9 à 12 kilogr. de colza, 2 et 1/2 à 3 kilogr. de pavot, 9 à 12 de cameline, 270 à 540 litres de lin, 315 à 540 litres de chanvre, 9 à 12 kilogr. de madia, 15 à 18 kil. de gaude, 33 à 36 de moutarde, 10 à 12 de cumin, 21 de fenouil.

On sème les terres sèches beaucoup plus serré que celles qui sont humides, afin d'empêcher qu'elles se dessèchent trop facilement et d'arriver à utiliser tout l'acide carbonique qui s'en dé-

gage avec l'eau qui s'évapore ; c'est pour cette raison que la se-
maille au semoir n'est pas convenable aux terres sèches parce
qu'elle y espace trop les pieds ; elle est éminemment utile, au
contraire, dans les terres humides, parce qu'en faisant une économie de moitié dans la semence employée, elle dispose les pieds
à égale distance les uns des autres et permet au sol de s'égoutter
uniformément.

Les graines doivent être enterrées d'autant plus profondément
qu'elles sont plus grosses ; l'excès est toutefois nuisible, puisqu'à un décimètre de profondeur, il n'y a plus aucune graine qui
germe. Les graines très fines, telles que celles de pavot, de tabac
et de trèfle, ne doivent jamais être couvertes de plus de dix millimètres de terre ; il vaut même mieux se contenter de les fixer
sur le sol en le roulant fortement ; quant au froment, aux céréales en général, aux vesces, au lin et aux pepins des arbres à
fruits, ils doivent être couverts de 10 millimètres de terre ; on
peut en mettre 20 à 25 sur le maïs, les haricots, les fèves et les
arbres fruitiers à noyaux. Les graines lèvent d'autant plus vite
et plus uniformément qu'on les a plantées moins bas ; cela est
tellement vrai que de deux planches d'épinards, semées l'une à
côté de l'autre, avec la même graine et en même temps celle qui
avait été semée superficiellement, leva de suite et en totalité,
tandis que la seconde, plantée à 20 millimètres de profondeur,
leva huit jours plus tard et ne développa pas la moitié de ses
graines.

Nous indiquons dans le tableau ci-joint en combien de temps
germent les diverses plantes usitées en grande culture :

En 3 jours :

Fèves, haricots, pois, lentilles, raves, navets et moutarde.

En 5 jours :

Carottes, melons.

En 6 jours :

Betteraves, courges et bettes.

13.

En 8 jours :

Panais et absinthe.

En 10 jours :

Pommes de terre, choux et pimprenelle.

En 15 jours :

Topinambour.

En 30 jours :

Groseilliers et framboisiers.

En 45 jours :

Persil.

Ces données n'ont qu'une valeur relative, parce qu'elles ont été faites sur couche ; en plein air, la végétation se développe en général plus lentement; les carottes, par exemple, ne lèvent souvent qu'au bout de 15 à 20 jours.

Quand on tient à accélérer autant que possible le développement des plantes, on ne les sème pas en place ; mais en pépinière, c'est-à-dire dans un terrain bien préparé et abrité, où on peut les semer très serré et où on les laisse jusqu'au moment où elles sont assez fortes pour supporter la transplantation ; c'est ce qu'on fait pour le tabac, les betteraves, les choux, ainsi que les arbres fruitiers et surtout forestiers. Une pépinière de 14 à 20 mètres carrés suffit pour produire assez de jeunes betteraves pour planter un hectare. Dans une pépinière d'un hectare, on peut élever sans peine 4 à 600,000 pieds d'arbres fruitiers, jusqu'à l'âge de deux ans, et on élève sur un terrain de 34 mètres carrés les arbres résineux qu'il faut pour garnir un hectare, en les espaçant à 7 centimètres dans tous les sens.

Lorsqu'on veut mettre en terre les jeunes plants élevés en pépinière, il faut les arracher avec toutes les précautions possibles, afin que leurs racines ne soient pas endommagées, et les planter de suite. Quand la transplantation n'est pas immédiate, on met les replants à l'ombre dans de la terre humide ; il vaut mieux retarder la plantation que de l'effectuer par la sécheresse, qui tue beaucoup des jeunes plantes lorsqu'on ne les arrose pas, ce qui est presque impossible dans la grande culture. La méthode des pépinières ne peut être assez recommandée pour tous les végétaux qui supportent la transplantation et qui en payent les frais; tant parce qu'on peut mieux soigner les jeunes plantes que parce qu'elles arrivent très fortes, et par conséquent avec une réussite assurée dans les champs.

Les boutures sont des parties plus ou moins considérables d'un végétal, qui sont capables de le reproduire après qu'on les en a détachées; les bourgeons qui se développent à l'aisselle des feuilles du lis tigré, les feuilles de l'oranger et de la cardamine des prés, les éclats de racines des framboisiers et des coignassiers, le bout des branches des saules, des pins, des rosiers, servent à en faire des boutures, qui s'enracinent facilement en général, très difficilement pour les arbres fruitiers, quoique les Chinois ne les multiplient guère que par ce procédé; il faut donc qu'ils les mettent dans des conditions que nous ignorons encore.

Pour que les boutures reprennent, on doit les placer dans un sol divisé et frais, en détacher toutes les feuilles et empêcher le soleil de les frapper directement ; toutes ces précautions ont pour but de les empêcher de se dessécher, ce qui arriverait infailliblement dans le cas contraire, aussi longtemps que leurs racines ne sont point assez fortes pour enlever l'eau à la terre, en quantité suffisante pour remplacer celle que la jeune plante cède à l'air. On facilite beaucoup la poussée des racines en couvrant les boutures d'une cloche qui, rendant toute évaporation impossible, place les boutures dans les meilleures conditions possibles ; on aère peu à peu, à mesure que les jeunes plantes se fortifient, puis on replante à distance ; d'autres fois encore, on prépare quelques mois à l'avance les branches qu'on veut bouturer en les serrant avec un anneau en fil de fer qui, en arrêtant la sève descendante, produit au-dessus de la partie liée, un bourrelet d'écorce rugueuse. Quand le bourrelet est bien formé, on coupe la branche au-dessous de lui et on la traite comme une bouture simple ; ses racines sortent alors rapidement du bourrelet.

En général, la présence des nœuds favorise beaucoup la poussée des racines ; c'est toujours de leurs nœuds que poussent les racines de la vigne, de la garance, des joncs et des nénuphars, en sorte qu'il faut choisir les branches noueuses pour en faire des boutures. Le jeune bois s'enracine beaucoup plus facilement que celui qui est âgé ; aussi y a-t-il beaucoup de plantes qu'on ne peut multiplier, comme les conifères par exemple, qu'avec des branches encore vertes et molles.

Les marcottes se font en couchant en terre les branches sans les détacher de la plante mère avant qu'elles aient pris racine ; c'est ainsi qu'on multiplie les végétaux dont la reprise est très difficile par les boutures ; on marcotte la vigne dans certains cas.

La multiplication par éclats et rejetons est la plus usitée pour les framboisiers, les groseilliers, coignassiers, mûriers, pruniers, acacias, peupliers, houblon, garance et patates ; elle est aussi sûre que commode.

Pendant leur croissance, toutes ces plantes exigent des soins qui se résument à tenir autour d'elles le sol meuble et propre, et à leur fournir l'engrais et l'eau nécessaires à leur végétation ; ayant traité ce sujet dans la chimie du sol, nous n'avons pas à y revenir, mais nous indiquerons, en traitant de chaque plante, la culture qui lui convient le mieux.

On améliore et multiplie les arbres en les greffant ; c'est-à-dire en transportant un bourgeon d'une bonne espèce sur une autre qui ne vaut rien ; la greffe est donc une bouture qu'on fixe sur une plante au lieu de la mettre en terre ; du reste, le mode de développement est le même, le bourgeon s'empare de la séve du sujet et se l'approprie, puis il se développe en formant du bois qui se colle peu à peu à celui du sujet, auquel il finit par s'unir de la façon la plus intime ; on ne peut greffer avec des bourgeons que sur des parties vertes, tandis qu'on peut greffer sur les bois les plus âgés en introduisant dans leur liber une branche qu'on ne détache de l'arbre qui l'a produite que lorsqu'elle s'est unie avec celui qu'on veut greffer ; c'est la greffe en approche, à l'aide de laquelle M. Hardy a réalisé, dans le beau jardin du Luxembourg, ces tours de force qui font de ses arbres fruitiers des sujets uniques par leur beauté et leur fécondité. La greffe en approche n'est point assez usitée pour la construction des haies, dont toutes les branches, soudées entre elles, feraient ainsi un rempart impénétrable.

Nous cultivons les végétaux pour en retirer des fourrages, des fumiers ou de la fécule, de l'huile, de la fibre textile ou du fil, différents produits industriels, tels que des couleurs, des résines, des essences, puis enfin des fruits charnus ou du bois ; chacun de ces produits formera une division dans laquelle nous rangerons les végétaux qui en fournissent le plus. Parlons donc d'abord des :

Fourrages.

On divise les fourrages en herbages proprement dits, qui ne sont destinés qu'au bétail, et en fourrages racines, qui font le passage des herbes aux céréales et qui servent aussi de nourriture à l'homme. La majeure partie de l'herbe est fournie par les prairies qu'on appelle naturelles, lorsqu'elles sont essentiellement formées de graminées de diverses espèces, et artificielles quand elles ne contiennent qu'une seule espèce de plantes, comme le trèfle, le sainfoin, le brôme géant ou le seigle. Le rapport des prairies varie beaucoup avec la nature des plantes qu'on y cultive, avec la richesse du sol, l'exposition et la possibilité des irrigations ; dans les pays chauds, le rapport des prairies irriguées dépasse toute idée et fait la richesse de leurs heureux propriétaires. Quand on veut créer une prairie, il faut en choisir les herbes en rapport avec la nature du sol et l'espèce de bétail auquel on la destine ; ce sont les graminées et les papilionacées qui conviennent le mieux ; dans les pâturages, on introduit d'autres plantes à larges feuilles que le bétail recherche beaucoup en vert, mais qui ne font pas de bon foin. Voici l'indication des meilleures plantes à employer pour les prés et pâturages très secs : *Aira flexuosa, Alopecurus pratensis, Avena elatior ;* elles donnent d'énormes produits dans les bonnes terres, surtout dans les terrains irrigués ; *Bromus giganteus* et *B. mollis, Cynosurus cristatus ; Dactylis glomerata,* Ortie commune, qui est trop peu cultivée et qu'il faut laisser se faner avant de la donner au bétail, afin qu'il ne soit pas blessé par les piquants de cette plante dont les produits sont énormes et excellents. Toutes les Fétuques conviennent aux terres sèches.

La *Melica ciliata* et le *Poa pratensis* ne craignent pas le sec. Le *Lolium perenne* veut être irrigué, de même que le *Phalaris arundinacea*; mais leur foin est dur et ne convient qu'aux chevaux. Toutes les plantes que nous venons de nommer ont les feuilles étroites; les suivantes les ont plus larges; ce sont : l'*Achillea millefolium, Astragalus glycyphyllos, Hedysarum onobrychis, Lotus corniculata*, Lupuline, Pimprenelle, qui conviennent aux terres sèches; pour les terres moyennes et profondes on emploie le *Leontodon taraxacum*, Trèfle, Luzerne et Chicorée.

Quand la terre est humide, on y sème : *Phalaris arundinacea, Agrostis palustris* et *A. stolonifera :* ce dernier est le plus productif, *Alopecurus geniculatus, Bromus giganteus, Phleum pratense* et *Poa aquatica*.

Le terrain qu'on veut transformer en prairie doit avoir été labouré et divisé avec le plus grand soin; plus on y met de fumier, ou, mieux encore, de compost, plus aussi ses produits sont considérables; on ensemence en automne quand on a affaire à des terres très sèches; dans le cas contraire, au printemps, en employant 20 à 50 kilogr. de graine par hectare, suivant son poids spécifique; on herse et roule avec soin plusieurs fois de suite, afin de tasser la terre autour des graines.

Quand on sème le trèfle, on prend 15 kilogr. de sa graine pour 15 kilogr. de graines de graminées par hectare. Si l'herbe est belle, on peut la faucher dès la première année; mais on ne doit jamais pâturer, afin d'éviter que le bétail arrache les jeunes plantes. Une fois la prairie établie, on y doit favoriser l'écoulement des eaux par un système bien entendu de canaux souterrains; puis la fumer en couverture, ou biner quand elle se fatigue; pour la rafraîchir, en lui faisant pousser de nouvelles racines, on charrie de bonnes terres sur les prés, dans la proportion de 320 quintaux, soit 32 voitures à 2 chevaux par hectare. On ne peut assez recommander l'irrigation des prés; en automne, elle favorise le tallement de l'herbe, et au printemps, sa croissance; il faut éviter d'inonder, ce qui fait pourrir les herbes lorsqu'elles sont un peu hautes, et d'irriguer quand la gelée est à craindre. On fauche les prairies quand les plantes ont acquis tout leur développement, c'est-à-dire au moment où elles se mettent à fleurir; plus tôt elles sont trop aqueuses, plus tard elles ont perdu la plus grande partie de leurs matières nutritives et ne donnent qu'un foin pauvre et dur. Un bon faucheur abat $\frac{1}{4}$ d'hectare par jour ; l'hectare rend de 10 à 200 quintaux métriques de foin, correspondant au triple d'herbe verte ; une femme sèche 8 à 10 quintaux de foin par jour. Les bonnes prairies donnent toujours une seconde coupe appelée regain, qui pèse en général moitié autant que le foin ; il est beaucoup plus nutritif et ne convient qu'aux jeunes bêtes et à celles qu'on engraisse.

Il est important de laisser l'herbe sécher assez sur la terre pour qu'elle n'éprouve pas dans la grange une fermentation vive qui devient quelquefois assez active pour développer un incendie ; il est plus important encore de ne pas trop la sécher, ce qui lui ôte de sa faculté nutritive en en rendant la digestion beaucoup plus difficile ; au moment où on les enlève des prés, les foins doivent conserver assez d'élasticité pour ne pas se briser net lorsqu'on les ploie brusquement. Quand on est surpris par la pluie, on se hâte de mettre l'herbe en gros tas coniques, dans lesquels la fermentation se développe bientôt ; dès qu'elle est amenée au point de brûler la main qu'on y introduit, on profite du premier instant de beau temps pour défaire la meule et en éparpiller l'herbe, qui se dessèche très vite après avoir subi cette demi-cuisson qu'on doit éviter autant que possible d'employer, parce qu'elle enlève à l'herbe presque tout son sucre, qui est très utile au bétail. Le foin encore humide ne s'enflamme pas quand on le stratifie avec des couches alternatives de paille, ou bien qu'on le sale avec 1 kilogr. de sel pour 1000 de foin ; ce dernier procédé donne d'excellents résultats. Le foin convenablement desséché sur le pré perd en un an, dans le grenier, 15 à 20 p. 100 de son poids initial par l'oxydation lente de ses principes solubles ; on doit donc soigneusement éviter de garder le foin pendant plus d'une année.

L'herbe couverte de boue doit être lavée avant que d'être séchée ; elle ne donne jamais qu'un pauvre fourrage qu'on doit employer avec circonspection, parce qu'il produit beaucoup de poussière qui nuit gravement aux poumons du bétail.

Les prairies artificielles ont l'énorme avantage de fournir beaucoup plus, et de meilleur fourrage, que les prairies naturelles ; leur rapport est plus régulier, et comme elles laissent dans le sol beaucoup de débris organiques, tout en donnant d'énormes produits, elles sont fertilisantes. Les plantes les plus importantes pour cette culture sont les papilionacées ; les autres appartiennent à diverses familles ; étudions-les les unes après les autres, et avec le soin qu'elles méritent, puisque c'est à elles que l'agriculture doit ses plus grands progrès, venus de l'abondance des fourrages qu'elles lui fournissent. Les prairies artificielles occupent plus ou moins longtemps le sol ; celles qui y restent pendant moins d'un an sont appelées *dérobées,* et ne sont pas très fertilisantes, aussi n'en fait-on usage que lorsqu'on y est forcé par la non réussite des prairies artificielles proprement dites. On sème les fourrages dérobés dans le courant de l'été et les coupe en automne, ou bien aussi, en automne, quand ils résistent, comme le seigle, aux hivers les plus froids. Les récoltes dérobées vont nous occuper d'abord.

Le seigle est un des fourrages les plus précieux ; on le fauche dès qu'il monte en épis, en ayant soin de ne pas le couper trop bas ; on peut en tirer trois coupes successives, il constitue un fourrage si nourrissant qu'on ne doit jamais le donner seul, surtout au début ; on le mélange avec $\frac{1}{10}$ au moins de paille hachée. Cette plante est tellement vigoureuse, que lorsqu'on la sème dans des terres trop riches on est forcé de la faucher une fois avant de laisser épier, pour l'empêcher de verser. Il donne environ 150 quintaux métriques de fourrage vert.

Le maïs est de tous les fourrages verts, celui qui donne les produits les plus abondants et les plus excellents ; semé à la fin de l'été, à la volée, il permet de remplacer la récolte de foin qu'un printemps sec a fait manquer. Le seul inconvénient du maïs est d'être difficile à sécher ; aussi les agriculteurs l'administrent-ils généralement en vert. Les millets donnent aussi d'excellents produits, caractérisés, comme ceux du maïs, par leur richesse en sucre ; mais ils sont beaucoup moins abondants ; le maïs donne environ 200 quintaux de fourrage vert.

Le moha exige des terres fertiles, fraîches, et un ciel chaud ; cette plante donne beaucoup, mais ne réussit bien que sous l'influence de nos plus beaux étés.

La spergule est le fourrage des sables, et de toutes les terres légères lorsqu'elles sont fraîches ; c'est elle qui fertilise les sables du nord de l'Allemagne ; on la sème en juin ; elle donne 15 à 20 quintaux de foin, soit le triple en vert. Cette plante est éminemment nutritive. Elle doit être bien riche en sucre ou en graisse, parce qu'elle favorise beaucoup la formation du beurre dans le lait des vaches qu'on en nourrit.

Quand il s'agit de remplir le vide causé dans le grenier à foin par le manque presque total de ce précieux aliment, on crée des prairies artificielles momentanées en se servant de divers mélanges de graines dont on emploie 70 à 80 litres par hectare ; le mélange habituel se fait avec 6 parties de vesces, 4 d'avoine, 1 de pois et 1 de féverolles ou de maïs. Dès qu'on voit que la récolte du foin se montre mal, on sème une quantité suffisante de terrain, de 15 jours en 15 jours, avec ce mélange qui donne de 27 à 54 quintaux métriques de foin ; en vert, ce fourrage vaut un peu moins que le trèfle. Quelquefois on se sert aussi d'un mélange de vesces et d'avoine, ou de vesces et de maïs ; ce dernier est très productif. Il est employé avec succès, depuis bien des années, par M. Cornaz de Montet, un des plus habiles cultivateurs du Canton de Vaud.

On fait les prairies artificielles permanentes avec l'une ou l'autre des plantes suivantes : *le trèfle* rouge commun a été la première plante appliquée à la création des prairies artificielles ; il a été introduit en 1567 par le Vénitien Camille Torello dont le nom se place à côté de celui de Parmentier, auquel nous devons la pomme de terre. Il veut un climat humide, un sol profond, meuble, fertile et frais ; il ne dure qu'un an et peut revenir tous les trois ans sur le même terrain. On le sème généralement au printemps avec une céréale, ou en automne sur une récolte sarclée ; il faut 20 à 30 kilogr. de graine par hectare. On fait bien de le semer en été avec le *phleum pratense*, ou le *bromus grossus* qui en facilitent la dessiccation et lui enlèvent la faculté de gonfler le bétail. On doit arroser le trèfle avec du lizier et le fumer en couverture avec de l'engrais bien consommé ; c'est, avec la luzerne, la plante sur laquelle le gypse exerce l'action la plus énergique. Il donne 60 à 100 quintaux de foin ; plus 2 à 3 quintaux de graine, si on laisse monter la seconde coupe. Le trèfle divise et prépare bien le sol ; aussi tous les végétaux viennent-ils facilement après lui ; surtout les céréales d'automne.

Le trèfle incarnat sert à remplacer le trèfle rouge lorsqu'il manque ; il croît très vite, supporte assez bien le sec et ne donne qu'une coupe ; le bétail ne l'aime pas beaucoup, quoiqu'il finisse par s'y habituer. On le sème à la dérobée aussi, en juillet à la dose de 24 à 30 kilogr. par hectare, qui donne en moyenne 30 quintaux de foin. La superbe fleur de ce trèfle lui a ouvert la porte de beaucoup de jardins ; quand les champs sont en pleine floraison, ils offrent un aspect encore plus ravissant que celui des champs de sainfoin, qui ont l'air d'être semés de roses.

Le trèfle blanc est un excellent fourrage à pâturer ; il ne s'élève pas assez pour donner beaucoup de foin ; parce qu'il trace fortement, on le sème la moitié moins dru que le rouge ; comme il résiste bien à la sécheresse, et qu'il fleurit toute l'année, il constitue une pâture aussi abondante que saine pour les abeilles.

La luzerne donne un fourrage aussi bon et souvent plus abondant que le trèfle. Voici l'analyse du trèfle et de la luzerne ; ces deux plantes contiennent en moyenne :

Albumine	1,86	2,00
Fécule	2,39	2,50
Sucre	1,34	1,78
Gommes	3,43	3,53
Graisse et résine	1,06	1,38
Ligneux	13,35	13,88
Eau	76,57	74,93
	100,00	100,00

cette composition indique suffisamment pourquoi les fourrages sont tellement nutritifs, puisqu'elle démontre que dans 100 kilogrammes de foin il y a ;

8 kilogrammes		de viande.
10	»	de fécule.
7	»	de sucre.
15	»	de gomme.
5	»	de graisse et résine.
55	»	de bois.
100 kilogr.		

Les fourrages contiennent donc tous les éléments nécessaires au développement du corps animal dont l'estomac n'a que la peine de les faire passer dans leur sang.

La luzerne est le trèfle des terres sèches, dans lesquelles ses racines prodigieusement fortes et longues lui permettent de braver les sécheresses toutes les fois que le sol est profond ; elle aime les expositions chaudes et reste jusqu'à vingt ans dans les terrains qui lui conviennent ; en Suisse, les luzernières s'appauvrissent dès leur septième année. On sème la luzerne comme le trèfle, avec une céréale, au printemps, dans une terre très profondément remuée, où elle enfonce ses racines à 30 centimètres dès la première année et 1 mètre à la seconde ; elles atteignent souvent jusqu'à 3 mètres de longueur en prenant le diamètre du bras. On emploie 25 à 30 kilogr. de graines par hectare, qui donne annuellement, en trois ou quatre coupes, 80 à 160 quintaux de foin. Dans les pays froids, on doit laisser la dernière coupe, parce que si la gelée surprend ces plantes immédiatement après qu'elles ont été fauchées, elle les saisit et les fait facilement pourrir pendant l'hiver. Quand la luzerne a trois ou quatre ans, on la laisse monter ; elle donne 5 à 8 quintaux de graines. On fume la luzerne en couverture avec du lisier, du gypse et de l'engrais bien consommé ; on enlève les mauvaises herbes en la hersant très fortement en automne, ou bien au printemps, avant ou après les gelées.

Toutes les récoltes s'accommodent d'un sol préparé par la luzerne. La luzerne craint l'eau stagnante encore plus que le trèfle ; aussi vient-elle mal dans les bas-fonds. Si le trèfle et la luzerne font la richesse des terres fertiles, fraîches et profondes, l'*esparcette* ou *sainfoin* est la ressource des sols arides et brûlés par le soleil, quelle que soit leur profondeur ; car à Neuchâtel, nous la cultivons dans des terres qui n'ont que quelques centimètres de profondeur, et d'où elle s'avance jusque sur des rochers où elle s'attache, et qu'elle finit par recouvrir de terre ; nous l'avons vue effacer ainsi d'un de nos plus beaux domaines un rocher horizontal qui déparait singulièrement une prairie déjà brûlée par le soleil ; depuis plusieurs années, et grâce au sainfoin, la charrue passe là où jadis il ne venait pas un brin d'herbe. On la sème comme le trèfle, au printemps, à la dose de 5 hectolitres par hectare ; la meilleure graine vient des vieilles plantes qui en donnent 15 à 18 hectolitres par hectare. On soigne le sainfoin comme

la luzerne ; il peut durer jusqu'à quinze ans ; on ne doit le pâturer qu'après sa deuxième année, pour éviter qu'il soit ébranlé
par la dent du bétail, ce qui en arrête la croissance ; il donne
par hectare 30 à 120 quintaux d'excellent foin très recherché par les herbivores. Toutes les plantes viennent bien après
le sainfoin, sauf le seigle ; les pommes de terre sont, de toutes les
plantes qu'on cultive sur l'esparcette, celle qui profite le plus de
ses débris.

La pimprenelle est encore une plante utile aux terres sèches ;
on ne peut l'utiliser que par le pâturage, parce qu'elle s'effeuille
quand on la sèche ; c'est un excellent fourrage vert qui résiste
aux sécheresses les plus intenses.

La consoude du Caucase et la chicorée à café prospèrent dans
les sols riches, frais et profonds où elles donnent des produits
énormes ; on les cultive comme la luzerne, à ceci près que la
dernière est arrachée dès la seconde année et sa racine distri-
buée aux porcs quand elle ne sert pas à la fabrication du café de
chicorée.

D'autres fourrages sont retirés des feuilles des arbres ; ils sont
excellents, malheureusement difficiles à recueillir ; nous y re-
viendrons en traitant des forêts.

Les choux à feuilles donnent beaucoup de vert ; le meilleur est
le branchu du Poitou, qui est d'une grande ressource pour l'hiver ; au printemps, on en fend le tronc succulent, que le bétail
recherche avec avidité.

Les topinambours fournissent par leurs tiges un excellent fourrage sec que les moutons mangent avec avidité à cause de sa richesse en sucre ; ils en donnent jusqu'à 75 quintaux par hectare ;
on ferait donc bien d'employer les tiges de ces plantes à l'alimentation du bétail, plutôt qu'au chauffage des fours pour lequel
elles sont d'une bien mince utilité.

On commence à cultiver beaucoup les *courges* comme fourrage, et on a raison partout où le sol est assez frais ; car leur
rapport est très considérable et le bétail en recherche avec avidité les fruits, qui se conservent sans peine jusqu'au mois d'août
quand on les met à l'abri de la gelée. On les sème en mai, en en
mettant 3 ou 4 graines gonflées dans l'eau, dans des fosses d'un
mètre de diamètre et de 30 centimètres de profondeur, remplies

de fumier consommé qu'on recouvre avec 2 centimètres de bonne
terre. On les espace à 3 ou 4 mètres, et on tire 150 à 180 quintaux de fruits dont les graines contiennent beaucoup d'une excellente huile. Les grosses courges sont formées de :

Albumine.	0,21
Graisse et résine	0,11
Sucre, gomme et fécule.	2,20
Cendres	2,30
Ligneux	1,03
Eau	94,15
	100,00

On fait bien de ne pas les donner seules, à cause de leur richesse
en eau ; on les administre hachées avec du foin ou de la paille.

On appelle fourrages-racines les plantes qu'on cultive pour
alimenter le bétail avec leurs racines ; leur type est la pomme de
terre. La culture des fourrages-racines fournit un excellent suc-
cédané à l'herbe pendant la morte saison ; on les administre après
les avoir hachées et mêlées au foin et à la paille. Comme tous
les végétaux appartenant à ce groupe exigent une culture très
soignée, ils servent à nettoyer le sol, parce que les fréquents but-
tages et binages qu'ils exigent enlèvent toutes les mauvaises
herbes ; ils épuisent beaucoup la terre, parce qu'ils ne lui laissent absolument rien ; aussi ne peut-on les cultiver avec avantage que lorsqu'on a beaucoup de fumier et à bon compte.

La pomme de terre présente une multitude d'espèces qu'on
peut ramener à deux classes comprenant, l'une celles qui sont
précoces, l'autre les tardives. Cette plante, originaire des hautes
montagnes du Pérou, ne convient pas du tout aux terres basses
et humides où elle pourrit facilement ; elle ne donne de bons et
abondants produits que dans les terres sèches, riches et meubles. Les tubercules venus dans les terres sèches ont la peau
mince et la chair farineuse et sèche, tandis que ceux des terres
humides ont la peau épaisse, coriace, et la chair visqueuse et lar-
dacée. Comme cette plante craint le fumier récent, on ne lui en
donne que de bien consommé, ou bien on fume le terrain en automne ; l'engrais frais la pousse en herbe, développe la gomme
dans les tubercules et les rend aqueux et lardacés, tout en y favo-

risant la pourriture. On multiplie généralement ce précieux végétal à l'aide de ses tubercules ou tiges souterraines, et on conserve dans ce but ceux qui sont les plus petits; c'est un abus d'où résulte l'abâtardissement des meilleures espèces, parce que ces petits tubercules n'étant pas mûrs ils ne produisent que des plantes faibles et imparfaites; on doit multiplier la pomme de terre en prenant ses plus gros tubercules qu'on coupe de manière à laisser sur chaque tranche un ou deux germes; on laisse les tranches vingt-quatre heures dans un endroit sec, afin de les sécher un peu, ce qui fait qu'elles ne se pourrissent pas en terre, et on les plante, comme d'habitude, le plus tôt possible, afin d'en hâter la maturation. On espace les pieds à 15 centimètres dans les lignes distantes entre elles de 60 centimètres; on diminue la distance dans les terres sèches et pour les espèces tardives, parce qu'elles donnent peu d'herbe. La multiplication par semis ne fournit de gros tubercules qu'à la seconde année; elle donne une foule de variétés : on doit choisir la graine bien mûre et sur de bonnes espèces; nous devons recommander, sous ce rapport et sous beaucoup d'autres encore, les bleues, qui, dans un seul semis, nous ont donné neuf nouvelles variétés de toutes couleurs; mais toutes productives, farineuses et parfaites. On butte d'autant plus fortement et souvent que la terre est plus forte; dans les terres légères on se borne à sarcler superficiellement, afin de ne pas dessécher davantage le sol. Couper l'herbe des pommes de terre, c'est en diminuer beaucoup la récolte, qui semble être en rapport direct avec le nombre et le développement des feuilles; il en est tout autrement du développement des tiges qui est évidemment préjudiciable à celui des tubercules et qui épuise le sol en pure perte, en sorte que les pommes de terre dont les fanes sont grosses et longues doivent être absolument rejetées. Une variété excessivement productive, mais tardive, est la chandernagor, dont les tubercules sont noirs, et la chair jaune parsemée de larges veines du plus beau violet; elle est excellente; mais sa couleur, peu appétissante, la fait éloigner de nos tables, elle ne devrait cependant pas la faire bannir des étables; car elle est de parfaite garde et vaut autant que l'américaine tardive. L'hectare donne de 180 à 300 hectolitres; la pomme de terre rapporte quatre fois autant que le froment. Les fanes sont un fourrage dangereux, on les laisse en terre ; quant aux tubercules, on les fourrage crus ou cuits à la vapeur ; ce dernier mode est préférable, parce qu'il favorise la digestion et qu'il déplace les traces de solanine, ou poison des pommes de terre qui peuvent exister dans leur enveloppe. Les pommes de terre sont employées à la fabrication de la fécule et de ses dérivés : dextrine, sucre de raisins, alcool et acide acétique. La quantité de fécule varie de 5 à 26 p. 100, suivant l'espèce et le terrain dans lequel elle a crû ; la bleue contient :

Fécule	23
Albumine	2
Gomme et sels minéraux	6
Eau	69
	100

La maladie des pommes de terre ou pourriture humide est l'effet des étés humides qui ont réagi, depuis quelques années, d'une manière fâcheuse sur tous les autres produits de la terre ; elle a sévi avec une déplorable rigueur partout ou, aux influences atmosphériques, l'homme est venu en ajouter d'autres, à savoir : la fumure avec de l'engrais frais, le choix des petits tubercules pour la plantation et un terrain plat ou exposé aux infiltrations.

Le *topinambour* est la pomme de terre des terrains humides et froids, quoiqu'il vienne aussi jusque sur les coteaux les plus arides ; c'est une plante qui mérite qu'on s'en occupe, tant à cause de l'abondance de ses produits que de sa rusticité et de son utilité pour l'alimentation du bétail qui la mange avec avidité. Cette plante utilise beaucoup l'engrais ; elle est éminemment fertilisante, et peut revenir sans cesse sur le même terrain, où elle donne 20 à 60,000 kil. de tubercules par hectare, et 7 à 7,500 kil. de tiges sèches garnies de leurs feuilles. Cette plante ne craint point la gelée ; aussi ne l'arrache-t-on qu'au printemps, à fur et mesure des besoins ; on la fourrage avec le tiers de son poids de foin. Les produits du topinambour sont infaillibles et bien économiques ; on ne le fume que tous les trois ans ; aussi ne peut-on pas comprendre l'oubli dans lequel est tombée cette plante. La feuille contient 86,40 p. 100 d'eau ; la racine est formée de :

Sucre de raisins.	14,70
Albumine.	3,12
Inuline.	1,86
Gommes	1,29
Graisse et essence	0,20
Ligneux	1,50
Cendres	1,29
Eau	76,04
	100,00

Les betteraves, fort aimées par le bétail, ont acquis dans les cultures une place fort importante depuis qu'on en extrait le sucre; elles constituent une des preuves les plus fortes qu'on puisse appeler à l'appui du système que nous défendons, et suivant lequel chaque climat ne doit cultiver que les plantes qui lui conviennent; il n'y a qu'à les bien choisir, c'est ce qu'on a fait pour la betterave qui a déplacé les coûteux produits de la canne à sucre, tout en développant les cultures sarclées de la façon la plus heureuse pour le présent et l'avenir des terres. Il y a peu de racines qui présentent une diversité aussi grande de formes et de couleurs; les betteraves à sucre les plus riches sont les blanches, puis les jaunes, et enfin les rouges à chair blanche; parmi les blanches, les plus sucrées sont celle de Bourgogne et surtout celle de Silésie, qui est formée de :

Sucre de canne.	8,0 à 12
Gommes.	2,5
Albumine	2,5
Sels	1,5
Ligneux.	7,2
Eau	78,3
	100,0

Le produit d'un hectare est de 30 à 60,000 kilogr. de racines, soit en moyenne de 40,000 kilogr. qui donnent 2,400 kilogr. de sucre. L'hectare de cannes à sucre donne 76,000 kilogr. de cannes, d'où on tire 9,200 kilogr. de sucre, soit trois fois plus que n'en donne la betterave; mais, tandis que le résidu de la canne à sucre n'est bon qu'à brûler, celui de la betterave sert encore à l'alimentation du bétail, ce qui diminue d'autant les frais d'extraction. La betterave veut un sol frais, bien remué, léger et profond, puisqu'elle y descend quelquefois jusqu'à 60 centimètres ; elle craint beaucoup le fumier frais, surtout celui de moutons et de cheval, qui la remplissent de salpêtre et en diminuent considérablement le sucre, parce qu'ils accélèrent sa végétation. Quand on est forcé de fumer directement ces racines, on leur applique de l'engrais bien consommé. En général on sème les betteraves en place et on a tort, parce que la végétation n'en est pas assez avancée durant les grandes chaleurs qui y développent le sucre ; la betterave mûrit comme le raisin ; elle doit donc avoir acquis tout son développement quand la chaleur survient ; on atteint ce but en semant les betteraves en pépinière et les repiquant dès qu'elles sont assez fortes ; ces frais sont largement payés par la vigueur de leur croissance, qui augmente les produits d'un dixième du poids total et plus encore.

On coupe les feuilles seulement avant d'arracher les racines ; un hectare en donne 45 à 90 quintaux qu'on laisse généralement sur le champ ; on peut cependant les employer comme fourrage après les avoir salées et mises à fermenter avec de l'eau dans des cuves où on les comprime à l'aide de planches chargées de pierres ; grâce à cette préparation elles peuvent être ajoutées au foin et mangées sans danger, ce qui n'est pas le cas lorsqu'elles sont fraîches ; car elles agissent comme un violent purgatif et donnent au lait des propriétés émétiques dont les consommateurs vont souvent chercher la cause partout ailleurs que chez leurs laitiers. La racine n'est pas non plus exempte des caractères purgatifs des feuilles ; elle constitue néanmoins un excellent aliment pour toutes les bêtes laitières.

Depuis que la vigne nous refuse ses produits on cultive beaucoup la betterave pour la distiller, et on la fait rapporter beaucoup plus que ce qu'elle donne quand on en extrait le sucre ; pour cela on en exprime le jus qu'on distille après l'avoir fait fermenter comme le jus des raisins.

Les raves craignent encore moins l'humidité que les betteraves ; elles sont le fourrage par excellence sous le ciel brumeux de l'Angleterre où on les emploie à l'engraissement du bétail et comme pâturage d'hiver pour les moutons, ce qui est impossible chez nous à cause de la rigueur de l'hiver. Ces racines sont formées de :

Sucre.	2,0
Gomme.	1,5
Albumine	1,5
Sels	1,5
Ligneux.	5,2
Eau	88,3
	100,0

Elles contiennent généralement beaucoup plus d'eau, puisqu'on y en trouve jusqu'à 92 p. 100. On sème les raves de juin en août à la dérobée, et seules quand la sécheresse n'est pas à craindre; dans le cas contraire, on y ajoute du sarrazin, qui les abrite jusqu'au moment où elles sont assez fortes pour ne plus craindre un soleil trop ardent; alors on les sarcle et les bine avec soin. Quand on brise le pivot des raves en leur faisant faire un demi-tour sur elles-mêmes, on développe autour de lui beaucoup de chevelu qui favorise assez la croissance de la racine pour qu'elle devienne deux ou trois fois plus grosse que celles qu'on a laissées se développer d'une manière normale; ce fait prouve une fois de plus que les racines absorbent de la nourriture directement assimilable; car nous ne pensons pas qu'on puisse attribuer à l'acide carbonique seul l'énorme accroissement qu'elles prennent en fort peu de jours. On arrache d'octobre en novembre et récolte 40 à 60,000 kilogr. de racines et 20 à 40,000 kilogr. de feuilles qui pèsent sèches 1,800 à 3,600 kilogr. Comme les raves se gâtent rapidement, on les donne d'abord au bétail, puis les betteraves, les carottes, les choux-raves, et enfin les pommes de terre; si les raves se décomposent si aisément, elles le doivent à leur richesse en eau et en albumine. Les raves sont un excellent fourrage pour les bêtes à l'engrais; mais elles ne valent rien pour les vaches laitières, au lait desquelles elles donnent un mauvais goût.

Les choux-navets ont plusieurs variétés à racine blanche et jaune; cette dernière porte le nom de rutabaga ou navet de Suède; elle est très sucrée, et spécialement cultivée pour l'alimentation humaine. C'est un bon légume et un excellent four-

rage qui veut la terre et la culture de la betterave ; mais qui
supporte mieux qu'elle le froid et les terres fortes. Les choux-
navets exigent comme tous les choux une fumure forte et récente. On les sème sur couche en mars, pour les repiquer en
mai, à 60 centimètres en tous sens ; ils rapportent 40 à 60,000
kilogr. de racines qui contiennent 87 p. 100 d'eau, et 20 à 30,000
kilogr. de feuilles. Ils valent beaucoup mieux que les raves et les
betteraves pour les vaches laitières et les bêtes à l'engrais.

Les *choux-raves* sont utiles par leur grosse tige renflée qui
est un aussi bon fourrage que le précédent ; mais on les délaisse
parce que dans les années sèches ils se développent mal, et que
leur pomme devient souvent dure et ligneuse.

Les *choux-à-tête* se divisent en trois groupes, suivant qu'ils ont
la tête conique, plate ou ronde ; les premiers sont les plus délicats
et généralement réservés pour la nourriture de l'homme. Ils contiennent 75 p. 100 d'eau et sont très riches en sucre et en albumine,
et par conséquent fort nutritifs ; ils donnent de 5 à 600 quintaux
métriques par hectare lorsqu'ils réussissent. Ce produit énorme
n'est atteint que dans les terres meubles, fertiles, fraîches et sous
un ciel humide ; car, bien que le chou puisse venir partout, il
lui faut beaucoup d'eau atmosphérique et surtout des rosées
abondantes ; c'est de là que vient la perfection des choux de la
montagne dont la valeur est constamment double de celle des
choux de la plaine. Leur culture est la plus lucrative dans des
terres convenables et lorsqu'on lui fournit du lizier en abondance ;
ils peuvent se succéder sans interruption ; on garde les plus
belles têtes pour porte-graines et on les met en hiver dans une
cave sèche ; la graine mûrit en août et l'expérience a appris que
la meilleure graine se trouve sur les branches du centre ; les
jardiniers ont fait cette remarque aussi pour les reines-margue-
rites ; ils assurent que les graines du centre du disque ne donnent que des fleurs doubles, tandis que celles des bords ne
fournissent que des fleurs simples ; si cette différence est réelle, il
faut l'attribuer à l'effet d'une force vitale toujours plus développée dans l'axe de la plante qu'en dehors de lui, et voir si cette
observation est applicable aux autres végétaux, ce qui fournirait un moyen facile de conserver toujours les espèces bien
pures. 100 grammes de graines semées en pépinière suffisent

pour un hectare. Le terrain qu'on destine aux choux est fumé
en automne avec du fumier de vache ; puis au printemps on le
fume de rechef, mais avec du fumier de cheval, ou bien on y
fait parquer des moutons ; on repique les plants de mai en juin
par un temps humide et arrose s'il le faut ; pendant la végétation, on lizière toutes les fois que le temps le permet, et on bine
et sarcle avec soin. On arrache en septembre ou octobre et coupe
les pieds, qui, mis en morceaux, constituent un excellent fourrage ; quant aux têtes, on les entasse dans une grange sombre
pendant huit à dix jours, afin de les blanchir, et on les garde à
l'abri de la gelée dans un endroit sec et frais.

Les *carottes* présentent beaucoup de variétés de formes, de
couleurs et de développement ; les plus recherchées sont les
blanches à collet hors de terre ; M. Cornaz de Montet, un des
meilleurs agriculteurs suisses, nous a fait le plus grand éloge de
la variété rouge de cette espèce mise dans le commerce avec
tant d'autres bonnes plantes par M. Vilmorin, dont les graines
sont justement appréciées dans le monde entier. Les carottes ont,
sur les autres plantes, l'énorme avantage de n'être jamais attaquées par les insectes. Ces plantes craignent la fumure fraîche
qui couvre la racine de taches de rouille ; aussi fume-t-on en
automne le terrain qu'on leur destine, et emploie-t-on dans ce
but, seulement du fumier bien consommé, parce que le fumier
pailleux ne se décomposant pas durant l'hiver a le grave inconvénient de rendre fourchues toutes les racines qui entrent
en contact avec lui. Les carottes sont aussi recherchées par
l'homme que par le bétail, qui en est très friand ; il n'y a pas
jusqu'aux oiseaux de basse-cour qui ne les mangent avec plaisir.
A raison de sa richesse en sucre et en inuline, cette racine est la
plus facile à digérer et la plus saine ; la petite quantité d'huile essentielle qui l'accompagne lui donne des propriétés toniques et
excitantes qui font qu'elle convient même aux chevaux, qui en
général craignent les fourrages aqueux ; elle ne doit être donnée
que crue, parce que la cuisson à l'eau lui enlève son essence,
ainsi que beaucoup de sucre ; la cuisson à la vapeur, par contre,
ne lui ôte que l'essence, ce qui est encore une grande et réelle
perte, puisqu'elle lui enlève des propriétés fort importantes. On
ne doit cuire les carottes que pour les oiseaux de basse-cour, et

les dindons même n'en ont pas besoin ; car, grâce à leur robuste
bec, ils ont bientôt déchiqueté et avalé les carottes les plus dures.
Comme les graines de cette plante ne lèvent souvent qu'en trente
ou quarante jours quand on les abandonne à elles-mêmes, il faut
les faire gonfler pendant vingt-quatre heures au moins dans de
l'eau tiède, et les semer ensuite avec du sable mouillé ; ce dernier
sert à isoler les graines dont les poils serrés facilitent l'enche-
vêtrement. Les carottes exigent une terre légère, meuble, riche
et profonde ; on les sème de mars en avril avec de l'avoine, de
l'orge, du lin, ou des pavots, ce qui est nécessaire pour utiliser
le terrain et pour garantir les jeunes plantes de la sécheresse ;
après la récolte de ces dernières, on sarcle avec soin, et arrose
avec du lizier ; si les mauvaises herbes s'emparent du champ, il
faut sarcler derechef jusqu'à ce qu'il soit propre, ce qui est facile
à l'aide de l'extirpateur ou du buttoir, quand on a semé en lignes
espacées à 40 centimètres. On récolte en octobre de 25 à 40000 kil.
de racines et de 2 à 3500 kil. de feuilles vertes, très recherchées
par le bétail et pesant sèches 3 à 500 kil. La carotte se conserve
facilement en la mettant dans des caves sèches et la disposant par
lits alternatifs de racines et de sable ; la carotte est formée de :

Sucre de canne	8,13
Fécule	1,38
Inuline	1,00
Albumine	0,86
Ligneux	4,63
Eau	84,00
	100,00

Dans les terres légères, la carotte peut donc faire une concurrence sérieuse à la betterave, pour la fabrication du sucre et de
l'alcool ; il faudra seulement, dans le cas où on lui donnerait cette
destination, en choisir les variétés blanches, parce qu'elles sont
les moins chargées d'essence.

Le *panais* vaut autant que la carotte ; mais comme il veut un
ciel humide et assez chaud, on l'a justement délaissé à cause de
l'irrégularité de son rendement, ce qui est dommage, car la grandeur de ses feuilles fait supposer qu'il est beaucoup moins épuisant que la carotte.

La *patate douce* est une espèce de convolvulus qui demande une terre légère et un climat chaud, ce qui limite sa culture au midi de l'Europe; il y en a de plusieurs variétés dont les plus robustes semblent être les rouges; elle est fertilisante et rapporte plus qu'aucun autre fourrage; ses feuilles constituent en vert une bonne nourriture pour tous les bestiaux, ses racines aussi; elles sont essentiellement destinées a l'alimentation humaine et formées de :

Fécule.	9,42 à 17
Ligneux	2,54
Gomme.	1,30
Sucre	2,49 à 4
Albumine.	1,10
Graisse.	0,89
Malates acides et sels.	9,26
Eau	73,00
	100,00

L'hectare rapporte en moyenne à Valence 30000 kil. de tubercules et autant de feuilles; les tubercules pourrissent avec une déplorable facilité; aussi faut-il les conserver dans un endroit chaud sur de la paille, ou dans du sable sec, absolument comme si on avait affaire à des fruits.

A l'inverse des fourrages racines et surtout des fourrages qui sont cultivés surtout pour le bétail, les céréales, ou

Les *plantes féculifères* le sont presque uniquement pour l'homme, à la nourriture duquel elles servent de base dans tous les pays cultivés; on les partage en céréales proprement dites, dont le type est le froment, et en légumineuses, qui ont pour membre essentiel les pois.

Les céréales présentent presque toutes des variétés : d'été, que l'on sème au printemps, et d'hiver, qu'on sème en automne; ces dernières tallent plus et rapportent davantage que les graines d'été; aussi en parlerons-nous d'abord.

Céréales d'hiver.

Comme la plupart des céréales. Mais tout spécialement le froment et le seigle sont sujets à la carie. On a cherché à les guérir de cette maladie contagieuse en nettoyant l'enveloppe des semences à l'aide de la chaux, ce qui a fait donner à ce procédé fort utile le nom de *chaulage*. Au lieu de chaux on emploie quelquefois le sulfate cuivrique ou vitriol bleu, qui empêche fort bien la carie ; mais qui est très cher, souvent falsifié, et constitue un violent poison, aussi doit-on le rejeter ; il vaut beaucoup mieux se servir du mélange suivant dont nous garantissons l'efficacité. Pour chaque hectolitre de grain on prend 640 grammes de sulfate sodique ou sel de Glauber qu'on dissout dans 9 litres d'eau bouillante, et 2 kilog. de chaux vive qu'on éteint en les plongeant dans l'eau d'où on les retire de suite pour les exposer à l'air où ils tombent bientôt en poussière ; cela fait, et quand la dissolution de sulfate sodique est tiède, on en arrose le grain, auquel on mêle peu à peu toute la chaux en remuant bien, de manière à entourer chaque grain d'une légère pellicule du mélange.

Epeautre. Cette plante est plus vigoureuse que le froment et donne une farine tout aussi blanche. Il y en a deux variétés, l'une rouge, l'autre blanche ; la première est plus forte et donne une farine moins blanche que la seconde ; toutes les deux rapportent 15 à 18 fois la semence et donnent par hectare 21 à 80 hectolitres de grain et 18 à 36 quintaux métriques de paille. Le grain fauché, lorsqu'il est encore laiteux et séché, est excellent pour les potages. L'hectolitre de graine pèse 42 à 45 kil. et donne 25 à 28 kil. de farine et 8 à 11 de son. L'épeautre d'été manque fréquemment et donne un quart de moins. Cette graine verse facilement sous l'influence d'une fumure forte ; elle vient mieux après les fourrages qu'après les récoltes sarclées.

La récolte d'épeautre est formée de :

Grain, net.	46,38
Balle.	15,75
Paille	37,87
	100,00

Le *froment* présente une foule de variétés barbues et sans barbes ; ces dernières sont les meilleures ; cette graine ne réussit pas mieux dans les terres humides que dans celles qui sont trop sèches ; elle veut une bonne terre forte et fertile ; il vient bien après toutes les plantes, les pommes de terre exceptées ; il craint les climats froids, ainsi que les fumures fortes et fraîches qui le font verser et l'exposent à la carie et à la rouille.

Le froment ne talle en poussant du collet, que lorsqu'il a ses troisième et quatrième feuilles et que ses deux premières se flétrissent ; ce changement correspond à la poussée des racines latérales. Cette plante fleurit quand la température moyenne est de + 16°C ; sa floraison ne dure que deux ou trois jours ; la pluie, les brouillards et les vents lui nuisent beaucoup, tandis que la sécheresse arrête le développement des grains. La plante entière est composée, à sa maturité, de :

Graine.	22,8
Balle	4,0
Paille.	57,7
Chaume.	15,5
	100,0

L'hectolitre de froment pèse de 70 à 103 kil. et donne 83 de farine pour 100 de grain. Le froment contient 78 à 87 d'amidon et 12 à 21 de gluten ou albumine coagulée ; ce dernier caractérise les blés durs et tous ceux en général des pays chauds ; un bon blé d'Europe est formé de :

Graisse.	1 à 2
Albumine ou gluten.	10 à 20
Gomme et sucre	6 à 10
Fécule	75 à 86
Ligneux	2 à 4
Sels.	2 à 3
Eau.	10 à 14

Le son de froment est composé de :

Graisse.	3,60
Albumine.	14,90
Gomme et sucre.	5,00
Fécule.	22,62
Cellulose	47,00
Résine et sels.	1,40
Cendres	2,50
Eau	2,98
	100,00

En général on trouve 12 à 14 p. 100 d'eau dans les sons du commerce.

Dans les pays chauds, on le fauche en automne lorsqu'il est trop fort; dans les pays froids cet inconvénient n'existe pas; en échange, comme le froment souffre quelquefois de l'hiver, on fait bien de le herser et de le rouler, lorsqu'il a été soulevé par la gelée. Cette graine rapporte 8 à 14 fois la semence, soit 20 hectolitres par hectare, plus 30 quintaux de paille; soit environ 50 de grain p. 100 de paille. Quand on tient à obtenir une farine excessivement blanche, on fauche le froment un peu avant sa maturité.

L'engrain est une excellente variété de froment plus rustique et plus productive que lui; sa paille forte et lourde est recherchée pour attacher la vigne et pour les ouvrages de vannerie; sa farine est jaune et donne un excellent pain. On doit le laisser mûrir sur pied.

Le froment et l'engrain de printemps sont de pauvres plantes, qui rapportent un quart moins que les variétés d'automne; aussi ne les cultive-t-on que dans les terres légères.

Le *seigle* est le froment des pays froids et humides, ainsi que des terres pauvres; c'est une plante rustique et bien utile. Le seigle talle fortement; il supporte mal le vent et la pluie quand il est en fleur; mai il est peu sujet à la rouille et à la carie; par contre, l'ergot l'attaque facilement. On le sème en automne plus vite que le froment, parce qu'il talle moins tôt que le dernier et qu'il épie avant lui, au printemps; il sert à faire des prairies artificielles et se laisse faucher et pâturer sans en souffrir beaucoup; c'est de toutes les céréales celle qui donne le plus de paille; sa farine est grise, mêlée à celle de froment elle donne d'excellent pain, tandis que celui qu'elle fournit quand on l'emploie seule est noir; il reste tendre pendant une semaine en été et deux en hiver, ce qui semble y indiquer des principes qui n'existent pas dans le froment. Il donne 19 à 22 hectolitres de grain et 30 à 40 quintaux métriques de paille.

Il faut semer le seigle d'été plus serré que celui d'hiver; il rapporte un quart de moins.

La plante de seigle est formée de :

```
Grain . . . . . . . . . . . . . . . . . . . . .    24,4
Paille et balle . . . . . . . . . . . . . . . . .    59,5
Chaume . . . . . . . . . . . . . . . . . . . . .    16,1
                                                   ─────
                                                   100,0
```

Le grain contient 17 et la paille 19 p. 100 d'eau ; sa farine est formée de :

```
Albumine soluble et coagulée . . . . . . . . . .    10,5
Amidon . . . . . . . . . . . . . . . . . . . . .    64,0
Graisse . . . . . . . . . . . . . . . . . . . . .     3,5
Sucre . . . . . . . . . . . . . . . . . . . . . .     3,0
Gomme . . . . . . . . . . . . . . . . . . . . . .    11,0
Ligneux et sels . . . . . . . . . . . . . . . . .     6,0
Eau . . . . . . . . . . . . . . . . . . . . . . .     2,0
                                                   ─────
                                                   100,0
```

Cent de grain donnent 60 de farine et 40 de son.

L'*orge* réussit bien dans les sols de moyenne consistance ; elle craint beaucoup l'humidité et aime le soleil. On la sème le plus vite possible au printemps, avant le seigle en automne, pour qu'elle ait le temps de taller avant l'hiver ; comme elle mûrit très vite en été, elle favorise la culture des récoltes dérobées qu'on sème, comme les carottes, au printemps avec elle. L'orge donne 18 à 40 hectolitres de grain et 20 à 25 quintaux de paille.

Comme l'orge germe inégalement, on ferait bien de la gonfler avant de la semer, afin que tous les grains levassent en même temps ; dans le cas contraire, on roule fortement, afin de provoquer un arrêt dans la végétation des plantes les plus avancées. L'orge se développe très vite ; car dans les bonnes années, elle achève sa croissance en 10 à 12 semaines qu'on partage comme suit :

```
 7 jours pour germer.
50   »    »  fleurir.
93   »    »  mûrir.
```

La plante est formée de :

Grain 27,3
Paille et balle 54,0
Chaume 18,7
____
100,0

Le grain contient :

Sucre 6,00
Fécule 59,50
Albumine et gluten 4,50
Ligneux, gomme, graisse et cendres 19,00
Eau 11,00
____
100,00

Le grain d'orge donne en centièmes 70 de farine, 19 de son et
11 d'eau. La petite quantité d'albumine qui se trouve dans l'orge
est à noter ; il n'y en a que 4 à 6 p. 100 quand on la dose directement, tandis que par la combustion on obtient la quantité de nitrogène correspondante à 18 p. 100, ce qui prouve qu'il y a dans
l'orge de l'ammoniaque ou une substance organique nitrogénée
qu'on n'a pas encore isolée ; la même et fort importante remarque s'applique à l'avoine dans laquelle on ne trouve directement
que 5 p. 100 d'albumine, tandis que l'analyse élémentaire y en
signale aussi 18 p. 100 ; il est donc probable que ces deux grains
sont trois ou quatre fois fois plus nutritifs qu'on ne le croit généralement, et si cette supposition n'est pas confirmée par l'expérience, l'excès de nitrogène ne pouvant provenir que de l'ammoniaque renfermée dans ces graines, il prouve que l'intensité nutritive des substances organiques n'est pas en relation absolue
avec la proportion de nitrogène qu'on y trouve.

L'orge de printemps donne le même produit que celle d'automne ; c'est la seule céréale qui ait cet avantage bien important,
puisqu'elle permet de semer cette plante indifféremment dans
ces deux saisons et de gagner ainsi un temps précieux pour les
derniers travaux d'automne. La grande espèce à deux rangs rapporte plus ; mais exige aussi un meilleur terrain que la petite à
quatre rangs ; il lui faut une bonne terre assez forte et qui ne
soit point trop sèche. Comme cette variété n'occupe jamais le

terrain plus de trois mois, il lui faut de l'engrais consommé ; l'engrais récent la fait verser ; on doit éviter, avec le plus grand soin, de fumer le terrain par le parcage, quand on destine l'orge à la fabrication de la bière qui en devient très mauvaise ; ce fait semble prouver que l'ammoniaque de cet engrais passe dans le grain auquel elle communique un mauvais goût. C'est une des graines qui craint le plus l'humidité ; aussi une pluie continue la rouille-t-elle très facilement. Comme elle se brise facilement, on la moissonne avant sa maturité complète, quand elle jaunit, et autant que possible encore couverte de rosée ; mais on ne la rentre que très sèche, parce que la fermentation en grange lui nuit excessivement.

L'orge est essentiellement employée à la fabrication de la bière ; on en fait aussi du pain, qui est grossier quoique bon ; c'est une graine utile à tous les bestiaux, et spécialement aux oiseaux de basse-cour, elle remplace l'avoine pour les chevaux dans les pays chauds.

La paille d'orge contient :

Albumine.	1,70
Gomme, sucre, graisse et résine	15,19
Ligneux	70,31
Cendres	1,86
Eau	10,94
	100,00

L'avoine est la graine d'été la plus cultivée ; c'est la plus rustique des céréales et celle qui rapporte le plus ; elle paye partout et largement sa culture, tout en épuisant moins le sol que l'orge. L'avoine a deux variétés : celle à grappes, dont le grain est gros et qui se laisse battre facilement, et l'avoine unilatérale ou de Hongrie, dont le grain est un peu plus petit, qui est plus difficile à battre et rapporte bien davantage ; sa meilleure variété est celle du Kamtschatka, dont le produit est énorme dans les bonnes terres. Comme l'avoine germe lentement, on doit la semer le plus tôt possible, et cela d'autant plus qu'elle craint une sécheresse forte quand elle est encore jeune. On la fauche avant sa maturité et la laisse huit à dix jours sur le champ avant de la rentrer; elle donne par hectare 30 à 44 hectolitres de grain et 35 à 45 quintaux de paille. L'avoine donne en centièmes 17 de son, 62 de farine et 21 d'eau; elle contient un principe aromatique excitant qui fait qu'elle stimule l'appétit du bétail, et qui, en s'unissant à l'urée, produit une partie de l'acide hippurique qu'on trouve dans l'urine des chevaux. Le grain contient 21 p. 100 d'eau; il est formé de :

Albumine.	13,7
Fécule.	46,1
Graisse.	6,7
Sucre	6,0
Gomme.	3,8
Ligneux et cendre	21,7
Eau	2,0
	100,0

Cent parties de grain correspondent à 162 de paille; la paille contient 29 p. 100 d'eau; chaque hectolitre d'avoine absorbe 249 kilog. de fumier.

Le maïs est la pomme de terre des pays chauds et des contrées vinicoles; son grain fort nourrissant est recherché par l'homme et par tous les bestiaux. Aussi longtemps qu'il est jeune, il constitue un excellent fourrage; l'enveloppe de l'épi sert à former les meilleures paillasses, et la tige est un combustible précieux pour les immenses plaines de la Hongrie où il n'y a pas de bois. Cette plante veut des terres fortes qui ne soient cependant pas humides, une exposition chaude et abritée; elle supporte les fumures les plus récentes et les plus fortes, et même les vidanges de latrines. On ne le sème que quand les gelées sont passées, et on fait gonfler les grains avant de les semer à 33 centimètres de distance dans les lignes espacées entre elles de 66 centimètres. On plante entre les lignes des haricots nains et on butte dès que le maïs atteint une hauteur de 16 centimètres. Quinze jours après que les plantes ont défleuri, et quand les grains commencent à durcir, on coupe les fleurs mâles qu'on donne au bétail. Quand les feuilles qui enveloppent l'épi jaunissent, on peut récolter; il faut sécher fortement l'épi avant de le serrer ou de l'égrainer. L'hectare donne 36 à 108 hectolitres de grains, 80 quintaux de tiges et pailles, 22 quintaux de fleurs mâles et 8 quintaux de feuilles d'épis, soit involucres. Ce grain, employé par l'homme pour les bouillies et les soupes, est utile à l'engraissement de tous les animaux, surtout des porcs. Dans les bonnes terres et en plaine on ne cultive que les grandes variétés de maïs ; les petites qui sont précoces sont les seules qu'on puisse cultiver dans les terres maigres et exposées à l'action des vents. La plante entière est composée de

Grain.	27
Tiges.	54
Fleurs mâles.	6
Spathes.	13
	100

La graine est formée de :

Albumine	12,3
Fécule	71,2
Huile	9,9
Gomme et sucre	0,4
Ligneux.	0,5
Sels	1,2
Eau.	4,5
	100,0

Nous avons trouvé 21 p. 100 d'eau dans le maïs jaune de Strasbourg. On cultive beaucoup à Morat, dans le canton de Fribourg, une variété trapue, mais excessivement fertile de maïs ; ses gros grains blancs aplatis sont magnifiques. Le maïs ne peut pas être employé à la panification, parce qu'il ne lève pas, ce qui vient sans doute de ce qu'il ne contient pas assez de gomme et de ce qu'il possède une forte proportion d'huile, tandis que les autres céréales renferment une espèce de suif qui étant solide ne peut pas entraver la fermentation.

Le riz ne prospère que dans les pays chauds et dans les terres qu'on peut submerger ; son rapport est énorme, mais comme sa culture est liée à toutes les maladies qu'engendre le voisinage des marais, elle est reléguée dans les pays peu habités ; il donne jusqu'à 40 hectolitres par hectare. Son grain est composé de :

Albumine	7,5
Fécule	86,9
Graisse	0,8
Gomme et sucre	0,5
Sels	0,9
Ligneux	3,4
	100,0

C'est la graine la plus riche en fécule et la plus pauvre en principes minéraux, ce qui vient de ce qu'elle croît dans l'eau, et ce qui prouve bien nettement le peu de signification des cendres dans les graines. Ce fait de la petite proportion de cendres qu'il y a dans les graines du riz, doit s'étendre à toutes les plantes aquatiques, parce que leur sève toujours abondante en eau peut reporter aux racines tout ce qui ne s'organise pas dans la plante et spécialement dans la graine, et les principes minéraux sont dans ce cas.

Il est possible qu'on puisse fertiliser une fois les marais des pays froids avec la *zizanie du Canada* qui donne des graines analogues à celles du riz.

Le millet a ses graines disposées en épi serré ou en grappes ; le premier mûrit en cinq mois et le second en trois ; aussi est-il le plus cultivé. Il vient dans des endroits chauds et abrités, aime les terres légères et bien fumées, craint l'eau et le froid, mais supporte fort bien le sec ; il s'arrange à merveille d'une fumure fraîche. Cette plante mûrit fort inégalement et s'égraine, en sorte que sa récolte en août doit être suivie d'un battage immédiat ; on fait sécher la graine qui est employée par les Slaves uniquement pour les potages ; la paille en est très bonne. Le millet à grappes donne 15 à 30 hectolitres de grains et 15 à 42 quintaux de paille.

Après les céréales viennent les légumineuses que la pomme de terre a déplacées bien à tort, puisque leurs graines sont beaucoup plus nutritives et que leur paille est excellente ; elles nouent d'ailleurs par tous les temps, grâce à leurs fleurs closes et dont la forme si élégante leur a valu le nom de papilionacées. Comme les racines de ces plantes sont fortes et leurs feuilles abondantes, elles sont très peu épuisantes, et même fertilisantes dans la plupart des cas ; de plus, comme elles couvrent la terre, elles la débarrassent des mauvaises herbes. Ces plantes veulent une terre forte, riche, un sol bien égoutté, bien préparé, et une atmosphère humide ; elles craignent cependant moins la sécheresse, qu'une humidité soutenue. Toutes ces graines, dont quelques-unes sont consommées par l'homme, favorisent à un degré extraordinaire l'engraissement du bétail.

Les pois se présentent avec une multitude d'espèces ; les gris que l'on sème en automne, ne sont guère utilisés que pour le bétail ; parmi ceux qu'on emploie pour l'homme, les plus recommandables sont les verts, les gros jaunes, puis les blancs ; une bonne et magnifique variété bien constante de ces derniers, est le gros blanc de Bohême qui n'est pas connu hors de ce pays où il est cultivé seul. Ils aiment une terre forte et fraîche sans être humide, une bonne exposition pas trop sèche, de l'engrais et un ciel assez humide. Les pois craignent beaucoup le fumier récent qui les pousse en herbe ; aussi ne les cultive-t-on qu'en seconde récolte lorsqu'on veut en tirer des grains. Comme leur récolte n'est abondante que lorsque la plante arrive forte à l'été, on la sème le plus tôt possible, et pour cela on laboure le champ en automne pour le semer dans les premiers beaux jours ; il faut le herser et rouler ensuite, afin de les faire lever uniformément. Quand on tient à en avoir la paille, on les sème avec de l'avoine et les fume bien avec de l'engrais récent. Comme les pois se couchent facilement et pourrissent alors, on les soutient avec des branchages ou mieux avec des cordes de paille ; on pourrait le faire avec du maïs nain ; mais, comme les deux plantes se nuiraient mutuellement, on fait mieux d'employer les cordes de paille, ou bien aussi les fils de fer zincé. Quoique les pois avortent fréquemment, ils donnent en moyenne de bonnes récoltes, puisqu'on recueille par hectare 14 à 42 hectolitres de grain et 20 à 40 quintaux de paille. Employés en vert, les pois sont un excellent fourrage qu'on sème presque toujours avec d'autres plantes ; le grain ne s'emploie que seul ; sa farine mêlée à celle de froment donne un pain dur et sec. La paille est tellement hygrométrique, qu'on ne doit la fourrager que par le sec. On ne fauche les pois qu'au moment où la plupart de leurs gousses sont mûres.

Les pois contiennent :

Sucre et gomme	8,48
Fécule	32,45 à 47
Albumine et gluten	16,28 à 27
Ligneux.	20,00
Graisse	1,88 à 3
Eau	20,91
	100,00

Le lupin blanc demande la même culture que les pois ; c'est un excellent engrais pour enfouir en vert ; il est précieux surtout pour les terres sèches et élevées sur lesquelles il n'y a pas moyen de conduire du fumier ; du reste son action est beaucoup plus intense dans les pays chauds que dans nos climats, parce qu'il n'y atteint jamais tout son développement, ce qui vient de ce qu'on n'ose le semer qu'au moment où les gelées ne sont plus à craindre.

Les vesces sont cultivées comme les pois ; elles supportent les terres les plus fortes, mais ne viennent pas bien dans celles qui sont très sèches. Quand on veut les faire grainer on les sème avec un quart de leur volume d'orge ou d'avoine et on leur donne de l'engrais consommé, tandis qu'on le leur applique frais lorsqu'on veut les utiliser en vert. Cette graine est donnée aux chevaux, aux porcs et surtout aux pigeons ; on en fait très exceptionnellement du pain. Les vesces rapportent un peu moins de graine que les pois, et 21 à 28 quintaux de paille très nutritive.

Les lentilles ne sont employées que pour la nourriture de l'homme auquel elles fournissent une nourriture saine, abondante et trop négligée. C'est la papilionacée qui supporte le mieux les sols secs et sablonneux ; elle ne donne abondamment que dans les terres très propres et très riches, et supporte une fumure fraîche ; comme les lentilles ne souffrent pas d'un froid de 18º C., on peut les semer en automne et au printemps, dès que la fin des gelées permet d'ouvrir les sillons. On récolte dès que les gousses brunissent et l'on fauche à la rosée, afin qu'elles ne s'égrainent pas. Les lentilles donnent 14 à 21 hectolitres de grain et 10 à 15 quintaux d'excellente paille par hectare. Il existe une variété à gros grains des lentilles ; mais elle est fort délicate et capricieuse.

Les fèves se divisent en plates, ou fèves de porc, et en arrondies ou féverolles ; nous nous occuperons essentiellement de ces dernières. Elles supportent à merveille les sols les plus forts, les fumures les plus intenses et les plus récentes ; mais elles craignent les terres sèches et légères. On les plante le plus tôt possible au printemps, à 8 centimètres de distance, dans des lignes espacées à 60 centimètres, et on fait bien de gonfler la graine avant de la planter, puis on herse et roule fortement. Pendant la durée de la végétation, il faut biner et butter. Si, comme cela leur arrive facilement, les fèves sont attaquées par les pous, on les étête dès que les gousses durcissent et on récolte quand la plupart d'entre elles sont mûres. Un hectare de terre argileuse fumée avec 100,000 kilogr. de fumier frais a donné 120 hectolitres de fèves valant quatre fois leur poids de bon foin et donnant autant de paille que de grain. Cette plante ne rapporte beaucoup que dans les années humides ; aussi devrait-on en semer toujours sous notre ciel inconstant, ce serait un moyen sûr et facile d'éviter la disette qu'amène toujours l'avortement des blés. La féverolle rapporte 12 à 48 hectolitres de graines qu'on mange cuites ; leur farine est jaune, mêlée avec celle du froment, elle fournit d'excellent pain. En Angleterre on donne la féverolle aux chevaux pour lesquels elle vaut un volume double d'avoine. Les féverolles contiennent 8 à 16 p. 100 d'eau ; elles sont formées de :

Albumine et gluten	12,8
Amidon	46,5
Gomme	9,0
Ligneux	16,2
Eau	15,5
	100,0

et constituent donc un aliment des plus nourrissants. La féverolle étant fort peu épuisante, sa culture ne peut donc point être assez recommandée sous tous les rapports.

Les haricots supportent et demandent, comme les fèverolles, une fumure excessivement riche et récente; mais ils craignent beaucoup le froid et l'humidité, ce qui n'empêche pas de les cultiver très loin vers le nord, parce que leur végétation s'effectuant en trois mois, elle commence et s'achève durant l'été; il faut donc les placer dans la meilleure exposition possible, les biner et les butter durant la végétation, et les récolter dès que leurs gousses jaunissent. On ne cultive en grand que les variétés naines dont la plus fertile, appelée à Neuchâtel *coquelet*, a un grain jaune-paille à ombilic bleu ou orange; la forme en est arrondie en ellipse ou même presque sphérique. Les pieds doivent se trouver à 60 centimètres de distance en tous sens; on cultive cette plante seule, ou bien, et le plus souvent, entre les lignes du maïs. L'hectare donne 12 à 48 hectolitres de cet excellent grain qui est plus nourrissant que le froment. On compte que 46 kilogrammes de fumier consommé donnent 3 litres, soit 1 kilog. 99 gr. de grain sec et un poids égal de paille, ce qui est prodigieux.

Changeant de famille végétale, arrivons maintenant aux Polygonées dont le type le plus connu est le sarrazin ou blé noir, quoique nous trouvions en abondance les renouées de toute espèce, depuis le bord des ruisseaux, jusque dans les terres les plus sèches, l'oseille dans les prés secs et la rhubarbe dans tous les jardins potagers.

Le sarrazin ou blé noir est cultivé en récolte dérobée, partout où on récolte le froment d'automne dans la première quinzaine de juillet; sa croissance s'effectue en trois mois, cent jours au plus. Il vient bien dans les terres sèches, chaudes et abritées; il craint beaucoup l'humidité, ainsi que les vents violents, qui empêchent la fleur de nouer. Après le semis on doit rouler fortement le sol; plus tard la plante, dont les larges feuilles couvrent la terre, se suffit à elle-même. Comme le sarrazin ne supporte pas la fumure fraîche qui le fait pousser en paille, on ne lui applique que 50 à 100 quintaux de fumier très consommé, quand il n'y a pas moyen de le placer en seconde récolte. Cette plante ne supporte pas les plus faibles gelées; elle est capricieuse au point qu'elle ne donne une bonne récolte que tous les cinq ou six ans. En moyenne on compte qu'elle donne par hectare 12 à 16 hec-

tolitres de grain et 15 à 20 quintaux de paille ; celle-ci contient
une couleur bleue qui s'y développe, quand on la fait pourrir ;
elle n'est employée que comme litière, parce qu'elle nuit, comme
fourrage vert, aux bestiaux, et tout spécialement aux moutons dont elle gonfle la tête. On fauche dès que la plus grande
partie des graines est mûre, on lie en botte et sèche sur le champ
même. Le grain est employé tel quel pour l'alimentation du
bétail et surtout des volailles ; sa farine est utilisée par l'homme
qui en fait des potages et des bouillies ; on en fabrique aussi un
pain qui est noir, sans consistance et mal levé.

Ce grain contient, ainsi que la paille, 12 p. 100 d'eau ; il est
formé de :

Albumine et gluten.	10,7306
Fécule.	52,2954
Graisse et résine.	1,6136
Gomme et sucre.	8,4263
Ligneux	26,9341
	100,0000

Les plantes oléagineuses sont généralement épuisantes ; elles
veulent de bonnes terres fumées ; c'est des graines que nous tirons
presque toujours l'huile ; quelquefois, comme pour l'olive, on l'emprunte à la chair du fruit ; plus rarement, comme pour le souchet comestible, à la racine. Dans les pays froids et tempérés,
les plantes ne donnent que des huiles, tandis que dans les pays
chauds elles fournissent aussi du suif d'excellente qualité ; les
huiles contiennent des quantités variables de suif qui augmente
avec la chaleur de l'été, ce qui produit de grandes différences
dans la densité de l'huile d'une même plante. La plus importante
des plantes de ce groupe est sans contredit :

Le colza. Il possède deux variétés, celle d'hiver et celle d'été ;
cette dernière, beaucoup plus faible, donne la moitié moins. La
culture du colza est avantageuse parce qu'elle se fait dans un
temps où les bras ne sont pas occupés et qu'elle fournit beaucoup d'huile. Cette plante veut une terre forte, bien fumée, profondément labourée et surtout pas humide ; le colza souffre beaucoup de l'hiver dans les terres humides où il ne faut donc jamais
le planter ; il veut de l'engrais consommé ; celui qui est récent le

fait mûrir inégalement, parce qu'il lui permet de développer ses bourgeons latéraux. On le sème en juillet, en place ou en pépinière ; ce dernier mode vaut mieux, parce qu'il est plus facile de garantir le jeune plant des altises qui le dévorent quelquefois en totalité ; on repique alors en septembre, à 60 centimètres en tous sens. Pendant la végétation, ou bine et butte avec soin ; puis, on récolte dès que les gousses les plus élevées de la plante sont jaunes et que leurs graines sont noires ; on fauche à la rosée afin d'éviter l'égrainement, laisse les plantes quelques jours sur le champ et les enlève dans des voitures garnies de toiles, qui retiennent les grains qui s'échappent. On obtient de l'hectare 36 à 48 hectolitres, pesant 60 kilogr. l'un, de graine et 20 à 25 quintaux de tiges et feuilles.

La graine est formée de :

Huile.	50
Gomme.	12
Albumine et gluten	18
Ligneux	5
Cendres	4
Eau	11
	100

Elle ne rend en grand que 32 à 35 p. 100 d'huile ; le tourteau qui reste est excellent pour l'engraissement du bétail ; l'essence de moutarde qui s'y trouve en fait un spécifique assuré contre la cachexie aqueuse ou pourriture des moutons.

La navette coûte autant et rapporte moins que le colza, sur lequel elle n'a que le petit avantage de mûrir quinze jours plus vite.

La cameline possède une variété à grosses graines encore peu connue. Cette plante est trop peu connue, car elle présente des avantages qu'on ne trouve pas chez ses congénères ; ainsi, elle n'est jamais attaquée par les insectes, elle donne une paille assez bonne, croît partout ; même dans les sables et les terres les plus arides. On la sème d'avril en mai, sur une terre bien préparée et convenablement fumée ; elle rapporte 15 hectolitres par hectare, elle donne 32 à 35 p. 100 d'huile ; sa paille est moins abondante que celle de colza ; elle ne pèse que 15 à 20 quintaux.

La moutarde mériterait d'être cultivée à la place du colza, parce qu'elle est plus rustique que lui ; elle donne 30 à 33 p. 100 d'huile ; mais elle rapporte beaucoup moins, et son tourteau ne peut malheureusement pas être employé, à cause de ses propriétés vésicantes ; mais il est fort recherché pour la fabrication de la moutarde de table , et il est probable qu'on pourrait l'employer avec avantage, à petite dose, pour combattre la pourriture des bêtes à laine.

Le madia est abandonné à tort, parce qu'il est capricieux à ce qu'on dit ; nous pouvons assurer le contraire ; peu de plantes donnent un produit plus régulier que lui , quand il se trouve dans les terres sèches pour lesquelles il est destiné par la nature. Cette plante veut une terre sèche, meuble et riche, dans laquelle on la sème très serré, sans quoi elle ne mûrit pas uniformément ; la végétation s'achève en trois ou quatre mois et l'arrachage arrive en août. Dès que les graines sont mûres, ce qu'on reconnaît à leur couleur grise, on arrache les plantes et les secoue sur une toile, puis les lie en bottes qu'on place debout, les unes à côté des autres , dans un hangard aéré , d'où on les sort tous les matins pendant trois ou quatre jours pour les secouer ; on obtient aussi 18 à 24 hectolitres de graines, pesant 35 kilogr. et donnant 28 p. 100 d'huile excellente, et bonne à manger ainsi qu'à brûler ; c'est le quart autant qu'une bonne récolte de colza. Les fanes, pesant 3,500 kilogr., et les tourteaux de madia sont vénéneux. Le madia mérite d'être cultivé pour être enfoui en vert ; il résiste à la sécheresse, mais craint l'humidité et le froid. Pour que l'huile n'ait pas de goût, on échaude les graines à l'eau bouillante avant de les soumettre à l'action de la presse.

Le tournesol mérite d'être cultivé en grand partout où on le pourra , à cause de son énorme produit , tant en graines qu'en feuilles, qui sont un des meilleurs fourrages. Il y en a des variétés naines qui ne valent pas grand'chose ; parmi les grandes , les unes ont les graines noires, ce sont les plus fortes, tandis que les autres les ont grises. On ne peut le planter que lorsque les gelées ne sont plus à craindre ; on espace les pieds à 60 centimètres en tous sens. Le tournesol veut une terre de consistance moyenne , très riche, sèche, chaude et abritée contre les vents ; il supporte la fumure fraîche et donne un produit aussi régulier qu'abondant. Pendant la végétation on sarcle et butte ; l'hectare donne 48 à 50 hectolitres de graines excellentes pour l'engraissement du bétail, et dont l'huile est douce et bonne à tous les usages.

Le pavot présente deux variétés principales, la blanche et la violette ; la première a les graines blanches ; elle produit moins que la seconde qui les a grises. Cette plante veut un sol propre, profond, léger, sec, chaud et très-riche ; elle craint le fumier frais. On sème en mars, pour récolter la même année, ou à la fin d'août pour l'année suivante ; cette dernière méthode est beaucoup plus profitable que l'autre. Les plantes s'espacent à 30 centimètres en tous sens ; il faut les biner et les lizièrer fréquemment pendant la végétation ; le vent nuit à leur fructification ; on récolte quand les têtes sont jaunes et sèches ; l'hectare donne 12 à 18 hectolitres de graines et 20 à 30 quintaux de tiges. Si on incise les capsules à leur base quand elles commencent à jaunir, on en retire jusqu'à 20 kilogr. d'opium par hectare ; ce poison semble n'exister que dans les capsules près de la maturité ; car les tiges et les feuilles sont un excellent fourrage, qui devient sur la table des Chinois un légume recherché. La graine rend 30 à 40 p. 100 d'une huile douce, excellente à manger et qui est la plus siccative des huiles employées en peinture ; pilée et cuite avec du lait, elle constitue une bouillie aussi nourrissante que saine et appétissante, fort en usage dans tout l'orient de l'Europe.

La graine de pavot blanc à yeux fermés contient :

Huile	55
Essence et ammoniaque	3
Fécule, sucre et gomme.	23
Albumine et gluten	13
Ligneux	6
	100

Elle renferme 3 à 7 p. 100 d'eau hygrométrique qui n'existe qu'à la surface de son enveloppe.

L'arachide croît dans le midi de l'Europe ; c'est une papilionacée dont le produit est énorme ; l'huile extraite de sa graine est semblable à celle d'olivier, moins le goût qui n'est pas agréable ; on l'emploie à la fabrication des savons ; il y en a 47 p. 100 ; mais on n'en retire que 34.

Le noyer est un grand arbre qui ne rapporte qu'au bout de longues années, et encore est il fort capricieux et souvent arrêté dans sa croissance par les gelées tardives ; son huile est siccative et bonne à manger et à brûler. On possède actuellement le noyer précoce, qui fructifie déjà à deux ans et mérite un sérieux examen de la part des agronomes, dont les terres fortes et profondes conviennent à ce magnifique arbre. Les noix donnent 25 p. 100 d'huile ; en Suisse, les paysans les mangent telles quelles, ou bien ils en consomment le tourteau dont le goût est assez agréable.

Dans les pays chauds, on cultive encore l'olivier, le sézame, le cocotier, plusieurs palmiers et le cotonnier, dont les huiles et les graisses arrivent en grandes masses en Europe.

Les plantes textiles doivent être placées bien près des végétaux oléifères, puisque la plupart d'entre elles donnent une huile très recherchée ; le lin, par exemple, commence à être cultivé presque autant pour son huile que pour sa filasse. La plus importante des plantes textiles est :

Le lin, il a deux variétés ; celle à graines déhiscentes a la tige courte et rameuse : sa filasse est plus blanche, plus douce, plus fine, sa graine est plus abondante que celle du lin ordinaire, dont les capsules sont closes. Cette dernière est seule cultivée en grand ; c'est aussi celle qui donne le plus de filasse. Le lin est une plante du Nord à laquelle il faut un sol frais, des rosées abondantes ou un ciel brumeux. Il lui faut une terre très meuble, bien nettoyée, riche, à l'abri du vent et du soleil de midi. Le fumier récent lui fait donner une filasse moins fine, en sorte qu'on le fume avec du fumier consommé. On sème d'avril en juin, sur terre bien préparée, en général avec des carottes ou un fourrage artificiel ; il faut semer plus clair pour avoir la graine que la filasse, et d'autant plus serré qu'on tient à obtenir une filasse plus fine. Le lin est la seule plante qui soit plus belle quand elle vient de graine-vieille ; la graine d'un an ne vaut rien ; elle doit en avoir au moins deux. On ne peut semer le lin en automne que dans les pays chauds et dans ceux où il est couvert de neige pendant tout l'hiver ; en général, on le sème de mars en mai au plus tard et le roule fortement quand la sécheresse est à craindre ; on le lizière quand il a 6 à 8 centimètres, et le soutient quand il menace de se coucher. Quand on veut une filasse très fine on arrache dès que la fleur est passée, tandis que si on tient à la graine on attend que toutes les têtes soient mûres et on arrache à la rosée ; on met en bottes qu'on laisse sécher sur la terre. On arrache les graines au peigne, puis on fait rouir les tiges afin de détacher la filasse du bois, auquel la colle une espèce de gomme, en plongeant les bottes dans de l'eau à 30° ou 40°C, dans laquelle on les submerge ; au bout de vingt-quatre heures l'opération est terminée, on sèche et bat ; 100 kil. de lin sec donnent 22 à 25 kil. de filasse, composée de 10 à 11 kilogr. de filasse pure, 10 à 13 d'étoupes, il y a 1 à 2 de perte ; quand on sèche trop fortement le lin avant de le battre on perd beaucoup de filasse qui se brise en étoupes. L'hectare rapporte 3 à 600 kilogr. de filasse brute et 7 à 12 hectolitres de graine qui donne 22 p. 100 d'huile, employée comme aliment et surtout pour la fabrication des vernis gras.

La graine de lin est formée de :

Gomme, sucre et fécule.	22
Huile et résine.	37
Albumine et gluten	26
Ligneux	4
Sels minéraux	6
Eau	5
	100

Les tourteaux de graines de lin sont employés à l'engraissement du bétail qu'ils favorisent d'une manière remarquable, tout en rendant leur graisse liquide et de mauvais goût, absolument comme s'il s'y était mêlé de l'huile de lin.

Le chanvre est dioïque ; les pieds mâles proviennent des graines les plus petites et les plus pointues ; ils sont plus grands et donnent une filasse plus fine que les pieds femelles. Cette plante rustique vient presque partout et atteint 5 mètres de hauteur, quand sous un ciel chaud, elle trouve un sol fertile et humide.

Le chanvre veut une terre meuble, fraîche et excessivement riche; il aime les fumures fortes; les vidanges lui conviennent spécialement; il craint beaucoup le froid; aussi ne le sème-t-on qu'en mai dans une exposition chaude; on sème clair le chanvre à cordes, serré celui à toiles et très clair, ou même en pieds isolés, celui duquel on veut avoir des graines. On a remarqué que le chanvre préserve des chenilles les choux qu'on sème autour de lui, ce qui vient sans doute de l'odeur forte exhalée par cette plante et à laquelle elle doit sans doute ses propriétés excitantes et énivrantes. On arrache les pieds mâles dès qu'après la fleur ils commencent à jaunir, et les femelles quatre à cinq semaines plus tard quand leurs feuilles s'apprêtent à tomber; on les laisse sécher sur leur terre et quand ils sont secs, on secoue les graines, coupe les racines, rouit comme le lin, et on obtient par hectare 6 à 12 quintaux de filasse et 9 à 24 hectolitres de graines, donnant 28 p. 100 d'huile bonne à brûler et à saponifier; on emploie le tourteau comme engrais.

La graine est formée de :

Huile	30
Résine	2
Fécule, gomme et sucre	20
Albumine et gluten.	25
Ligneux.	13
Eau	10
	100

Parmi les plantes textiles qui peuvent faire concurrence au lin, nous devons citer :

L'ortie de Chine dont la filasse possède la finesse et le velouté de la soie et qui pourrait se faire à notre climat.

Venons-en maintenant aux plantes employées en teinture et dont la plus et la mieux cultivée est :

La garance dont il y a plusieurs espèces; celle d'Orient ou *peregrina* semble beaucoup plus riche en matière colorante que celle qu'on cultive en Europe ou *rubia tinctoria;* mais cela peut venir de ce qu'elle a crû sous un ciel plus chaud, puisque la force tinctoriale des garances d'Europe est d'autant plus grande, qu'elles se sont développées sous l'influence d'un été plus sec et plus chaud. Elle exige un sol très meuble et très sec, comme celui des montagnes arides du Liban et d'Espagne, où on la trouve sauvage ; elle aime beaucoup la chaleur.

Quand on fume fortement ou qu'on irrigue la garance, comme le font les cultivateurs, ils obtiennent beaucoup de racines ; mais très pauvres en matière tinctoriale ; l'espèce dégénère, prend la pourriture caractérisée par la présence d'un champignon appelé *tacon*, cesse de donner des graines, et périt misérablement si on ne se hâte de l'arracher. Il ne faut donc jamais cultiver la garance dans des terres basses ou humides. On la multiplie de replants semés en pépinière, de boutures ou d'éclats qu'on plante à 15 centimètres de distance en lignes distantes de 60 centimètres.

La terre doit être bien ameublie, assez fortement fumée ; on bine et butte pendant la végétation ; en automne on fauche les tiges qui sont un excellent fourrage, puis on couvre le plant de terre afin de le garantir de la gelée. Chaque hectare donne 30 à 40 quintaux de racines fraîches qui contiennent 80 p. 100 d'eau.

Les caillelaits blanc et jaune qui croissent sur les collines sèches de l'Europe centrale, contiennent la même matière colorante rouge que la garance, à laquelle leur grande rusticité permettrait peut-être de les substituer avantageusement.

La garance donne la couleur la plus solide que possède le teinturier ; aussi son usage est-il général ; mais, à force de vouloir lui faire produire beaucoup en poids, on en diminue la qualité d'une manière très alarmante pour l'avenir de cette culture.

Le pastel fournissait, avant l'arrivée en Europe de l'indigo d'Orient, tout l'indigo nécessaire à la teinture, tandis qu'il est presque abandonné actuellement. Cette plante veut un ciel et une exposition chaude, une terre profondément remuée et bien fumée ; elle résiste bien aux plus grandes sécheresses. On la sème d'août en septembre, ou bien aussitôt que possible au printemps ; il lui faut un à deux mois pour lever ; pendant sa végétation on la sarcle. On fauche quand la plante ayant 24 à 30 centimètres de hauteur, ses feuilles inférieures commencent à jaunir ; en général, on coupe le pastel d'automne, la première fois à l'entrée de l'hiver, la seconde en juin et juillet et la troisième en automne. L'hectare donne 200 à 400 quintaux de feuilles vertes qui produisent 40 à 80 quintaux de boules bleues demandées par les teinturiers. Pour faire ces boules on laisse les feuilles se faner, puis on les moud et on en fait une pâte qu'on met en tas de 2 à 3 mètres de haut, sous un hangar où on la laisse jusqu'à ce qu'elle se ramollisse par la fermentation et qu'un enduit bleu apparaisse à la surface du tas qu'on défait alors et moule en balles grosses comme le poing qu'on sèche à l'air.

Actuellement le pastel, délaissé comme plante tinctoriale, joue un grand rôle dans les terres sèches auxquelles il permet de produire beaucoup d'un excellent fourrage; c'est une plante fertilisante.

Le polygonum tinctorial, qui réussit bien dans le midi de la France et veut une terre humide, contient dans ses feuilles sèches 2 p. 100 de magnifique indigo, mais son extraction n'est pas lucrative. On enlève les feuilles quand les plantes fleurissent; l'hectare donne 150 quintaux de feuilles fraîches qui en valent 30 de feuilles sèches.

La gaude donne la couleur jaune la plus solide, aussi en consomme-t-on encore une quantité considérable. Elle veut une terre meuble, sèche, fertile et une exposition chaude; elle craint beaucoup le fumier frais. On le sème au printemps ou en automne sur terre bien préparée; la gaude d'automne fournit 20 à 60 quintaux, tandis que celle d'été ne donne que la moitié autant. Pendant la végétation on sarcle et lizière: on arrache quand la plante est en pleine fleur, c'est-à-dire, de juillet en août, par un temps sec, et on laisse bien sécher sur terre, car si la plante moisissait, la couleur serait perdue. Quand on veut avoir la graine, on laisse les capsules mûrir et on opère de même; l'hectare rapporte 1 à 5 quintaux de graine donnant 20 p. 100 de bonne huile.

Le safranum ou carthame offre deux variétés; l'une rouge foncé qui est le safranum oriental, l'autre rose qui est l'occidental. On sème en avril ou plus tard, et la plante ne réussit que quand les mois de juillet et août sont secs et chauds. Il demande un sol sec, profond, bien travaillé, et une vieille fumure pour donner de grandes fleurs. Pendant la végétation on sarcle et bine. On cueille les fleurs dès qu'elles s'ouvrent, et on les sèche dans un endroit ombragé. L'hectare donne 20 à 25 kilog. de fleurs, 9 à 18 hectolitres de graine et 20 à 40 quintaux de tiges. Les graines, fort recherchées par la volaille, contiennent 20 p. 100

d'huile. Le carthame donne une belle couleur rouge très fugace qu'on pourrait remplacer peut-être par celle du *coquelicot*, dont la fleur teint en beau et solide rouge la laine et dont la graine donne une bonne huile.

Il est encore une foule d'autres cultures industrielles que nous rangerons dans une seule catégorie, quoique leurs produits soient fort différents les uns des autres ; la plus importante est celle du :

Houblon dont les fleurs femelles servent à aromatiser la bière et à faciliter sa conservation. Il y en a plusieurs espèces dont la meilleure est, sans contredit, la tardive à sarments verts ; c'est la plus robuste et celle qui rapporte le plus. Il veut une terre profonde, bien divisée, riche et surtout arrosée, mais non pas à sous-sol imperméable et retenant l'eau ; il lui faut une exposition chaude et abritée contre les vents froids et violents. Tout le secret de la culture du houblon est dans l'imitation de la nature, qui ne nous offre cette plante que dans les vallées tournées au midi ou bien à l'est, sur les bords fertiles des ruisseaux où elle donne des récoltes aussi régulières qu'abondantes. Quoique le houblon dure aussi longtemps que les arbres, on ne le laisse ordinairement que vingt ans sur le même terrain, sur lequel on porte chaque année au moins 200 quintaux de fumier. Pour établir la houblonnière, il faut par hectare au moins 600 quintaux, jamais plus de 1200, en sorte que le houblon est de toutes les plantes celle qui exige le plus d'engrais ; il y a là abus évident, dont l'effet est de faire produire au houblon beaucoup plus de tiges, mais moins de fleurs qu'à l'état sauvage ; les jets de cette plante étant d'ailleurs mous et aqueux sous l'influence de cette luxuriante végétation, il s'ensuit que le moindre brouillard fait avorter la fleur et moisir la plante ; on donne aux houblonnières trop de fumier et pas assez d'eau ; puis on a tort de le faire monter si haut, parce qu'on l'expose à l'action des vents, qu'on le fait altérer par l'humidité et qu'il échappe à l'action utile de la chaleur terrestre qui se dégage librement vers le ciel. On multiplie de rejets en ayant soin de mettre de côté les pieds mâles, afin d'éviter la formation de la graine ; on les plante verticalement, c'est encore un tort, il faut les coucher comme la vigne afin qu'ils s'enracinent sur plusieurs points, ce qui leur donnera plus de vigueur et empêchera le défoncement à

1 mètre et si coûteux de la houblonnière. On sarcle pendant la végétation, attache les jets sur des fils de fer zincé, tendus horizontalement, récolte d'août en septembre, quand la poussière des cônes est jaune et qu'ils semblent gluants au toucher, on coupe les tiges et butte fortement en automne, afin de garantir les pieds de la gelée. On ne doit cueillir les cônes que par un temps sec et chaud, quand la rosée est totalement dissipée, et on les porte sur des claies où on les entasse à la hauteur d'une main, dans un endroit sec et bien aéré où on les retourne deux fois par jour; plus tard on les entasse plus fortement et on les retourne chaque jour, jusqu'au moment où les queues en deviennent cassantes; alors on les dispose en tas coniques de 1 mètre de haut, où on les laisse jusqu'au moment de les empaqueter. Le produit varie, suivant les années, de 3 à 32 quintaux.

Le tabac. En Autriche on cultive le tabac rustique à grosses feuilles et à fleurs vertes, tandis qu'en France on a le tabac de la Havane à longues feuilles minces et à charmantes fleurs roses; le premier rapporte plus, mais donne un tabac bien inférieur à celui que fournit le second. Cette plante veut une exposition chaude, un sol léger, meuble et bien fumé, mais pas avec de l'engrais frais; il est possible que ce soit à cet engrais chargé de sels ammoniacaux que nos tabacs doivent leur grande infériorité relativement aux tabacs d'Amérique; le fait est que nos tabacs n'ont presque pas de parfum, ce qui arrive à tous les végétaux dont la végétation a été trop activée par l'engrais. Les feuilles sèches contiennent jusqu'à 8 p. 100 de nicotine; il y en a moins dans les tabacs d'Amérique qui ont l'air d'avoir fermenté plus fortement que les nôtres. Desséchée avec soin, la feuille fraîche contient :

Nicotine	0,07
Extrait amer	2,87
Gomme	1,94
Résine	0,27
Albumine	1,32
Malate ammonique	4,97
Sels	9,59
Eau	78,97
	100,00

Son parfum varie avec l'espèce de tabac, la culture et le pays ; quand il n'est pas assez développé, on y ajoute de la poudre de racine d'iris. Il y a là un juste milieu à tenir, car en fumant trop peu, la récolte serait faible ; mais nous pensons que, dans tous les cas, on a grand tort d'appliquer au tabac des engrais très actifs et surchargés d'ammoniaque, comme les vidanges, par exemple. Le parfum du tabac semble dû à une essence, ses propriétés narcotiques à un alcali ; la nicotine et ses effets excitants, à de l'ammoniaque ou à ses sels. Comme le tabac craint beaucoup le froid, on le sème sous couches et on le repique en juin à 50 centimètres en tous sens, quand les plants ont cinq ou six feuilles ; pour en tirer des graines, on plante quelques pieds isolément dans un endroit chaud et abrité. Pendant la végétation on sarcle, butte, puis étête quand les plantes ont huit à douze feuilles ; plus tard on enlève les jets latéraux et arrache les feuilles lorsqu'elles deviennent visqueuses, flasques, et que leur pointe se courbe vers la terre, ce qui arrive généralement en septembre.

On cueille les feuilles par un beau jour, et on les laisse se faner à terre pendant quelques heures ; les feuilles les plus rapprochées du sol donnent du tabac de première qualité ; celles qui croissent au-dessus de 8 à 12 centimètres du sol n'en fournissent que de seconde, ce qui est dû à ce qu'elles sont moins âgées et que, par conséquent, l'essence et la nicotine n'y sont pas encore développées en suffisante quantité. Les feuilles sont portées ensuite sur un plancher bien aéré où on les laisse pendant un ou deux jours, après quoi on les sèche à l'air et on les entasse, en ayant soin qu'elles ne s'échauffent pas, ce qui en dissiperait les parties odorantes et actives. L'hectare donne 14 quintaux de feuilles sèches qu'il faut mettre hors de la portée du bétail, pour lequel elles sont un violent poison ; les chèvres seules les mangent sans danger.

Le safran est une culture intéressante en ce qu'elle a pour but le gain des pistils de cette plante, qui sont employés en médecine et comme condiment ; il veut une terre sèche, profonde et riche.

L'absinthe est l'objet d'une culture lucrative partout où, comme à Neuchâtel, on prépare son extrait ; elle veut un terrain meuble, frais, fertile et un ciel humide; elle rapporte beaucoup. L'essence contenue dans cette plante jouit de propriétés étourdissantes très développées qui en font le seul attrait, de même aussi que le danger, car elle doit affaiblir les facultés intellectuelles tout aussi fortement que l'opium et le hachisch; c'est une liqueur bien dangereuse, nous en sommes persuadé.

Le cardère est un chardon dont le calice, armé d'un fort crochet, sert à relever le duvet des draps; il lui faut une terre forte, fraîche et profonde.

La réglisse occupe le sol dix-huit à vingt ans, c'est un arbrisseau qu'on cultive pour obtenir le jus sucré dont sont gorgées ses grosses racines, qu'on récolte tous les trois ans et qui s'enfoncent jusqu'à plus de 1 mètre de profondeur; l'hectare donne 30 à 45 quintaux de racines fraîches.

La chicorée à café est différente de la chicorée ordinaire sauvage, en ce qu'elle est moins amère et que ses racines sont plus grosses et plus charnues; elles sont riches en fécule, en sucre, en gomme, et constituent, après avoir été séchées et torréfiées, le café de chicorée dont l'usage s'étend sans cesse; ses feuilles sont un bon fourrage. Elle craint le fumier frais et veut une terre meuble, profonde et riche; semée en avril, on l'arrache en octobre, et en obtient 100 à 150 quintaux de racines fraîches contenant 82 p. 100 d'eau.

Le cumin est fort cultivé en Allemagne et en Suisse où sa graine sert à aromatiser tous les mets. Il veut une bonne terre légère, meuble, très fraîche, pour ne pas dire humide, et riche en vieux engrais. On le sème, on le repique de juillet en août, et bine soigneusement pendant la végétation. Il ne produit que la seconde année où on le coupe à la rosée, vers la fin de juin, un peu avant sa maturité. On sèche les têtes et on les bat; elle rapportent 10 à 20 quintaux de graines sèches. Cette plante avorte complètement dans les années sèches. Ses graines sont un tonique auquel les habitants de nos hautes vallées humides et froides ont sans cesse recours et auquel ils doivent peut-être leur robuste santé.

Les concombres sont cultivés pour leurs fruits formés de :

Sucre. 5
Amidon. 1
Cendres 2
Gomme et albumine 2
Eau 90
                                         ———
                                         100

On les cultive comme les courges, et j'en dirai autant des *melons* tant communs, que des pastèques si recherchées des méridionaux, comme un moyen de calmer la soif. Ces dernières sont formées de :

Parties solides. 30
Jus 70
                                         ———
                                         100

Ce jus, qui est légèrement acide, renferme 6 p. 100 de sucre.

Le souchet comestible possède dans ses racines une réunion de corps qui permet de le substituer aux amandes douces ; séchées à l'air, elles sont composées de :

Huile. 28
Fécule 29
Sucre de canne. 14
Albumine 1
Gomme et sels. 7
Ligneux. 14
Eau 7
                                         ———
                                         100

Qu'on me permette de dire quelques mots de certaines plantes peu ou mal connues, et qui peuvent être utiles à l'homme dans la grande culture.

Le myrica cerifera ou Cirier de Pensylvanie, pourrait servir à utiliser les marais où il donne en abondance son bois excellent à brûler et des baies noires grandes comme des pois, qui, jetées dans l'eau, abandonnent un quart de leur poids de belle cire vert clair, bonne à brûler et qui vient nager à sa surface.

La massette ou jonc à massue est un bon fourrage.

Le scirpe des marais et la plupart des plantes à racines ou tiges traçantes contiennent beaucoup de fécule qu'on devrait chercher à extraire.

L'œnothère bisannuelle ou onagre jaune croît dans les terres les plus sèches où il donne pendant tout l'été ses larges fleurs jaunes qui fourissent en abondance du miel aux abeilles ; ses racines sont bonnes à manger.

La gesse tubéreuse, qui croît dans les terres arides, donne une racine bonne à manger ; elle rapporte peu.

Les myrtilles de toute espèce donnent en abondance des fruits très sains, de longue garde, doués de propriétés antidyssentériques, très prononcées ; leurs tiges sont assez chargées de tannin pour pouvoir être substituées à l'écorce de chêne.

Les fraises de tous les mois sont d'une telle rusticité qu'elles sont à préférer à toutes les autres espèces ; il leur faut une terre fraîche, bien ameublie et riche ; elles produisent en abondance pendant la plus grande partie de l'année.

Les groseilliers appartiennent à deux espèces bien différentes : l'une a les fruits en grappe ; l'autre les a isolés ; ce sont les groseilles à maquereaux dont les tiges sont garnies d'épines qui manquent toujours aux précédents. On fait des haies avec ces arbrisseaux ; on en garnit les vergers pendant le jeune âge des arbres, afin que le sol ne se dessèche pas, et qu'il rapporte. Le groseillier à grappes, fort recherché par les confiseurs, contient dans ses fruits verts une si grande quantité d'acide citrique qu'on peut l'en extraire avec profit.

Quant aux groseilles à maquereaux qui sont beaucoup plus douces, on fait avec leur pulpe évaporée de bonnes conserves, et avec leur jus exprimé, d'excellent vin ; or, comme cette plante vient dans tous les terrains et supporte les froids les plus vifs, elle permet d'utiliser avantageusement les collines que dans les pays froids on est généralement forcé de planter d'arbres forestiers. Les groseilliers aiment les terres sèches et profondes et ne donnent régulièrement et abondamment, que dans celles qui sont fumées ; le seul inconvénient de cette plante est ses épines aussi fortes que nombreuses. Il faut les replanter tous les cinq ans parce qu'ils s'affaiblissent avec les années. Si les groseilliers aiment le

soleil, le *framboisier* le craint ; il veut une bonne terre meuble
et fraîche où il rapporte beaucoup d'excellents fruits qu'on emploie avec raison pour parfumer les vins, de même aussi que
dans la préparation des confitures.

Le noisetier rapporte beaucoup d'excellents fruits riches en
huile douce et bonne à manger, quand on le cultive dans une
terre fertile et un peu fraîche.

La vigne est le seul arbrisseau qu'on ait encore soumis à la
grande culture ; elle nous vient d'Orient, où on la trouve encore
fréquemment à l'état sauvage. On en compte d'innombrables variétés et espèces dont on peut se faire une idée en visitant la
belle collection du Luxembourg, si admirablement soignée par
M. Hardy, auquel on la doit en grande partie. Comme le houblon, la vigne ne pousse ses racines que des entrenœuds, en sorte
qu'il faut la coucher et ne pas l'enfoncer verticalement en terre ;
plus on couche un pied de vigne, plus il est vigoureux, tandis
qu'il reste misérable, quelle que soit la fertilité du sol, s'il est enfoncé verticalement dans la terre où il ne trouve pas de nourriture suffisante. Elle veut une terre sèche et meuble, un ciel et
une exposition chaude ; elle craint excessivement l'eau et gèle
facilement dans les terres humides. Comme sa végétation n'est
pas très puissante, il faut ne pas l'effeuiller et ne pas l'épuiser en
lui faisant donner trop de fruits ; au printemps la sève circule
dans son bois spongieux, avec une force extraordinaire qui la
pousse au dehors par toutes les plaies de la taille ; cette perte de
sève ne peut qu'être nuisible à la plante ; on doit pouvoir l'empêcher en écrasant les sarments au point où on veut les supprimer, au lieu de les couper. On la multiplie par boutures, marcottes, greffes ou graines ; ces dernières ne fructifient qu'après
huit ans ; elles donnent facilement de nouvelles espèces. Comme
la vigne ne réussit pas toujours dans l'Europe centrale, à cause
des gelées tardives du printemps et des pluies de la fin de l'été,
il est important de choisir pour son climat des espèces précoces,
comme le morillon hatif qui mûrit quinze à vingt jours plus tôt
que les variétés ordinaires, quoique sa végétation ne les devance
pas au printemps. A Paris il mûrit, dans les bonnes années, du 10
au 15 août ; il rapporte peu, mais régulièrement, et ses produits
sont excellents ; les variétés s'effacent avec les années quand elles

ne sont pas placées dans des conditions convenables ; ainsi, par exemple, il est bien prouvé que le chasselas redevient aqueux dans les terres basses et humides, et qu'il n'y reprend sa fermeté caractéristique que dans les étés chauds et secs. Comme la vigne aime le soleil, il faut lui donner l'exposition en plein midi sur des collines abritées des vents violents qui lui nuisent beaucoup ; on place les pieds à 1^m.30 en tous sens, et on tient le sol très propre ; on ne fume qu'avec de l'engrais consommé, ou, ce qui vaut beaucoup mieux, avec du compost ; le fumier pousse trop la vigne en bois et lui fait donner beaucoup ; mais ses fruits aqueux et gommeux ne donnent que des vins plats et filants. On fume tous les deux ans à 300 quintaux par hectare en ayant soin de ne jamais employer le fumier de mouton ou de cheval, qui est le plus nuisible de tous, à cause de sa richesse en ammoniaque. On taille la vigne aussi court que possible, ce qui facilite beaucoup sa maturation ; mais cela est impossible dans les terres humides ; on fixe les sarments à des fils de fer zincés tendus horizontalement de l'est à l'ouest.

On taille d'autant plus court que le pied est plus faible et ne laisse que deux ou trois branches ; en juillet on pince le haut des sarments, ce qui favorise le développement des grappes, mais en retarde la maturation de huit à dix jours, ce dont il faut bien tenir compte ; il vaudrait peut-être mieux ne pas pincer les bourgeons dans les années humides.

On vendange aussi tard que possible ; car plus le raisin est mûr, plus il contient de sucre, plus aussi son arôme se développe. L'hectare contenant 10 à 12,000 pieds de vigne taillée court donne en moyenne 4,000 kilogr. de raisins, 3,000 kilogr. de feuilles et 20,000 de sarments. 100 kilogr. de raisins en donnent 75 de moût et 25 de marc ; en conséquence l'hectare rapporte en moyenne 30 hectolitres de moût. Les vignes ne couvrent leurs frais d'établissement qu'à la quatrième année.

Passant aux arbres, nous allons nous occuper des arbres fruitiers qu'on ne cultive décidément pas assez, tant leur produit est avantageux. Ils craignent autant les terres trop légères que celles qui sont trop fortes, et aiment un sol chaud, frais et fertile ; au midi ils donnent des fruits plus colorés et plus savoureux ; mais moins abondants qu'aux autres expositions. Dans les terrains pierreux et secs on ne peut guère cultiver que les cerisiers, les pruniers et les noyers ; les pommiers supportent bien les terres fortes, les poiriers les terres légères ; tous redoutent l'eau stagnante ; aussi quand le sous-sol est humide et imperméable, ne peut-on y cultiver que les pruniers, et surtout ceux à fruit long. Les vergers doivent être aussi abrités que possible contre les vents qui empêchent les fleurs de nouer et font tomber les fruits.

On peut diviser les fruits, d'après leur saveur, en doux et acides, âpres et fades ; d'après la consistance de leur chair, en croquants, tendres et fondants ; d'après l'odeur, en parfumés et inodores, et d'après la couleur, en blancs, rouges, jaunes, bleus et verts.

C'est de graines, et plus rarement aussi de rejetons, qu'on multiplie les arbres fruitiers. On sème les graines dès leur maturité, parce que, lorsqu'on les laisse sécher, il leur faut souvent un an avant qu'elles germent ; aussi, lorsqu'on craint les souris, les conserve-t-on dans du sable mouillé jusqu'au printemps, où on les confie à la terre, en ne recouvrant que peu les pepins, et de 2 à 3 centimètres au plus, de terre, les noyaux. A un an on éclaircit le semis de manière à ce que les pieds se trouvent à 15 centimètres les uns des autres ; quand les plants ont la grosseur du petit doigt et une hauteur de 66 centimètres à 1 mètre, on les arrache et les replante en automne à 30 ou 60 centimètres de distance dans des lignes espacées de 1 mètre, pour les greffer en fente au printemps. Lors de l'arrachage, on coupe le pivot et toutes les racines malades ; quant à la tige, on la coupe à 12 ou 20 centimètres aux arbres à pepins et on laisse entière celle des cerisiers. Le sol de la pépinière doit être en bon état ; s'il est trop riche, ses produits ne viendront bien que dans d'excellentes terres ; s'il est pauvre, ils seront faibles, malades, et ne donneront de beaux produits dans aucune condition ; c'est une faute capitale que font les jardiniers lorsqu'ils assignent de mauvais terrains à leurs pépinières.

Quand on greffe, on doit ne réunir que des espèces semblables, et il faut avoir soin de choisir le sauvageon de la force de l'espèce qu'on veut greffer ; car on n'obtient rien de bon en greffant une espèce forte sur un sauvageon faible, ou bien en faisant l'inverse; c'est pour n'avoir pas tenu compte de ces conditions de réussite qu'il y a tant d'arbres fruitiers stériles. On ne peut greffer que par un temps humide et tranquille, et il ne faut pas appliquer trop chaud le mélange pâteux de résine, suif et huile dont on couvre la greffe si on ne veut pas la voir sécher. Comme les vieux arbres ont beaucoup moins de vigueur que les jeunes, on doit, pour éviter de leur nuire, leur laisser quelques jeunes branches lorsqu'on les greffe.

Quand on veut planter un arbre, on ouvre au moins un mois avant l'époque de la plantation le creux qu'on lui destine et dont le diamètre doit être plus grand que celui de la couronne de l'arbre; ils ne doivent jamais avoir moins de 60 centimètres de profondeur, sur un mètre de large; plus ils sont grands et profonds, mieux réussit l'arbre qu'on y plante. On espace à 16 mètres les noyers et les châtaigniers, à 14 les poiriers et les pommiers, à 10 les cerisiers, les amandiers et les cormiers, à 7 les griottiers, pruniers et abricotiers, à 5 enfin les pêchers; l'important est qu'ils soient assez éloignés pour que leurs branches ne se touchent pas; aussi peut-on les rapprocher dans les terrains chauds et secs où ils acquièrent des proportions beaucoup moins considérables que dans ceux qui sont humides. La meilleure saison pour la transplantation est l'automne; si on est forcé de l'effectuer au printemps on devra arroser les arbres toutes les fois que la sécheresse se déclarera. Lors de la transplantation, on retranche toutes les racines gâtées et rabat la couronne à la longueur des racines, surtout dans les terres sèches, puis on dispose le pied de manière à ce qu'il se trouve dans la fosse, précisément à la même hauteur où il était dans la pépinière; on étend ses racines, qu'on couvre de terre criblée, on place par-dessus les racines, et vers leur pointe de l'engrais bien consommé, puis on les couvre de terre et on arrose pour que le tout prenne de la consistance. Il est important d'orienter l'arbre, c'est-à-dire de mettre au sud la partie qu'il avait au sud dans son ancienne position; on entoure son tronc avec une corde de paille qui le défend contre l'évaporation et on le fixe à un tuteur enfoncé au nord, obliquement et de manière à ce qu'il ne touche l'arbre qu'avec sa tête. L'ancienne méthode d'enfoncer le tuteur à côté de l'arbre a l'inconvénient de blesser les racines, quelquefois aussi la couronne, de gêner le développement de l'arbre et d'offrir aux insectes un excellent abri entre lui et l'écorce.

Quand l'arbre a repris, on le taille, pour en former la tête et en augmenter les produits. La taille commence dès que la sève se met en mouvement. Pour pousser au bois, on taille court et rapproche les branches de la verticale; l'inverse met à fruit. Lorsqu'on coupe des bois de plus de trois ans, on doit couvrir les plaies de résine fondue; sans cette précaution il s'y développe facilement des chancres. On supprime les branches à fruit dénuées de boutons à bois, et quand l'arbre est trop chargé de boutons à fruit, on en supprime une partie, afin de ne pas l'épuiser.

Le pied de chaque arbre est tenu libre sur un rayon d'un mètre au moins; chaque automne on le fume avec du compost ou du fumier bien consommé, jamais avec du lizier ou des vidanges qui poussent à bois et donnent aux fruits une consistance telle qu'ils pourrissent facilement.

Le produit des vergers varie beaucoup avec les années; celles qui sont sèches ou très humides leur nuisent; ils aiment les années chaudes et humides, et craignent beaucoup les gelées tardives.

Les fruits sont essentiellement formés d'eau, qui en fait en général les trois quarts; les autres parties constituantes sont des gommes, du sucre et de l'albumine; un seul fruit contient de l'huile, c'est l'olive, qui diffère du reste de tous ses congénères en ce qu'elle contient du ligneux au lieu de gomme et de sucre, ainsi que le prouve cette analyse:

Eau	51
Ligneux	15
Huile	10
Noyau	24
	100

La figue contient 79 p. 100 d'eau; c'est un produit des pays chauds; son rapport est énorme.

La prune est formée de :

Eau 77
Chair. 21
Noyau 2
                                             —————
                                               100

On la conserve sèche ; elle est cultivée en Hongrie et dans le Banat pour l'extraction de l'eau-de-vie ou raky.

L'abricot contient :

Eau 79
Chair 17
Noyau 4
                                             —————
                                               100

Son produit est capricieux ; il souffre beaucoup des gelées tardives.

La maturation des fruits semble s'effectuer, ainsi que nous l'avons déjà vu dans les généralités, pour les groseilliers, aux dépens de la gomme et du ligneux des fruits verts, qui se changent alors en sucre, ainsi que le prouve l'analyse ci-jointe des cerises :

	Cerises vertes.	Cerises mûres.
Matière colorante verte	0,05	0,00
Sucre	1,12	3,13
Gomme.	6,01	3,23
Ligneux	1,44	1,12
Albumine.	0,21	0,57
Malate calcique	1,89	2,11
Eau	89,28	89,84
	100,00	100,00

La châtaigne enfin est une graine ; elle contient 48 p. 100 d'eau et beaucoup de sucre ; dans les bonnes terres où il est convenablement fumé, le châtaignier en donne jusqu'à 60 kilogr. par pied.

Le mûrier est trop peu cultivé comme arbre à fruit, à cause de son produit aussi sûr qu'abondant et très recherché par tous les animaux domestiques. Il y en a quatre espèces principales ; le noir est le meilleur pour le fruit, le blanc et le rose sont les plus recherchés pour la feuille. Quand on cultive les mûriers pour en nourrir les vers à soie, on les espace à 4 mètres en tous sens et on les tient à 1 à 1 1/4 mètres de hauteur; les jeunes feuilles nourrissent deux fois moins que les vieilles; ces feuilles sont recherchées par tous les herbivores pour lesquels elles sont une excellente nourriture. Les mûriers dont le tronc a 12 centimètres de diamètre donnent 10 à 12 kilogr. de feuilles; ceux de 29 à 30 centimètres en fournissent 22 à 30 kilogr. On fait bien de n'effeuiller les jeunes arbres que tous les deux ans. Le mûrier des Philippines est un arbre à fourrage; sa feuille est trop aqueuse pour les vers à soie, auxquels il manque d'ailleurs souvent, parce que ses jeunes jets ne supportent pas les froids les plus légers.

Toutes les terres qu'on ne peut pas mettre en culture régulière sont plantées en forêts, et destinées à la production lignifère, qui assure le toit et les planchers de nos habitations, le bois de nos meubles et le feu de nos foyers. Comme les forêts ne payent pas une forte rente, on ne leur donne que les soins qu'elles peuvent payer, c'est-à-dire qu'on en nettoie le sol pour que rien n'y gêne le développement des arbres et qu'on les garde contre la dent du bétail et la hache des voleurs; comme on n'en enlève pas les feuilles, les forêts se fument d'elles-mêmes, et l'humus que leurs feuilles produisent en pourrissant sur le sol est bien plus considérable que ce qu'elles peuvent en absorber; aussi, dans le cas où la couche de feuilles est considérable, peut-on en permettre l'enlèvement sans aucun inconvénient; il faut au contraire les laisser avec le plus grand soin dans les jeunes forêts auxquelles elles sont indispensables, tant pour l'alimentation des racines que pour maintenir l'humidité dans le sol. Chaque chêne ou hêtre de soixante ans donne au moins 25 kilogr. de feuilles sèches par an; quant aux conifères dont les feuilles ne tombent qu'au bout de trois ans, ils en perdent chaque année environ 5 kilogr.

On multiplie les arbres forestiers de graines qui doivent provenir de sujets adultes, espacés entre eux et bien portants. Les chênes à graine doivent avoir 80 ans, les hêtres 70, les sapins 60, l'orme et le frêne 40, les bouleaux, pins et aulnes, 30 ans; les mélèzes, 25 ans, et ainsi de suite. Les arbres que nous cultivons en forêts mûrissent leurs graines : le peuplier et le saule en mai, les sapins en septembre, et tous les autres en octobre, sauf l'aulne, qui n'arrive à sa maturité qu'en novembre. On sème toutes ces graines le plus tôt possible ; quant aux cônes des arbres résineux, on les sèche dans des étuves chauffées à 38°C et on en extrait la graine qu'on ne sème qu'en mars, ce qui lui fait gagner beaucoup en qualité. L'hectolitre de cônes donne, suivant l'espèce, 5 à 15 litres de graine mondée. Il n'y a que les conifères dont les graines se conservent deux à trois ans ; elles germent, comme celles des autres arbres, en quatre ou six semaines.

Quand les jeunes sujets ont deux ou trois ans au plus, on les arrache avec une motte de terre, et on les plante à demeure en les espaçant à 1 ou 2 mètres en tous sens ; dans les mauvaises terres, on met plusieurs pieds dans le même trou. Comme le transplantage est coûteux, on sème en général à demeure, et on sarcle et nettoie le semis aussi souvent que cela est nécessaire.

On divise les arbres forestiers en arbres à aiguilles ou conifères, qu'on appelle aussi arbres résineux, et qui conservent leurs feuilles toute l'année, à l'exception du mélèze, et en arbres à feuilles larges ou caduques comprenant tous les autres ; les arbres à aiguilles croissent en général très vite et s'élèvent tout droit, tandis que les autres se ramifient ; ils n'exigent pas une terre profonde, supportent bien la sécheresse et les froids, mais pas les vents très violents, parce que leurs racines sont trop superficielles. Les conifères sont répandus sur toutes les parties du globe, depuis les Cordillères, où croît le noir araucaria, jusqu'à la Nouvelle-Hollande, qui possède toute une série de conifères à larges feuilles, au Liban, patrie du cèdre majestueux, et à la Laponie, où on rencontre le pin nain, tandis qu'en Italie il élève fièrement dans les airs ce beau dôme de verdure qui lui a valu le nom de pin parasol. L'if et le genièvre avec leurs fruits charnus sont encore des conifères. Dans toute cette majestueuse et pittoresque famille, deux membres seuls ont des propriétés vénéneuses, ce sont l'if et surtout l'immonde sabine dont nos ancêtres confiaient la culture aux sorcières. L'amande des cônes des pins pignon et cembro est bonne à manger ; celle de tous les autres conifères est riche en huile ; le bois du pin cembro a deux couleurs tellement tranchées qu'on en a profité pour faire de charmants ouvrages dont les teintes relèvent la ciselure ; l'aubier est

blanc, et le bois d'un assez beau rouge ; le cembro croît lentement, il est tortueux, et habite les vallées des Hautes-
Alpes.

Le sapin rouge se sème à la dose de 14 à 18 kil. de graine nettoyée et de 20 à 28 de graine ailée par hectare ; il veut une terre
forte et fraîche sans être mouillée. Il vaut mieux le semer, que
le transplanter, parce qu'après trois ans il ne se développe pas.
Le sapin blanc présente les mêmes caractères.

Le pin sylvestre demande une terre profonde dans laquelle il
puisse enfoncer son pivot qui est assez fort pour lui permettre
de mieux résister aux vents, que les deux précédents. Il croît
partout où la terre est légère et prospère jusque dans les fentes
des rochers. C'est lui qu'on cultive dans les sables du nord où
il est d'un immense secours pour leurs misérables populations
qui s'éclairent avec leurs racines fendues en lanières, s'échauffent avec son bois, qui seul sert à leurs bâtisses et donne quelquefois ses feuilles à leurs bestiaux. Son fruit met deux ou trois
ans à mûrir. Cet arbre est excessivement chargé de résine et
d'essence dont les émanations sont favorables aux personnes dont
la poitrine est attaquée.

Le mélèze est le seul conifère d'Europe dont les feuilles tombent en hiver ; c'est le seul aussi dont la sève contienne beaucoup
de sucre, comme celle des arbres à feuilles caduques. Son bois
dur est presque incorruptible, aussi est-il très recherché pour
les poutraisons et pour les échalas des vignes. Il lui faut une
terre fraîche et profonde ; il périt lorsqu'on le plante seul ; sans
doute, parce que les autres arbres l'étouffent ou bien qu'il souffre de la sécheresse lorsqu'on l'isole.

Le pin de lord Weymouth est une plante admirablement belle
et propre aux terres humides. Nous connaissons peu d'aspects
aussi grandioses que celui de la triple allée de ce magnifique
arbre qui mène au château du Schiffenberg, depuis Giessen dans
la Hesse-Darmstadt ; cet arbre, qui devient fort grand, croît très
vite et reprend facilement.

Le thuya de Canada et les taxodium viennent aussi dans les
terres humides ; le cyprès chauve affermit même les marais en
étendant à leur surface ses longues et vigoureuses racines ; nous
ne pouvons assez recommander aux forestiers le *taxodium sem-*

pervirens ou cyprès toujours vert des montagnes Rocheuses dont la croissance rapide, le bois dur et le port admirable font la parure des montagnes élevées et humides des États-Unis ; il nous réussit très bien à Neuchâtel dans une terre assez forte et humide à l'exposition nord. Quant au cyprès chauve, avec lequel nous espérions affermir les marais du Haut-Jura, il y a péri sous l'influence du froid ; cet arbre vient très bien en échange sur les bords du lac de Neuchâtel, en sorte qu'on pourrait le cultiver avec succès dans les marais des plaines de France et du sud de l'Allemagne ; son utilité serait inappréciable pour les marais de la Hongrie et de la Russie méridionale.

Le genèvrier est excellent pour faire les haies des prés très secs ; c'est un excellent bois à brûler. Ses baies sont toniques et excitantes ; elles guérissent la pourriture des moutons ; fermentées après avoir été broyées avec de l'eau, elles fournissent de l'eau-de-vie due à la décomposition du sucre qu'elles renferment en très grande quantité.

Le hêtre ou foyard est, après le chêne, le plus grand de nos arbres forestiers ; quoique doué de beaucoup de vigueur, il est sensible aux grands froids, ainsi qu'à la sécheresse. Il ne donne des graines qu'à soixante ans ; on les emploie à la fabrication de l'huile et à l'engraissement des porcs. Un hectare de ces arbres suffit pour l'engraissement de 4 porcs mangeant chacun 500 kil. de faînes. Les faînes ne sont pas bonnes pour toute espèce de bétail ; elles sont vénéneuses pour les chevaux. Quoique cet arbre vienne partout où le climat n'est pas trop froid, il ne prend tout son développement que là où il trouve une terre profonde, riche et fraîche. Dans le canton de Schwytz, derrière la ville de Sarnen, on trouve au pied de la montagne du Brunig des hêtres de près de 30 mètres de hauteur, droits comme des sapins et ayant aussi la tige nue comme eux, tandis qu'en général ces arbres présentent l'aspect du chêne. Les racines pivotantes de cet arbre sont très robustes ; toutefois pas autant que celles du chêne.

Le chéne ne fructifie pas avant quatre-vingts ans ; ses glands sont âpres ; il possède cependant des variétés à fruits doux avec lesquelles on fait un café fortifiant qui commence à être beaucoup employé. Le chêne adulte donne 20 à 25 kil. de gland par an ; or, comme il en faut 600 kil. pour engraisser un porc, il s'ensuit que **27** de ces arbres sont nécessaires pour y suffire. Le gland est composé de :

Fécule.	36,93
Sucre	7,00
Gomme et acide tannique	5,00
Albumine et gluten.	15,00
Graisse.	3,27
Ligneux	1,90
Sels	0,90
Eau	30,00
	100,00

Cet arbre ne vient bien que dans les terres riches, fraîches et profondes de 2 mètres au moins. Les chênes d'Amérique croissent beaucoup plus vite que les nôtres ; mais leur bois est tendre et blanc ; l'un d'eux, le quercitron, donne une belle couleur jaune : le liber du chêne liége sert à fabriquer les bouchons. L'écorce du chêne est la plus riche en acide tannique; aussi est-elle employée en totalité par les tanneurs ; elle donne même lieu à une culture spéciale dans les montagnes de la forêt Noire où on cultive le chêne pendant neuf ans; on le coupe, l'arrache et l'écorce, sème du blé à sa place, et en automne, rend la terre aux chênes. L'écorce ne contient plus de tannin quand elle est vieille.

Le bouleau est un arbre précieux pour les climats froids et humides, il étend au loin ses vigoureuses racines et donne une foule de produits utiles. Les feuilles recherchées par le bétail sont formées de :

Résine, cire et ligneux	33,9
Gomme, sucre, albumine et acide tannique.	11,4
Huile volatile	2
Eau	54,5
	100,0

Les racines donnent la fameuse résine à laquelle le cuir de Russie doit sa force, son imperméabilité et son odeur ; son liber sert, comme celui du tilleul, à faire des étoffes grossières et l'écorce elle-même, souple et compacte comme du cuir, le remplace dans une foule d'applications ; elle est composée de :

Résine	18,6
Sucre et gomme	4,5
Liége	9,2
Acides gallique et tannique	2,2
Sels	5,5
Eau	60,0
	100,0

C'est donc un mélange de liége avec une résine demi-liquide.

La sève enfin, riche en sucre et en crême de tartre, est employée à la fabrication de boissons mousseuses analogues au vin de Champagne et fort recherchées par les habitants du nord. En un mot, le bouleau est aux pays froids ce que le palmier est aux pays chauds.

Le frêne exige une terre forte, pourvu qu'elle ne soit pas submergée ; il croît vite et fournit le bois le plus tenace ; aussi est-il consommé presqu'en totalité par les charrons. Ce bois blanc, rayé de longues et fortes veines brunes, prend un beau poli ; c'est avec lui que les Viennois fabriquent ces meubles qui font le juste orgueil de leurs ébénistes et qui lorsqu'ils sont neufs ressemblent à ceux de bois de citronnier ; leur teinte se fonce un peu avec les années ; mais reste toujours fort agréable et plus belle que celle d'aucun bois exotique. L'écorce et les feuilles de cet arbre passent pour fébrifuges ; le feuillage en est fort recherché par tous les herbivores. C'est le meilleur de tous les bois à brûler. Comme les cantharides recherchent ses feuilles, il faut éviter d'en fourrager le bétail avant de s'être assuré que ces dangereux insectes les ont quittées.

L'aulne a le bois rouge et l'aubier blanc, c'est l'arbre des pays humides ; ses longues racines aiment à plonger dans l'eau ; aussi l'emploie-t-on pour garnir les bords des rivières et des lacs qu'il affermit tout en les rendant productifs. On le multiplie des drageons qu'ils donne en abondance ; son bois est excellent pour les constructions aquatiques telles que les conduites d'eau, les écluses et autres analogues. Son écorce est employée en teinture et ses feuilles en médecine, comme fébrifuge.

Les peupliers sont fort commodes à cause de la rapidité de leur croissance qui leur permet de protéger rapidement de grandes étendues de terrain et de produire en peu de temps beaucoup de bois. Ce bois blanc et léger brûle facilement, mais ne produit pas beaucoup de chaleur. Les feuilles sont recherchées par le bétail. Cet arbre sert de refuge à une multitude d'insectes, et tout spécialement aux teignes, ce qui doit le faire éloigner soigneusement des habitations et des ruchers. Le peuplier aime les terres fraîches, riches et croît même dans l'eau ; nous en dirons autant du platane d'Occident et du saule ; ce dernier est beaucoup cultivé pour son écorce riche en salicine, principe fébrifuge très recherché en Amérique et qui n'est point apprécié en Europe à sa valeur réelle.

Le platane d'Orient est certainement le plus bel arbre qu'on puisse planter dans les terres fortes et fraîches ; il croît vite ; donne d'excellent bois et n'a qu'un défaut, celui de laisser tomber de ses bourgeons et de ses feuilles une espèce de duvet irritant qui force à l'éloigner des habitations parce qu'il produit une vive inflammation des yeux et des poumons.

Le robinier ou faux acacia exige un sol léger, très sec, et assez profond ; il croît vite et donne un excellent bois à brûler ; ses grosses épines en rendent l'exploitation difficile. L'aubier en est blanc, le bois vert et cassant.

L'érable faux platane est un beau et bon bois qui vaut tout autant que le hêtre ; il vient partout, bien qu'il préfère les terres profondes et fraîches.

Le tilleul donne un bois blanc, un feuillage excellent pour le bétail, des fleurs employées en médecine et très recherchées par les abeilles ; il vient partout ; mais redoute la sécheresse et les grands vents.

L'orme vient aussi partout, se cultive comme le hêtre, et donne, moins l'huile, les mêmes produits.

La même essence d'arbres peut revenir sans cesse sur le même terrain ; ce qui a fait croire l'inverse, c'est que, dans les coupes blanches, la même espèce ne reparaît pas toujours dans le sol qu'elle vient de quitter ; mais c'est un effet tout naturel de l'absence des portegraines ; car si on en laisse, ou qu'on en sème les graines, on verra aussitôt repousser l'espèce qu'on avait détruite et qui se développera avec vigueur.

Avant de parler des produits, nous devons nous arrêter à la *récolte*, à la manière de l'opérer et de la conserver. On récolte les plantes au moment où le produit qu'on veut en tirer a atteint son degré de perfection ; ainsi on coupe au moment où il monte en épis, le seigle qu'on veut faire manger en vert, tandis qu'on laisse mûrir celui dont on veut utiliser la graine. Le meilleur moment pour couper les fourrages est celui où ils vont fleurir, parce qu'ils sont gorgés de sucs nutritifs qu'on utilise alors en totalité ; plus tôt, ils n'ont pas acquis tout leur développement ; plus tard, on perd les fleurs qui se détachent et tombent par la dessiccation ; quant aux feuilles, on les cueille quand elles ont acquis le développement voulu pour chacune d'elles ; nous en dirons autant des tiges.

Toutes les fois que l'on veut les graines pour reproduire la plante, on doit en attendre la complète maturité ; dans le cas contraire, on ne l'attend pas, ce qui fait qu'on est moins pressé pour la moisson, qu'on perd moins de graines et qu'on obtient des céréales une farine beaucoup plus blanche. On peut moissonner les céréales par le sec ; mais on ne doit jamais couper le colza et autres plantes à silique, que par la rosée. Dès que les graines sont abattues, on les lie en bottes qu'on sèche debout et qu'on rentre ou met en meules ayant un courant d'air au centre vers lequel on tourne les épis.

Quand la pluie survient après la coupe des blés, on place 4 gerbes debout et ouvrant la cinquième on la renverse sur les épis des quatre autres qu'elle garantit en plein ; avec le foin nous avons vu qu'on pouvait tirer parti de sa fermentation, au lieu de le sécher sur des perches ou des arbres artificiels qui le font profiter du mouvement de l'air.

On conserve les foins dans des granges très sèches, en ayant soin de les garantir des émanations du bétail. Quant aux racines, on les met dans un endroit sombre et sec dont la température ne doit pas dépasser 8 à 10° C, ou bien on les conserve dans des silos creusés à $0^m,30$ dans une terre sèche et qu'on remplit avec les racines qu'on y empile en pyramide ; les tas formés, on les couvre de paille ; puis de 0,30 centimètres de terre, en laissant des soupiraux par lesquels on donne de l'air quand il fait beau et qu'on clôt avec le plus grand soin par la gelée ; grâce aux silos on conserve sans peine les betteraves jusqu'au mois de mai ; ce qui est impossible dans les meilleures caves.

On garde les grains dans des chambres closes et sèches, bien éclairées et faciles à visiter et à nettoyer ; on y entasse les graines fraîches à 45 ou 50 centimètres pour les céréales, 10 à 15 centimètres au plus pour le colza ou les pois ; pendant les premières semaines on remue les graines deux fois par jour, afin qu'elles ne s'échauffent pas ; plus tard, seulement chaque mois ; elles perdent la première année 3 p. 100 de leur volume, et 1 et demi seulement durant les années suivantes. Cette diminution de volume est due au retrait de la graine qui se contracte à mesure qu'elle perd son eau.

Pour chasser les souris des greniers, on emploie les chats ou les furets, ou bien on leur donne des graines de ricin qu'elles mangent avec avidité et qui les tuent infailliblement ; il est plus difficile d'atteindre les insectes. Pour chasser les insectes des greniers, on fait bien d'y entretenir quelques rougegorges ou fauvettes ; quand ils y pullulent, on a recours aux feuilles de sureau qu'on mêle aux tas de grains, et avec lesquelles on fait des fumigations en les faisant bouillir avec de l'eau.

En dernière analyse, dès que le mal est considérable , il faut mettre le grain dans des tonneaux bien clos qu'on soufre fortement, ou bien dans lesquels on verse quelques gouttes de chloroforme qui tuent tous les insectes sans nuire au grain.

Les fruits sont transportés dans des caves fraîches et susceptibles d'être aérées ; sans être chaudes, elles doivent être à l'abri de la gelée. Si on veut garder les fruits plus longtemps, alors on les dessèche après les avoir coupés en morceaux, ou simplement ouverts, ce qui permet de les conserver intacts pendant quatre ou cinq ans.

Il arrive qu'on tient quelquefois à garder entières des plantes vivantes ; on les met alors dans des bâches, enfoncées de 2 à 3 mètres dans le sol et couvertes d'un vitrage qu'on découvre quand il fait beau ; mieux vaut adjoindre à l'étable une serre vitrée , qu'elle chauffe et dans laquelle on élève sans autres frais que ceux de la construction, toutes les espèces dont on a besoin pour les plantations du printemps. Ces serres doivent toujours être exposées en plein midi et munies de vasistas , distribués de manière à pouvoir en aérer toutes les parties. Elles ont l'inconvénient de permettre le développement des pucerons qui y pullulent bientôt, sous l'influence de l'air humide que la respiration des bestiaux y accumule ; mais on s'en débarrasse vite en y lâchant quelques oiseaux insectivores, tels que des rougegorges, rossignols ou fauvettes.

CHAPITRE VI.

Produits.

Parmi les divers produits extraits ou fabriqués dans les campagnes avec les plantes, nous devons nous occuper spécialement des :

Farines. Le grain se conserve indéfiniment, mais non pas la farine, qui s'altère au bout de peu de mois et devient aigre, en sorte qu'il faut bien se garder d'en faire des provisions. Cent parties de grains donnent, suivant la perfection du moulin, 40 à 72 p. 100 de farine de première qualité, 30 à 60 de seconde qualité, 10 à 3 de farine noire, 25 à 12 de son et perte. Pour faire le pain, on pétrit la farine avec les $\frac{2}{3}$ de son poids d'eau, du levain et du sel, et on obtient après la cuisson, qui s'effectue entre 150° et 300° C, un tiers plus de pain qu'on n'a employé de farine ; le pain contient de 45 à 50 p. 100 d'eau et ne se laisse conserver qu'après avoir été complétement désséché. Le grain légèrement torréfié est de fort longue garde ; grâce à lui on peut se passer de la mouture ; car il donne, tout simplement délayé dans l'eau chaude, des potages et des bouillies excellents ; c'est une préparation en vogue chez tous les peuples nomades et que nous devrions imiter dans une foule de circonstances, tant à cause de sa longue garde et de son bon goût, que de ses propriétés antiputrides qui doublent son utilité dans les pays chauds. Comme les farines sont hygrométriques, on les conserve dans des coffres fermés placés dans des endroits secs ; la farine répandue en poussière dans les airs, s'enflamme au contact des corps en ignition, et détone avec force ; on doit donc se garder d'approcher avec une lumière des endroits d'où il s'élève de la poussière de farine.

Le son est un peu plus facile à conserver que la farine, mais il s'échauffe aussi avec une déplorable facilité, quand on ne le met pas à l'abri de l'air humide.

La fécule. On ne la fabrique qu'avec les pommes de terre qu'on râpe et dont on lave la pulpe sur un tamis à mailles serrées, aussi longtemps que l'eau passe trouble ; l'eau en se reposant dépose la fécule, qu'il n'y a plus qu'à recueillir et déssécher. L'amidon est la fécule extraite des grains.

Le sucre. Pour l'obtenir de la sève des érables et des bouleaux, il n'y a qu'à la concentrer assez pour qu'elle cristallise ; cette opération est plus compliquée avec la betterave, parce qu'elle contient beaucoup de substances étrangères. Le jus de la canne en contient 10 à 18 p. 100, celui de la betterave 5 à 14, et celui des bouleaux 1 à 4 p. 100.

Au lieu d'extraire le sucre des betteraves et des carottes, on le soumet quelquefois directement à la fermentation pour en fabriquer de l'alcool ; on retire alors de :

$$100 \text{ kilogr. de betteraves } 4 \text{ litres d'esprit } \tfrac{3}{5}$$
$$100 \quad \text{»} \quad \text{de carottes } 5 \quad \text{»} \quad \text{»} \quad \text{»}$$

L'esprit $\tfrac{3}{5}$ est de l'alcool anhydre, contenant 15 p. 100 de son poids d'eau. Cent parties de sucre se dédoublent lors de la fermentation en 49 parties d'acide carbonique qui se dégage, et 51 parties d'alcool, qui reste en dissolution dans l'eau. Comme le jus des racines dont nous nous occupons tourne facilement à l'aigre, on y met, par hectolitre, 100 grammes d'acide sulfurique, pour empêcher la fermentation acétique, et 100 gr. de levure pour provoquer la fermentation alcoolique.

Pour extraire l'eau-de-vie des fruits, on les broie et en fait avec de l'eau une pâte claire qu'on fait fermenter dans des vases clos. Comme la fermentation est achevée au bout de trois ou quatre semaines, on distille à cette époque et on retire de chaque corbeille de 22 litres de poires douces, 2 à 2 et 1/2 litres d'esprit $\tfrac{3}{5}$, et de chaque corbeille de pommes, seulement 1 à 1 et 1/2 litres. Un hectolitre de petites cerises mondées fournit dix litres d'alcool.

On tire aussi quelquefois l'alcool de la fécule, après l'avoir transformée d'abord par la diastase qui se trouve dans l'orge germée, ou bien aussi par l'acide sulfurique dilué, en sucre de raisins; c'est ainsi qu'on opère pour distiller les pommes de terre et les grains qui donnent les quantités suivantes d'esprit $\frac{3}{6}$.

100 kilogr.	froment	donnent	84	litres	alcool	$\frac{3}{6}$	
»	»	seigle	»	72	»	»	»
»	»	orge	»	66	»	»	»
»	»	avoine	»	60	»	»	»
»	»	p. de terre	»	24	»	»	»

Les huiles siccatives sont fournies par les pavots, le lin et les noyers; les huiles grasses, par les autres plantes. On les extrait par la pression, et cela d'autant plus facilement que les graines sont plus sèches, parce qu'ayant perdu toute leur élasticité, elles se laissent plus facilement broyer et réduire en pâte. Comme elles s'écoulent troubles de dessous la presse, on les clarifie en les filtrant sur de la sciure de bois blanc, ou bien en les battant avec une solution d'écorce de chêne dans l'eau bouillante; on emploie la décoction chaude de 5 kilogr. de tan pour chaque hectolitre d'huile. La méthode la plus usitée pour la clarification de l'huile, consiste à la mélanger avec 2 p. 100 d'acide sulfurique, à bien remuer le mélange, puis, au bout de vingt-quatre heures, à décanter l'huile claire qu'on lave avec de l'eau chargée de craie, pour saturer l'acide sulfurique; cette méthode est défectueuse en ce qu'elle développe dans l'huile des acides gras composés, auxquels nous attribuons la prompte détérioration du mécanisme des lampes alimentées avec ce mélange.

Quelle que soit leur espèce, toutes les huiles doivent être conservées à l'abri du contact de l'air dans des vases clos; pour les huiles fines, le mieux est de les mettre en bouteilles et de les conserver à la cave comme les vins.

Les résines sont un des produits les plus lucratifs des forêts d'arbres à aiguilles; 100 pins de 32 à 40 centimètres de diamètre donnent 2 à 400 kilogr. de résine par an, lorsqu'on renouvelle cinq fois pendant l'année la surface des entailles. La résine brute est un mélange d'essence de térébenthine, de colophane, d'eau et de bois; on la purifie en la fondant, et on en retire 90 p. 100 de brai purifié qui, distillé, produit 12 à 15 centièmes d'essence et 70 de colophane.

Les écorces sont une grande source de gains dans le voisinage des tanneries; on n'emploie que celle des jeunes chênes ou des jeunes branches des vieux arbres; il faut les sécher et les tenir soigneusement à l'abri de la pluie qui leur fait perdre leurs propriétés utiles en leur enlevant le tannin. Nous venons de voir qu'on peut employer le tannin à la purification des huiles; on pourrait l'appliquer aussi à celle du jus de betteraves et de raisins.

Les fruits entiers sont conservés dans un épais sirop de sucre, ou bien aussi dans le vide par le procédé Appert, connu à présent de toutes les ménagères sous le nom de bain-marie. Le procédé de M. Masson, qui consiste à déssécher les fruits et les légumes à une basse température, dans le vide sec, et à les comprimer ensuite, donne des produits de toute beauté, et qu'il suffit de tremper dans l'eau pour leur rendre toute leur fraîcheur primitive.

En général, on dessèche les fruits dans des étuves et en les gardant dans un endroit sec, on peut les y conserver durant quatre ou cinq années consécutives, bien que leur saveur diminue considérablement avec le temps.

Les gelées de fruits sont obtenues par la cuisson des fruits avec de l'eau; ce sont les fruits acides qui en donnent le plus; les fraises et les framboises n'en renferment que peu, tandis qu'on en obtient beaucoup avec les groseilles et les pommes. La substance qui produit la gelée est analogue au bois, et c'est la cuisson avec l'acide qui la met en liberté en la gonflant; du reste, les alcalis produisent le même effet, à ceci près, qu'après avoir formé cet acide pectique, ils le dissolvent, en sorte que pour avoir la gelée on doit la précipiter à l'aide d'un acide. Nous avons déjà vu que les propriétés de l'acide pectique le rapprochent de la bassorine, dont il ne diffère absolument que par sa solubilité dans les alcalis. Une faute qu'on fait souvent est de cuire les gelées trop longtemps, parce qu'alors l'acide pectique se change en gomme, non susceptible de se prendre en gelée.

Quand on a affaire à des fruits non gélatinisables, on les cuit en consistance de sirop épais, qu'on peut conserver longtemps et qui est une fort bonne provision d'hiver, que les abeilles aiment beaucoup et avec laquelle on peut les nourrir, après avoir eu la précaution d'y mettre de la craie pour en saturer l'acide qui les dévoierait très fortement.

Bois. La conservation des bois, fort importante en magasin, l'est bien plus encore dans les habitations, dont ils font une partie bien essentielle et trop facilement altérable. Il ne peut être ici question que des bois de construction; car les bois à brûler ne restent pas longtemps dans les magasins, et il n'y a qu'à les garantir de l'eau qui les fait pourrir.

La coupe des bois est réglée par la diminution dans la vitalité des arbres, et surtout par le moment où leur production en bois a atteint son maximum d'intensité, c'est-à-dire de 60 à 120 ans pour les conifères, et de 100 à 150 ans pour les arbres à feuilles, suivant l'exposition et la nature du sol. On abat aussi les arbres dès qu'ils ont la taille voulue pour certaines industries; ainsi les futaies de châtaigniers, dès qu'elles ont la grosseur du bras ou moins encore, parce qu'on les emploie à la confection des cercles des tonneaux.

En général, on ne coupe après la sève du printemps ou d'août, que les arbres dont on veut enlever l'écorce, et on a tort, parce que leur bois est beaucoup moins sujet aux vers et que leur charbon est plus poreux. En général, on coupe en automne et en hiver.

Les bois donnent d'autant plus de chaleur et sont d'autant plus compacts qu'ils ont crû sous un ciel et sur un sol plus secs. Le bois qui chauffe le plus est celui de frêne, après lequel vient celui de hêtre, de chêne, le bouleau, les bois résineux et enfin les bois blancs.

Les bois les plus durables sont ceux de chêne, de châtaignier et de mélèze; celui d'aulne résiste mieux qu'eux, à l'eau.

Les vers attaquent les bois blancs et tendres de préférence à ceux qui sont durs et de couleur foncée.

Les bois donnent de 50 à 60 p. 100 de leur poids en charbon, qui est d'autant meilleur qu'on l'a brûlé à une température plus basse.

Il faut que les bois qu'on emmagasine soient bien secs, sans quoi ils s'altèrent, pourrissent et ne sont plus bons, même à brûler.

Les procédés de conservation des bois doivent être rangés dans deux classes, dont l'une comprend ceux qui consistent à imprégner le bois de substances antiputrides, et l'autre ceux qui se bornent à le couvrir avec des enduits imperméables à l'eau et à l'air.

Les procédés d'imprégnation des bois sont tous récents, puisque nous les devons à M. le docteur Boucherie, qui le premier a eu l'heureuse idée de faire absorber aux arbres en pleine sève, les solutions métalliques qui devaient les garantir de la destruction ; ce savant distingué se servit, dans ce but, d'acétate ferrique et nous pensons que c'est aussi cette voie qui est la bonne, puisqu'elle seule permet de métalliser le bois, parce que l'acide acétique étant volatil, se dégage et laisse seul l'oxyde métallique, qui s'unit si intimement au bois qu'il forme corps avec lui et lui communique tous ses caractères. L'acétate ferrique a l'inconvénient de teindre les bois en brun ; on ferait bien de lui substituer l'acétate zincique qui n'en changerait pas la couleur, tout en jouissant de propriétés encore plus antiseptiques que celui de fer. Les autres sels employés, tels que les sulfates ferreux, cuivrique et le chlorure zincique, agissent avec beaucoup moins d'énergie que les acétates, parce qu'ils ne se combinent pas avec le bois auquel ils ne sont que superposés ; aussi peut-on les lui enlever en les trempant dans l'eau ; avec le temps, ces sels s'altèrent cependant, une portion de leur oxyde est mise en liberté, tandis que l'acide auquel il était uni attaque le bois et doit le désorganiser plus ou moins profondément ; ceux de ces sels qui réussissent le mieux sont les sulfates ferreux et cuivriques ; mais surtout le chlorure zincique.

On fait la solution zincique en dissolvant 1 litre de chlorure zincique dans 30 litres d'eau, et celle de cuivre en employant 1 kilogr. de sulfate cuivrique pour 2 litres d'eau ; on y immerge les bois pendant quelques jours, jusqu'à ce qu'ils soient bien imbibés de la solution, dont on les retire pour les égoutter ensuite. Les bois préparés avec des solutions métalliques sont aussi inaltérables et aussi incombustibles que la pierre ; aussi ne peut-on point assez en recommander l'emploi dans les habitations.

Nous traiterons les divers procédés de vernissage des bois quand nous nous occuperons des constructions rustiques, puisqu'on n'applique ces enduits que sur place.

Il est une industrie agricole qui va nous arrêter assez longtemps et clore ce chapitre ; c'est celle des *vins*, dont il y a plusieurs sortes, suivant qu'on les fait avec la sève des bouleaux, le jus des cerises, des poires, des pommes, des prunes ou des raisins ; un seul est en usage partout, c'est celui de raisins, auquel nous vouerons toute l'attention qu'il mérite, puisqu'il est devenu la source des bénéfices les plus nets et les plus sûrs de l'agriculture.

On appelle *cidre* le vin qu'on fabrique avec les pommes ou les poires. Le cidre vaut mieux que le vin pour les ouvriers, qu'il fortifie sans les échauffer, ce qu'il doit à ses propriétés légèrement laxatives. C'est avec les pommes aigres et tardives qu'on fait le meilleur cidre, pourvu qu'on les cueille bien mûres. Après la cueillette, on met les pommes en tas dans un endroit sec, où on les laisse un peu s'échauffer, après quoi on les broie aussi complétement que possible sous des meules, et on exprime la pâte ainsi obtenue. Le jus abandonné à lui-même entre bientôt en fermentation, et on le soutire dans des tonneaux propres dès qu'il est clair ; ensuite on le soigne comme du vin. On donne le marc au bétail, après l'avoir salé et mélangé avec du foin. En général, 8 à 10 corbeilles de 22 litres de pommes donnent 150 litres de jus.

Le moût de raisin tire, suivant l'espèce, la nature du raisin et surtout celle de l'année, 4 à 12°AB, c'est-à-dire qu'il est plus ou moins riche en sucre. Quand le moût contient 6 p. 100 de sucre, il tire $4\frac{1}{2}$° AB et donne un vin inbuvable ; avec 10 p. 100 il est buvable, 12 p. 100 soit 9°AB moyen, 14 p. 100 passable, 16 p. 100 bon, 20 p. 100 excellent ; mais il est bien rare qu'on atteigne ce dernier chiffre. A l'aide de ces données expérimentales, il est clair qu'en ajoutant à du mauvais moût qui ne tire que 9°AB, 5 p. 100 de son poids de sucre raisin, on en fera un vin excessivement alcoolique, mais sans bouquet, puisque celui-ci dépend de l'arôme de la gousse qui ne se développe que dans les bonnes années ; aussi doit-on le parfumer avec des framboises, de l'éther acétique ou autres analogues.

Le moût renferme aussi du bitartre potassique, ou crême de tartre, à la dose de $\frac{1}{4}$ p. 100 dans celui de première qualité, $\frac{1}{2}$ p. 100 dans le moût doux ordinaire, $\frac{3}{4}$ p. 100 dans le moût aigrelet et 1 à 2 p. 100 celui qui est acide. La crême de tartre régularise la fermentation et l'empêche de devenir putride. L'acide tartrique n'apparaît qu'en dernier lieu dans le raisin, où on trouve d'abord, et tant qu'il est dur et vert, l'acide malique, comme dans les feuilles ; puis, son isomère l'acide citrique, et enfin l'acide tartrique. Comme l'acide citrique est toujours fort cher, il y aurait a antage, dans les mauvaises années, à l'extraire des raisins mal mûrs, plutôt que de les employer à faire une boisson aussi malsaine que désagréable.

L'acide tannique, qui existe en très forte proportion dans les gousses et surtout dans le rafle des raisins, contribue beaucoup à la purification et à la conservation des vins, en précipitant le ferment qui, sans son intervention, resterait en suspension et continuerait à agir jusqu'à ce que le vin eût passé à l'état de vinaigre. En laissant longtemps le moût en contact avec les rafles, on le charge d'acide tannique qui lui donne beaucoup d'âpreté et le rend de fort longue garde ; il lui faut souvent des années avant qu'il soit buvable : mais il est alors bien limpide et prend souvent un bouquet délicieux et tout spécial. Un cuvage prolongé sur les gousses est indispensable aux vins rouges, quand on désire les avoir chargés en couleur, parce que c'est dans la gousse que réside leur matière colorante. Des viticulteurs imprudents cherchent quelquefois à corriger l'âpreté de leurs vins en y introduisant de la chaux, et ils atteignent leur but ; car les acides neutralisés se précipitent en même temps que la chaux à laquelle ils se sont unis ; mais il faut boire ces vins-là de suite, si on ne veut pas les voir devenir visqueux, puis passer rapidement à l'état de vinaigre.

La fermentation du moût doit s'opérer dans des appartements chauffés à + 10°C ; au-dessus de 12°C, le moût tourne facilement à l'aigre ; au-dessous elle est lente, irrégulière et se continue alors dans les tonneaux où elle se prolonge beaucoup, ce qui n'est pas sans inconvénients. Quand la fermentation est trop brusque, le bouquet du vin ne se développe pas ; c'est par cette raison que les vins du midi n'en ont pas, tandis qu'il est une des plus précieuses qualités de ceux du nord ; le bouquet des vins du Rhin rappelle l'odeur des feuilles de noyer, celui des vins de Bourgogne l'éther acétique : quant aux vins de Neuchâtel, ils ont souvent l'odeur des fraises et des framboises ; nous avons eu des vins blancs du canton de Vaud, dont le bouquet était absolument semblable à celui de l'ananas ; les vins du Vésuve, et tout spécialement le Lacryma-Christi blanc, ont un bouquet d'une intensité bien extraordinaire et qui est semblable au parfum des éthers ; comme nous ignorons quels sont les soins qu'on donne à ces vins, nous ne pouvons pas non plus nous faire d'idée de la manière dont ce délicieux bouquet a pris naissance. En Crimée, on parfume les excellents vins de cette presqu'île avec les fleurs du chalef ou celles des roses, et on les y désigne, non point comme on le fait ailleurs, par leur origine ; mais bien par le nom de la plante avec laquelle on les a parfumés.

Pour avoir de beaux vins rouges, on laisse le moût fermenter sur les gousses pendant huit ou dix jours, et on exprime dès que la fermentation cesse, ce qu'on reconnaît à ce que les gousses soulevées d'abord par le gaz qui se dégageait, tendent à tomber au fond du vase. Il est important de couvrir avec le plus grand soin les cuves dans lesquelles s'opère la fermentation pour empêcher les gousses d'entrer en contact avec l'oxygène de l'air, qui y développe beaucoup d'acide acétique, dont le goût et la saveur aigres nuisent considérablement au vin.

Quand la fermentation est terminée on ajoute aux moûts faibles dans les tonneaux de l'alcool à la dose de 1 litre par hectolitre pour avoir un bon vin ordinaire, et jusqu'à 8 litres pour imiter les vins secs du Midi. La quantité d'alcool contenue dans les meilleurs vins ordinaires varie de 9 à 18 p. 100 ; pour donner une idée de leur composition, nous rapporterons l'analyse de deux excellents vins de :

	Bourgogne.	Bordeaux.
Alcool	13,53	9,48
Acide tannique	00,88	1,31
Matière colorante	00,86	0,46
Sels organiques	00,42	1,09
Sels minéraux	00,31	0,14
	16,00	12,48

Cette analyse démontre que la grande différence qu'il y a entre les vins de Bordeaux et ceux de Bourgogne vient de ce qu'ils renferment davantage d'acide tannique et de crême de tartre.

On imite parfaitement les vins de Bourgogne en ajoutant à de bons vins rouges, et par hectolitre, 250 grammes de crême de tartre, et 25 à 30 grammes de bon cachou jaune.

Le moût qui s'écoule d'abord du pressoir donne un meilleur vin que celui qui provient des seconde et troisième expressions, parce qu'il n'est pas aussi chargé que ce dernier des acides tartrique, malique et tannique contenus dans la grappe.

Le moût passe du pressoir à la cave, où on le reçoit dans des vases en chêne verni extérieurement à l'huile de lin, et non pas avec une couleur à base métallique, qui peut communiquer au vin des propriétés vénéneuses, ou, au moins, un goût désagréable. Le vin se fait moins vite dans des tonneaux vernis que dans ceux qui ne l'ont pas été, parce qu'il ne s'y concentre pas, et que l'oxygène de l'air ne peut plus arriver jusqu'à lui ; en échange, le volume du vin ne diminue plus aussi rapidement ; et les vases se conservent beaucoup plus longtemps.

Les caves doivent être bien aérées, assez humides et assez profondes pour qu'il n'y gèle jamais ; il faut les tenir avec la plus scrupuleuse propreté ; car la moindre odeur qui s'y développe passe dans les vins auxquels elle communique facilement une saveur désagréable.

Les tonneaux sont généralement en chêne ; ils doivent être constamment très propres. Une fois remplis, on doit remplacer le vin à mesure qu'il s'évapore, sous peine de le voir passer à l'aigre et se couvrir de fleurs. Dès qu'un vase de cave est vide, on le lave à grande eau, le laisse égoutter, puis on le soufre afin de l'empêcher de moisir, on renouvelle cette dernière opération six ou huit fois par an. Les tonneaux neufs, de même aussi, que ceux qui ont moisi, sont nettoyés avec un lait de chaux, puis à l'eau claire, et soufrés ensuite comme d'habitude ; on doit bien se garder d'enlever à la main la moisissure des tonneaux, avant que de les laver, parce qu'en passant dans les poumons et la bouche, elle occasionne des empoisonnements très graves et dont l'effet est immédiat. Le soufrage atteint en plein son but ; mais il communique au vin une désagréable odeur de *pierre à fusil* qu'il faut tâcher d'éviter, on y est arrivé en brûlant les tonneaux avec de l'alcool. Pour appliquer ce procédé on verse dans le vase un verre d'eau-de-vie qu'on enflamme aussitôt sans rouler le tonneau auparavant; si on ne mettait pas le feu à l'alcool dès qu'on l'a versé, ses vapeurs se mêleraient à l'air et produiraient avec lui un mélange détonant d'une façon épouvantable et qui ferait sauter le vase en éclats, comme cela est arrivé il y a quelques années au canton de Vaud, où deux hommes ont été tués de cette manière. Quand on veut brûler un tonneau qui n'est pas vide, on y introduit l'alcool dans un verre suspendu à la bonde qu'on remet en place après y avoir mis le feu; ce moyen, tout aussi actif que le soufrage, bien loin de gâter le bouquet du vin, semble au contraire l'augmenter.

Ordinairement la fermentation continue dans les tonneaux qu'on ne doit donc pas remplir en totalité; on en ferme le trou de bonde avec un petit sac rempli de sable qui laisse passer l'acide carbonique tout en retenant l'air atmosphérique. Pendant que la fermentation dure, il faut bien se garder de tenir les caves closes; car l'acide carbonique qui s'y accumulerait en très grandes masses pourrait y occasionner des accidents qui ne sont, hélas! que trop fréquents. Il est donc prudent de s'assurer que l'air est respirable avant de descendre dans les caves où il y a du moût en fermentation; rien n'est plus facile, puisqu'il suffit d'y introduire une chandelle allumée fixée au bout d'une perche; si elle brûle bien, il n'y a rien à craindre; dans le cas contraire, il faut aérer fortement jusqu'à ce que tout l'acide carbonique soit enlevé.

Quelquefois les vins pauvres subissent une altération appelée *graisse* et qui les rend filants comme de l'huile; on les rétablit avec une solution d'écorce de chêne qui précipite le ferment cause unique de cette dégoûtante altération.

Au printemps, et par un beau temps, de février en mars, on soutire le vin dans des vases propres, et on recommence chaque année, en ayant soin de remplir tous les mois le vide produit dans les tonneaux, par l'évaporation du vin. Les vins s'améliorent avec les années, d'autant plus vite qu'ils sont plus doux; les vins âpres ou très riches en alcool, sont les seuls qu'on puisse conserver longtemps; les autres deviennent fades ou s'acidifient,

Les vins se font beaucoup mieux dans les grands vases, que dans les petits; quand ils sont faits, on les met en bouteilles et on les y conserve fort longtemps; il est très important que les bouchons soient très bons; car, le plus petit défaut communique au vin une saveur très désagréable. Quand les vins sont louches, on les colle avec le blanc de 4 ou 5 œufs par hectolitre, avant de les mettre en bouteilles; une légère addition de cachou dans les vins facilite beaucoup leur clarification et leur conservation, tout en leur donnant le goût et les propriétés du vin de Bordeaux.

Le marc des raisins est mis à fermenter, après quoi on le distille, de même aussi que les lies qui se déposent dans les tonneaux ensuite de la fermentation du vin; ce qui reste est criblé; on donne les gousses aux volailles ou bien aussi au bétail; quant aux grains, on les soumet à la presse; ils fournissent par hectolitre 4 à 7 kil. d'une huile douce aussi bonne que celle d'olive.

Enfin, on perd les feuilles de la vigne; il serait bien avantageux de les arracher immédiatement après la vendange, de les sècher, ou de les saler pour la nourriture du bétail; ce serait un gain presque net et qui aurait l'avantage d'enlever aux vignes, les œufs d'une multitude d'insectes qui sont attachés sous les feuilles.

On imite assez bien le vin en soumettant à la fermentation un mélange fait avec 400 kil. sucre de raisin et 2 kil. crême de tartre pour 288 litres d'eau; puis en ajoutant à cette préparation l'arôme et la couleur végétale les plus semblables à ceux du vin que l'on veut imiter.

CHAPITRE VII.

Maladies.

Il y a deux causes des maladies des plantes; les unes dépendent d'une altération mécanique et les autres d'une altération chimique.

Les altérations mécaniques sont dues à l'effet de la gelée qui déchire les tissus, ou de la sécheresse qui les racornit, ou bien aussi à la dent des animaux; quant aux altérations chimiques, elles sont dues à des causes nombreuses dont les principales sont l'absence des conditions normales de développement, puis et surtout l'action d'une humidité surabondante accompagnée d'une température relativement basse.

Pour ce qui a trait aux moyens d'irriguer et de dessécher les terrains, nous renvoyons à la chimie du sol ; nous n'avons donc à nous occuper que de la destruction des animaux nuisibles. Les bêtes fauves qui abîment si souvent les champs placés aux bords des forêts sont faciles à prendre avec des colle*s, parce qu'elles suivent toujours le même sentier ; le sanglier seul fait exception à cette règle, aussi le tue-t-on à coups de fusil ou bien avec des racines de son goût, dans lesquelles on a introduit de l'opium qui l'étourdit et permet de l'assommer sans danger. C'est au collet qu'on prend les lièvres et les lapins ; quant aux rats et aux souris, on les empoisonne avec une pâte dans laquelle on introduit une forte proportion de graines de ricin pilées ; cette préparation est beaucoup moins dangereuse pour les autres animaux, que celles d'arsenic ou de phosphore qu'on emploie habituellement. La pâte phosphorée est bien dangereuse dans les habitations, à cause de la facilité avec laquelle elle s'enflamme en se desséchant ; aussi ne doit-on l'y employer qu'avec la plus grande circonspection. Pour se défaire des souris, dans les prairies basses, il n'y a qu'à les irriguer, tandis que dans celles qui sont très sèches, le pacage en détruit un grand nombre en les écrasant dans leurs galeries ; du reste, le meilleur moyen de se débarrasser des souris, est de leur opposer les petits carnivores tels que les oiseaux de nuit, les renards, les chats ; mais surtout, les hérissons dont les services sont presque partout méconnus des agriculteurs ; aucun animal ne détruit autant de souris, limaces, vers, sauterelles et autres insectes que l'inoffensif hérisson qui ne touche jamais à une substance végétale. Les oiseaux sauvages ne ravagent jamais les champs auxquels ils sont d'ailleurs fort utiles en les débarrassant des insectes ; il n'en est pas ainsi durant les semailles ; mais on arrête ces petits voleurs en chaulant les graines ; quand les pigeons sauvages menacent les champs de vesces, ou les moineaux ceux de grains, il suffit de quelques coups de fusil, ou d'un épouvantail pour les éloigner. Si les oiseaux de proie n'étaient pas si dangereux pour les basses-cours, on devrait les recommander pour la destruction des souris et des limaces dont ils font une grande consommation.

Les plus terribles ennemis, le véritable fleau de nos cultures, ce sont les insectes qui les poursuivent depuis le moment où on les met en terre, jusqu'à celui où elles mûrissent leurs graines ; nommer les millepieds, les pucerons, les chenilles, les hannetons, les courtilières et les vers, c'est passer en revue une fraction des ennemis les plus acharnés du cultivateur ; mais le Créateur qui a formé les insectes pour mettre un terme au développement des plantes, en a mis aussi à la multiplication des insectes dont les ennemis les plus actifs sont les oiseaux, depuis ceux de proie, jusqu'à la caille, la poule et le moineau ; quelques-uns d'entre eux, comme les hirondelles et les fauvettes, ne se nourrissent absolument que d'insectes ; viennent ensuite les chauves-souris qui sont dans le même cas ; puis la taupe et le hérisson ainsi que la courtilière. On reproche à la taupe, et plus encore à la courtilière de gâter une foule de plantes en creusant leurs galeries souterraines, et on a raison ; surtout pour cette dernière qui mange aussi les racines des végétaux auxquelles la taupe ne touche jamais. La taupe est un animal éminemment utile et qu'on ne trouve jamais que dans les endroits où il y a beaucoup de vers ou de larves d'insectes ; bien loin de le poursuivre, on devrait le multiplier partout où les hannetons font des ravages, si ses galeries ne gâtaient pas une telle étendue de terrain ; ce juste reproche n'atteint pas le hérisson qu'on ne peut assez recommander aux cultivateurs, sous tous les rapports. Il est vraiment à regretter qu'on ne substitue point partout le hérisson au chat dans l'intérieur de nos habitations, puisqu'il en a tous les avantages sans en offrir un seul des si nombreux inconvénients.

Tous les insectes sont tués ou chassés par l'odeur, mieux encore, par une infusion de feuilles de sureau blanc, ou bien aussi, par le chloroforme, si facile à employer qu'il devrait se trouver entre les mains de tous les agriculteurs.

Contre les limaces le sel rend d'excellents services ; c'est un véritable poison pour ces mollusques ; le plus économique est cependant de leur opposer les hérissons ou les canards qui en font une telle consommation qu'en peu d'heures ils en débarrassent les jardins ; ce moyen que nous employons depuis bien des années n'entraîne aucun inconvénient quand on ne lâche les canards dans le jardin qu'après leur avoir donné largement à manger ; sinon, ils se laissent aller à becqueter quelques feuilles, sans pourtant causer jamais de véritables dommages comme les poules.

On arrête les ravages du petit insecte noir qui ronge les fleurs des pommiers en fixant en octobre, autour de leur tronc, une ceinture faite avec 3 kil. de poix pour 2 kil. d'huile de colza, dans laquelle ces dangereux petits animaux restent pris lorsqu'au printemps ils cherchent à monter sur les arbres. C'est aux oiseaux qu'il faut confier le soin de la destruction des chenilles, à moins qu'on ne leur donne directement la chasse, ce qui est facile, lorsque le soir elle se réunissent en groupes qu'on enlève sans peine. Comme les chenilles déposent leurs œufs dans les fentes de l'écorce et sur les feuilles sèches, on fait bien d'enlever les vieilles écorces, ainsi que les feuilles restées sur les arbres ; du reste, le moyen le plus sûr de préserver les arbres de la vermine, c'est d'y faire nicher en grand nombre, les fauvettes, pinsons et autres petits oiseaux insectivores.

Lorsque les sauterelles apparaissent, c'est avec le rouleau qu'il faut les attaquer, quitte à perdre la récolte qui retournée avec le cadavre de ces terribles insectes donne une excellente fumure qui permet à une récolte dérobée de couvrir une partie du déficit causé par l'invasion de ces animaux qui étendent leurs ravages depuis l'Afrique jusqu'au Valais et plus loin encore.

Quand les pucerons atteignent des plantes précieuses, on les prend à la main ; mais dans le cas où ils envahissent un champ, il faut enlever toutes les feuilles sur lesquelles ils se trouvent et les enterrer, arroser avec du purin afin de donner de l'élan à la végétation et de mettre par un prompt développement à l'abri de leurs piqûres les nouvelles feuilles qui ne tardent pas à remplacer celles qu'on vient d'arracher. En général dès que les insectes envahissent une récolte, il faut l'enlever ; c'est le seul moyen d'en avoir quelque chose, tout en détruisant la génération entière des parasites ; ce conseil donné par le savant M. Guérin-Menneville ne peut être assez publié, puisqu'il tranche le mal par la racine.

Les altises ou puces de terre, qui ravagent les plants de choux et de raves, ne résistent pas à l'eau de sureau ou de suie; elles craignent beaucoup aussi les cendres répandues en poussière sur elles,

C'est avec un mélange de 1 partie de calomel bien broyé avec
4 parties de sucre qu'on se défait infailliblement des guêpes,
blattes, grillons, et surtout des fourmis ; comme cette prépara
tion est dangereuse pour l'homme, il faut la mettre à l'abri des
passants et n'en faire que la quantité à employer tout de suite.

Elle agit parce que le calomel se change rapidement en sublimé
corosif qui est un violent poison quand il entre en contact avec
la salive acide des insectes.

La plupart des *maladies chimiques* des plantes sont caractérisées par des suintements ou bien par le développement de végétations parasites analogues aux moisissures. La *gomme* des arbres
fruitiers est due à la présence de l'eau dans le sol, ou bien à la
sécheresse qui provoque une stagnation de la sève sous l'écorce ;
elle est en général mortelle. On arrête la *carie* des blés par le
chaulage. Quant à la *rouille* et aux différentes espèces de *pourriture*, elles sont l'effet d'une humidité surabondante qu'il n'est pas
possible à l'homme d'écarter ; il ne peut qu'en atténuer les effets
en cultivant des plantes plus vigoureuses que les céréales et les
pommes de terre qui y sont le plus sujettes, parmi toutes celles
qu'on cultive.

La *chlorose* ou jaunisse des plantes est l'effet d'un mauvais
hiver, ou d'une fumure imparfaite ; on la guérit en fumant en
couverture. Elle se déclare aussi dans les terres marneuses, lorsque les végétaux arrivent à la couche d'argile imperméable : le
desséchement est alors sans remède.

La *miellée* ou extravasation de la sève survient au mois d'août
quand, après de grandes pluies, la végétation est brusquement
arrêtée par la sécheresse ; alors la sève ne pouvant plus redescendre dans le tronc sort par les pores des feuilles.

TROISIÈME PARTIE

CHIMIE DES ANIMAUX.

***

CHAPITRE PREMIER.

Formation.

Tous les animaux naissent, comme les plantes, d'un œuf ou graine, ou bien d'un bourgeon ; ce dernier mode de génération n'appartient qu'aux êtres placés le plus bas dans l'échelle animale, tels que les vers et les polypes ; nous n'aurons donc pas à nous en occuper ; quant aux autres animaux, on les divise en ovipares ou êtres qui pondent des œufs, comme les papillons, les lézards et les poules, et en vivipares ou êtres qui font leurs petits vivants, comme les lapins et les vaches ; entre ces deux classes il règne une étroite parenté. En effet, quoique la plupart des serpents soient ovipares, plusieurs d'entre eux, comme la vipère, sont vivipares, et un lézard bien connu est ovipare dans les terres humides et vivipare dans celles qui sont sèches ; plusieurs fois déjà des œufs retenus dans le corps des poules y ont produit des petits vivants, et la formation des petits de tous les vivipares est précédée par celle d'un œuf excessivement petit, qui, après avoir été fécondé, se développe en s'attachant à la matrice de la mère, dans les parois de laquelle il s'incruste ; l'œuf du bœuf, du porc, du chien n'est guère plus grand que la pointe d'une épingle ; aussi faut-il un œil bien exercé pour le découvrir. L'œuf des vivipares peut être comparé au germe des œufs ordinaires ; ce n'est qu'un point vital, que le ferment destiné à animer les substances organiques que vont lui fournir les intestins de sa mère. Comme les œufs des vivipares sont trop petits pour qu'on ait pu en faire l'analyse; nous passerons à l'examen de l'œuf de poule, qui est formé de trois parties bien distinctes, la coquille, le blanc ou albumine et le jaune ou vitellus. La coquille manque dans les œufs de grenouille; elle est très mince dans ceux de limaçon, membraneuse dans ceux de vers à soie et de serpents, dure et rugueuse dans ceux des gallinacées et des oies; polie et lisse comme de l'ivoire dans les œufs de canards. La couleur des coquilles d'œufs varie beaucoup; blanche dans la poule, le pigeon, le cygne, l'oie, le canard et tous les oiseaux de nuit; elle est rose parsemée de points plus ou moins rouges chez le dindon, la pintade et l'hirondelle; verte parsemée de points plus ou moins bruns chez la plupart des oiseaux chanteurs, puis chez le corbeau et la pie; brun clair tachée de brun foncé chez les cailles et les perdrix. On trouve peu d'œufs de couleur verte uniforme; ceux du faisan argenté sont d'un beau rose uniforme; du reste la couleur et la forme des taches varient avec les individus, et même avec les œufs d'un seul individu; elle est due à la matière colorante du sang que les petites glandes du cloaque sécrètent plus ou moins pure.

Le blanc d'œuf varie beaucoup avec les espèces; il est plus ou moins verdâtre et visqueux, et se coagule à des températures variables; celui des œufs de canards se prend en masse quand celui des œufs de poule commence à peine à se coaguler. L'albumine possède une odeur fade qui devient désagréable quand les poules ont mangé des hannetons; celle des œufs de tortue est très épaisse et ne se coagule pas quand on la chauffe, non plus que celle des œufs d'escargots, qui offre plutôt les caractères de la gélatine.

Quant au jaune d'œuf ou vitellus, il présente aussi de grandes variations de couleur et de composition; noir dans les œufs de grenouille, il manque dans ceux d'escargots, et se présente avec une teinte jaune plus ou moins foncée dans les œufs de tous les oiseaux. Chez les poules, le jaune ou vitellus est beaucoup plus foncé en été qu'en hiver, ce qui vient sans doute de ce qu'elles mangent alors de l'herbe à laquelle elles empruntent la matière colorante qui n'existe qu'en petite quantité dans leur nourriture sèche. Le rapport du volume du vitellus à celui de l'albumine varie avec la durée de l'incubation, au moins pour la poule, la dinde et la cane de Barbarie, car en le représentant par 3 pour la poule, il est de 4 pour la dinde et de 6 pour la cane de Barbarie. Ce résultat est facile à expliquer quand on sait que le jaune d'œuf correspond au lait de la mère chez les vivipares; c'est lui, en effet, qui sert à nourrir l'embryon et qui disparaît pendant l'incubation de l'œuf, tandis que le blanc, en passant à l'état de chair, forme le corps du jeune oiseau. Le vitellus contient toujours beaucoup de graisse que brûle la respiration, tandis que la caséine et l'albumine qui l'accompagnent sont aussi employées à former de la viande. Quand on broie un vitellus avec de l'eau, on obtient une émulsion tellement semblable au lait des vaches qu'on lui donne le nom de lait de poule. Si le vitellus n'est qu'une émulsion très concentrée et enfermée dans un tube à parois très minces dont les deux extrémités se sont fermées en se contournant sur elles-mêmes, le blanc semble être enfermé dans les larges mailles d'un réseau membraneux qui tombe au fond de l'eau dans laquelle on le divise, tandis que son albumine reste en dissolution.

L'œuf présente une curieuse analogie avec les mollusques, en ce que sa partie terreuse, la coquille, est placée à l'extérieur comme la coquille du limaçon et la carapace de l'écrevisse, et qu'elle couvre les parties vivantes; mais ce rôle change durant l'incubation, puisqu'à mesure que le poulet se développe, il enlève à la coquille la matière terreuse nécessaire à la formation de ses os, ce qui l'affaiblit assez pour qu'il puisse la rompre quand le moment de l'éclosion est arrivé. La coquille d'œuf est essentiellement formée de carbonate avec des traces de phosphate calcique; sa réaction est donc basique; celle de l'albumine est fortement alcaline, tandis que celle du jaune est absolument neutre. Ces réactions chimiques indiquent clairement que le rôle du jaune est celui de matière alimentaire, tandis que l'alcalinité de l'albumine en fait la matière vivante et réellement animalisable de l'œuf.

La coquille de l'œuf de poule est formée de :

Carbonate calcique.   91
Phosphate   7
Matière animale.   2
                                             ——
                                            100

L'albumine fraîche contient 88 p. 100 d'eau ; elle doit sa réaction fortement alcaline à la soude caustique à laquelle elle est unie, et qui forme la plus grande partie de ses cendres dans lesquelles on trouve aussi un peu de phosphate calcique ; ce sel jouit de la propriété de se dissoudre dans la plupart des matières organiques ; aussi son passage de la coquille aux os du poulet est-il facile à expliquer par l'effet d'une simple dissolution.

Le vitellus est absolument neutre ; il est formé de :

Caséine avec un peu d'albumine   16
Graisse colorée en jaune   28
Cendres formées essentiellement de chlorure sodique et de phosphate calcique   5
Eau.   51
                                             ——
                                            100

Sous l'influence de la chaleur, les œufs non fécondés perdent de l'eau et se pourrissent, tandis que ceux qui ont été fécondés subissent une série de métamorphoses excessivement intéressantes ; le petit point blanc qu'on apercevait à la surface du jaune s'organise, et bientôt on voit, à l'aide du microscope, qu'un vaisseau s'y développe ; c'est le cœur qui envoie entre les îlots de graisse un fluide incolore qui, peu à peu, se teint en rose et passe ensuite à l'état de sang. A mesure que le jeune oiseau croît, l'œuf dégage toujours davantage d'acide carbonique, et il absorbe de l'oxygène ; aussi fait-on périr l'embryon en vernissant les œufs ; il suffit même d'en vernir une partie pour empêcher le développement de la portion correspondante du jeune oiseau. Ces faits indiquent clairement pourquoi quand les oiseaux salissent leurs œufs ils les empêchent d'éclore ; on doit donc laver tous les œufs qui ne sont pas propres avant de les donner aux couveuses.

La chaleur nécessaire au développement des œufs varie avec

les espèces animales ; car tandis que les papillons, les limaces et les lézards ne couvent pas leurs œufs, nous voyons tous les oiseaux procurer aux leurs une chaleur artificielle, soit en se couchant sur eux, soit, ainsi que le fait le talégalle de Latham ou dindon de la Nouvelle-Hollande, en pondant ses œufs dans des tas d'herbes et de feuilles dont la fermentation produit assez de chaleur pour les faire éclore. Vingt jours après la ponte de chaque œuf, l'intelligent talégalle vient le déterrer et emmène le poussin, qui ne tarde pas à en sortir ; il continue ce manége pendant quinze à seize jours, jusqu'à ce qu'il ait autant de petits qu'il avait pondu d'œufs. Du reste, il n'est pas nécessaire que la mère couve constamment ses œufs ; elle peut les quitter pendant plusieurs heures de suite et les laisser même complétement refroidir sans qu'ils soient perdus ; nous en avons fait souvent l'expérience avec les canes de Barbarie, qui abandonnent régulièrement leurs nids de onze heures du matin à trois heures de l'après-midi ; ils éclosent cependant au bout de six semaines tout aussi exactement que s'ils avaient été couvés par une de ces dindes infatigables qui ne quittent jamais volontairement leur nid. Les oiseaux chanteurs délaissent aussi quelquefois leurs œufs pendant plusieurs heures sans que leur couvée en souffre ; reste à savoir si ce fait est particulier ou non à quelques espèces privilégiées ; ce qui est positif, c'est qu'aucun œuf d'oiseau de basse-cour ne se développe comme ceux des insectes sous l'influence de la seule chaleur de l'air ; il lui faut absolument une chaleur artificielle qui se prolonge plus ou moins suivant les espèces. Le pigeon commun couve douze à quatorze jours, le pigeon romain seize à dix-neuf ; toutes les espèces de poules dix-neuf à vingt et un jours ; la dinde, l'oie et la cane vingt-huit à trente jours ; la cane de Barbarie et le cygne quarante-deux jours ; il n'y a pas de rapport exact en la grosseur de l'oiseau et la durée de l'incubation, puisque les serins couvent presque aussi longtemps que les pigeons, les petites poules de Chine aussi longtemps que les énormes cochinchinoises, et le canard de Barbarie aussi longtemps que le cygne.

Dans le sein des vivipares on trouve aussi que l'incubation n'est pas en rapport avec la grosseur de la mère, puisque la souris porte aussi longtemps que la lapine, la vache seulement deux fois plus longtemps que la brebis, et l'ânesse cinquante jours de plus que la jument.

Dès que le petit est viable il brise ses enveloppes et sort de de l'œuf ou du ventre de sa mère, où il a formé son corps. Dans l'œuf il est aisé de suivre les progrès du jeune animal, dont les vaisseaux sanguins traversant tout l'œuf, vont s'appliquer contre la coquille, au travers des pores de laquelle s'effectue l'échange des gaz; quant au jeune oiseau, il se forme autour du jaune en absorbant le blanc, auquel il se substitue peu à peu; à l'instant de la naissance, le reste du jaune entre avec l'intestin qui l'enveoppe, dans le ventre, et sert à le nourrir pendant un, deux ou même trois jours après l'éclosion. Chez les canards muets il est facile de suivre le passage de l'intestin et du jaune dans la cavité abdominale; il suffit pour cela de briser la coquille au moment où le petit la soulève avec son bec; alors on voit tout l'intestin et le jaune qui le gonfle y entrer peu à peu, puis aussi, le sang qui circulait encore dans les vaisseaux de la coquille tarir peu à peu, à mesure que la respiration se transporte de la coquille au bec et de là aux poumons; cette expérience est toujours mortelle pour le caneton, mais elle vaut bien la peine d'être faite, puisqu'elle démontre nettement que l'oiseau vit, dans l'œuf, aux dépens du vitellus et qu'il respire au travers de la coquille. La cause de l'éclosion est le transport lent de la respiration des pores de la coquille aux poumons du jeune oiseau, qui manquant d'air, se débat et ouvre la coquille en la frappant à coups redoublés avec la pointe si dure qui garnit son bec; s'il ne réussit pas dans cet effort, il meurt étouffé dans l'œuf. La cause de la naissance paraît résider, chez les vivipares, dans la matrice, qui, fatiguée et surexcitée par le petit qu'elle abreuve et nourrit avec son sang, le repousse avec une force vraiment extraordinaire. Bien souvent l'excitation de la matrice le force à rejeter le petit qu'elle nourrit avant qu'il soit arrivé au terme de son développement, ce qui constitue les accidents malheureusement trop fréquents de l'avortement, dont les causes sont très nombreuses.

Entre le germe, expulsé avec ses aliments à l'état d'œuf, et le petit né viable, il existe une transition insensible qui rend encore plus difficile à saisir la différence qui existe entre ces deux modes de génération; c'est ainsi que les petits des lapins naissent nus et aveugles, ceux des chiens et des chats, aveugles, enfin ceux des kangourous, des sarigues et de tous les animaux à poche abdominale à l'état d'embryon tellement peu développé qu'ils en sont absolument informes; la mère les fixe sur les mamelles de sa poche abdominale, auxquelles ils restent greffés jusqu'au moment où ils sont viables, en sorte qu'ils subissent dans cette poche une véritable incubation.

Après leur naissance tous les animaux ont besoin de nourriture, et lorsqu'ils naissent imparfaits, comme les pigeons, les lapins et la plupart des mammifères domestiques, ils la reçoivent de leurs parents, qui les allaitent ou qui, comme les pigeons, leur vomissent dans le bec des aliments déjà tout digérés.

Les poules, les dindes et les cochons de mer font des petits assez forts pour se procurer leurs aliments dès leur naissance, quoiqu'ils aient encore besoin de la mère pour les réchauffer. Les jeunes des ruminants sont assez forts pour suivre leurs parents dès leur naissance; on ne peut atteindre les jeunes chamois et les jeunes bouquetins qu'immédiatement après qu'ils ont vu le jour; ils échappent au chasseur déjà lorsqu'ils n'ont que quelques heures; quant aux petits des chiens, des chats et de tous les carnivores, ils restent très longtemps faibles et sans pouvoir se servir de leurs membres.

Bientôt l'animal a acquis tout son développement, et il nous présente deux ordres de phénomènes bien différents; à l'un s'attache tout ce qui a trait à l'accroissement, à l'autre tout ce qui se rapporte au décroissement de l'individu qui est donc une espèce de balance sur l'un des plateaux de laquelle on met la nourriture et sur l'autre les sécrétions. Nous avons déjà vu que la vie est toujours accompagnée par une circulation de la matière marquée par des pertes et des gains successifs, qui font que le poids des animaux varie à chaque instant. Les aliments introduits par la bouche avec de l'eau, et de l'oxygène qui entre dans les poumons produisent une augmentation de poids bientôt suivie de diminution, parce que la plus grande partie s'en dégage, sous forme de gaz par les poumons et la peau, d'eau par les reins, et des matières fécales plus ou moins solides par les intestins. Quand la nourriture est en excès, il y en a une portion qui se fixe dans le corps de l'animal dont le poids augmente, tandis que dans le cas contraire, c'est le corps de l'animal qui fournit le combustible nécessaire au jeu de ses poumons, et alors il maigrit peu à peu, jusqu'à ce qu'il meure.

La vie est la force qui préside à l'accroissement ainsi qu'au décroissement des êtres doués d'organes ; dans les animaux la vie est accompagnée du sentiment, de l'instinct, puis de l'intelligence, et chez l'homme seulement de l'âme, ce lien sublime qui nous unit à l'éternité et nous permet d'échapper aux douleurs de cette terre en nous élevant au-dessus d'elles. Les plantes sont douées quelquefois de sentiment ; au moins lorsqu'on touche les étamines de l'épine-vinette, les feuilles de la sensitive, les voit-on se replier brusquement sur elles-mêmes ; mais la plante n'a point la conscience de l'attouchement qui produit cet effet tout local, puisque ce n'est que l'étamine, que la feuille touchée qui se sont contractées ; le reste de la plante est restée immobile ; qu'on touche un hérisson, et il se roulera aussitôt en boule hérissée de piquants, un escargot, et il se retirera dans sa coquille, une mouche, et elle s'envolera ; c'est que les animaux seuls sont sensibles ; les plantes ne sont qu'irritables, et encore ne le sont-elles pas toutes.

Tous les animaux sont doués de sentiment, quoique tous ne soient pas pourvus des sens de la vue, de l'odorat, de l'ouïe, du goût et du toucher ; ce dernier seul est commun à tous les animaux, et il supplée si bien aux autres sens, que la chauve-souris avertie par la seule résistance de l'air échappe pendant la nuit la plus obscure au filet qu'on lui a tendu ; le ver de terre qui est sourd et aveugle est averti par l'imperceptible mouvement du sol de l'approche de ses ennemis, et se retire aussitôt dans sa galerie souterraine ; c'est enfin encore le toucher, affecté par l'ébranlement des eaux qui avertit le poisson apprivoisé que la cloche qui l'appelle à la pâture et qu'il est incapable d'entendre, est en branle.

Le toucher n'est en général point émoussé par la présence des téguments les plus épais et les plus durs ; le cheval palpe le sol avec son sabot corné ; le paon sent sous son épais plumage le moindre attouchement, et le cheval dont le cuir est si remarquablement épais le fronce et se secoue dès qu'une mouche légère s'y pose ; le toucher est vraiment le seul des sens qui soit indispensable; aussi n'est-il jamais détruit et se trouve-t-il répandu partout à la surface du corps, depuis la plante des pieds jusqu'à la racine des cheveux.

Après le toucher, le sens le plus répandu est celui de la vue, puis celui de l'ouïe, et enfin celui de l'odorat et du goût qui ne fait qu'un, et qu'on pourrait appeler le sens d'agrément, tant il est peu utile; aussi paraît-il manquer à la plupart des animaux.

Comme les animaux ont la conscience des sensations que leur transmettent leurs sens, et de leurs conséquences, elles décident leurs actes, et ils en recherchent ou en fuient les causes, les animaux sont donc tous mobiles, quoiqu'il y en ait quelques-uns dont la coquille soit fixée au sol, ce qui n'empêche pas leurs mouvements autour d'elle ou dans son intérieur.

Plus les animaux sont imparfaits, plus aussi ils se trouvent soumis aux étranges effets de l'*instinct*, qui les porte à accomplir ces œuvres admirables qui ont fait étudier avec tant de suite et de succès les débris pierreux des polypiers, les mœurs stéréotypées des fourmis et des abeilles. L'instinct est diamétralement opposé à l'intelligence; l'animal poussé par l'instinct n'est qu'une machine vivante fatalement poussée vers un but : le polype construit toujours son squelette pierreux d'après les superbes lois mathématiques découvertes par M. Milne Edwards; l'abeille bâtit constamment des cellules hexagonales; la fourmi ne change jamais ses habitudes; en un mot il semble que ces animaux se rapprochent des plantes, qui croissent toujours de la même manière, d'après des lois immuables, et dont toute la vie a pour but de mûrir des graines. Il y a quelques jours que nous avons découvert de l'instinct chez un des êtres les plus infimes de la création, le lombric, ou ver de terre. Déjà, souvent, nous avions été frappé par les feuilles et les tiges fixées dans l'orifice des galeries des lombrics, sans pouvoir comprendre qui pouvait les y enfoncer; à force de chercher, nous avons fini par voir à l'ouvrage un ver qui, à force de tractions répétées, a fini par arracher de sa tige une feuille de vigne et la fixer solidement dans son trou. Le même fait a été observé par le respectable doyen de l'industrie mulhousienne, M. Daniel Kœchlin, qui nous a dit que les vers ne ferment leurs trous qu'à l'approche de la pluie, ce que nous avons trouvé parfaitement vrai; quand donc les lombrics bouchent leurs galeries, on peut être assuré de l'approche de la pluie. C'est encore l'instinct qui porte le castor à bâtir ses remarquables habitations, le furet à sucer le lapin au nez, l'aigle à frapper ses victimes sur la nuque, et le glouton rossignol, si avide de mouches, à ne pas se jeter sur les guêpes ; mais ici l'instinct se complique déjà de l'intelligence, et le castor cesse de construire ses habitations lorsqu'on les lui a une fois détruites. Quoique l'instinct devienne de plus en plus obtus à mesure qu'on s'élève dans l'échelle des êtres, on le retrouve chez la plupart d'entre eux et même chez l'homme, dont l'amour de la société, par exemple, est bien plus instinctif que réfléchi.

L'*intelligence* est la faculté qui permet de tirer des conclusions des faits connus. Le cheval bondit lorsqu'il entend le claquement du fouet, parce qu'il en connaît les effets ; la poule s'élance contre le chat qui s'approche de ses petits ; le perroquet caresse la main qui le nourrit, et le chien seul s'y attache d'une manière exclusive et la défend : le chien est le type de l'intelligence, qui semble écrite dans ses beaux yeux, dont l'expression ne rencontre d'analogue que dans ceux du phoque ; le chien lit dans nos yeux, et, comme un ami, il devine notre pensée avant qu'elle se soit échappée de nos lèvres ; le chien est l'ami de tous, le fidèle compagnon du malheureux, la famille du pauvre abandonné ; on n'a aucune idée de l'empire que l'éducation a sur le chien. Chaque matin passe devant notre porte le chien d'une femme âgée et paralytique, dont il va faire les commissions ; un panier dans la gueule, il s'en va d'abord chez le boucher, puis il se rend chez le boulanger, d'où il revient triomphant à la maison ; après dîner, il court chercher la gazette chez un voisin, auquel il la rapporte dès qu'elle l'a lue ; mais qu'est-ce que tout cela à côté des caresses tellement senties et si désintéressées de ces excellents animaux ? Le chien semble vivre pour aimer l'homme. Le chien observe tellement son maître qu'il finit par mouler son caractère sur le sien propre ; son maître passe avant tout, sur ses besoins et sur ses passions : c'est l'immense avantage qu'a le chien sur le singe, qui, n'aimant que lui, est toujours en proie à ses passions et déchire la main qu'il venait de couvrir de baisers. L'intelligence du singe est infiniment plus développée que celle du chien, mais il ne s'en sert que pour lui.

Ce qui distingue l'homme, des animaux, c'est qu'ayant la conscience du bien et du mal, il maîtrise ses mauvais penchants et s'attache à développer les bons, dans le but de gagner le ciel en accomplissant la tâche que Dieu lui a confiée. Dès que l'homme abandonne son Dieu pour se déifier lui-même, il n'a plus de guide que ses passions, et devient alors plus cruel que le tigre, plus lâche que le loup, plus sale que le cynocéphale, plus inconstant que le singe, parce que, faisant tout avec réflexion, il devance les brutes dans la voie où l'instinct seul les pousse. La vie de l'homme sur la terre est remplie de dévouement et d'abnégation : c'est une vie de peine et de travail, et ceux qui s'y soustraisent ont bien tort, parce que le travail est l'unique remède sûr contre la plupart des maux auxquels notre corps et notre âme surtout, sont soumis.

Lorsqu'on jette un coup d'œil sur l'ensemble des êtres, on est surpris d'y retrouver cette symétrie qui frappe dans les minéraux, les plantes et les polypiers : presque tous les organes sont doubles et ils se correspondent avec une grande régularité ; quelquefois on en trouve d'impairs, mais c'est l'effet de la fusion de deux organes qu'on trouve bien nettement séparés dans l'embryon. Tout se fait avec ordre dans la nature, rien n'y est placé au hasard : c'est une vérité que le savant professeur Isidore-Geoffroy Saint-Hilaire a fait toucher au doigt en démontrant, dans son admirable *Traité de Tératologie*, que les monstres confirment de la manière la plus éclatante, la loi de symétrie des organes.

Il n'y a rien de plus simple, mais aussi rien de plus immuable que les lois qui régissent le monde ; lois bien peu nombreuses, mais dont les effets sont tellement variés dans les trois règnes qu'on a quelquefois de la peine à suivre la trace de cette sage uniformité au sein d'une aussi ineffable variété.

L'antagonisme, tellement développé dans le monde moral, est tout aussi sensible dans le monde matériel : c'est ainsi que les herbivores et les insectes mettent des bornes aux envahissements des plantes, les carnivores à la multiplication des herbivores, et que l'homme seul pose des limites à l'empire de ces dangereux tyrans. Quant à l'homme, il aurait bientôt rempli le monde, si le vertige du mal ne le poussait pas à s'entre-détruire, et si la maladie n'en décimait pas chaque année la nombreuse famille. En poursuivant l'autagonisme dans les espèces, on trouve la différence des sexes, puis enfin celle des fonctions, dont les unes augmentent et les autres diminuent le corps animal ; le grand travail de l'équilibre du monde se fait donc sentir jusque dans les moindres détails de la création.

La *vie animale* est d'autant moins tenace que les parties du corps ont moins d'indépendance. On peut hacher un polype sans le tuer, chacun de ses fragments produira un nouvel être ; couper la patte d'une écrevisse, et elle repoussera ; mais si on fait la même opération à un chien, à un bœuf, tout son être s'en ressentira, et il en mourra le plus souvent ; dans tous les cas, jamais le membre amputé ne renaîtra.

C'est chez l'homme que tous les organes ont le plus de solidarité ; aussi est-ce lui qui supporte le moins facilement les lésions organiques qui provoquent sa mort avec une déplorable facilité. La *mort* est le terme assigné par le Créateur à la vie ; car la mort n'est pas dans l'essence de l'animal : son corps est admirablement disposé pour subsister éternellement, en sorte que, quand la vie s'en retire, c'est toujours sous l'influence du doigt de Dieu et jamais sous celle de l'action matérielle, qui est admirablement calculée pour subsister à jamais.

Tous les tissus animaux vivants sont irritables, c'est-à-dire qu'ils se contractent lorsqu'on les touche ; ils conservent cette propriété après la mort, d'autant plus longtemps que leur vie est plus tenace. Les anguilles, par exemple, se replient encore sur elles-mêmes plusieurs heures après qu'on les a assommées et écorchées, tandis qu'au bout de quelques minutes déjà, la chair du bœuf ou du porc cesse de se contracter sous le couteau qui la tranche ; les cornes, les sabots et les poils ne sont pas irritables, parce qu'ils ne sont pas vivants : ce sont des excrétions.

Pour que la vie se manifeste, il lui faut des aliments solides et liquides pour l'estomac, gazeux pour les poumons ; puis aussi de la chaleur, de la lumière et probablement aussi de l'électricité. Ce sont les plantes qui sont le point de départ du corps des animaux, puisqu'elles sont mangées par les herbivores, qui servent à leur tour de pâture aux lions, aux loups, ainsi qu'aux vautours, aux corbeaux, aux vers et à toute l'innombrable cohorte des insectes carnivores.

18.

Les plantes étant riches en viande, en graisse et en sucre, elles contiennent tous les éléments du corps animal, dont l'estomac ne fait que les séparer d'avec les parties indigestes, qui sont rejetées au dehors, tandis qu'elles, passent dans le sang et vont se déposer sur tous les points où leur présence est nécessaire; l'eau est donc absolument indispensable à la digestion, puisqu'il n'y a pas de nutrition possible quand les aliments ne peuvent pas entrer en dissolution dans ce fluide, qui seul peut les faire passer dans le sang. L'unique aliment gazeux est l'oxygène de l'air, qui, en brûlant certains éléments du sang, produit la chaleur nécessaire à chaque animal; la respiration est donc d'autant plus active et par conséquent aussi, le besoin de manger d'autant plus grand que la température de l'animal est plus élevée. Un petit oiseau chanteur ne se passe pas facilement de nourriture pendant plus de trois heures, parce que sa température est de $+ 44°$ C, tandis que la grenouille, qui peut se passer de nourriture pendant des mois entiers, n'a jamais une température beaucoup plus élevée que celle de l'atmosphère. De ce fait on arrive à conclure que la respiration n'est pas indispensable à la vie, quand l'animal est à sang froid; la respiration ne sert donc absolument qu'à produire de la chaleur et non pas à purifier le sang, comme on le croit généralement. Cela est si vrai que la respiration devient de moins en moins active chez les animaux à sang chaud, à mesure que la température de l'air s'élève, et que leur appétit diminue précisément dans le même rapport.

L'alimentation, par contre, est indispensable à la vie. Tous les animaux mangent et rejettent au dehors la portion de leurs aliments qu'ils ne peuvent assimiler : tous possèdent donc des organes, plus ou moins complets, destinés à la digestion des aliments; le besoin de manger est d'autant plus intense que la respiration est plus active. Certains animaux font cependant exception à cette règle : ce sont les voraces poissons, appelés brochets et lottes, dont la faim est insatiable, mais dont la croissance est aussi d'une fabuleuse rapidité. Nous avons vu une lotte, mise dans un étang très poissonneux, gagner en un an plus de 500 grammes. Ce rapide accroissement de substance ne surprend pas, lorsqu'on réfléchit que, la respiration des lottes étant peu active, elle n'enlève presque rien aux aliments, qui sont employés en totalité à produire sa chair et sa graisse. Si les animaux domestiques étaient à sang froid, leur corps s'augmenterait précisément du poids des substances nutritives contenues dans leurs aliments, tandis qu'à cause de l'activité de leur respiration, ils en brûlent la plus grande partie, en pure perte pour l'éleveur. On obvie à cette perte de substance alimentaire en plaçant les bêtes à l'engrais dans des étables aussi chaudes que possible, qui, en diminuant l'activité de la respiration, forcent le bétail à brûler moins et à assimiler davantage. Si on tient les bêtes à l'engrais aussi dans un état de parfaite immobilité, c'est qu'on a reconnu que le mouvement entraîne avec lui une perte de substance tout aussi sensible que celle qu'amène la respiration. Il faut doubler pour le bœuf de travail, la ration qu'il reçoit quand il reste à l'étable; nous savons tous que l'appétit augmente lorsqu'on se donne du mouvement, et qu'il diminue quand on n'en prend pas.

L'*appétit* est produit par la vacuité de l'estomac; c'est un véritable sentiment de malaise qui peut s'élever jusqu'à entraîner le délire. Quand l'appétit n'est pas satisfait, le corps diminue; l'animal brûle sa propre chair et vit à ses dépens, jusqu'à ce que la mort vienne mettre fin à ses tourments.

Tous les animaux recherchent la chaleur. Aucune vie ne se développe au-dessous de 0° C. que chez les animaux capables de se défendre contre le froid à l'aide de leur chaleur propre. Il en est un peu autrement de la lumière, que les animaux supérieurs seuls recherchent et au développement desquels elle est nécessaire; les vers la fuient et peuvent même s'en passer tout à fait, comme ceux qui vivent dans les entrailles des autres animaux. Quelques mammifères, comme les chauve-souris et les hérissons, certains oiseaux qu'on appelle nocturnes, craignent la vive lumière du grand jour; mais ils ne voient néanmoins pas durant la nuit: ils sont crépusculaires, et ne se montrent qu'au lever et au coucher du soleil; leurs couleurs sont tristes, leurs mouvements lents; ils constituent une classe à part. L'absence de la lumière affaiblit d'une manière remarquable tous les animaux supérieurs et blanchit leurs tissus comme ceux des légumes; nous l'avons éprouvé plusieurs fois avec des poules, dont la crête se décolore totalement au bout de quelques jours, quand on les tient dans l'obscurité, tandis qu'elle redevient du plus beau rouge, en quelques heures, si on les expose ensuite au grand jour. Nous sommes persuadé qu'une des plus importantes précautions à prendre dans l'éducation du bétail, c'est de lui donner de la lumière avec abondance, sinon on n'en fait que des êtres faibles, lymphatiques et incapables de résister à l'action de l'air et des maladies. La lumière, qui fait naître toutes les couleurs, paraît donc développer aussi celle du sang, et exercer sur ce fluide l'action vivifiante qu'elle a sur les végétaux.

Quant à l'électricité, nous ignorons son rôle; mais elle doit en avoir un, puisqu'il s'en développe en si grande quantité dans les animaux que leurs poils s'en chargent souvent, et que certains d'entre eux en contiennent assez pour produire de violentes commotions quand on les touche. Du reste, l'approche des orages cause du malaise à tous les animaux, ce qu'on ne peut expliquer qu'en admettant que leur électricité diffère de celle de l'atmosphère.

Après être sortis d'un œuf, les animaux se développent plus ou moins rapidement, en passant par une série de transformations plus ou moins marquées qu'on appelle *âges* ou *métamorphoses*. Chez les gros animaux domestiques, les âges sont peu marqués : on appelle le premier enfance; le second puberté : c'est celui où ils peuvent se reproduire; le troisième, l'âge mûr, est celui où leur corps a acquis tout son développement; ensuite vient le quatrième âge ou période de décrépitude. Le passage de l'enfance à la puberté est marqué par le changement des dents et des poils, par la poussée des cornes et le développement des organes sexuels : le marcassin quitte alors sa jolie livrée à bandes verticales, le faon du chevreuil dépose ses vingt-huit taches blanches, et tous les deux revêtent le poil uniforme de leurs parents. Les âges des oiseaux sont en général marqués par des livrées tellement distinctes qu'on en a fait souvent des espèces différentes. Il existe une collection unique sous ce rapport : c'est celle qu'a formée au Musée de Strasbourg son habile directeur, M. Schimper. En général, les jeunes oiseaux ont la livrée des mères. Le passage de l'enfance à la puberté est une époque critique pour beaucoup d'animaux, surtout pour les chiens, les chevaux, les dindons et les paons : les premiers sont disposés alors à une fièvre putride connue sous le nom de maladie des chiens; les seconds, à des engorgements des glandes; quant aux troisièmes et aux quatrièmes, ils n'ont souvent pas la force de résister à la poussée de leurs barbillons ou de leur aigrette. La puberté arrive d'autant plus vite que l'alimentation est plus abondante : en moyenne, elle a lieu à 6 mois chez le porc; à 12 ou 18 mois chez les bêtes ovines; à 18 mois ou 2 ans chez les bêtes bovines, et à 3 ou 4 ans chez le cheval.

C'est chez la plupart des animaux inférieurs que les âges sont tellement marqués qu'on leur a appliqué le nom de métamorphoses, et on a eu raison; car qui pourrait voir dans la chenille, un âge du papillon, et deviner l'abeille dans le petit ver blanc qu'elle nourrit avec tant de soin dans une cellule de ses gâteaux? L'état de chenille ou de larve correspond à l'enfance des animaux supérieurs, celui de chrysalide à la puberté, celui de papillon à la virilité et bientôt après à la décrépitude. Les vers intestinaux subissent des métamorphoses analogues à celles qu'éprouvent les papillons; au moins le ver solitaire, qui existe sous forme de ruban mince et d'une immense longueur dans les intestins de beaucoup d'animaux, se rencontre-t-il aussi à l'état de petites boules arrondies dans la chair des porcs atteints de ladrerie.

Pendant toute leur vie, les animaux sont sujets à des alternatives d'activité et d'immobilité, auxquelles on a donné le nom de *veille* et de *sommeil*. L'état de veille est caractérisé par l'exercice de toutes les facultés qui semblent disparaître sous l'influence du sommeil. Le sommeil est l'effet de la fatigue; il est d'autant plus profond que la lassitude est plus grande. Quelle différence entre le lourd sommeil de l'artisan et celui de l'homme de bureau, qui se réveille au moindre bruit, et souvent ne réussit à fermer ses paupières que pendant quelques courtes heures! C'est que tout le corps de l'artisan est fatigué, tandis que l'esprit seul de l'homme de lettres travaille, et que, bien loin de se fatiguer, il semble se développer et se mûrir par l'usage. Le sommeil de la plupart des animaux est très léger; celui des serpents seulement est aussi prolongé que profond. La température de tous les animaux s'abaisse lorsqu'ils dorment; aussi se laissent-ils facilement surprendre par le froid lorsqu'ils dorment; leur cœur bat moins vite, et toutes leurs fonctions se ralentissent. Sous l'influence du froid, le sommeil se prolonge pendant plusieurs mois chez divers animaux, et spécialement chez les marmottes, qui dorment durant tout l'hiver, qu'elles passent dans un état de léthargie tellement complet qu'on les croirait mortes, car elles sont froides et immobiles comme des cadavres : la respiration, la digestion et la circulation sont arrêtées, la vie est absolument suspendue. Les marmottes maigrissent cependant durant l'hiver, et leur graisse se brûle lentement en passant à l'état d'acide carbonique et d'eau. La marmotte est l'animal le plus économique, puisqu'elle ne vit qu'au moment où l'herbe est abondante ; la cause de sa léthargie est inconnue.

Les animaux sont formés d'une couche extérieure enveloppant tout le corps et douée des formes les plus variées ; c'est la *peau*. La peau nue dans les vers, les grenouilles, se recouvre chez les autres animaux, d'un épiderme dur et épais comme celui de l'éléphant et du rhinocéros, d'écailles comme chez les poissons, de plumes, comme chez les oiseaux, de poils, comme chez la plupart des mammifères, ou bien encore d'un étui corné comme celui des tortues, ou osseux comme la coquille des escargots et des moules. La peau est d'autant plus fine que ses téguments sont plus épais ou plus abondants ; excessivement forte chez le bœuf et le cheval, elle est si mince chez les oiseaux qu'elle se déchire sous l'influence de la moindre traction ; sa couleur est alors presque toujours rose, tandis que chez les mammifères elle est en général de la même couleur que le poil qui la recouvre. Les colorations quelquefois si riches de la peau des serpents et des poissons ne sont dues qu'au sang qui circule au-dessous d'elles, puisqu'elles disparaissent avec la vie ; la preuve la plus palpable qu'on puisse en donner se trouve dans le caméléon qui change de couleur à volonté, et dans les barbillons du dindon qui sont tantôt rouges, tantôt bleus, quoique par eux-mêmes ils soient blancs. La couleur des poils des mammifères est généralement terne ; elle varie du noir au blanc en passant par toutes les teintes imaginables de brun et de gris ; les singes seuls présentent quelques teintes nettement vertes ; la plupart d'entre eux sont flexibles et élastiques ; ceux des antilopes sont cassants, parce qu'ils ne contiennent pas la graisse qui pénètre les poils des autres mammifères et surtout ceux des moutons. Beaucoup d'animaux ont deux espèces de poils nettement distincts chez les chèvres surtout ; les poils proprement dits sont gros et forts ; l'autre espèce molle et déliée se trouve à la base de la première, elle constitue la laine qui, peu abondante chez les animaux sauvages, a été tellement développée dans le mouton qu'elle a totalement déplacé le poil ordinaire ou jarre.

Les plumes et les écailles ne sont que des agglomérations de poils, puisqu'en se soudant sur le cou de certains faisans de la Chine elles produisent de véritables écailles, et que les plumes du casoar à casque se décomposent en donnant des poils.

La corne des bœufs, l'écaille des tortues est encore formée par des poils agglomérés dont on peut facilement suivre la trace dans ces diverses substances.

Les poils, les plumes et tous les corps qui leur ressemblent sont des transformations de l'épiderme dans lequel elles prennent naissance ou qui se forment de la même manière que lui ; c'est de la peau durcie, mortifiée et tellement chargée de matières inorganiques comme la chaux et l'acide silicique qu'elles résistent beaucoup à la putréfaction.

Les plumes des oiseaux, les élytres de coléoptères et la coquille des mollusques offrent une série de colorations aussi variée et aussi brillante que possible ; nous avons vu que ces colorations sont dues à une matière colorante qu'on n'est pas encore parvenu à isoler ; mais qui pourrait bien être quelque dérivé de l'acide urique, ou bien à un état particulier des tissus animaux qui leur permet, comme aux plumes de paon de présenter toutes les couleurs de l'arc-en-ciel, ainsi que le fait la nacre de perle et l'opale. Les couleurs sont d'autant plus vives qu'elles se sont formées sous un ciel plus chaud ; aussi les oiseaux et les insectes des tropiques sont-ils les plus richement peints ; les oiseaux carnivores font seuls une exception absolue à cette règle générale ; car les oiseaux de proie du Brésil et des Indes ont un plumage aussi triste que celui des aigles et des vautours des pays tempérés et froids.

Il existe une connexion intime entre la coloration de la peau et la force des animaux ; plus elle est foncée, plus aussi, toutes choses égales d'ailleurs, leur santé est vigoureuse ; qu'on songe seulement aux moutons dont les individus noirs ou bruns résistent à tous les changements de température, et à la plus mauvaise nourriture, tandis que ceux qui sont blancs sont impressionnés absolument, par tout; les pâturages humides leur donnent la pourriture, ceux qui sont trop secs les affaiblissent, la grande chaleur les abasourdit, le froid les engourdit; toutes les épizooties les atteignent; ils coûtent beaucoup à nourrir et rapportent peu ; aussi les sages paysans des pays froids et humides ont-ils déjà totalement abandonné les races complétement blanches pour prendre celles à *tête noire*. En effet, dès que le corps n'est pas totalement blanc, la santé de l'animal ne souffre point ; une seule et unique tache colorée suffit pour garantir tout le corps des déplorables effets produits par l'albinisme total. L'albinisme n'est utile que pour l'engraissement, parce qu'il provoque une faiblesse assez grande pour que le mouvement devienne vite une fatigue et pour que les tissus se gorgent facilement de graisse ; aussi les bêtes blanches sont-elles plus aptes à la graisse que toutes les autres ; elles ne sont donc propres qu'à la boucherie, et on doit les éloigner avec le plus grand soin des troupeaux de multiplication.

La nature offre quelques cas d'albinisme total qu'il ne faut pas confondre avec l'albinisme des poils seulement, ce qui est facile, parce que, les albinos ayant la peau blanche, elle ne peut prendre aucune autre teinte que celle que lui communique le sang ; le bec et les pattes des merles blancs, les pattes et le museau des souris blanches sont roses, tandis que la gueule de l'ours blanc est noire, le bec du cygne est jaune et ses pieds sont noirs, parce que ces deux animaux sont bien portants et nullement soumis à l'albinisme qui est une véritable maladie. Quelques animaux ne prennent le pelage blanc qu'en hiver ; c'est le cas du renard polaire, du lièvre des Alpes, de la lagopède et de l'hermine ; aucun de ces animaux n'a le museau rose ; le caractère essentiel de l'albinisme est donc la blancheur de toute la couverture épidermique, et non pas celle d'un ou de quelques-uns de ses points.

Chez les poules, celles qui sont blanches sont les seules que l'épilepsie atteigne ; elles échappent rarement à cette maladie, ensorte que l'albinisme débilite jusqu'au système nerveux, ce qui en fait une véritable maladie, d'autant plus dangereuse, qu'elle est héréditaire et incurable.

La couleur dominante des animaux domestiques est le brun

puis le noir et enfin le gris. Les bestiaux noirs sont les plus vigoureux; on les craint cependant parce qu'au pâturage ils sont les plus exposés aux atteintes des mouches qui les couvrent d'une façon extraordinaire; sans doute, parce qu'elles sont attirées par la force avec laquelle cette couleur absorbe et retient la chaleur solaire; les excellents chevaux du Jura bernois ont souvent cette robe, de même que les célèbres vaches laitières du canton de Fribourg. Les vaches des petits cantons sont d'un beau gris de chamois; celles des vastes plaines de la Russie, de la Hongrie et des États romains sont d'un gris beaucoup plus clair; dans presque tous les autres pays elles offrent une couleur brun-rouge tellement répandue que le nom de bêtes rouges y est devenu synonyme de bêtes à cornes.

Les animaux sauvages offrent rarement la teinte blanche; le cygne et l'ours blanc la présentent d'une manière constante; mais le museau, le bec et les pieds sont colorés, ce qui n'arrive jamais dans les variétés albines du merle, du moineau et de tant d'autres animaux.

La robe des bêtes sauvages offre la même teinte chez tous les individus, tandis qu'elle varie beaucoup sous l'influence de la domesticité, qui produit non-seulement des changements de teintes, mais aussi des taches *toujours irrégulières*, et réagit jusque sur le poil, et la forme des appendices cutanés. En effet, c'est par des soins convenables qu'on est parvenu à remplacer la jarre du mouton par la laine placée au-dessous d'elle, et c'est l'influence d'une longue domestication qui a produit les laines si différentes de forme et de finesse qu'on trouve dans tous les pays.

Les taches des animaux sauvages sont toujours distribuées d'une façon régulière, à une seule exception près, celle de la hyène tachée du cap de Bonne-Espérance; tous, excepté l'éléphant, ont les oreilles *droites*, et la domesticité couche et allonge celles des animaux domestiques, d'autant plus qu'ils sont réduits en servitude depuis plus longtemps; sous ce rapport-là, nous pensons que les espèces orientales des animaux domestiques sont beaucoup plus âgées que celles d'Europe; car tandis que nos chèvres et nos moutons portent encore les oreilles droites, le mouton de Perse, la chèvre d'Angora et celle de la Haute-Égypte les ont pendantes. En d'autres termes, plus la domesticité pèse sur une espèce, plus aussi elle s'éloigne sous tous les rapports de son type sauvage.

La peau est composée de trois couches bien distinctes ; la plus interne, qui repose sur les muscles, est aussi la plus épaisse, elle est contractile ; au-dessus d'elle vient une couche muqueuse plus ou moins colorée, recouverte par l'épiderme et par les appendices cutanés qui sont sécrétés par de petites glandes spéciales. La peau est d'autant plus fine, que sa couleur est plus claire ; plus la peau est fine, plus aussi, sauf l'exception de l'albinisme complet, l'animal est propre à l'engraissement, à la lactation et au développement de la laine.

L'épiderme, avec ses appendices cutanés, s'accroît sans cesse et se détache avec le temps en écailles plus ou moins considérables. Quant aux téguments, ils se détachent une ou deux fois par an, comme les poils et les plumes de la plupart des animaux, ou bien ils sont persistants comme les cheveux de l'homme, les crins des chevaux et la laine des moutons et des chiens barbets. La *mue* est un temps de crise pour tous les animaux qu'il faut nourrir alors avec plus de soin que d'habitude pour les aider à produire l'énorme masse de matière organique qui leur est indispensable à cette époque ; les effets de la mue sont, de donner à l'animal tout l'aspect de la jeunesse ; quant aux poils persistants, ils participent seuls à la décadence de l'individu et blanchissent avec l'âge.

La couleur des appendices cutanés est généralement beaucoup plus éclatante ; leurs formes sont plus variées et plus élégantes chez les mâles, que chez les femelles ; surtout, dans la classe des oiseaux, ce qui paraît tenir aux fonctions de la génération, puisque les chapons n'ont pas le même plumage que les coqs et que les poules faisanes prennent le brillant plumage des mâles lorsque leurs ovaires cessent de fonctionner.

La peau ne sert pas seulement à garantir le corps contre l'action de l'air ; elle est aussi le siége d'une sécrétion très importante de vapeur d'eau, d'acide carbonique accompagné de quelques traces de lactate et chlorure sodique, ammonique et calcique ; son action aide celle des reins et des poumons ; aussi tout ce qui entrave les fonctions de ces organes réagit-il sur celles de la peau ; l'inverse est tout aussi vrai ; de là, l'énorme danger des refroidissements, ainsi que la nécessité de tenir la peau nette et propre. Pour donner une idée nette de l'importance des fonctions de la peau nous dirons qu'un cheval pesant 412 kil. 50 gr. mangeant par jour 7 kil. 50 gr. de foin, 2 kil. 27 gr. d'avoine et buvant 16 kil. d'eau, rend pendant le même espace de temps 5 kil. d'urine, 14 kil. 25 gr. de crottin, tandis que tout le reste ; soit 6 kil. 52 gr. est sécreté par les poumons et la peau.

Une vache pesant 468 kil. 50 gr. mangeant chaque jour 11 kil. de pomme de terre, 1 kil. de regain, et buvant 59 kil. d'eau, donne durant le même espace de temps ; 7 kil. lait. 7 kil. urine, 25 kil. bouse et 32 kil. de perte produite par les secrétions cutanée et pulmonaire.

Un lapin enfin, pesant 1 kil., consommant en vingt-quatre heures 118 gr. 42 cent. de carottes fraîches et absorbant 20 gr. 55 cent. d'oxygène ; soit en tout 138 gr. 97 cent. ; rend, dans le même espace de temps, par les poumons et la peau, 24 gr. d'acide carbonique, 0 gr. 16 c. de nitrogène et 18 gr. de vapeur d'eau ; avec les déjections 94 gr. 16 cent. d'eau et 2 gr. 65 cent. de matière solide sechée à 100°C ; d'où il suit que la moitié environ des aliments sort du corps par les poumons et la peau.

Les poumons et la peau rejettent donc dans l'air le quart et même la moitié des aliments consommés par les animaux ; ces organes ont des fonctions beaucoup moins importantes chez les animaux inférieurs et surtout chez ceux à sang froid.

Sous la peau se trouve *la chair* qu'on appelle aussi les *muscles ;* elle est formée de faisceaux plus ou moins considérables de fibres allongées et enveloppées par une membrane mince de tissu cellulaire blanc qui leur sert d'étui et leur donne de la cohésion. En s'unissant les uns aux autres ces petits faisceaux de fibres forment la masse quelquefois fort considérable des gros muscles qui s'attachent aux os en perdant leur couleur rouge et devenant durs, élastiques et demi-transparents ; ils ont passé à l'état de tendons qui sont d'autant plus forts que les parties qu'ils doivent faire mouvoir sont plus considérables. C'est aux muscles qu'est départie la fonction de faire mouvoir le corps, d'en arrondir les formes et de produire la plupart des phénomènes vitaux. Les muscles sont la partie essentiellement vivante du corps. Les muscles contiennent de 75 à 80 p. 100 d'eau ; ils sont d'autant plus abondants qu'un animal est plus vigoureux ; avec l'âge ils s'encroûtent plus ou moins fortement de sels calcaires et de parties tendineuses ; ce qui fait que la chair des vieux animaux est dure et coriace, tandis que celle des jeunes animaux est molle et presque gélatineuse comme celle des cochons de lait.

La viande de bœuf est formée de :

Fibre musculaire et vaisseaux.	15,89
Tissu cellulaire et colle	1,90
Albumine et fibrine en dissolution	2,20
Lactates alcalins et calcique.	1,80
Phosphates alcalins	1,05
Phosphate calcique	0,08
Eau	77,17
	100,00

Les muscles sont formés comme toutes les autres parties du corps, par le sang auquel ils retournent quand l'animal est malade ou affamé ; lorsqu'ils disparaissent, ils se changent en albumine ou blanc d'œuf qu'on trouve dans le sérum du sang. Plus un muscle est irrité par le mouvement ou une autre cause quelconque, plus aussi le sang y afflue et plus il acquiert de développement ; de là vient que le bras droit est toujours plus gros que le gauche, et que les mollets des danseurs acquièrent un développement si prodigieux qu'ils en sont difformes. On a tiré parti de cette découverte pour augmenter le filet des bœufs en frottant la peau placée au-dessus de cette partie avec une pommade irritante contenant de l'extrait de Daphné, de l'ammoniaque, ou bien, tout simplement, à réitérées fois, avec une forte brosse de racines ; de même aussi, on rappelle la vie, avec une pommade excitante dans les jambes des petits chiens, qui les ont fort sujettes au décroît, ou atrophie.

Pour qu'un animal se développe, il faut donc qu'une *excitation* conduise le sang dans toutes ses parties ; cette excitation, cette impulsion est donnée par le cerveau qui agit d'abord sur le *cœur*, muscle énorme, puissant et creux qui sert de centre à tout le système circulatoire formé de tubes continus dont les veines apportent au cœur le sang qui a circulé dans toutes les parties du corps, tandis que les artères y projettent au contraire le sang qui revient rouge des poumons, après y avoir absorbé l'oxygène de l'air qui y brûle une foule de substances ; entre autres la biline ou principe essentiel de la bile. Les artères sont unies aux veines par une multitude de vaisseaux tellement fins et déliés qu'ils ont reçu le nom de capillaires ; ce sont eux qui teignent la peau en rouge et qu'on distingue comme une couche rosée, au-dessous de la peau, lorsque l'on tient les doigts entre l'œil et une lumière vive ; c'est dans les capillaires que le sang se tamise en laissant dans chaque organe les éléments nécessaires à sa formation et à ses secrétions ; ceux de la peau secrètent de la sueur, ceux des poumons de l'acide carbonique et de l'eau, ceux des muscles, de la viande, ceux des reins de l'urine, ceux des testicules de la semence, ceux des glandes salivaires de la salive, ceux du foie de la bile et ainsi de suite ; le sang artériel s'épaissit donc dans les capillaires d'où il passe dans les veines, où il reprend sa fluidité primitive, parce qu'il s'y mêle avec les produits solubles des aliments que les capillaires veineux et lymphatiques enlèvent sans cesse à toute la surface des intestins. Le sang veineux traverse le foie auquel il laisse de la bile et du sucre ; puis il revient tout noir au cœur qui le chasse dans les poumons où il reprend sa belle couleur vermeille à mesure qu'absorbant l'oxygène de l'air, il perd du carbone, de l'hydrogène et du nitrogène.

Parallèlement aux veines se développe dans tout le corps un autre système de vaisseaux remarquable par leur transparence, le peu d'épaisseur de leurs parois, et la nature excessivement aqueuse du liquide qui y circule et qu'on appelle lymphe, quand il est incolore, chyle lorsqu'il est blanc et troublé par la graisse que lui donnent les intestins et qui provient des aliments ; il correspond au serum du sang et il est beaucoup moins chargé de substances solides que le sang, puisqu'il contient 18 p. 100 d'eau de plus que lui.

Le *sang* n'est pas autre chose que le corps liquide ; on y retrouve tous ses éléments ; formé aux dépens des aliments, il transporte dans toutes les parties du corps la substance nécessaire à la formation et au remplacement de celles de leurs parties qui sont usées ou absorbées. Rouge chez les animaux parfaits, le sang est blanc chez beaucoup d'amphibies, jaune vert, ou incolore chez les autres animaux inférieurs, quoiqu'il présente cependant aussi la couleur rouge chez plusieurs d'entre eux. Quoique la composition de ce liquide doive varier avec les espèces, les individus et surtout avec l'alimentation, nous allons donner une analyse de celui de l'homme, tiré de la veine brachiale, et faite après sa coagulation :

Caillot :

Fibrine.   0,3
Matière colorante avec fer et manganèse   0,2
Globuline.   12,5

Sérum :

Albumine   7,0
Graisse, sels formés essentiellement de chlorure et
    phosphate sodiques, chlorure ammonique, sul-
    fate et phosphate calciques, carbonates sodique et
    magnésique, acides gras volatils, bile, acide uri-
    que, urée, acide silicique et sucre   1,0
Eau.   79,0
                                            ____
                                            100,0

Prenant cette analyse pour terme de comparaison, voici celle du sang de la plupart de nos animaux domestiques dans laquelle le mot globule correspond à celui de globuline et de matière colorante, dans la précédente :

	Cheval.	Bœuf.	Mouton.	Porc.	Chien.	Poule.
Eau	80,5	80,0	82,8	76,9	79,1	79,3
Globules . . .	11,7	12,2	9,2	14,6	12,4	14,5
Albumine . . .	6,8	6,7	6,9	7,3	6,5	4,9
Fibrine. . . .	2	4	3	4	2	5
Graisse. . . .	1	2	1	2	2	3
Sels	7	5	7	6	1,6	5
	100,0	100,0	100,0	100,0	100,0	100,0

Le sang de la veine porte, qui amène au foie le produit de la circulation du sang artériel à travers tout le corps, paraît ne contenir que 702 p. 1000 d'eau ; il est donc beaucoup plus riche en parties solides que le sang veineux ordinaire, ce qui vient de son tamisage si prolongé au travers des vaisseaux capillaires.

Les sels contenus dans le sang sont essentiellement formés de chlorures et de phosphates sodiques et potassiques dont il y a, dans son résidu sec, 4 p. 100 de son poids ; la cendre du sang de bœuf est formée de :

Acide carbonique.	2 à 8
» silicique.	1 à 3
» sulfurique	0,5 à 5
» phosphorique.	6 à 7
Oxydes ferrique et manganique	7 à 10
» calcique	2 à 5
» magnésique	1 à 3
» sodique	12 à 27
» potassique.	8 à 11
Chlorure sodique	36 à 51

Un coup d'œil jeté sur la composition des cendres du sang indique que ce fluide doit être fort alcalin, ce qui arrive aussi ; c'est à cette réaction qu'il doit de se putréfier avec une déplorable facilité, ce qui cause toutes les maladies dites putrides et qui sont le départ des épizooties. Le sang est alcalin comme tous les fluides assimilables au corps animal ; les autres sont neutres ou même acides, comme le chyme et l'urine.

Quand on abandonne le sang à lui-même, il se coagule et le caillot entraînant la matière colorante se sépare du sérum incolore ou un peu jaunâtre à la surface duquel il s'élève ; le sang humain est formé, en moyenne, de 25 de caillot humide pour 75 sérum. Dans le caillot on trouve, outre les globules et leur matière colorante, aussi la fibrine, la graisse et quelques sels ; on en sépare la matière colorante en le lavant à l'eau qui la dissout ; quant à la fibrine, on l'isole en battant le sang au sortir de la veine, avec un balai auquel elle s'attache sous forme de longs filaments blancs, qui étaient en suspension dans le sang et qui se réunissent par le battage, comme le beurre par le battage de de la crême. Le sang est dans un état d'équilibre instable qui ne peut se soutenir que par l'effet de la violente impulsion que lui donne le cœur ; dès qu'elle cesse, ses éléments se séparent et ceux qui n'y étaient qu'en suspension montent à la surface du liquide ou sérum qui retient ceux qui se trouvaient en dissolution. C'est à la rapidité avec laquelle il circule et aux nombreux appareils de purification au travers desquels il passe que le sang doit de pouvoir se conserver ; car si sa réaction alcaline facilite la dissolution et l'assimilation de ses éléments nutritifs, elle est la cause de sa rapide décomposition. La fibrine contenue dans le sang paraît être l'origine des muscles dont elle affecte toujours la forme quand on l'isole ; aussi existe-t-elle en plus grande proportion dans le sang artériel où on en trouve 1 à 2 centièmes de plus que dans le sang veineux. Il est possible aussi que l'albumine donne naissance à la chair ; mais nous pensons qu'elle produit plutôt la fibrine du sang ; quant aux globules, il est difficile d'en deviner les fonctions ; il est pourtant probable qu'ils sont destinés à retenir dans le sang le fer et le manganèse qui en favorisent l'oxydation, après s'être oxydés dans les poumons par leur contact avec l'air atmosphérique. Sans cette précaution, le fer aurait bientôt passé dans les déjections et le sang privé de son agent de purification n'aurait plus pu entretenir la vie. Le fait est que plus la vie est active dans un animal, plus aussi son sang contient de globules et que tout ce qui entrave la respiration rend le sang noirâtre et dérange les phénomènes de la nutrition. La diminution des globules du sang, comme les affections des poumons, a toujours pour suite directe une excessive faiblesse.

Dans les animaux inférieurs où la circulation est lente et le sang froid, il cesse d'être alcalin ; dans les grenouilles par exemple, il est neutre et sa saveur fortement salée indique suffisamment qu'il ne contient que du sel, nécessaire pour tenir la fibrine en dissolution et en empêcher la putréfaction.

Le sang pèse un cinquième ou sixième du poids total du corps des animaux supérieurs et un peu moins chez leurs femelles qui sont aussi plus faibles que les mâles ; ce rapport est de :

1 : 19	pour	le cheval
1 : 27	»	le bœuf.
1 : 4,5	»	le chien.
1 : 5	»	le mouton maigre.
1 : 10	»	les moutons bien en chair.
1 : 30	»	» gras.
1 : 21	»	les vieilles vaches laitières.

Ces chiffres prouvent que le sang est plus abondant chez les bêtes maigres que dans celles qui sont grasses, et chez les animaux de petite taille que dans ceux de grande taille ; ce fait est si vrai que tandis qu'un petit bœuf gras de 400 kilogr. donne 18 kilogr. de sang, un gros bœuf de 800 kilogr. n'en produit que 25 kilogr., ce qui explique leur lourdeur et leur paresse.

Le sang se forme aux dépens de la lymphe, qui lui arrive de toutes les parties du corps et du chyle que lui fournissent les intestins ; le chyle d'une oie nourrie avec de l'avoine et des fèves contenait :

Fibrine.	0,370
Albumine	3,516
Graisse	3,601
Gélatine, sucre et gomme	0,332
Sels	1,944
Eau	90,237
	100,000

Celui d'un cheval nourri avec de l'avoine était formé de :

Graisse	1,0
Albumine	4,6
Fibrine	0,2
Gélatine, sucre, gomme et traces de matière colorante	0,5
Chlorure et lactate sodiques.	0,7
Sels calciques et traces de fer.	0,2
Eau	92,8
	100,0

Le chyle formé par des aliments riches en fécule possède une saveur douce ; abandonné à lui-même, il laisse coaguler des flocons blancs de fibrine analogue à celle du sang ; il est alcalin, et généralement très riche en graisse à laquelle il doit d'être opalin et quelquefois même trouble et blanc comme du lait. La chaleur et les acides le coagulent comme le sérum du sang, avec lequel il a la plus étroite parenté ; aussi peut-on dire que c'est du sang moins les globules rouges ; quant à la lymphe, c'est du chyle privé de son excès de graisse ; celle de l'homme contient :

Fibrine.	0,524
Albumine.	0,434
Graisse et essence	0,356
Sels.	1,560
Eau.	97,126
	100,000

On comprend donc que le sang puisse se former aux dépens
du chyle et de la lymphe, dans lesquels les globules se forment
sans doute quand ces liquides, après avoir été mêlés au sang, s'y
chargent d'oxygène et d'oxyde de fer et de manganèse. En étudiant le développement du poulet dans l'œuf, il est facile d'assister
à la métamorphose de la lymphe en sang ; car le fluide que l'embryon met en mouvement est d'abord incolore comme de l'eau ;
ce n'est qu'au bout d'un certain temps qu'il se colore en rose, puis,
qu'il prend ensuite la teinte rouge qu'il conserve toujours ; si
le sang se forme aux dépens du chyle, le chyle, à son tour, vient
des aliments, ce que nous prouverons en nous occupant de la
digestion. Dans l'analyse de la lymphe on a compté avec la
graisse une essence, soit un corps gras volatil qui y existe en
effet, comme aussi dans le sang auquel il communique l'odeur
propre à chaque animal, odeur qu'une addition d'acide sulfurique rend excessivement sensible ; sans doute en en mettant en
liberté une portion qui était unie aux alcalis.

Le sang est si nécessaire à la vie qu'on tue les animaux auxquels on l'enlève ; ils meurent lors même qu'on le remplace par
un volume égal d'eau, et à la même température ; ils meurent encore quand on y substitue le sang d'une espèce différente de la
leur ; mais, chose admirable et trop peu connue, ils se remettent
quand on introduit dans leurs veines le sang d'un individu de la
même espèce ; ce fait, si remarquable, fournit le moyen de conserver à la vie des individus précieux et dont un accident ou la
maladie aura appauvri ou gâté le sang. On trouvera dans la trans-
fusion un moyen facile et pratique non-seulement pour conserver la vie d'individus prêts à succomber, mais aussi d'améliorer
la santé de bêtes faibles et souffrantes.

Le cœur est l'organe qui pousse le sang dans tout le corps ;

d'abord dans les artères, avec une force telle qu'elle fait équilibre à une colonne d'eau de 3 mètres dans le cheval et de 2 mètres dans la brebis; aussi l'ouverture d'une artère entraîne-t-elle une mort presque immédiate. Le sang passe des artères dans les capillaires, revient de là aux veines, où il est poussé avec si peu de force que le sang qui y circule ne fait plus équilibre, chez le cheval, qu'à une colonne d'eau de 30 à 50 centimètres, de 15 centimètres chez le chien, et de 14 seulement chez la brebis.

Le sang veineux et noir revenu de toutes les parties du corps passe dans le foie, où il dépose la bile, de la graisse et du sucre; puis il arrive au cœur, d'où il est poussé dans les poumons où en absorbant de l'oxygène il se change en sang artériel d'un beau rouge qui revient au cœur, d'où il est de nouveau remis en mouvement et transmis aux artères.

La circulation du sang s'effectue avec une rapidité telle qu'il ne faut pas plus de 20 à 25 secondes à celui du cheval pour faire tout le tour du corps. Le mouvement du sang n'est pas continu; il est saccadé et correspond aux dilatations et contractions successives du cœur, dont l'impulsion imprimée au sang et transmise aux artères constitue le phénomène du *pouls*.

Le pouls; soit les contractions du cœur sont d'autant plus rapides et plus nombreuses que les animaux sont plus petits et plus jeunes. Le pouls bat plus vite la matin que le soir, après les repas qu'avant, et sur les hauteurs que dans les plaines; il est donc en rapport direct avec l'activité vitale, ainsi qu'avec la pression atmosphérique, au moins chez les animaux à sang chaud; cela est si vrai que tout effort, que tout mouvement augmente la vitesse du pouls. Le cœur bat par minute 20 à 24 fois chez les poissons, 60 chez la grenouille, 95 chez le chien, 110 chez le chat, 120 chez le lapin, 84 chez la chèvre, 70 à 80 chez les moutons, 65 chez les poulains mâles entiers, 56 chez les jeunes chevaux de race, 40 chez les vieux chevaux de race, 36 chez les chevaux ordinaires et 30 chez les mêmes lorsqu'ils sont vieux, 50 à 60 chez les vaches, 65 chez les veaux, 45 chez les bœufs et les taureaux, 50 à 56 chez les ânes de trois à quatre ans, 136 chez les pigeons et 140 chez les poules.

Le sang une fois formé se débarrasse de ses parties nutritives qui se répartissent dans tout le corps, puis de ses parties inutiles ou dangereuses par les différentes glandes appelées glandes salivaires, pancréatiques, foie et reins qui sécrètent la salive, le fluide pancréatique, la bile et l'urine ; enfin il arrive au poumon, qui lui enlève, en la brûlant, la totalité de la bile sécrétée par le foie et enlevée aux intestins, puis aussi une foule d'autres matières organiques. C'est par le poumon que la plus grande partie des matières inutiles au sang est éliminée par le phénomène de la *respiration*, avec lequel celui de la circulation est lié de la façon la plus étroite et la plus admirable. La respiration est d'autant plus active que le sang des animaux est plus chaud ; aussi devient-elle imperceptible dans les animaux à sang froid, et peut-on l'envisager chez ces êtres imparfaits comme une fonction de peu d'importance ; cela est si vrai qu'on peut garder assez longtemps des grenouilles, des vers, des insectes dans l'huile avant qu'ils meurent, tandis qu'un oiseau ne tarde pas à étouffer lorsqu'on l'enferme sous une cloche ; c'est donc dans le poumon qu'il faut chercher la source de la chaleur animale.

La respiration s'effectue par toute la surface du corps, de là vient le danger des brûlures un peu étendues, ainsi que celui des refroidissements qui, en contractant les pores de la peau, l'empêchent de remplir ses fonctions sécrétoires ; chez les animaux inférieurs à peau nue, tels que les grenouilles, c'est même par la peau que s'effectue la plus grande partie de la respiration ; aussi peut-on leur enlever les poumons sans les faire mourir immédiatement.

Les excrétions cutanées peuvent s'élever, en vingt-quatre heures, à 820 grammes pour les moutons, à 6 ou 7 kilogr. 1/2 pour le bœuf, et 9 à 11 kilogr. pour le cheval ; elles sont formées d'acide carbonique, de vapeur d'eau, et d'eau plus ou moins chargée de sels qui communiquent à la sueur son goût salé et frais.

La plupart des animaux présentent des organes spéciaux qui sont affectés à la respiration : ce sont, pour les animaux supérieurs, les poumons, pour les poissons des branchies, et pour les insectes des trachées ou petits canaux qui aboutissent à de grosses cellules, ou qui se ramifient dans l'intérieur du corps. Quant aux branchies, ce sont des lames frangées et superposées, au travers desquelles l'eau passe, en cédant tout son oxygène au sang qui y circule avec abondance. Les poissons, qui restent quelquefois hors de l'eau, comme plusieurs de ceux qui habitent le Nil et le Gange, et qui peuvent passer plusieurs heures entre les feuilles des arbres sur lesquels ils grimpent, possèdent des poumons outre leurs branchies, en sorte qu'ils peuvent à volonté respirer dans l'air ou dans l'eau.

Les poumons se dilatent pour recevoir l'air, puis ils se contractent pour l'expulser avec les produits d'oxydation auxquels son oxygène a donné naissance en entrant en contact avec le sang. Le nombre des aspirations est de 18 par minute pour l'homme, 16 pour le cheval, 24 pour la chèvre et le mouton, 46 enfin pour le porc, dont la force vitale est excessivement intense.

Dans l'acte de la respiration, les poumons absorbent 117 parties d'oxygène, qu'ils remplacent par 100 parties d'acide carbonique, et une proportion variable de vapeur d'eau et de nitrogène. La quantité de vapeur d'eau dégagée par les poumons est d'autant plus grande que la température de l'animal est plus élevée; pendant le sommeil hibernal de la marmotte où sa température devient semblable à celle de l'air ambiant, il ne s'en dégage plus que de l'acide carbonique; toute l'eau formée reste dans le corps d'où l'animal l'expulse chaque fois qu'il se réveille. L'oxygène absorbé brûle les substances organiques en les faisant passer à l'état d'acide carbonique, de vapeur d'eau et de nitrogène qui se dégagent par les poumons ainsi que par toute la surface du corps. Un homme de 28 ans pesant 82 kilogr. expire en une heure 373 milligr. d'acide carbonique par la peau et 11 gr. 367 milligr. par les poumons. L'homme expire plus d'acide carbonique que la femme; la quantité de cet acide augmente constamment dans les produits de la respiration jusqu'à 30 ans, où elle commence à diminuer de plus en plus à mesure que les phénomènes vitaux s'affaiblissent sous l'influence des années. Comme la respiration a pour but de produire de la chaleur, elle se ralentit pendant l'été, et s'accélère tellement sous l'influence du froid qu'elle est à 0°C. deux fois plus active qu'à 30°C.; si les choses ne se passaient point de cette manière, il en résulterait une production de chaleur assez grande pour tuer l'animal dont la température, grâce à ce sage arrangement, est constante, quelle que soit celle du milieu dans lequel il séjourne. Pour avoir une idée de ce qui arriverait dans le cas où les animaux ne pourraient régler leur température d'après celle de l'air ambiant, on n'a qu'à considérer ce qui arrive aux animaux surmenés ou chassés pendant longtemps, et qui, forcés à courir, ce qui en accélère la respiration, sont soumis à une double et puissante cause de production de chaleur, le mouvement des muscles et l'accélération de la respiration qui finissent par altérer le sang qui est noir, souvent extravasé dans les chairs dont il provoque la décomposition d'une manière telle qu'un chevreuil surmené sent mauvais peu d'heures après avoir été tué. Cet exemple suffit pour prouver combien il est important de ne pas échauffer les animaux par une course trop longtemps continuée, à laquelle il n'y a que bien peu d'entre eux qui puissent résister longtemps.

Le volume de l'air expiré varie avec la capacité des poumons, à ce point que tandis que les hommes grands et forts rejettent dans l'air, à chaque expiration, 550 à 660 centimètres cubes de gaz, ceux de petite taille ne lui en rendent que 330 à 380. Comme nous savons d'ailleurs quelle est la composition de l'air inspiré et celle de l'air expiré, il est facile de calculer qu'un homme adulte aurait besoin, pour sa respiration en 24 heures, de 550 litres d'oxygène, soit de 2750 litres d'air s'il pouvait en absorber tout l'oxygène; mais il n'en est rien, et dès que l'oxygène descend dans l'atmosphère un peu au-dessous de la proportion normale, la respiration devient pénible. Comme d'ailleurs l'air se raréfie beaucoup à mesure que la température s'élève, il s'ensuit qu'il faut par heure à chaque homme adulte 6 mètres cubes d'air froid, et jusqu'à 10 d'air chaud.

Un homme brûle en 24 heures 250 grammes de carbone, un cheval 2500 gr., un lapin 25 gr., et un pigeon 7 gr., durant le même espace de temps, ce qui prouve que la combustion est beaucoup plus active chez les animaux de petite taille que chez les grands. Afin de donner une idée du rapport qu'il y a entre le volume et le poids de l'acide carbonique produit par la respiration de quelques-uns des animaux domestiques, nous dirons qu'en une heure :

	En litres.	En grammes.
Un taureau donne : acide carbonique. .	271,10	536,77
Un bélier de 8 mois » » . .	55,25	109,35
Une chèvre de 8 ans » » . .	21,45	42,55
Un chevreau de 5 mois » » . .	11,60	22,96

La température des animaux à sang chaud varie sensiblement à mesure qu'on la prend dans une partie plus éloignée du cœur et plus exposée, par conséquent, au refroidissement; c'est ainsi que le sang humain possédant une chaleur de 39°C., on ne trouve plus que 37°C. dans la bouche, 36°C. à l'aisselle, 35°C. à l'aine, 34°C. à la cuisse, et 32°C. enfin à la plante du pied. Le sang artériel est de 1°C. plus chaud que le sang veineux, qu'on s'étonnerait de ne pas voir refroidi davantage après qu'il a parcouru tout le corps, si on ne tenait pas compte de l'excessive rapidité avec laquelle il circule. Tout ce qui diminue la force vitale abaisse la température animale; la paralysie diminue la chaleur du membre qu'elle affecte de 10 et même 12°C.; la faim la diminue graduellement jusqu'à ce que la mort arrive; pendant le sommeil la température s'abaisse de 1°C.; elle descend de 10 à 15°C. sous l'influence de la cyanose et du choléra. Tout ce qui augmente la force vitale élève la température du corps; elle s'élève de 3°C. dans les paroxysmes de fièvre, de 1 à 2°C. sous l'action de violentes contractions musculaires, et atteint même 3°C. dans les parties enflammées.

La température des animaux à sang chaud varie de 36 à 44°C.; elle est de 39°C. dans l'homme et la chèvre, 38°C. dans le cheval et le porc, 44°C. enfin chez les oiseaux.

Plus le froid est vif, plus aussi l'animal respire rapidement; par conséquent plus aussi il absorbe de matière combustible pour soutenir sa température. Cette absorption de matière combustible réagissant sur l'estomac, il s'ensuit que l'appétit des animaux exposés au froid devient très grand, ce qui oblige à les enfermer durant l'hiver dans de chaudes étables, afin d'éviter des pertes considérables sur les aliments.

La nature avait prévu ce cas en couvrant les animaux des pays froids de toisons d'autant plus épaisses que la température à supporter était plus basse; de là vient que le pelage d'hiver de tous les animaux domestiques est infiniment plus fourni et plus long que celui d'été.

Au-dessous de la chair se trouve tout un système de vaisseaux plus ou moins compliqués qui constitue le tube intestinal et qui est formé par la prolongation de la peau dans l'intérieur du corps qui joue ici le même rôle qu'un doigt de gant retourné; il affecte même complètement cette forme dans quelques animaux inférieurs dont tout le tube intestinal n'est qu'une cavité avec une seule ouverture par laquelle entrent les aliments et sortent leurs débris, après que leurs parties assimilables ont été absorbées. Chez tous les animaux supérieurs le tube intestinal traverse le corps et reçoit par en haut les aliments dont les débris sortent par en bas ; on appelle bouche leur point d'entrée et anus celui de leur sortie. L'intestin est d'autant plus long qu'il appartient à un animal dont la nourriture est plus difficile à digérer et dont les dents sont moins développées ; sa longueur comparée à celle du corps pris pour unité est :

$$
\begin{aligned}
&: : \ 5 : 1 \ \text{dans le chien,}\\
&: : \ 9 : 1 \ \text{» \ l'âne,}\\
&: : 10 : 1 \ \text{» \ le cheval,}\\
&: : 14 : 1 \ \text{» \ le porc,}\\
&: : 17 : 1 \ \text{» \ la chèvre,}\\
&: : 20 : 1 \ \text{» \ le bœuf,}\\
&: : 25 : 1 \ \text{» \ le mouton.}
\end{aligned}
$$

L'intestin du cheval est donc une fois plus court que celui du bœuf, ce qui vient de ce qu'il divise beaucoup mieux l'herbe qui lui sert de nourriture, que le bœuf qui n'a des incisives qu'à la mâchoire inférieure. Si le tube intestinal du mouton est d'un quart plus long que celui du bœuf, cela tient à la nourriture sèche et dure que lui offrent les montagnes brûlées pour lesquelles il a été créé. Enfin, quoique le porc ait le système dentaire aussi complet que celui du chien, ses intestins sont cependant environ trois fois plus longs, parce qu'il se nourrit d'herbes et de racines, tandis qu'à l'état sauvage le chien ne vit que de viande.

Le tube intestinal est d'autant plus compliqué qu'il reçoit des aliments plus difficiles à digérer ; chez les carnivores il ne présente qu'un seul renflement à sa partie supérieure, l'estomac, tandis qu'il y en a quatre chez les ruminants, dont l'un, la panse, sert de réservoir aux aliments après la première mastication, jusqu'au moment où, ayant passé dans deux autres poches, ils remontent dans la bouche pour y être mâchés une seconde fois

et redescendre dans le quatrième estomac, où leur digestion s'effectue. Dans le veau, le quatrième estomac ou caillette fonctionne
seul, aussi longtemps que l'allaitement dure ; ce n'est qu'au moment où le jeune animal commence à manger de l'herbe que les
trois autres s'ouvrent et se développent. L'estomac n'est point
une glande spéciale, c'est tout simplement une des nombreuses
poches qui garnissent tout le tube intestinal et qui est plus grande
que les autres ; ses parois sont aussi généralement plus fortes,
plus musculeuses ; mais dans certains animaux il n'existe pas
d'estomac spécial, ce qui prouve bien que la digestion peut s'effectuer dans toute la longueur du tube intestinal dont l'estomac
n'est donc qu'un appendice de circonstance et non point indispensable à la digestion.

Tous les animaux domestiques directement utiles prennent leur
nourriture avec la bouche, dont la forme varie avec l'espèce : le
bec pointu des poules leur permet de saisir jusqu'au plus petit
grain, jusqu'au vermisseau le plus délié, tandis qu'à l'aide de ses
robustes mandibules le dindon brise les racines les plus grosses.
Le bec plat et dentelé du canard lui sert à retenir les vers et les
plantes molles dont il se nourrit ; l'oie qui se nourrit d'herbes
terrestres en général dures a le bec denté aussi, mais haut, et
beaucoup plus robuste que celui des canards. Le cheval qui se
nourrit des longues herbes des plaines humides a la bouche complétement garnie de dents incisives tranchantes, tandis que le
bœuf, qui l'accompagne dans les mêmes localités et qui n'a d'incisives qu'à la mâchoire inférieure, saisit les herbes d'abord avec
la langue qui les arrache, après quoi il les avale presque sans les
mâcher et ne les mâche qu'après qu'elles se sont suffisamment
ramollies dans sa vaste panse. Les moutons et les chèvres, destinés à vivre de l'herbe courte des montagnes arides où ils ont pris
naissance, coupent l'herbe tellement près du sol qu'ils la rasent,
ce qui vient de ce que leurs dents incisives excessivement tranchantes ont l'émail proéminent et buttent contre la gencive dure
de la mâchoire supérieure, de manière à ce qu'aucun brin d'herbe
ne leur échappe et à ce qu'elles le coupent aussi facilement qu'un
ciseau d'acier ; les moutons ne profitent pas des herbes molles ;
leurs dents ne peuvent saisir et broyer que des corps durs et résistants ; de là vient que les bêtes ovines se gâtent la digestion lors-

qu'on les conduit dans des pâturages succulents et cherchent de
tous côtés quelque chose à ronger, même de la paille et du bois.

Les dents des herbivores agissant sans cesse sur des corps
durs qui les usent beaucoup seraient bientôt rasées si elles ne
s'accroissaient pas sans cesse. Les dents sont formées de la matière dentaire proprement dite analogue aux os et que recouvre
un émail blanc de la plus grande dureté. Les dents humaines sont
formées de :

	Matière dentaire.	Émail.
Tissu cellulaire.	28,0	0,5
Phosphate et fluorure calciques.. . .	64,3	88,5
Carbonate　　　　»　　　　»	5,3	8,0
Phosphate magnésique.	1,0	1,5
Alcalis.	1,4	1,5
	100,0	100,0

La denture du porc est aussi parfaite que celle du chien; elle
lui était nécessaire pour saisir, diviser et broyer les herbes et
surtout les racines dures et coriaces dont il fait sa principale
nourriture. Quant au lapin, ses énormes incisives indiquent
assez qu'il est un habitant des régions sèches et qu'il est destiné
à recevoir une nourriture dure et ligneuse; lorsqu'on lui donne
des herbes molles, il les jette de côté dans sa bouche et les écrase
directement sous ses dents molaires sans les toucher avec les incisives; les marmottes en font tout autant et craignent encore
plus que les lapins une nourriture aqueuse.

Une fois les aliments arrivés dans la bouche, ils y sont arrosés
de la salive qui provient des diverses glandes qui s'ouvrent dans
la bouche, et dont les plus considérables, placées un peu au-dessous de l'oreille, sont appelées parotides.

La salive contient 98 à 99 p. 100 d'eau; les matières solides
qu'elle tient en suspension et en dissolution sont du carbonate
calcique, du chlorure et du carbonate sodiques, et une matière
organique qui agit comme un ferment très actif sur la fécule
qu'elle change en sucre au bout de peu d'instants. La réaction
de la salive est toujours alcaline quand elle est pure; sa saveur
est fade comme son odeur; quand la salive sent mauvais, cela
provient d'une altération profonde qui la charge de carbonate

calcique, qu'elle dépose sous forme de tuf sur les dents ; d'autres fois la salive devient acide et corrosive au point d'attaquer et de carier les dents : même celles qui sont artificielles, ce qui prouve bien que c'est à la salive seule, et non pas à l'état de la dent, qu'on doit en attribuer la carie. La quantité de salive que reçoit la bouche est considérable ; un cheval en sécrète 1705 grammes en 24 heures, uniquement par les parotides. Les fonctions de la salive ne sont pas uniquement chimiques, mais aussi mécaniques, parce qu'étant visqueuse, elle facilite la descente des aliments dans l'estomac.

Quand les aliments arrivent dans l'estomac, ils en excitent les parois desquelles suinte bientôt en abondance un liquide acide et salé appelé suc gastrique, doué à un degré extraordinaire de la faculté de dissoudre les substances alimentaires ; celui de mouton est formé de :

Eau.	98,6147
Ferment.	0,4055
Chloride hydrique.	0,1234
Chlorure potassique.	0,1518
» sodique.	0,4369
» calcique.	0,0114
» ammonique.	0,0473
Phosphate calcique.	0,1182
» magnésique.	0,0577
» ferrique.	0,0331
	100,0000

Le suc gastrique ne contient guère que 1 1/2 de matières différentes de l'eau, et qui ne sont, outre son ferment spécial, que du chloride hydrique et des chlorures formés par l'action de cet acide sur les cendres des aliments ; cette proportion relativement énorme de chloride hydrique ne peut venir des aliments dans lesquels il n'existe pas ; il faut donc que le chlorure sodique se décompose dans le corps animal aux parties solides duquel il cède de la soude, tandis que son chloride hydrique est expulsé par l'estomac après y avoir servi à la dissolution des aliments.

Dès que la solution acide des aliments passe dans les vaisseaux veineux et chylifères qui rampent partout dans les parois des intestins, elle y entre en contact avec des liquides alcalins où le chloride hydrique se sature de soude ou de potasse ; ce qui lui permet d'être éliminé par les reins sous forme de chlorures potassique ou sodique. Il s'ensuit donc de ces faits, que le chlorure sodique des aliments se décompose en ses éléments au commencement de la digestion et qu'il reprend sa forme primitive quand elle est terminée et qu'il va sortir du corps ; de là vient que cette réaction est restée pendant si longtemps ignorée. Il faut attribuer la décomposition du sel dans l'estomac à une action de contact analogue à celle qui donne aux toiles la force de décomposer le sulfate aluminique dont elles retiennent l'oxyde aluminique avec énergie, en mettant en liberté une quantité correspondante d'acide sulfurique.

Au sortir de l'estomac, les aliments réduits en une pâte acide reçoivent deux liquides épais et alcalins venant du pancréas et du foie.

Le suc pancréatique est un liquide qui a les plus grands rapports avec la salive ; il est incolore, visqueux et en général fortement alcalin ; il diffère de la salive en ce qu'il est riche en albumine. Ce liquide paraît n'avoir que des fonctions émollientes, puisqu'on peut enlever le pancréas sans produire d'autre incommodité que de la gêne dans la défécation ; il en est tout autrement de la bile.

La bile est sécrétée par le foie, glande énorme placée à droite dans le bas-ventre, et vers laquelle se dirige tout le sang venu par les veines, des intestins et des autres parties du corps qui semble s'y purifier avant de retourner au cœur ; ce qui est positif, c'est que la sécrétion de la bile est d'autant plus abondante que les repas sont plus riches, et que très active après les repas, elle devient presque nulle quand l'estomac est vide. La bile est évidemment formée, non point aux dépens du corps ou du sang, mais bien, des aliments ; aussi sa constitution est-elle fort complexe, bien qu'en général elle contienne essentiellement les acides glycocholique et taurocholique à peine connus, à cause de la rapidité avec laquelle ils se transforment en une série de nouveaux corps dont le plus remarquable est l'acide cholique $C^{48} H^{40} O^{10}$, doué tout à la fois des caractères des graisses et des résines, qui pourraient bien se former en même temps que de l'urée ou de l'acide urique qui paraissent exister tout formés dans les acides glyco et taurocholique.

Ces deux derniers acides sont toujours unis, dans la bile fraîche, à la soude, qui leur donne une réaction fortement alcaline, parce qu'ils sont des acides très faibles ; c'est à leur mélange qu'on applique le nom de biline, que nous employerons désormais.

La bile de bœuf est formée de :

Biline et graisse..	8,00
Mucus.	0,30
Lactate et chlorure sodiques..	0,74
Oxyde sodique.	0,41
Sels sodiques et calciques..	0,11
Eau..	90,44
	100,00

Ses fonctions sont très importantes, ainsi que l'énorme volume du foie l'indique à l'avance ; en effet, le poids de cet organe pris pour unité est à celui du corps :

        : : 1 : 50 dans le mouton,
        : : 1 : 60   »   l'oie,
        : : 1 : 35   »   le corbeau,
        : : 1 : 30   »   le chien.

Ces chiffres indiquent que le foie des carnivores est environ deux fois plus gros que celui des herbivores, ce qui devait être si cet organe n'est, ainsi que nous allons le prouver, pas autre chose que le réservoir des parties assimilables des aliments ; en effet, comme les carnivores sont gloutons et que leurs repas sont souvent assez éloignés, parce que leurs aliments sont très nutritifs, leur foie devait avoir une capacité suffisante pour en retenir toutes les parties assimilables jusqu'au moment où l'organisme pouvait les absorber ; or, comme les parties assimilables sont formées d'albumine, de graisse et de sucre, nous devons les trouver dans le foie ; voici la composition du foie de bœuf :

Débris de vaisseaux.	18,94
Albumine et sucre.	25,56
Eau.	55,50
	100,00

Le foie retient donc beaucoup d'albumine et de sucre; les corps gras ou résineux passent dans la bile; que peut-on demander de plus concluant pour admettre que le foie est le réservoir dans lequel se conservent les substances nécessaires à l'entretien de la vie? Nous trouvons la confirmation de cette vérité dans l'examen du foie des animaux gloutons chez lesquels il est énorme, comme dans le canard et la lotte; nous la trouvons aussi dans les fréquentes maladies du foie auxquelles sont exposés les gros mangeurs et les habitants des pays chauds qui ne savent pas proportionner leur appétit au peu de besoins de leur organisme, et chez lesquels le foie, distendu par les énormes approvisionnements qu'il reçoit, finit par refuser ses services, et charge le sang de matières assimilables qui s'altèrent, parce qu'il ne peut plus s'en débarrasser; alors surviennent les fièvres putrides et atoniques, les engorgements des poumons, la suffocation et la mort; le foie ne se charge donc pas en partie des fonctions du poumon, puisqu'au contraire c'est lui qui l'alimente; l'inverse est donc le plus vrai.

La bile contient 95 à 96 p. 100 d'eau; elle est sécrétée par le foie en très grande quantité, puisque :

		Grammes
1 kil. de chien en donne chaque heure. . . .		0,850
1 » de mouton » » »		0,310
1 » d'oie » » »		0,487
1 » de corbeau » » »		2,463

La bile descend dans l'intestin où elle s'unit avec les aliments dont elle sature l'acide, après quoi elle est absorbée de nouveau en presque totalité, et repasse dans le sang pour aller sans doute se brûler dans le poumon avec les autres corps gras et féculents. La bile est un puissant antiputride; aussi la digestion se dérange-t-elle quand la sécrétion de la bile est entravée; les aliments se putréfient dans le tube intestinal; des vents se forment et les digestions prennent une odeur aigre et infecte; tous ces fâcheux phénomènes sont dus à ce que sous l'influence de la chaleur du corps les aliments fermentent en produisant de l'acide lactique, qui se décompose à son tour et se change en acide acétique qui accompagne souvent les déjections en très grande quantité. La bile sert donc à neutraliser l'acide du fluide gastrique, à empêcher la putréfaction du bol alimentaire, et enfin à entretenir la respiration. La réaction alcaline de la bile est tellement indispensable à la digestion intestinale que, dans le cas où elle s'effectue mal, il suffit d'avaler un peu de craie ou de bicarbonate sodique pour la rétablir bien vite ; c'est même le seul remède capable d'arrêter la fatale diarrhée des veaux, qui enlève tant de ces animaux pendant leur allaitement.

Les reins sont deux grosses glandes analogues au foie, en ce que le sang veineux vient y déposer, outre la plus grande partie de son eau, aussi la plupart de ses sels solubles et quelques autres substances dont la réunion constitue l'urine. L'urine des animaux qui ont une vessie est liquide, tandis que celle des animaux qui n'ont qu'une poche commune à l'urine et aux déjections solides, est solide et blanche comme de la craie ; elle est alors, comme celle des oiseaux et des serpents, essentiellement formée de biurate ammonique. L'urine des animaux à vessie varie beaucoup avec la nature de leurs aliments ; ainsi celle des carnivores est fortement acide, tandis que celle des herbivores est neutre et souvent alcaline. La concentration de l'urine varie beaucoup ; celle du matin est la plus riche en parties solides qui s'y élèvent de 5 à 20 p. 100 de son poids total. L'urine des porcs nourris de pommes de terre est alcaline ; elle fait effervescence avec les acides, parce qu'elle contient des bicarbonates ; aussi, quand on la chauffe, se trouble-t-elle, parce qu'à mesure qu'il s'en dégage de l'acide carbonique, il s'y forme un abondant précipité de carbonates calcique et magnésique ; elle contient :

Bicarbonate potassique.	10,74
Sulfate »	1,98
Phosphate sodique..	1,02
Chlorure »	1,28
Urée.	4,90
Eau.	80,08
	100,00

L'urine des herbivores contient un nouveau principe formé par l'union de l'acide benzoïque, contenu dans le foin et l'avoine, avec l'urée : c'est l'acide hippurique.

L'urine des vaches nourries avec du regain et des pommes de terre est aussi alcaline ; elle se trouble lorsqu'on la chauffe, et laisse déposer de l'acide hippurique. Elle contient :

Urée..	1,85
Hippurate potassique..	1,65
Lactate »	1,70
Bicarbonate »	1,60
Eau.	93,20
	100,00

Comme l'urée est très chargée de nitrogène et qu'elle se retrouve dans l'urine de tous les animaux qui ne donnent pas d'acide urique, il est probable qu'elle se forme, comme ce dernier, aux dépens de la chair des animaux ; au moins en voit-on la quantité augmenter lorsqu'on les affame, et qu'ils sont par conséquent obligés de se nourrir aux dépens de leur propre chair. Dans ce cas, l'urine des herbivores devient tellement semblable à celle des carnivores qu'il est impossible de l'en distinguer. La quantité d'urée secrétée est donc en rapport direct avec la proportion de viande qui se détruit sous l'influence de la vie, dans le cas où elle ne provient pas de celle des aliments ni de l'ammoniaque qu'ils renferment quelquefois en si forte proportion.

L'urine rendue dans les 24 heures pèse 9 à 12 kil. pour le cheval, 7 à 9 kil. pour le bœuf et 900 grammes pour le mouton, ce qui donne une idée de l'énorme quantité de liquide qui traverse et purifie chaque jour le corps animal. La proportion d'urine est d'autant plus grande que la transpiration est moins active ; les animaux en rendent moins en été qu'en hiver, moins encore lorsqu'on les tient au pâturage que lorsqu'on les enferme à l'étable. Il sort presque autant d'eau par la peau et les poumons des animaux que par leurs reins, puisqu'en 24 heures un cheval en expire 9 à 11 kil., un bœuf 6 à 7 kil. $\frac{1}{2}$ et un mouton 820 grammes quand on les tient à l'étable, tandis que, lorsqu'ils prennent du mouvement, l'exhalation cutanée devient de plus en plus active et arrive à employer la moitié plus d'eau que les reins.

Les aliments, après avoir traversé tout le tube intestinal auquel ils cèdent leurs parties solubles, arrivent à l'anus et sont rejetés au dehors ; ils ne sont plus bons qu'à fabriquer des engrais. Les déjections sont essentiellement formées de ligneux, de mucus intestinal, de sels calciques, magnésiques et alcalins, puis de matières colorantes, grasses et résineuses ; aussi présentent-elles souvent la couleur des aliments : la bouse des vaches, le crottin des moutons est toujours vert, parce qu'on les nourrit d'herbe ; celui des chevaux nourris d'avoine et de paille est jaune, tandis que les déjections des merles sont violettes quand ils mangent des cerises noires, et celles des marmottes du plus bel orange quand on les alimente avec des carottes jaunes.

Les déjections fraîches des porcs et des vaches contiennent 77 p. 100 d'eau et 23 de parties solides contenant 8 de cendres ; celles des moutons et des chevaux ne renferment que 68 à 70 parties d'eau et 32 à 30 de parties solides, dans lesquelles on trouve 4 de cendres. La composition des cendres dépend naturellement de celle des aliments, ainsi que le prouve leur analyse que voici :

	EXCRÉMENTS DE			
	Porc.	Vache.	Mouton.	Cheval.
Acide silicique et sable . .	77	63	52	64
» phosphorique. . . .	»	5	7	9
» sulfurique	1	2	3	2
Chlorure sodique.	1	»	»	»
Phosphate ferrique. . . .	10	9	4	3
Oxyde calcique.	2	6	18	5
» magnésique	2	11	5	4
» potassique.	4	3	8	11
» sodique.	3	1	3	2
	100	100	100	100

Il résulte une fois de plus de ces analyses que l'organisme repousse l'acide silicique, la magnésie et la potasse, tandis qu'il garde presque toute la soude et la plus grande partie de la chaux des aliments. Ces analyses sont encore intéressantes parce qu'elles font voir qu'une très grande partie de l'acide phosphorique des aliments est rejetée, en sorte qu'il est difficile d'admettre que ce corps joue dans l'organisme, où il se trouve d'ailleurs en si petite quantité, un rôle aussi important que celui qu'on lui assigne depuis quelques années.

Le tube intestinal, avec ses annexes, est uni à la chair qui est

attachée aux os ; les os sont des organes essentiellement minéraux et dans lesquels la vie est assez peu développée pour qu'ils
ne deviennent sensibles que dans des cas exceptionnels : ainsi
lorsqu'ils sont en proie à la carie ou à l'inflammation ; ils sont
cependant parcourus par une grande quantité de vaisseaux sanguins qui en accroissent sans cesse le volume, ce qui permet aux
os brisés de se réunir, parce qu'entre les parties séparées il se
dépose une nouvelle portion de matière osseuse. Les os des bœufs
sont formés de :

Cartilages et vaisseaux.	33,30
Phosphate calcique	55,45
Carbonate »	3,85
Fluorure »	2,90
Phosphate magnésique.	2,05
Oxyde sodique.	2,45
	100,00

Les os sont d'autant plus pauvres en substance organique qu'ils
sont plus âgés : aussi deviennent-ils de plus en plus durs ; mous
et cartilagineux dans les jeunes animaux, ils deviennent presque
aussi solides et aussi résistants que des pierres chez les adultes.
Les cendres des cartilages sont formées essentiellement de carbonate sodique et de phosphate calcique, ce qui indique assez
combien ils sont vivants. Ils sont le point de départ des os, qu'ils
forment à mesure qu'ils s'incrustent des sels calciques que leur
apporte le sang, et qui s'y déposent en quantité beaucoup plus
grande dans les os compacts, où on en trouve 69 p. 100, que
dans les os spongieux, où il n'y en a souvent que 60 p. 100. Les
sels de chaux sont du carbonate et du phosphate ; ils proviennent
des aliments dans les cendres desquels on les trouve en abondance,
et d'où ils passent dans le sang, où on les rencontre en dissolution
ou en suspension mécanique.

Les os ne sont nécessaires qu'aux animaux de grande taille ; on
ne les retrouve pas dans les vers, les mollusques, non plus que
dans les insectes et les crustacés ; chez ces derniers le squelette
semble en quelque sorte être extérieur, puisque le corps est couvert par une enveloppe dure, presque aussi chargée de sels de
chaux que la coquille des limaçons et des huîtres. La formation

du têt des écrevisses est en effet analogue à celle des os des mammifères, puisque, molle au moment où l'animal change de peau, elle se durcit lentement et finit par acquérir la résistance des os mêmes. Comme l'écrevisse ne mange pas durant la mue, on aurait pu croire qu'elle formait le carbonate calcique nécessaire au durcissement de son têt; mais il n'en est rien, parce que l'écrevisse réunit dans son corselet une masse blanche et quelquefois très considérable de ce sel, qui disparaît totalement pendant que sa peau se durcit, pour se reformer ensuite. Le transport de la chaux au travers de l'organisme est tellement rapide qu'il ne faut que huit heures à une poule pour fabriquer la coquille de ses œufs.

Le rapport du poids des os à celui de l'animal vivant change avec l'espèce et même quelquefois avec l'individu, ce qui arrive toujours quand il est bien en chair, parce que, durant l'engraissement, la masse des parties molles s'accroît sans que le poids du squelette augmente. Chez les bêtes maigres, on peut admettre que le poids du squelette est à celui de l'animal vivant :

: : 1 : 10 pour le bœuf,
: : 1 : 5   »   le mouton,
: : 1 : 10 »   les oiseaux d'eau et les lapins,
: : 1 : 8 »   les poules.

Le mouton est donc de tous les animaux domestiques celui qui, à poids égal, produit le plus d'os, tandis que le bœuf, le lapin et les oiseaux d'eau en fournissent le moins, et qu'ils produisent, par conséquent aussi, le plus de viande.

Dans certains cas, et tout spécialement quand les animaux reçoivent une nourriture acide ou capable de s'acidifier dans leur estomac, la chaux de leurs os se dissolvant, ces organes reprennent l'état cartilagineux, et l'animal devient alors incapable de se soutenir debout. On guérit cette maladie, qui a reçu le nom de ramollissement des os, en supprimant les aliments acides et en donnant aux bêtes malades un peu de craie ou d'os calcinés et réduits en poudre qu'on mêle avec du son et du sel.

Dans la plupart des os, et toujours dans ceux qui constituent la colonne vertébrale, on trouve un corps mou, appelé moelle, qui vient du cerveau et se glisse dans toutes les parties du corps, où on le retrouve, sous forme de nerfs, dans des tubes membraneux blancs et assez résistants.

Le cerveau est formé de :

Albumine	8,12
Graisse	5,23
Cendres	6,65
Eau	80,00
	100,00

C'est donc une émulsion analogue au jaune de l'œuf et un liquide nutritif par excellence ; aussi ne doit-on pas s'étonner de l'épuisement que cause la monte chez tous les animaux mâles, épuisement provenant de la perte de la semence, qui paraît n'être autre chose que de la moelle privée de sa graisse par le séjour prolongé dans les glandes appelées testicules.

Le cerveau est l'organe des sensations ; il est beaucoup plus développé chez les animaux intelligents que chez ceux qui ne le sont pas. Son poids est à celui du corps : : 1 : 30 pour l'homme, 1 : 260 pour l'âne, 1 : 300 pour le bœuf et 1 : 400 pour le cheval ; il se réduit à fort peu de chose chez les poissons, ainsi que chez les amphibies, et paraît ne pas exister dans les insectes et les vers. Du cerveau partent les nerfs, qui semblent être les messagers de la pensée et du sentiment ; aussi les organes les plus sensibles, les plus vivants, sont-ils aussi les plus riches en filets nerveux. Le système nerveux paraît être la partie essentielle de tous les êtres vivants ; il ne manque chez aucun d'eux et se développe sans cesse à mesure que l'animal se perfectionne ; c'est donc chez l'homme qu'il présente le plus grand développement. On aurait tort cependant de conclure du volume du cerveau ou de la forme de sa boîte osseuse au développement de toutes les facultés intellectuelles ensemble ou de l'une d'elles spécialement ; le singe, par exemple, avec son énorme cerveau, est beaucoup moins éducable que le chien, tandis que la chèvre est beaucoup plus intelligente que le mouton, quoique le cerveau de ces deux animaux soit de la même grandeur. Sans sortir de l'espèce humaine, quoiqu'en général les hommes doués de moyens éminents aient le cerveau très développé, on en voit beaucoup qui ne sont rien d'extraordinaire, quoiqu'ils aient une fort grosse tête ; les pauvres idiots, avec leur crâne tellement développé qu'il dépasse souvent leurs chétives épaules, sont là d'ailleurs pour démontrer toute l'absurdité de la théorie qui fait dépendre du volume du cerveau le développement des facultés intellectuelles. Du reste, il n'y a qu'un pas, de la science à la folie, et tel qui aujourd'hui étonne le monde par la puissance de son esprit, passe demain dans le cabanon de l'insensé, quoique le volume, non plus que la forme de son cerveau n'aient cependant pas subi la moindre altération. Vouloir mesurer les facultés intellectuelles, c'est attaquer le Créateur dans sa plus belle œuvre et nier le pouvoir de l'éducation; si on pouvait le faire, quel bouleversement n'apporterait-on pas dans la société, et quelle consolation resterait au malheureux privé d'un cerveau suffisamment développé? Non, non, ces questions-là ne sont pas abordables au téméraire génie de l'homme; elles sont de celles qu'on adore sans chercher à les expliquer.

C'est au système nerveux que se relient les sens qui ne se trouvent pas également bien développés chez tous les animaux; un seul leur appartient en commun, c'est le tact qu'on retrouve même chez les vers et les polypes. Le sens le plus répandu après le tact, c'est l'ouïe, qui est excessivement développée, surtout chez les animaux faibles et qui, comme les rongeurs et les petits ruminants, ne peuvent chercher leur salut que dans la fuite; c'est pour cette raison que l'oreille externe est tellement grande chez les lapins, les ânes et les souris; l'ouïe manque aux poissons, aux insectes et à tous les animaux inférieurs. La vue est un sens très répandu; c'est chez les animaux faibles et chez les oiseaux qu'elle est le plus perçante; celle des gazelles, des marmottes, des lièvres et des aigles est justement célèbre. Quant au goût et à l'odorat que tout doit faire prendre pour deux manifestations d'un seul sens, auquel nous laisserons le nom d'odorat, il est l'apanage des animaux supérieurs; eux seuls flairent et goûtent leurs aliments. Le goût semble être aussi développé chez les ruminants que chez l'homme, puisqu'ils trient leur nourriture avec le plus grand soin; il en est de même du porc et du chien; peu sensible chez les oiseaux, le goût semble ne pas exister dans les animaux inférieurs. C'est le chien qui a l'odorat le plus fin, mais tous les animaux domestiques le possèdent; on peut faire chasser le gibier ou les truffes, aux porcs, tout aussi bien qu'aux chiens, et très souvent nous avons vu les chevaux demi-sauvages de la Hongrie flairer la terre et hennir lorsqu'ils retrouvaient la trace des chevaux de la compagnie à laquelle ils appartenaient. Ayant remarqué que les chèvres refusaient le pain sur lequel on pousse l'haleine, nous les avons mises à l'épreuve en engageant leur berger, auquel elles étaient fort attachées, à s'éloigner sans bruit, puis à courir à une certaine distance, derrière un mur, où il ne pouvait être vu, et à grimper là, sur un arbre assez élevé. Au bout de quelques instants, l'une des chèvres leva la tête, cherchant des yeux le berger, et bêla; tout le troupeau en fit autant; puis, le nez en terre, fit quelques tours à droite et à gauche en donnant de grands signes d'inquiétude, et prit sa course sans hésiter dans la direction suivie par le berger, où il se lança au galop et ne s'arrêta qu'au pied de l'arbre où les chèvres, ayant retrouvé leur guide, elles se mirent à brouter avec la plus grande tranquillité. L'ouïe est excessivement développée chez la plupart des animaux supérieurs; on n'en tient pas assez compte dans leur dressement pour lequel on a pris l'habitude de ne faire appel qu'à leur toucher.

CHAPITRE II.

La Composition.

Les animaux sont formés des mêmes dérivés protéiques que les plantes; leur corps est composé de fibrine, à laquelle sont ajoutées des proportions variables d'albumine, de caséine et de gélatine. Les graisses animales sont les mêmes que les graisses végétales; elles sont en général beaucoup plus fermes. Les gommes et les sucres animaux sont les mêmes que ceux des végétaux, à part le *sucre de lait* $C^{12}H^{12}O^{12}$, qu'on rencontre dans le lait de tous les mammifères, auquel il communique une saveur douce; c'est de tous les sucres celui qui cristallise le plus facilement, et celui qui possède la saveur la moins sucrée.

Parmi les substances propres aux animaux se range en première ligne, à cause de son énorme diffusion, la *cholestérine* $C^{84}H^{72}O^{5}$, ainsi que le principe spécial de la bile avec lequel on la rencontre généralement associée. On rencontre la cholestérine dans la bile, le sang, le cerveau et jusque dans le jaune d'œuf; c'est elle qui produit les calculs biliaires; il est probable qu'elle joue le même rôle que les corps gras, avec lesquels elle a une foule de rapports, de même aussi qu'avec les résines.

L'acide lactique $C^6 H^6 O^6$ se rencontre dans la plupart des excrétions animales, telles que la sueur et l'urine; on le trouve aussi dans les muscles, auxquels il communique une réaction fortement acide, à laquelle ils doivent sans doute la faculté de résister à la putréfaction qui s'en empare dès qu'on les en a dépouillés en les lavant; il est l'acide commun à tous les animaux, absolument comme l'acide malique est propre à tous les végétaux. Cet acide se développe en très grande masse toutes les fois que des substances sucrées ou capables de former du sucre fermentent à une température de 30°C ou un peu au-dessus; or, comme ces conditions existent lorsque des aliments végétaux séjournent trop longtemps dans l'estomac, il est clair qu'il se forme beaucoup d'acide lactique dans les mauvaises digestions dont on arrête les fâcheux effets en saturant avec de la craie ou du bicarbonate sodique l'acide lactique produit. Quand le lait tourne et s'aigrit, c'est qu'il s'y est développé de l'acide lactique qui se forme aux dépens de son sucre avec une rapidité extraordinaire en été, et surtout par des temps orageux, qui facilitent toutes les espèces de putréfaction. Il est probable que l'acide lactique joue dans l'économie animale un rôle bien plus important encore que celui que nous lui avons assigné pour la conservation des parties charnues; il est probable que c'est à lui qu'est départie la formation des muscles, qui pourraient bien naître du sang extravasé des capillaires et coagulé par l'acide lactique avec lequel il se trouve partout en contact dès qu'il sort des vaisseaux circulatoires.

Dans l'urine on rencontre trois produits qui sont propres aux animaux; le plus répandu chez toutes les classes est l'acide urique $C^{10} H^4 N^4 O^6$, qui forme le dépôt de l'urine humaine et la partie blanche des excréments de tous les animaux à cloaque, c'est-à-dire de tous ceux qui, n'ayant qu'un seul conduit excrétoire pour les déjections solides et liquides, les rendent simultanément, ainsi que le font les oiseaux, les grenouilles, les serpents

et la plupart des insectes. Comme ce sont les animaux à cloaque qui présentent les teintes les plus vives et que l'acide urique, en s'oxydant jusqu'à un certain point, produit une série de couleurs dont l'éclat et la variété rappelle celle des colorations des plumes des oiseaux et des élytres des insectes les plus éclatants, il est probable qu'elles sont dues à une transformation de l'acide urique, comme il est certain d'autre part que l'urée qu'on trouve dans la vessie des animaux supérieurs est due à l'oxydation de l'acide urique, puisqu'on l'obtient en oxydant cet acide par l'acide plombique. Il en serait donc de l'acide urique comme de la biline, c'est-à-dire que sécrété d'abord par le sang, dans un but encore inexplicable, il serait ensuite absorbé, brûlé dans les poumons, puis enfin éliminé sous forme d'urée $C^2 H^4 N^2 O^2$, composé qu'on trouve dans l'urine de la plupart des gros animaux domestiques, et qui, en s'unissant à quatre équivalents d'eau, donne naissance à deux équivalents de carbonate ammonique, qui est le principe actif du lizier; voici la formule de cette réaction :
$$C^2 H^4 N^2 O^2 + 4 HO = 2 CO^2, 2 NH^4 O.$$

L'acide urique se forme aux dépens des aliments nitrogénés brûlés dans le poumon; il est donc d'autant plus abondant, lui ou l'urée qui en dérive, que les aliments reçus étaient plus riches en substances nitrogénées; de là vient que tandis que l'acide urique forme la presque totalité des déjections des serpents et des aigles qui se nourrissent exclusivement de viande, on n'en trouve que des traces dans celles des oiseaux de basse-cour qui ne mangent que des grains ou des herbes.

Dans l'urine des herbivores on trouve aussi *l'acide hippurique* $C^{18} H^9 NO^6$ qui est une combinaison d'acide benzoïque avec du sucre de gélatine; le premier provient de l'herbe où on le rencontre en grande quantité, et le second, de la décomposition des chairs. C'est dans l'urine des chevaux qu'on trouve le plus de cet acide lorsqu'on leur donne beaucoup d'avoine, parce que l'enveloppe de cette graine est chargée d'une substance aromatique riche en acide benzoïque, et qui lui communique ses propriétés excitantes.

Quelques animaux présentent aussi des excrétions spéciales qu'ils emploient généralement à leur défense; de ce nombre est le venin des guêpes et des abeilles, celui des serpents, des millepieds, des araignées, ainsi que celui de la rage. Le venin secrété par des animaux bien portants est une véritable secrétion, tandis que celui de la rage est le produit d'une maladie caractérisée par une véritable et affreuse altération de tout le système nerveux. Le poison sécrété par l'aiguillon des abeilles ou la dent des serpents agit comme un puissant irritant ; aussi les parties atteintes se gonflent-elles presque sur-le-champ et l'irritation gagnant quelquefois de proche en proche, atteint le cœur ou les poumons, et produit alors la mort. On en arrête les effets en donnant intérieurement de l'ammoniaque très étendue d'eau, ou bien du bicarbonate sodique, pour empêcher l'inflammation, en nettoyant la plaie et appliquant sur elle une pâte épaisse faite en délayant du sel pilé fin, avec un peu d'eau ; cette pâte attire le venin au dehors ; il faut la renouveler de temps en temps, jusqu'à ce que le danger soit passé.

Beaucoup d'animaux dégagent une graisse spéciale des glandes placées dans ou autour de l'anus, c'est le cas des perdrix, des poules, des marmottes et surtout des furets, des martres, des renards et des hérissons dont l'odeur musquée provient des glandes anales. Cette graisse peut servir à faciliter la sortie des excréments, comme il est possible que son odeur serve à certaines espèces de moyen de se retrouver ou de s'éviter.

CHAPITRE III.

Analyse.

Comme nous avons déjà parlé de l'analyse des produits animaux, quand nous nous sommes occupé de celle des substances végétales, nous ne donnerons ici que le moyen de connaître la composition du lait et de la viande.

Pour analyser le lait, on en pèse une certaine portion qu'on dessèche au bain d'eau, jusqu'à ce que son poids ne change plus ; la différence donne le poids de *l'eau* qui y était contenue. On traite le résidu par l'éther qui dissout toute *la graisse* en laissant la caséine avec le sucre de lait et les sels qu'on en sépare en lavant le tout avec de l'eau saturée de sel, qui laisse *la caséine* pure.

Quant à la viande, on en dose d'abord l'eau et la graisse par le procédé ci-dessus ; le résidu est formé de fibres musculaires plus ou moins mélangées de débris de vaisseaux et de tissu cellulaire qu'on ne peut pas en séparer.

CHAPITRE IV.

Amélioration.

Les soins à donner au bétail sont généraux ou spéciaux, occupons-nous d'abord des premiers, pour n'en indiquer les soins spéciaux, qu'en traitant de chaque espèce animale isolément. Comme les animaux demandent d'autant plus de soins qu'ils sont plus développés, nous les prendrons avant leur naissance et nous les suivrons jusqu'au moment de leur mort.

L'accouplement bien entendu est une des sources les plus sûres de prospérité agricole. Avant de procéder à la multiplication du bétail, on doit bien se rendre compte du but que l'on veut atteindre, but qui change avec la nature du terrain et la position topographique du sol exploité. Dans les terres sèches on élève des moutons et des chevaux, dans celles qui sont humides, des vaches et des porcs ; sur les hauteurs les petites races conviennent, tandis que dans les plaines et les fertiles vallées on peut élever les grandes variétés des animaux domestiques. Après avoir donc bien choisi l'espèce et la variété la mieux en rapport avec le sol à exploiter, on prend les individus les mieux bâtis, les plus vigoureux, ceux enfin dont les caractères se rapprochent le plus du type idéal de perfection qu'on s'est créé suivant qu'on a en vue un produit spécial, ou qu'on désire les avoir tous, aussi remarquables que possible. Dès qu'une race est faite, l'accouplement n'a plus d'autre but que de la maintenir, mais dans le cas où on doit la créer, il faut se procurer d'abord des sujets doués des qualités qu'on tient à retrouver chez leurs descendants. L'expérience ayant appris que l'influence des mâles est beaucoup plus sensible sur les descendants, que celle des femelles, on a généralement recours aux mâles perfectionnés, quoiqu'on sache bien que l'influence de la femelle est aussi très grande ; du reste, on peut, dans la plupart des cas, négliger totalement l'influence qu'exerce la mère sur ses descendants, puisqu'elle se borne à nourrir le germe que le mâle a déposé dans son sein absolument de même que le sol alimente la graine qu'on y a semée ; c'est donc du mâle et de lui seul que dépend l'individualité du petit. Ce qui, par contre, dépend de la mère, c'est le caractère, parce que le petit le suce avec le lait ; aussi doit-on éloigner avec soin, de la multiplication, les femelles vicieuses ou bien leur enlever leurs petits immédiatement après la naissance, avant qu'ils aient pu en imiter les défauts. Sous ce rapport-là, on peut reprocher aux éleveurs de ne pas tenir assez compte de l'influence des femelles auxquelles ils ne demandent généralement que de la vigueur.

La constitution générale depend beaucoup plus du mâle, que de la femelle ; aussi faut-il complétement se défaire des mâles trop âgés, parce que leurs descendants sont exposés bien vite à tous les accidents d'une vieillesse prématurée, tandis que de vieilles femelles donnent encore d'excellents produits quand, saillies par de jeunes mâles, elle sont abondamment nourries pendant la gestation. Les mâles trop jeunes donnent des descendants bien constitués, mais faibles et par conséquent éminemment propres à prendre la graisse ; on ne s'en sert aussi que dans les pays très fertiles, tandis qu'on les éloigne de la monte quand leurs descendants doivent résister aux fatigues et supporter l'absence de fourrages abondants et succulents. Les jeunes mâles ont plus de femelles, que les vieux ; la même chose arrive sous l'influence d'une alimentation excitante et nutritive ; de là vient que sur les Alpes où on tient à avoir beaucoup de vaches on emploie les taureaux à dix-huit mois, et seulement jusqu'à trois ans, et qu'on les y nourrit aussi bien que possible ; tandis que dans les haras où on veut des mâles, on emploie généralement des étalons âgés auxquels on ne donne pas une nourriture trop abondante.

Lorsqu'on accouple des individus dont les caractères sont très différents, on n'en obtient que des monstres ; les métis provenant des grosses juments des plaines Suisses, avec des étalons anglais, tout en conservant les formes lourdes et empâtées de leurs mères, avaient retenu les longues jambes , le long cou et la tête effilée de leurs pères, ce qui les faisait ressembler à des dromadaires et les rendait peu aptes au service du roulage et encore moins à la course. Quand donc il s'agit de changer de fond en comble une race, il vaut mieux en importer une autre meilleure et n'avoir recours aux croisements que pour reformer quelques vices secondaires qui ne disparaissent d'ailleurs d'une manière complète qu'après la sixième ou la septième génération.

Les vieilles races sont beaucoup plus difficiles à améliorer que celles qui sont plus récentes, parce que, produites par le sol, les premières ont des raisons d'être que n'ont point encore les secondes. Pour réformer une vieille race originale on devra donc la croiser avec une autre analogue, et n'employer à la réforme définitive que les produits issus de ce premier croisement.

Les vieilles races sont produites par le sol ; aussi doit-on les ménager autant que possible pour ne pas être obligé de revenir sur des essais toujours fort coûteux. Il vaut donc infiniment mieux améliorer une race bien définie, par elle-même, qu'avec du sang étranger qui souvent ne s'accommode pas du sol sur lequel on l'importe, comme cela est arrivé en France aux vaches de Durham et aux moutons Dishley. Nous avons vainement, et à plusieurs reprises, voulu substituer à nos petits moutons de Neuchâtel, les Dishley et les mérinos de Rambouillet ; ces deux races n'ont pas pu s'accommoder des prés secs où la race indigène s'engraisse à merveille et fournit une très belle laine. Les belles races de bétail que possède l'Angleterre ont été améliorées par elles-mêmes, et si nous cherchions à en faire autant, nous verrions surgir au bout de peu d'années, bien plus de beaux types sur le continent que n'en possèdent les îles Britanniques dont les ressources sont beaucoup plus restreintes que les nôtres.

Pour soutenir les effets d'un croisement bien entendu, il est indispensable de donner aux animaux une nourriture suffisante ; tant avant l'accouplement, que pendant la gestation, et après le part ; car le développement des petits dépend de l'alimentation reçue durant le premier âge; aussi la race la plus grosse et la plus forte, mal nourrie quand elle est jeune, reste petite et faible. L'inverse a lieu aussi, et on s'expose à des accidents graves quand on donne à des animaux précédemment mal nourris, des aliments succulents en grande abondance ; c'est pour cette raison qu'on ne peut pas conserver à Neuchâtel, les petites vaches de Schwytz qui succombent toutes durant le part à cause de la grosseur démesurée que prend le veau dans leur sein, d'où il ne peut sortir sans qu'on soit obligé de sacrifier leur mère. Ces deux observations font deviner l'une des origines des *races* de bétail ; c'est *la nourriture;* l'autre est *la nature du sol:* les pays humides ont des animaux hauts sur jambes et très gros, tandis que ceux des pays secs ont les jambes courtes et le corps trapu. On appelle races, les différences qui existant entre certains animaux ne les empêchent pas de produire des métis féconds quand ils s'unissent entre eux; c'est ce qui n'arrive jamais entre les espèces qui produisent bien entre elles, mais dont les métis sont stériles, comme ceux de l'étalon et de l'ânesse, du canard muet et de la cane ordinaire, du serin et de la femelle chardonneret. Parmi les races, nous voyons le barbet produire des métis féconds avec le dogue femelle, l'alpaca avec le vigogne, le loup avec la chienne et le bouquetin avec la chèvre. Du reste, les races produisent spontanément des races ou sous-races nouvelles; c'est ainsi que les moutons Mauchamp à laine soyeuse sont nés des mérinos, que les poules de la Cochinchine donnent des individus dont les plumes sont remplacées par des poils, et que les poules ordinaires à crête, donnent souvent des petits avec des huppes au lieu de crêtes. Il faut donc beaucoup de soin et de patience pour créer une race ; surtout dans le cas où elle ne convient pas au sol qui l'a vue naître, où par conséquent ce n'est qu'à force de soins qu'on peut la conserver et la fixer. C'est à l'aide d'une patience continuée pendant plusieurs siècles que les bénédictins d'Einsiedeln sont parvenus à développer dans le canton de Schwytz l'excellente race de bêtes à cornes et de chevaux qui en fait actuellement la richesse principale et qui est justement recherchée partout en Europe.

Tout le monde sait, que les femelles grasses deviennent stériles; mais ce qu'on ignore, c'est que le même accident arrive aussi aux mâles; de là viennent les nombreux cas de stérilité qui se présentent quand on emploie à la monte, des mâles trop bien nourris. On ne doit jamais perdre de vue, que la secrétion graisseuse étant anormale, elle entrave les autres fonctions normales dès qu'elle se développe avec énergie, en sorte qu'il faut ne jamais employer des bêtes grasses à la multiplication, et surtout leur éviter cette tranquillité qui les prédispose à la graisse et qui, bien loin de favoriser la secrétion de la semence, l'entrave et peut même la supprimer.

Après l'accouplement fertile, l'état des femelles ne change pas avant un mois environ chez les gros animaux domestiques dont la taille se développe alors très sensiblement en même temps que tout signe de rut disparaît.

Dès que la *gestation* est bien établie, il faut donner aux femelles une nourriture très saine et aussi abondante que possible, afin de faciliter la digestion et d'éviter de trop remplir leur estomac, ce qui peut donner lieu à des indigestions et à l'avortement qui en est presque toujours la suite. Les bêtes pleines doivent prendre un mouvement modéré; il faut éviter de les fatiguer et surtout de les laisser faire des mouvements brusques et violents. Les chocs, une grande peur, provoquent aussi des avortements, de même que la position trop basse de l'animal du côté de la queue, provenant de l'inclinaison du sol ou de la hauteur de la crèche.

La durée de la gestation varie avec les espèces et même avec les individus ; elle est en général de :

Jours.			Jours.		
380	pour	l'âne,	116	pour	le porc,
330	»	le cheval,	60	»	le chien,
308	»	le buffle,	50	»	le chat,
270	»	le bœuf,	30	»	le lapin.
150	»	le mouton et le bouc,			

Ce qui permet de dire qu'elle est en général d'autant plus longue, que l'animal est plus gros. Cette remarque va être confirmée par l'observation de la durée de l'incubation des oiseaux domestiques, qui est de :

Jours.			Jours.		
35	pour	le cygne,	30	pour	l'oie,
35	»	le canard muet,	29	»	la pintade,
31	»	le dindon,	24	»	le faisan,
31	»	le paon,	21	»	la poule,
30	»	le canard ordinaire,	19	»	le pigeon.

Un seul coup d'œil jeté sur ce tableau suffit pour démontrer que la gestation ou l'incubation, ce qui revient au même, offre de grandes différences entre les espèces les plus voisines du reste et que toutes celles dont la gestation n'a pas identiquement la même durée ne produisent entre elles que des métis stériles, tandis que cela n'arrive point aux espèces à gestation de même durée, telles que la chèvre et la brebis. Si la stérilité des métis provient en effet de l'inégalité dans la durée du développement du fœtus des deux espèces qui les ont produits, il est clair que le métis du buffle et de la vache sera aussi stérile que celui de l'âne et de la jument; mais que les métis de canard muet et de cygne femelle, de paon et de dinde, de jar et de cane commune seront fertiles.

Quand la gestation arrive près de son terme, les mamelles se gonflent d'un lait épais et visqueux doué de propriétés purgatives et destiné à débarraser les intestins du petit, des déjections qui s'y sont accumulées pendant les derniers temps de sa vie intra-utérine. Immédiatement après la naissance, on coupe le cordon ombilical qui unissait le petit à sa mère, à 30 centimè res de son ventre et on le lie avec du fil fort; il se desseche bientôt et tombe en laissant une cicatrice qu'on appelle nombril. C'est par le cordon ombilical que le petit était nourri aux dépens du sang de sa mère; dès que le jeune animal est né, ses fonctions cessent, le sang le quitte et c'est au lait de la mère à former le sang nécessaire à son développement ultérieur.

L'allaitement se continue pendant six semaines chez les ruminants, six mois chez les chevaux, trois mois pour les moutons et un mois seulement pour les porcs parce qu'ils mangent dès les premiers jours avec leur mère; les jeunes sont d'autant plus gros et plus forts qu'ils ont reçu davantage de lait, ce qui est facile à comprendre, puisque sans charger l'estomac, il fournit au corps tous les éléments nécessaires à son développement. Dès que les jeunes animaux commencent à chercher eux-mêmes leur nourriture, on procède à leur *sevrage*, en les déshabituant peu à peu, du lait de leur mère et en mettant à leur disposition des aliments succulents, tels que de l'herbe fraîche, du son délayé avec de l'eau ou bien même des grains moulus grossièrement. A Einsiedeln on ne laisse jamais téter les veaux dans la crainte qu'ils ne blessent les vaches parce qu'ils en frappent violemment le pis avec la tête; cette méthode fournit d'excellents résultats; mais elle est pénible et demande beaucoup de temps; je n'ai, du reste, jamais vu les mamelles souffrir beaucoup des suites de l'allaitement. Comme le sevrage suit d'assez près la naissance, il importe que celle-ci ait lieu au printemps et que la monte soit dirigée dans ce but, toutes les fois qu'on tient à faire des élèves robustes.

Une fois déshabitués de lait on conduit les élèves dans des pâturages spéciaux, et on les tient dans des écuries sèches et aussi éclairées que bien aérées, puis on soumet à la castration tous ceux qu'on ne destine point à la reproduction.

La castration a pour but d'affaiblir l'animal et de le rendre ainsi plus docile, plus apte à prendre la graisse; elle atteint bien son but. Cette opération est d'autant plus dangereuse qu'on l'effectue à un âge plus avancé; aussi ne la fait-on que par un temps doux et tranquille et donne-t-on du repos et un régime émollient aux animaux qu'on y a soumis. On coupe les chevaux à 3 ou 4 ans; les taureaux à 2 ans lorsqu'on les destine au trait, et pendant l'allaitement lorsqu'on veut les engraissser; les béliers à 8 ou 10 semaines; les porcs à 2 ou 3 semaines, et les coqs ainsi que les poules à 3 ou 4 mois. Les animaux châtrés sont d'autant plus forts qu'ils ont été coupés plus tard, d'où il s'ensuit que les forces physiques sont en rapport direct avec celles de la génération et qu'on fait bien de laisser entiers tous les animaux auxquels on demande, avant tout, de la force.

Les effets de la castration sont extraordinaires; les mâles perdent leur cri; leurs allures deviennent lourdes, molles, souvent leur pelage change; les cornes du bélier cessent de s'accroître; le cerf perd son bois; le coq enfin prend les allures de la poule.

Dès que le jeune animal se procure lui-même sa nourriture, il faut la lui fournir dans des proportions convenables à son état de santé et aux produits qu'on veut en tirer. La quantité des aliments varie avec l'espèce animale à laquelle on les destine, l'âge, le sexe et la santé de l'individu. Un même fourrage ne se donne pas toujours à la même dose; car il est bien plus nourrissant lorsqu'il a crû dans des terres sèches, que dans des terres humides, lorsqu'il a été séché vite et à point, que lorsqu'il a séjourné longtemps sur la terre. En se plaçant dans les conditions les plus normales possible, on peut admettre que pour bien nourrir un herbivore il lui faut chaque jour 3 1/3 p. 100 de son poids en foin de première qualité ou son équivalent facile à calculer à l'aide de la table des équivalents nutritifs que nous allons donner et dans laquelle tous les aliments sont comparés au bon foin de prairie pris pour type et dont le poids est représenté par 100.

Bon foin de prairie = 100.

Grains.

Froment	45	Pois	45
Seigle	51	Féverolles	64
Orge	54	Fèves de marais	65
Avoine	59	Vesces	50
Maïs	32	Lentilles	50
Sarrasin	57	Glands	75

Foins.

Esparcette	90	Spergule	90
Trèfle et luzerne	92	Patate douce	33
Vesce	97		

Pailles.

Lentille	163	Avoine	235
Pois	153	Maïs	400
Vesces	159	Froment	460
Féverolles	145	Seigle	442
Orge	295	Sarrasin	149

Racines.

Pommes de terres crues	201	Chou-Raves	250
— cuites	180	Betteraves	300
Topinambours	260	Raves	400
Carottes et panais	270		

Feuilles vertes.

Betteraves	600	Choux pommés	536
Choux et Raves	500		

Fruits.

Courge. . . . . 500 | Pommes et poires. 400

Tourteaux.

Lin. . . . . 45 | Betterave. 200
Pavot et Colza. . . . . . . 50 |

Produits divers.

Malt de bière. . . . . . . 125 | Lait contenant 15 p. 100 de
Marc de pommes de terre | matière sèche. 100
    fermentées. . . . . . . 400 | Viande contenant 25 p. 100
Marc de raisin, distillé. . . 500 | de matière sèche. 5

En représentant par 100 kil. le poids d'un animal ruminant
mangeant 3 kil. 1/3 de bon foin en vingt-quatre heures, on trouve
à l'aide du calcul et de la table précédente qu'on peut remplacer
cette nourriture par 19 kil. d'herbe de gras pâturages donnant
20 p. 100 de foin, 14 kil. de trèfle, luzerne, esparcette, vesce ou
autres fourrages verts donnant 25 p. 100 de foin, 10 kil. d'herbe
de prairie sèche donnant 33 p. 100 de foin, 7 kil. 2/3 de racines
valant 50 p. 100 de foin, 5 kil. de paille de vesces, 7 kil. de
paille d'orge ou d'avoine, ou enfin par 18 kil. de paille de froment
ou de seigle.

L'emploi des équivalents alimentaires est singulièrement compliqué par leur volume qui influe gravement sur la digestion,
parce qu'une fois que l'estomac des herbivores est habitué à
être distendu par une grande quantité de fourrages peu nutritifs,
il ne supporte pas facilement d'en recevoir d'autres qui sous un
moindre volume ont la même puissance alimentaire ; de là vient
que les herbivores adultes ne supportent pas du tout d'être
nourris avec des soupes et des graines qui conviennent beaucoup
en échange aux jeunes bêtes, parce que leur estomac habitué au
lait n'a point encore acquis l'énorme volume qu'il prend plus
tard lorsqu'il se remplit d'herbes. Lors donc qu'on veut remplacer un fourrage par un autre, il est important de ne point en
changer le volume primitif, ce qui est facile quand on sait qu'en
représentant par 100 le volume de 100 kil. de bon foin, celui de :

100 kil. de paille   = 100 ;
  »   »   de pommes de terre = 15 ;
  »   »   de betteraves   = 18 ;
  »   »   d'orge   = 20.

En sorte que si on voulait donner de l'orge à des bestiaux
mangeant d'habitude 100 kil. de foin, il faudrait en tenant
compte des équivalents alimentaires, ainsi que du volume des
fourrages employés, y substituer 100 kil. de paille et 20 à
25 kil. d'orge en grains.

Depuis quelques années on préconise beaucoup les soupes avec
lesquelles on arrose pendant l'hiver le foin destiné au bétail ;
cette méthode, excellente pour les vaches à lait et les bêtes à
l'engrais, ne vaut rien pour celles qu'on destine au trait ou à la
reproduction, parce qu'elle les délibite ; elle est surtout nuisible
aux chevaux et aux moutons auxquels on ne l'applique jamais.

On augmente beaucoup la force nutritive des fourrages en les
cuisant à la vapeur, parce qu'on en facilite la digestion ; il est
donc sage de cuire les fourrages racines toutes les fois que les
frais de cette opération ne sont point trop considérables. Pour
les porcs qui aiment les aliments aqueux, on les cuit avec beaucoup d'eau.

Nous ne pouvons, en échange, nous élever avec assez de force
contre l'usage des fourrages fermentés qui, en introduisant dans
l'organisme une quantité considérable d'acides acétique et lactique, le débilitent d'une manière déplorable ; aussi au bout de
quelques jours, le lait des vaches diminue-t-il d'un quart, et la
faiblesse allant toujours croissant, finissent-elles par tomber à
terre sans pouvoir se relever, parce que les acides dont on les a
gorgées ont attaqué leurs os au point de les rendre mous et incapables de les soutenir.

Quand les aliments sont durs ou trop volumineux, on les divise avec le hache-paille ou le coupe-racines, ou bien on les
concasse comme on le fait pour les grains, tantôt en fragments
grossiers, tantôt jusqu'à ce qu'ils soient transformés en farine.

Il est de la plus haute importance que les fourrages soient
propres, exempts de poussière, et surtout, pas moisis, ce qui les
rend malsains, et quelquefois même, très vénéneux. Dans le cas

où on serait forcé de rentrer des foins avant qu'ils fussent tout à fait secs, on en empêcherait la moisissure en les saupoudrant avec 5 p. 1000 de sel; cette légère addition de sel en tempère aussi la fermentation au point d'empêcher tout danger d'incendie.

L'alimentation doit être également abondante durant toute l'année, dans le cas où on tient à avoir des produits soutenus; il est inutile de donner trop; mais il est bien plus dangereux de ne pas donner assez; car il faut de longs mois pour réparer le déplorable effet de quelques semaines de disette; les économies qu'on fait sur la nourriture du bétail se paient toujours tellement cher qu'on ne peut assez prémunir contre elles; mieux vaut tuer ses bêtes que de les affamer.

Il est imprudent de passer brusquement d'un régime à un autre; la transition doit être aussi insensible que possible, surtout quand il s'agit de passer du sec au vert, ou l'inverse; le changement est ici tellement complet qu'il amène régulièrement un dérangement de la digestion qui se trahit par une diarrhée plus ou moins forte et qu'on empêche en mêlant au vert une quantité suffisante de foin. Cette méthode est la seule qui permette d'éviter le gonflement du bétail alimenté avec le trèfle ou la luzerne; depuis que nous l'employons, nous n'avons plus eu un seul accident, facile à guérir, du reste, avec de l'eau ammoniacale, ou de chaux.

Les heures des repas seront aussi régulières que possible; en Suisse, on fourrage les adultes trois fois par jour, et on fait boire après chaque repas; la quantité de nourriture varie avec chaque individu; mais, une fois fixée, on doit éviter de la changer, et pour cela, le mieux est de la peser. On fourrage plus souvent les bêtes jeunes ou malades, avec des aliments choisis dont on leur donne moins à chaque fois.

L'eau doit être limpide et pas crue; on fait donc bien d'en remplir les bassins quelques minutes avant d'abreuver; on la donne à l'étable quand le froid est très vif; il faut éviter avec le plus grand soin les eaux stagnantes et bourbeuses qui sont la cause de la plupart des épizooties. L'influence de l'eau sur l'alimentation est facile à prévoir quand on sait que le chyle renferme jusqu'à 92, le sang jusqu'à 89, le lait jusqu'à 92, et la chair 75 p. 100 de ce liquide.

Quand les animaux sont au vert; surtout, dans de riches pâturages, ils ont beaucoup moins besoin d'eau que lorsqu'ils reçoivent une nourriture sèche. Un bœuf de 5 quintaux métriques boit 40 kil. d'eau lorsqu'on le nourrit de foin, tandis qu'il ne lui en faut que 3 à 6 kil. quand il mange de l'herbe qui contient géralement 70 à 80 p. 100 d'eau. L'eau sert non-seulement à former en partie le corps des animaux; mais aussi à en éloigner les sels et autres substances nuisibles qu'elle entraîne au dehors. Sans eau toute nutrition est impossible, puisque la dissolution des aliments ne peut plus se faire; du reste, le besoin d'eau varie avec les espèces, et tandis que les bœufs et les porcs ne peuvent se passer pendant longtemps de ce liquide, les moutons et les lapins ne semblent pas souffrir lorsqu'on les en prive durant plusieurs jours; bien plus, des souris tenues en cage où elles étaient nourries uniquement avec du froment se portaient fort bien au bout de deux mois durant lesquels elles n'avaient pas reçu d'eau, ce qui ne les empêchait pas d'uriner aussi fréquemment que d'habitude. L'eau nécessaire à la vie des animaux qui boivent peu, vient donc de la combustion de l'hydrogène de leurs aliments, comme nous l'avons fait voir en parlant du sommeil hibernal des marmottes. Pendant l'allaitement le besoin de boire augmente beaucoup; une vache de 5 à 6 quintaux donnant 4 litres de lait, boit 20 kil. d'eau en vingt-quatre heures.

Les eaux privées d'air comme celles des puits profonds seront battues avant qu'on les laisse boire; il faudra purifier celles qui sont chargées de sels métalliques, et surtout de sulfate calcique en se servant des moyens que nous avons indiqués en traitant des arrosements.

L'air pur est nécessaire à tous les animaux auxquels il fournit l'oxygène nécessaire à la purification de leur sang; chaque tête de gros bétail consomme par jour 2 1/2 à 3 kil. d'oxygène qu'elle remplace par 3 1/2 à 4 kil. d'acide carbonique et de vapeur d'eau. L'air doit donc circuler dans les étables, avec la plus grande liberté en été; en aussi grande masse que possible en hiver, toutes les fois que l'intensité du froid le permettra. Si l'air pur et frais est nécessaire aux bêtes de travail et de multiplication, il faut au contraire éviter de l'offrir aux bêtes à l'engrais, parce qu'elles consomment beaucoup plus de nourriture à cause de la nécessité où elles se trouvent de réparer des pertes de chaleur ; aussi tient-on les bêtes à l'engrais dans une atmosphère aussi chaude et humide que possible.

La lumière est une condition de santé qu'on ne met de côté que pour les bêtes à l'engrais. Sans lumière l'oxydation du sang s'effectue mal, la peau se décolore, les yeux s'éteignent, la cécité survient et tous les sens s'affaiblissent. Les rayons solaires ne doivent jamis tomber directement sur la tête des bestiaux auxquels ils causent l'irritation cérébrale, connue sous le nom de coups de soleil ; en général on fait bien de garnir de grossiers rideaux de toile les fenêtres qui donnent passage aux rayons directs du soleil.

La chaleur est indispensable à tous les animaux domestiques qui, sans exception, souffrent beaucoup du froid ; c'est d'ailleurs une fausse économie que d'avoir des étables froides, parce que le bétail mange beaucoup plus dans ces conditions-là, sans que son poids augmente ; il y a là un juste milieu à tenir. L'expérience a appris que la meilleure température des étables, pour tous les animaux domestiques, est de 18°C en toutes saisons. La chaleur sèche ne leur fait pas grand'chose, tandis que la chaleur humide est excessivement nuisible à tous les bestiaux qui ne sont pas à l'engrais ; aussi fait-on bien de renouveler l'air des étables aussi souvent que possible à l'aide de guichets plats et allongés percés dans les murs immédiatement au-dessous du plafond, et non pas avec des cheminées d'aérage dont l'action est excessivement restreinte, et qui d'ailleurs se pourrissent vite et sont généralement assez difficiles à établir.

L'air de l'étable des bêtes à l'engrais peut avoir jusqu'à 20°C et être fortement chargé d'humidité ; tandis que la température de la bergerie peut descendre à 12°C sans aucun inconvénient quand les moutons sont couverts de laine.

La litière a pour but de fournir au bétail un coucher mou, chaud, et de retenir ses déjections en les absorbant ; aussi est-elle généralement formée de paille dont il faut chaque jour 2 à 5 kil. par tête de gros bétail, 2 à 3 kilogr. par cheval et 250 grammes par mouton.

On change la litière dès qu'elle est sale, ou surtout humide. Pour économiser la paille, on a proposé de la remplacer par de la terre bien divisée, ce qui peut se faire pour les moutons, que leur toison garantit contre le froid; mais il n'en est point de même pour le gros bétail, dont le poil court, n'arrêtant pas le froid du sol, les expose à des refroidissements graves; comme d'ailleurs l'usage de la terre salit le poil, l'use et donne beaucoup de poussière, nous croyons que cette nouvelle application n'aura pas la sanction de la pratique.

Le sel est absolument indispensable à la santé du bétail; son action est complexe : mécaniquement il favorise l'absorption, et par conséquent aussi toutes les sécrétions; chimiquement il empêche l'altération des sucs, fournit à l'estomac le chloride hydrique nécessaire à la dissolution des aliments, et au sang la soude indispensable à l'existence de ce fluide nutritif. Tous les animaux ont besoin de sel; les oiseaux en sont tout aussi avides que les autres animaux mammifères; les animaux inférieurs seuls semblent le redouter; il agit comme un violent poison sur les limaces.

Le sel est d'autant plus utile aux animaux qu'ils sont d'une constitution plus faible; les moutons meurent de cachexie quand on le leur refuse; les bœufs prennent une peau dure, épaisse, un poil rude et hérissé; chez tous, la digestion s'effectue moins vite et d'une façon imparfaite.

On donne 12 kilogr. de sel par an à chaque bête à cornes de 3 quintaux métriques; il en faut 6 kilogr. à un cheval, 1 kil. 1/2 à un mouton, et 3 kilogr. à un porc; il est indispensable aux volailles, dont la ponte n'est soutenue que si leurs aliments sont salés.

Les soins sont le complément indispensable d'une bonne alimentation; des bestiaux brusqués ou tourmentés ne prospèrent pas, et le mauvais caractère d'un bouvier peut gâter pour toujours le bétail le mieux soigné et le plus richement nourri. La propreté la plus scrupuleuse est indispensable à la santé; aussi des bestiaux soigneusement étrillés et lavés sont-ils beaucoup plus faciles à nourrir et plus exempts de toute espèce de maladies que ceux qui sont mal tenus.

L'engraissement a des règles générales que nous allons bien peser avant de passer à l'examen des différentes familles animales que l'homme utilise.

En faisant absorber au bétail, plus que sa ration d'entretien l'engraissement a pour but de lui faire produire une quantité de chair et de graisse assez considérable pour qu'il puisse être employé avantageusement à la boucherie.

L'engraissement est graduel, on lui applique des aliments de plus en plus nutritifs; ainsi, on débute avec le foin, puis on lui adjoint les racines cuites, et enfin les graines farineuses et oléagineuses. Quand l'appétit semble diminuer, on le soutient avec du sel, du genièvre, du soufre ou même du kermès minéral. On favorise beaucoup l'engraissement à l'aide d'une étable chaude, obscure et où le bétail soit immobile et à l'abri du bruit.

L'engraissement dure plus ou moins longtemps suivant l'espèce de bétail et la nature des aliments qu'on lui donne; on le continue aussi longtemps que l'animal paye les frais de son alimentation; c'est-à-dire aussi longtemps que son accroissement est assez rapide pour contrebalancer avantageusement la dépense de la nourriture, dépense qui s'accroît sans cesse, puisque les aliments doivent devenir de plus en plus nourrissants, en sorte qu'il est rarement avantageux de pousser le bétail au dernier degré de graisse.

Les animaux d'âge mûr s'engraissent plus facilement que ceux qui sont vieux ou qui n'ont pas achevé leur croissance; on les prend entre cinq et neuf ans; dans tous les cas, leur bouche doit être en bon état, leur peau fine et souple, leur caractère doux et leur œil paisible. Les bêtes aptes à la graisse ont généralement les jambes et le cou court, la tête petite et le dos large; les bêtes de moyenne taille s'engraissent 1/4 à 1/3 meilleur marché que celles qui sont très grosses; tant parce qu'elles digèrent mieux que parce qu'elles sont beaucoup plus faciles pour la nourriture.

Il vaudrait mieux engraisser le bétail en été qu'en hiver; on ne le fait cependant pas, parce qu'on n'en a pas le temps.

Les herbes sèches ou vertes poussent à la chair, ainsi que les pommes de terre, les betteraves et les autres fourrages-racines, tandis que les céréales, les tourteaux et le malt poussent à la graisse; on commence par former la chair, puis on passe peu à peu aux aliments qui développent la graisse et qu'on étend généralement d'eau pour en faciliter l'assimilation; on a soin de les saler plus fortement que d'habitude.

L'engraissement dure douze à vingt-cinq semaines, suivant les circonstances; il est d'autant plus rapide que le bétail est mieux portant et mieux nourri.

Les bêtes à cornes prennent l'herbe avec la langue qu'elles ont longue et forte; il leur faut donc aussi de l'herbe longue; elles ne peuvent pas la brouter quand elle est courte; cette observation prouve déjà que ces animaux ne peuvent habiter que des plaines ou des vallées fertiles dans lesquelles leur marche est facilitée par leur large sabot fendu. Tous ces animaux portent le nom de ruminants, à cause de l'étrange faculté qu'ils ont de faire remonter leurs aliments à la bouche après qu'ils ont séjourné pendant un certain temps dans un énorme réservoir appelé panse, qui est le premier estomac, tandis que les autres, le bonnet, le le psautier et la caillette, viennent ensuite; les deux premiers ne font que continuer la préparation des aliments commencée dans la panse, tandis que la caillette en opère la digestion. Cette complication du système digestif était nécessaire chez les bêtes à cornes pour qu'elles pussent tirer tout le parti possible des aliments que l'imperfection de leur système dentaire les empêche de broyer convenablement.

Ces animaux ont constamment le garrot plus élevé que la croupe, et cela à tel point qu'il s'y développe une véritable bosse chez le zébu, l'aurochs et le bison. Il est probable que le bœuf domestique provient de l'une des races encore sauvages sur les hauts plateaux de l'Inde. Le buffle et l'yak diffèrent considérablement des bœufs ordinaires; le premier habitant des marais chauds et humides, le second des régions froides, y rendent des services qu'on ne pourrait demander à aucun autre animal domestique; tous les deux donnent les mêmes produits que nos bœufs, auxquels il faut ajouter pour l'yak, une laine grossière très abondante et des crins blancs de toute beauté.

Le Zébu très répandu en Asie y prend toutes les tailles, depuis celle du mouton jusqu'à celle de nos plus gros bœufs; intelligent, docile, il est fréquemment employé sous la selle; sa chair, abondante, est bonne; mais cette race est très mauvaise laitière.

Toutes les variétés des bœufs domestiques se divisent en deux grandes classes: celle des bœufs de la plaine et celle des bœufs des montagnes. Le type des races de la plaine est l'immense bœuf podolien qu'on trouve dans les vastes plaines de l'Europe orientale, où il frappe d'étonnement le voyageur, par ses cornes immenses tournées en avant et en haut, de manière à dessiner le contour d'une urne; ses jambes sont très longues, de même que son cou; la tête petite, le ventre allongé est maigre; tout le corps efflanqué; cette race, excellente à la course, est très mauvaise laitière; la chair en est, par contre, excellente, ce qui la fait rechercher beaucoup. Les races de montagnes sont trapues, basses sur jambes; leurs cornes sont courtes et fortes; leur plus beau type est la vache d'Einsiédeln, répandue dans toute la Suisse orientale. Excellente laitière, donnant une viande parfaite, la vache d'Einsiédeln est trop basse sur jambes pour faire une bonne bête de trait. On appelle *petits* les bœufs qui pèsent de 3/4 à 1 1/2 quintal métrique, *moyens* ceux qui pèsent de 2 à 3 quintaux, et *gros* ceux qui atteignent 4 à 8 quintaux.

L'éleveur de bêtes à cornes a rarement pour but d'obtenir d'elles, uniquement de la force, de la chair ou du lait; le plus souvent il leur demande ces trois produits réunis, et choisit en conséquence ses types reproducteurs, en n'oubliant jamais que pour obtenir de bonnes vaches laitières il faut que leur père descende d'une excellente laitière.

Les bonnes vaches laitières ont le derrière du corps sensiblement plus développé que le devant; leur ventre s'élargit en bas; elles ont la tête et le cou fins, les jambes courtes, la queue longue et déliée, les poils fins et soyeux, la peau souple, les mamelles amples et molles, bien couvertes de grosses et fortes veines.

Les bêtes aptes à la graisse ont le corps gros sans être lourd; il a une forme semblable à celle d'un cylindre; leur dos est large, plat; leurs cuisses sont arrondies, leur peau souple et mobile, leur appétit bon et leur caractère doux.

Les bêtes les plus aptes au trait sont bien proportionnées; leur cou court et épais, leur vaste poitrine, ainsi que leurs épaules larges et bien attachées, annoncent la force. Leur dos est fort, droit, court et leur naturel docile. Les pieds sont larges, bien fendus; ils ne doivent jamais se toucher en marchant.

Les vaches entrent en chaleur à un an et en toute saison; cet état cesse après vingt-quatre ou quarante-huit heures et reparaît toutes les deux ou trois semaines aussi longtemps que l'accouplement n'a pas eu lieu. Les genisses destinées à la reproduction ne doivent pas être couvertes avant deux ans parce que la gestation en arrête le développement qui n'est complet qu'à cet âge. Comme on conserve les vaches jusqu'à douze ans, on tire 9 à 10 veaux de chacune d'elles ; un seul taureau suffit à 50 vaches ; on ne garde jamais les trois premiers veaux d'une vache parce qu'ils sont généralement petits ; un veau est petit quand il pèse 20 à 30 kil., moyen quand il pèse 30 à 40 kil., et gros lorsqu'il atteint 40 à 55 kil.

Le taureau sert à la monte depuis dix-huit mois jusqu'à quatre ans où on le tue, parce qu'il devient intraitable à cet âge. La vache porte 9 mois $\frac{1}{2}$, durant lesquels elle reçoit un supplément de nourriture, et on cesse de la traire six semaines avant le part. Dès que le veau est né on le laisse têter ; son poids est environ un dixième de celui de la vache. Plus tard on le nourrit au baquet avec le lait de sa mère qu'on lui donne tout chaud, trois ou quatre fois par jour ; la première semaine, à la dose de 2 $\frac{1}{2}$ à 3 litres ; la seconde, de 3 $\frac{1}{2}$ à 4 litres et la troisième de 5 à 6 litres. A un mois, on commence le sevrage des veaux qu'on veut garder et auxquels on offre du regain et de l'avoine concassée ; jusque-là leur poids augmente d'environ 125 gr. par jour ; plus tard il reçoit 4 kil. de foin la première année ; on lui en donne 6 à 8 la seconde, et 8 à 12 la troisième où il doit atteindre le poids de 3 $\frac{1}{2}$ quintaux métriques. Quand on tient à avoir des élèves très vigoureux, on en prolonge l'allaitement jusqu'à six semaines et même deux mois, ce qui serait beaucoup trop coûteux pour les veaux de boucherie qui ne payent plus le lait qu'ils boivent, après leur troisième semaine, tandis que l'élève se ressent d'une façon heureuse pendant toute sa vie de la prolongation de l'allaitement. On n'élève guère que les veaux du printemps et de l'automne parce que c'est alors qu'ils souffrent le moins de la chaleur, des insectes et qu'ils trouvent le plus de fourrages. Quand les veaux prennent des poux, on les huile fortement et on les peigne le lendemain ; lorsqu'ils prennent la diarrhée, on les guérit en leur faisant avaler gros comme une noix de craie pilée et délayée dans du lait.

L'étable des veaux sera sèche, bien aérée, quoique sans courants d'air qui sont excessivement dangereux pour ces jeunes animaux. On la tient très proprement, assez chaude et on la garnit d'une litière abondante. En général l'élève des veaux à l'étable est coûteuse ; elle devient très lucrative dans les pâturages élevés où on la pratique sur une vaste échelle.

Une fois que les bêtes sont adultes, on les nourrit de manière à ce qu'elles paient le plus cher possible leurs aliments et à ce qu'elles donnent le fumier au plus bas prix ; c'est avec une nourriture abondante et bien choisie qu'on atteint le mieux ce but ; il vaut donc mieux avoir peu de bétail, et le bien nourrir, que beaucoup et ne pas lui donner assez. En général on nourrit les bœufs à l'étable, et partout où on possède des prairies artificielles, on ne laisse pâturer qu'à la fin de l'été, immédiatement après les regains. En hiver, la nourriture sèche est essentiellement alimentée par le foin dont il faut 3 p. 100 du poids de l'animal vivant pour le conserver en vie ; c'est ce qu'on appelle *la ration d'entretien ;* tout ce qu'il reçoit en sus constitue la *ration de production* en force, viande, ou lait ; un bœuf de 1000 kil. exigera donc 30 kil. de foin, uniquement pour se conserver en vie, son poids ne diminuera et n'augmentera pas non plus ; tandis que si on lui donne 40 kil. de foin, son poids augmentera chaque jour de 5 p. 100 du fourrage employé *en sus* de sa ration de conservation, ou d'entretien. On peut remplacer le foin par un mélange de paille et de racines hachées ou autres aliments analogues ; le foin dur et coriace des marais ne convient qu'aux chevaux ; celui qui est couvert de poussière, de boue, ou bien moisi, ne peut être donné qu'aux bêtes à l'engrais auxquelles on l'administre avec les soupes ; ces foins-là sont avidement mangés par les buffles qui engraissent à vue d'œil sous l'action de ce régime insuffisant et même dangereux pour les bêtes à cornes ordinaires. Le regain, de même aussi que le foin court et parfumé des montagnes, ne convient qu'aux moutons, aux élèves et aux bêtes à l'engrais, tant il est nutritif ; 100 kil. de regain produisent 8 à 10 kil. de chair et graisse, en sorte que l'on peut admettre qu'il est deux fois plus nourrissant que le meilleur foin de prairie. Une vache de moyenne taille consomme 12 à 15 kil. de foin.

Les pailles seront tout aussi propres et pures que le foin ; les plus nutritives sont celles de vesces et de pois ; puis celles des céréales d'été et d'avoine, et enfin les siliques de colza qui ne valent que 50 p. 100 de foin.

Les fourrages racines poussent au lait et à la chair ; on les administre crus et coupés en tranches minces, ou cuits et broyés avec du foin ou de la paille hachée. Il faut soigneusement éviter de donner les pommes de terre crues seules en grande quantité, afin d'empêcher la paralysie du train de derrière qu'elles causent toujours et qui produit l'avortement ou l'hydropisie, ainsi que de dangereuses diarrhées. Les meilleures racines sont les carottes ; ensuite viennent les choux-raves ; puis les topinambours et les pommes de terre. Les fourrages racines ne font jamais plus de la moitié de la ration ; on en donne à un bœuf de moyenne taille 20 à 30 kil. mélangés avec 7 à 10 kil. de foin, ou paille ; on leur adjoint aussi les grains broyés, vers le dixième jour déjà, ce qui accélère beaucoup l'engraissement.

L'usage des résidus de distillerie étant borné au voisinage de ces établissements, il est assez peu étendu ; on les donne mêlés avec du foin haché et les fait toujours suivre par une certaine quantité de foin long nécessaire pour entretenir intactes toutes les fonctions des organes de la digestion. Il faut à un bœuf de moyenne taille 18 à 22 kil. de résidus dûs au travail de 18 à 20 kil. de grain ou de 60 à 70 kil. de pommes de terre, auxquels on ajoute 4 à 5 kil. de foin tant haché que long. Sous l'influence de ce régime très débilitant, la chair devient aqueuse et molle ; on réussit beaucoup mieux en employant 18 à 22 kil. de malt et 6 à 8 kil. de foin par tête, parce que cette nourriture n'étant jamais aussi acide que la précédente, ou ne l'étant pas même du tout, elle n'affaiblit pas les bestiaux auxquels on la donne.

L'engraissement aux grains et aux tourteaux est celui qui donne le meilleur résultat quant à la qualité et au poids de la chair ; il est aussi de beaucoup, le plus rapide ; mais on ne peut en faire usage que dans les années où ces coûteuses denrées ne sont pas trop chères, ce qui n'est pas le cas depuis les quatre longues années de pluie qui affligent toute l'Europe ; 50 kil. de céréales produisent, suivant l'espèce, 8 à 10 kil. de chair ou graisse. Les grains sont d'autant plus nourrissants qu'ils pèsent davantage, sous le même volume : en première ligne vient le maïs, puis les haricots, les pois, les vesces, les céréales, les féverolles.

les lentilles et le sarrasin ; on les donne toujours concassés, réduits en farine, ou gonflés sous l'influence d'un commencement de fermentation. Quand on donne les grains tels quels, il en échappe bien un quart à la mastication, qui sont rejetés au dehors en pure perte, aussi ne le fait-on que lorsqu'il y a impossibilité de les employer sous une autre forme. Chaque bœuf de moyenne taille exige 8 à 10 kil. de grain et autant de foin, moitié haché, moitié long.

Quant aux tourteaux, ils constituent un des moyens d'engraissement les plus actifs et les plus sûrs, à tel point qu'on est en droit de se demander s'il ne serait pas plus avantageux d'appliquer les graines oléagineuses à l'engraissement du bétail, qu'à la fabrication de l'huile, dans les années où ce produit est de peu de valeur. On emploie les tourteaux en poudre qu'on jette sur les fourrages, soit seuls, soit après les avoir délayés dans de l'eau chaude ; les meilleurs sont ceux de lin et de colza ; ceux de madia et de hêtre sont vénéneux et ne peuvent être employés que comme engrais.

Un bœuf de moyenne taille engraisse lorsqu'il reçoit chaque jour 15 kil. pulpe de betteraves ou de pommes de terre, 2 kil. et 1/2 de foin, et 0,750 de tourteau ; il engraisse aussi quand on lui donne 50 kil. de maïs vert.

Chaque bœuf à l'engrais exige 70 gr. de sel par jour ; soit un demi-kil. par semaine ; il constitue, avec un pansement régulier, une grande propreté et une excessive tranquillité ; le moyen de réussite le plus sûr ; chaque économie faite sur le sel produit infailliblement une perte au moins double sur les aliments. Quand l'appétit se fatigue on mêle au sel 30 ou 40 gr. de baies de genièvre, ou de racines concassées de gentiane jaune qui, en agissant comme toniques, réparent bien vite le mal.

Quand l'engraissement s'effectue à l'étable, chaque bête reçoit pour litière, suivant sa grandeur, 4 à 6 kil. de paille par jour, tandis qu'il ne lui en faut que 2 et demi quand elle passe toute sa journée au pâturage.

L'engraissement au pâturage est bien plus contenu que celui à l'étable, et il est presque impossible de le poursuivre sans l'emploi du foin et des racines ; au moins durant les jours de pluie soutenue; il est donc assez cher; chaque bœuf exige par jour 100 kil. de trèfle vert ou, pour l'engraissement complet et suivant la nature du pâturage, l'herbe d'un demi ou d'un hectare entier. Toutes ces considérations réunies font qu'on n'engraisse le bétail au pâturage que quand la main-d'œuvre est très élevée, ou bien que le terrain étant à bas prix, les débouchés sont assez difficiles pour qu'il n'y ait pas possibilité d'atteindre l'engraissement et qu'il faille se borner à une suffisante mise en chair qui n'empêche pas l'animal de gagner lui-même des marchés souvent fort éloignés, comme cela arrive aux bêtes à cornes de la Hongrie et du Banat. Quoi qu'on dise en faveur de la stabulation permanente, nous ne pouvons pas croire qu'elle donne des sujets aussi forts que ceux qui ont été élevés sur les pâturages puisqu'ils sont privés de mouvement, du grand air et de l'abondante lumière indispensable au développement de toutes leurs parties. Il y a là du reste un sage juste milieu à tenir, il consiste a laisser aux élèves la jouissance d'un espace clos où ils puissent vaguer à leur aise, toutes les fois que cela leur convient; mais, nous le répétons, il est impossible de faire de bons élèves avec le système de la stabulation permanente absolue. Quand l'herbe est gelée ou couverte seulement de gelées blanches, on ne laisse pas sortir le bétail avant qu'elle ait disparu, pour lui éviter des indigestions; le matin on sort aussitôt que possible après avoir abreuvé, et on empêche le bétail de gagner pendant la journée les mares dont l'eau toujours plus ou moins croupissante recèle tant de germes de maladies. Sur le Jura et les Alpes la saison du pâturage dure cinq à six mois au plus; elle rapporte beaucoup durant les années humides, tandis que dans le cas où l'été est très sec, le fourrage manque souvent au point de forcer à ramener les vaches dans la plaine. En plaine on compte que pour maintenir bien en lait une vache de moyenne taille il faut lui consacrer $\frac{1}{2}$ à $\frac{2}{3}$ d'hectare de prairie d'excellente qualité, 3/4 à 1 hectare de seconde qualité, et $1\frac{1}{2}$ à 2 hectares de mauvaises prairies.

A l'étable, chaque bête à cornes veut un espace long de $3\frac{1}{2}$ à 4 mètres, large de $1\frac{1}{4}$ à $1\frac{2}{3}$ et haut de 4 mètres. Le passage derrière chaque rangée de bétail doit avoir au moins $3\frac{1}{2}$ à 4 mètres de large. Il faut une femme pour soigner dix bœufs, tandis qu'au pâturage on n'a besoin que d'un seul homme pour garder une centaine de bêtes à cornes.

Les bêtes à cornes produisent de la force que nous ne pouvons pas apprécier à la balance, et sur laquelle nous n'avons, par conséquent aussi, rien à dire, du lait, de la viande et du fumier.

Outre un veau, chaque vache de moyenne taille donne en moyenne, 7 à 800 litres de lait en trois cents jours environ qu'on divise en quatre périodes durant lesquelles le lait diminue sans cesse à mesure qu'on approche davantage de l'instant du part. Durant la première période qui vient immédiatement après le part et dure 40 jours, la vache donne 3 litres $\frac{1}{4}$ de lait, pendant les 90 jours suivants, 3 litres; pendant les 90 jours plus tard, 2 litres $\frac{1}{2}$; et enfin 1 litre $\frac{1}{2}$ seulement pendant les 80 derniers jours. On compte que chaque quintal métrique de foin donné en sus de la ration d'entretien fournit 24 litres de lait, et qu'une vache de 300 k. donne une moyenne annuelle de 770 litres de lait.

Le lait est formé de :

Eau	86 à 92
Sucre de lait	5 » 7
Caséine et albumine	3 » 5
Beurre.	$\frac{1}{4}$ » 5
Sels.	$\frac{1}{3}$ » $\frac{2}{3}$

Ces sels sont essentiellement formés de phosphate calcique et de chlorure sodique. Comme la masse du lait varie, ainsi change aussi le rapport de ses parties constituantes, suivant l'époque de la gestation, celle de la traite, la nature de la nourriture, la race, la température et les soins. Depuis le quarante-deuxième jour après la monte, jusqu'au dixième avant le part, le lait est généralement alcalin : il perd alors son sucre, et contient 78 à 79 p. 100 d'eau. Depuis le dixième jour avant le part, jusqu'au sixième après, le lait est neutre, ou légèrement acide, et il reprend alors, peu à peu, son sucre: on cesse de traire durant cette période et ne recommence que huit jours après le part.

Le lait du matin est plus gras que celui du soir; celui qui sort d'abord du pis est moins gras que celui qu'on en tire ensuite; mais il est de $\frac{2}{3}$ plus riche en caséine que lui. Les aliments sucrés et aqueux, tels que les racines et les fourrages verts, favorisent la secrétion lactaire, comme les grains augmentent la production de la graisse et de la chair; le lait obtenu sous l'influence du trèfle contient 4 de sucre et 2 de beurre, tandis qu'il s'y trouve 5 de chacune de ces deux substances quand on donne aux vaches du foin et des pommes de terre.

Les grandes races donnent un lait beaucoup plus aqueux que celui des petites.

La composition du lait change avec les espèces, ainsi que le prouve le tableau suivant, dans lequel nous avons réuni les meilleures analyses du lait des principaux animaux domestiques.

Composition moyenne du lait de :

	Anesse.	Brebis	Chèvre commune.	Chèvre du Thibet.	Lama.	Vache.
Beurre . . .	1,50	7,50	4,40	8,35	3,15	3,20
Caséine. . .	0,60	4,00	3,50	3,65	3,00	3,00
Albumine . .	1,55	1,70	1,35	1,47	0,90	1,20
Sucre de lait.	6,40	4,30	3,10	5,40	5,60	4,30
Sels	0,32	0,90	0,35	0,83	0,80	0,70
Eau.	89,63	81,60	87,30	80,30	86,55	87,60
	100,00	100,00	100,00	100,00	100,00	100,00

L'étrillage et les soins de propreté augmentent incontestablement la quantité de lait.

Pour conserver le lait aux vaches, il leur faut une étable chauffée à + 15° ou + 18°C ; elles souffrent presque autant d'une température élevée, que du froid. Le mouvement diminue la quantité du lait; des vaches agitées et maltraitées peuvent même tarir complétement; on doit donc les traiter avec beaucoup de douceur. Quand on fait travailler les vaches, et qu'on ne les force pas, le lait ne diminue que de 4 à 5 p. 100, ce qui permet de les employer avantageusement au travail que feraient les bœufs; il faut deux vaches pour faire autant d'ouvrage qu'un bœuf.

Quoiqu'on attèle les bœufs déjà à deux ans, on a tort, parce qu'on en arrête totalement le développement ; on devrait ne le faire qu'à trois ans et ne pas les employer aux travaux de force avant cinq ans; en les traitant de cette manière on peut les utiliser jusqu'à douze ans, âge auquel on les engraisse; ils fournissent en moyenne 240 jours de travail par an, et 75 quintaux de fumier frais.

Il y a quelques années qu'on a proposé de soumettre à la castration les vaches laitières dans le but de les maintenir en pleine lactation durant toute l'année ; cette barbare idée n'a heureusement pas eu de suites avantageuses ; le fait était du reste facile à prévoir, puisque la secrétion du lait est entièrement liée aux fonctions de la génération.

Chez les bœufs à l'engrais 100 kil. de foin ou d'aliments de même valeur en sus de la ration d'entretien fournissent 8 kil. de chair et graisse. En ne tenant compte que de la ration totale, d'entretien et de production réunies, on trouve que les petits bœufs s'engraissent bien plus économiquement que les gros, puisque 10 à 12 kil. de foin produisent $\frac{1}{2}$ kil. viande chez les bêtes pesant 400 kil. tandis que pour produire le même poids de viande, il en faut 15 kil. chez les bêtes de 550 kil., et 20 kil. chez celles qui atteignent le poids de 7500 kil. Pendant les 100 jours que dure l'engraissement, le fumier produit par la première classe pèse 30 quintaux, celui de la seconde 39 et celui de la troisième, 57 quintaux, d'où il est facile de tirer la conclusion que les forces digestives sont beaucoup plus énergiques dans les bêtes à cornes de petite taille que chez celles qui sont plus fortes.

Le rapport du poids net au poids vif du bœuf de boucherie varie avec le degré de graisse, et la race de l'animal ; toutefois on peut admettre qu'en moyenne :

200 kil. de bête vive = 100 kil. de viande nette pour la bête maigre ;
» » = 110 à 120 kil. pour la bête mi-grasse ;
» » = 120 à 130 kil. pour la bête fine-grasse.

Quant au rapport des différentes parties de l'animal, il varie peu ; le voici calculé pour un bœuf gras de 500 kil.

344	kil.	viande nette ;
45 $\frac{1}{2}$	»	graisse libre ;
30 $\frac{1}{2}$	»	peau et cornes ;
15 $\frac{1}{2}$	»	tête sans peau et langue ;
7	»	pieds depuis le genou avec les sabots ;
5 $\frac{1}{2}$	»	poumon, cœur et thymus ;
17 $\frac{1}{3}$	»	foie, rate et estomac ;
13 $\frac{1}{2}$	»	sang ;
19 $\frac{1}{2}$	»	intestins avec les déjections ;
1 $\frac{1}{2}$	»	perte ;
500	kil.	

La peau pèse 20 à 25 kil. chez les bœufs de trois à 4 1/2 quintaux, 27 à 35 kil. chez ceux de 4 1/2 à 5 quintaux, 40 à 50 kil. chez ceux de 5 1/2 à 8 quintaux, ce qui prouve qu'elle est en rapport direct avec l'étendue du corps, ainsi que tout le faisait prévoir. Nous ferons la remarque inverse pour le poids du squelette qui pèse 10 à 12 p. 100 du poids total des bœufs de 2 1/2 à 3 quintaux, tandis qu'il s'élève à 20 p. 100 de celui des bœufs pesant 6 à 8 quintaux; tout donnait à croire qu'on trouverait l'inverse et que les chairs seraient beaucoup plus développées chez les bêtes de grosse race que chez les petites. La différence apparaît dans le sens que nous venons d'indiquer, sous l'influence de l'engraissement; car, tandis que le squelette est à celui de l'animal :: 12 $\frac{1}{2}$: 100 dans le bœuf maigre, il descend beaucoup après l'engraissement, et devient :: 7 : 100.

Le plus gros animal domestique après le bœuf est :

Le cheval dont on s'est tant occupé et depuis si longtemps; toute une volumineuse littérature s'attache à l'étude de cet animal bien fait pour attirer l'attention de l'homme auquel il fournit la force et la vitesse, comme le chien lui prête l'odorat si fin qui lui manque; le cheval et le chien sont deux êtres complémentaires de l'homme; telle est la raison pour laquelle il s'en est fait non pas des serviteurs, mais des amis; qu'on lise les pages inspirées que Job a vouées à ce noble animal, celles tout aussi brillantes que Buffon lui a consacrées, et on comprendra toute la passion avec laquelle on peut s'y attacher.

La mâchoire du cheval étant complétement garnie de dents, il n'est pas ruminant, son estomac est petit; mais son tube intestinal, fort long, est très volumineux; il ne craint pas le foin le plus dur et le plus coriace, quoique son ventre se ballonne alors assez pour qu'il en devienne disgracieux; aussi a-t-on soin d'éviter cet inconvénient pour les cheveaux de luxe auxquels on donne, dans ce but, une nourriture plus substantielle.

Le groupe des chevaux se divise en deux familles comprenant l'une les chevaux à queue nue garnie d'un mouchet de poils à son extrémité, et à laquelle appartiennent l'âne, le zèbre, le conagga et l'hémione que M. I. Geoffroy Saint-Hilaire a complétement acquis à l'agriculture d'Europe, tandis que dans l'autre où se trouvent les chevaux à queue garnie de crins, depuis sa base, il n'y a que le cheval ordinaire. Il est assez curieux que le même fait se présente dans la classe des ruminants où le yak seul, a la queue garnie de crins, depuis sa base, et qu'il soit très rare chez tous les mammifères où on ne trouve guère la queue garnie de crins, que chez le chameau et l'éléphant.

L'âne est au cheval à peu près ce que la chèvre est à la vache ; pour les services qu'ils rendent, et non pas pour les rapports zoologiques ; car sous ce dernier point de vue il n'est pas possible de distinguer l'âne d'avec le cheval ; aussi s'unissent-ils et produisent-ils entre eux ; mais, des mulets stériles, parce que l'ânesse porte beaucoup plus longtemps que la jument.

A l'état sauvage, les chevaux s'accouplent déjà, à trois ou quatre ans, vers la fin de l'été ; la jument porte onze mois et 5 à 10 jours, et ne met bas qu'un seul petit qu'elle soigne avec la plus grande tendresse, et dont la croissance est si lente qu'elle ne s'achève qu'à cinq ans.

Plus vif que le bœuf, le cheval est moins fort et moins patient que lui ; son sabot étroit et haut lui fait craindre également les terres pierreuses, où il glisse, et les marais où il s'enfonce ; il est destiné à le porter dans les vastes plaines sèches de toutes les parties du monde où il pullule et où aucun animal ne peut le remplacer, tant sa vitesse et sa docilité sont grandes. Le cheval est plus robuste que le bœuf ; il craint moins les fatigues et la mauvaise nourriture que lui ; il est aussi moins sensible aux brusques changements de température qui ont une si fâcheuse influence sur les troupeaux de bêtes à cornes.

Avant de passer à l'énumération des qualités requises des chevaux destinés à la multiplication, rappelons que ce qu'on demande d'un bon cheval c'est de la force, de la vitesse, une grande résistance à la fatigue, une robuste santé, de belles formes et une robe de couleur agréable. L'élève du cheval est profitable dans tous les pays secs ; car dans ceux qui sont humides, il est impossible d'élever un cheval fin ; on fait toujours bien d'élever soi-même ses chevaux parce qu'on est sûr de ce qu'on a, et que des bêtes habituées au sol sont infiniment plus robustes que celles qu'on y amène d'ailleurs.

Les chevaux destinés à la reproduction ont la tête petite, les narines ouvertes , les yeux grands, et la pupille bleue; quand elle est grise, les chevaux prennent facilement la cataracte, et lorsqu'elle est d'un noir mat, elle dénote généralement un caractère stupide. Les oreilles sont petites , droites , rapprochées , le cou fin et suffisamment long, sans l'être trop; la poitrine et les épaules larges, le corps cylindrique , l'épine du dos bien droite , la queue haute, les pieds fins , les sabots arrondis , hauts et largement ouverts au talon. Les veines doivent être saillantes à la tête et aux jambes, la peau fine , la chair ferme et élastique , les os fins, le poil soyeux, élastique, brillant , court et couché , la taille moyenne est préférable à la grande qu'accompagne toujours la disposition lymphatique; enfin le caractère doit etre souple, docile, et l'humeur gaie.

Les races de chevaux se divisent en *nobles* ou orientales, et *communes* ou occidentales, qui sont généralement beaucoup plus lourdes; il est probable cependant qu'elles dérivent toutes d'un même type sauvage; ce qui le rend probable est l'énorme influence que le sol exerce sur le cheval dont chaque pays, pour ne pas dire chaque localité, possède une variété spéciale. En Suisse, la race des hauts plateaux est de moyenne taille, trapue, parfaite sous tous les rapports, tandis que celle des basses plaines est grosse, lourde, laide, peu intelligente et couverte de poils qui s'allongent quelquefois assez pour cacher en totalité le large sabot plat de ces animaux dégénérés. Dans les maigres pâturages des îles Schetland, de l'Islande, de la Corse et de la Sardaigne, on rencontre la chétive, mais gracieuse et vigoureuse race des poneys ou chevaux nains qui, dans les steppes des kirghises, se couvre d'un long poil frisé analogue à celui des moutons. Il existe des races gigantesques de chevaux partout où de gras pâturages couvrent de vastes plaines ; on les trouve en Flandre, en Normandie , dans le sud de l'Angleterre ; ces énormes animaux sont très forts, mais mous, leur sabot est toujours malsain, plat et fendillé, en sorte qu'ils sont plus sujets que les autres aux maladies des pieds.

C'est à quatre ans, qu'on permet aux chevaux de s'accoupler ; le rut dure 8 à 14 jours et se répète à plusieurs reprises ; on conserve jusqu'à 16 et même 20 ans les reproducteurs ; mais on n'obtient, de chaque jument, que 6 à 10 poulains au plus. Il faut un

22

étalon pour 30 juments ; il est important de faire travailler les reproducteurs, tant afin de conserver leurs forces que pour qu'ils ne s'engraissent point, parce qu'ils deviennent alors stériles. La monte s'effectue de mars en mai, en sorte que les poulains naissent d'avril en juin, à l'époque où on est le moins chargé d'ouvrage ; on ferait bien de l'accélérer un peu, afin que les poulains trouvassent de l'herbe plus tendre et plus fraîche.

Pendant les quatre premiers jours qui suivent le part, il ne faut guère donner à manger aux juments, que de la farine délayée dans l'eau, ensuite elles reçoivent du foin, de la paille, de l'avoine concassée et de l'orge aussi concassée ; mais dans le cas seulement où elles n'ont pas assez de lait. Déjà deux semaines après le part, on peut appliquer les juments à des travaux légers, pourvu qu'on laisse têter le poulain toutes les trois heures ; l'allaitement dure six mois entiers ; en l'abrégeant il est impossible d'obtenir de beaux et forts chevaux, et on quadruple les chances de mortalité des poulains. Toutes les fois qu'on le peut on conduit les juments avec leurs petits sur des prairies sèches, exposées au soleil ; mais bien abritées contre les vents. On sèvre avec précaution, très lentement, et donne à chaque poulain 2 à 2 $\frac{1}{2}$ kil. de bon foin et 1 kil. d'avoine, par jour ; on les fait promener aussi souvent que le temps le permet. Les poulains passent leur premier hiver, libres dans une écurie chaude où on leur donne leur fourrage et l'eau ; ils passent la seconde année dans un pâturage sec, et lorsqu'on les rentre en automne on isole les sexes et donne à chaque individu 2 kil. d'avoine, 4 à 5 kil. de foin par jour, et deux fois par mois, du sel. En été on leur donne du vert de trèfle, luzerne ou sainfoin, et on les abreuve après qu'ils ont mangé, en ayant soin que l'eau ne soit pas trop froide. Dès leur troisième année chaque bête reçoit au moins 3 kil. d'avoine et on les soumet à la castration. A quatre ans chaque cheval reçoit par jour 7 à 8 kil. de foin, et 4 à 5 kil. d'avoine ; on l'emploie à de légers travaux et il est adulte à cinq ans.

Un cheval de trait adulte, de moyenne taille et en bon état comme doivent l'être tous ceux de ferme, exige 4 à 5 kil. d'avoine, 5 à 6 de foin, 1 à 2 de paille hachée et 2 $\frac{1}{2}$ kil. de paille de litière par jour ; le rapport des aliments est donc, pour 10 d'avoine, 12 de foin et 4 de paille hachée. Le cheval de selle reçoit 5 à 6 kil.

d'avoine, 3 de paille longue, $\frac{1}{2}$ kil. de foin et 1 kil. de paille hachée ; ceux de la cavalerie autrichienne, qui sont justement renommés par leur bon état et leur durée, sont nourris avec 5 kil. de foin et 3 d'avoine. On donne aux gros chevaux de roulage 7 à 8 kil. de foin et 9 à 12 d'avoine. On fourrage trois fois par jour, on donne d'abord le foin, puis la moitié de la portion d'avoine et de paille, abreuve et donne ensuite l'autre moitié de la portion ; on fait de même, à midi et le soir. Quand l'ouvrage est passablement fort, on donne 8 kil. de foin, 4 d'avoine et 1 de paille ; lorsqu'il est très pénible, 3 kil. de foin, 6 d'avoine, et 3 kil. de paille hachée.

La meilleure paille à donner longue est celle d'avoine, tandis que celle de froment et de seigle se donne hachée.

Les chevaux de travail ne doivent jamais recevoir seulement du vert, parce qu'il les affaiblit trop ; il est dangereux aussi pour les poulinières dont il provoque facilement l'avortement, parce qu'il leur donne la diarrhée ; en échange, il est bon de donner du vert en petite quantité, 50 à 60 kil., à tous les chevaux, parce qu'en les purgeant, il débarrasse leurs intestins des calculs qui s'y forment presque toujours et qui les font périr si on ne parvient pas à les expulser avant qu'ils aient acquis un volume trop considérable. La transpiration augmente beaucoup sous l'influence du vert, comme de toute alimentation débilitante.

Un cheval échauffé ne doit boire qu'après qu'il a mangé, et encore faut-il éviter de lui offrir de l'eau très froide si on veut éviter qu'il prenne la toux, ou un refroidissement.

L'avoine est une nourriture excellente dont le cheval a besoin dans les pays tempérés et froids ; on la remplace dans l'Europe méridionale et surtout en Hongrie, par le maïs, en Angleterre, par les féverolles, tandis que dans les pays chauds, on lui substitue l'orge qu'on lui donne en épis avec une tige longue de 10 à 12 centimètres ; cette alimentation rafraîchissante, quoique nutritive, lui convient à merveille ; l'expérience directe prouve que de tous ces grains, le plus facile à digérer est l'avoine, puis l'orge ; on ne les donne point seuls ; mais mêlés avec de la paille hachée, après qu'on les a concassés ou ramollis dans l'eau.

Les pommes de terre ne valent rien pour les chevaux qu'elles empâtent et affaiblissent ; il en est tout autrement des carottes qui valent $\frac{1}{3}$ de leur poids de foin et donnent aux chevaux un aspect de santé, un poil lisse et brillant qu'il est difficile d'obtenir d'une autre manière. Le regain ne vaut absolument rien parce qu'il pousse trop à la graisse ; on doit l'éviter à tout prix.

Chaque cheval reçoit 15 à 20 gr. de sel par jour ; on en augmente la dose lorsqu'on lui donne des fourrages mouillés, et on y ajoute un peu de nitrate potassique dans les localités où les chevaux prennent facilement l'eau aux jambes. Les fourrages fermentés ou cuits sont nuisibles aux chevaux, comme aussi, toutes les nourritures fort aqueuses. Les tourteaux de lin donnés à la dose de 1 à 2 kil. par jour nourrissent bien et contribuent à lisser le poil ; on ne peut en recommander assez l'emploi.

Matin et soir les chevaux sont étrillés, avec le plus grand soin ; il faut aussi les baigner en été, et les laver dans les autres saisons, toutes les fois que cela devient nécessaire.

Quand le temps est humide, on couvre les chevaux de toile cirée, lorsqu'il est très froid on emploie dans le même but, de grossières couvertures de laine dont on les couvre aussi, après les avoir soigneusement essuyés, quand ils sont ruisselants de sueur ; on les laisse ainsi couverts jusqu'au moment où leur poil est absolument sec.

Chaque cheval veut à l'écurie une place de 3 mètres de long sur deux de large et 4 de haut ; l'écurie doit être aérée et très bien éclairée ; on la nettoie deux fois par jour, et il faut un valet pour panser quatre chevaux.

On obtient de chaque cheval, en moyenne, 260 jours de travail, et 53 quintaux de fumier.

Quand on ménage les chevaux, ils restent en pleine valeur jusqu'à vingt ans.

En Allemagne, on admet qu'il faut deux chevaux pour l'exploitation d'un domaine de 24 à 30 hectares quand la terre en est légère, tandis qu'ils ne peuvent en travailler que 18 à 24 hectares au plus quand la terre est forte et lourde. Un cheval fait presqu'autant d'ouvrage que deux bœufs.

Un cheval de moyenne taille travaillant 8 à 9 heures sur les vingt-quatre peut porter 100 kil., en traîner 1,000 sur une route unie et horizontale, 10,000 sur un chemin de fer, et 55 à 60,000 sur un canal. Les voituriers donnent 6 à 700 kil. à traîner à chaque cheval sur les bonnes routes, tandis que dans les fermes on ne charge que 5 à 700 kil. sur une voiture à deux chevaux, et 9 à 1,200 quand elle est attelée de quatre chevaux.

La viande de cheval est très coriace lorsqu'elle provient, comme c'est généralement le cas, de bêtes âgées; celle des jeunes chevaux est bonne; on a cependant de la peine à s'y habituer parce qu'elle possède un goût douceâtre tout particulier; on en fait une grande consommation en Danemark et en Suède; dans ce dernier pays on la sale et on la donne avant le dîner en même temps que le Porto, pour ouvrir l'appétit.

Si nous ne disons rien de l'âne, ce n'est pas que nous méprisions ce fidèle et économique serviteur. On soigne l'âne comme le cheval; mais comme il est beaucoup moins délicat, on choisit moins aussi ses aliments qui sont assez grossiers. Le lait d'ânesse souvent ordonné aux personnes faibles est formé de :

Caséine et albumine..	1,8
Beurre.	0,2
Sucre.	6,1
Sels	0,3
Eau	91,6
	100,0

Sa composition varie, du reste, beaucoup, ainsi que le prouve une autre analyse, p. 381.

Le mouton domestique a une origine tout aussi problématique que les autres animaux de la ferme; il est probable que ses variétés les plus saillantes correspondent aux trois espèces de mouflons qu'on connaît actuellement; le mouton ordinaire descendrait du mouflon de Corse et d'Espagne; le mérinos, du mouflon à manchettes d'Afrique, et les races à grosse queue et larges fesses descendraient de l'Argali d'Asie.

On admet que l'éducation des moutons n'est avantageuse que dans les pays où les terres sont à très bas prix; cela est vrai lorsqu'on vise à la production de la laine; mais dès qu'on tient à tirer des moutons, outre la laine, aussi de la chair et du lait, le mouton paye largement son entretien partout; cela est si vrai, que dans le midi de la France, beaucoup de propriétaires substituent des moutons de grosse race, aux vaches, parce qu'ils ont reconnu que leur produit est de beaucoup plus considérable que celui de ces dernières. Près de Toulon, à Aubagne où les terres sont excellentes, les moutons pèsent 18 à 20 kil. et donnent 3 à 4 kil. de bonne laine ordinaire, valant 110 fr. les 100 kil. Chaque brebis donne 1 à 2 agneaux qu'on tue à 1 ou 2 mois, après quoi on en tire 1 litre de lait par jour pendant 8 à 9 mois ; ce lait est tellement gras qu'il faut l'étendre d'autant d'eau pour pouvoir le boire, en sorte qu'il vaut autant que 2 litres de lait de vache. Ils mangent $1\frac{1}{2}$ à $1\frac{3}{4}$ kil. de foin par jour et sont abattus à 3 ans. Les brebis font leur première portée à 1 an et pâturent durant les six mois d'hiver, avantage qu'elles n'auraient certes pas au Nord, où le bénéfice net, quoique réduit, serait encore bien beau. Ce qui a complétement ruiné l'élève du mouton, c'est la fatale idée qui a fait de lui un producteur de laine fine ; à force de poursuivre cette idée on a fait de cet animal, naturellement robuste, une chétive créature difficile à nourrir, et dont la vie n'est qu'une maladie plus ou moins longue ; mais on a obtenu une laine fine comme de la soie, c'est ce qu'on voulait ; voilà où on arrive avec les idées fixes quand on les poursuit sans vouloir tenir compte des causes qui peuvent réagir d'une manière fâcheuse sur le but qu'on veut atteindre. La question de l'amélioration des bêtes à laine est donc à reprendre dans toute son étendue, parce qu'il s'agit de leur faire produire du lait, de la chair et de la laine, tout en leur conservant leur vigueur primitive.

Les moutons vivent 15 à 20 ans ; mais on les abat en général à 12 ; on en possède une foule d'espèces et de variétés qu'on divise en races de montagne, à jambes courtes, et races de plaine, à longues jambes. Certaines races ont la laine frisée comme les mérinos, tandis que d'autres l'ont longue et bouclée ; comme les moutons anglais de Dishley ; la plupart d'entre elles ne font qu'un petit ; d'autres en mettent bas deux, et même trois.

Le mérinos d'Afrique est le type des moutons à laine fine ; il lui faut une terre sèche et chaude ; il pèse de 30 à 40 kil., a les os gros, la toison fine, serrée et excessivement grasse, l'œil énorme, les cornes fortes, le ventre gros, la vie plus longue et le rut plus tardif que le mouton commun. En Espagne, les mérinos passent l'été sur les montagnes, et l'hiver dans la plaine ; il y en a plusieurs variétés ; celle qui fournit la laine la plus fine est appelée espèce *électorale;* ses produits sont tout aussi fins que la laine cachemire ; mais très peu abondants.

Le mouton ordinaire à laine grossière est répandu dans toute l'Europe où il se présente avec toutes les couleurs depuis le blanc, jusqu'au gris, au brun et au noir le plus foncé ; il pèse généralement 30 à 40 kil. et fournit 1 à 2 kil. de laine. Le petit mouton à l'aide duquel on utilise les misérables landes couvertes de bruyère, du nord de l'Allemagne, pèse 10 à 20 kil., et ne donne que $\frac{1}{2}$ à 1 kil. au plus d'une laine grossière souvent mêlée de jarre. Le mouton anglais, dont la laine, presque droite, atteint de 25 à 35 centimètres de long, est un des plus aptes à la graisse ; son poids atteint souvent 60 kil. dont il y a 12 de suif ; il exige une alimentation aussi abondante que succulente. La laine brillante et soyeuse de ces beaux animaux pèse jusqu'à 4 kil. ; elle n'est bien parfaite que sous l'influence du pâturage ; la bergerie la rend rude. Les énormes moutons de la Hongrie et de la Russie méridionale ont les jambes très longues et les cornes contournées en tire-bouchons, dirigés horizontalement et plus souvent encore verticalement chez les béliers auxquels elles donnent un étrange aspect ; leur laine grossière et peu abondante est disposée en mèches, ou boucles très brillantes, longues de 15 centimètres. Cette belle et bonne race, employée à la production de la chair et du lait, est remplacée partout par les mérinos ; il serait donc à propos de l'introduire dans les pays où la production de la chair et du lait est plus importante que celle de la laine, qui menace de la faire disparaître des steppes autrichiennes et russes.

La grosse race des fertiles plaines de l'Allemagne, de la Hollande et de la Lombardie, pèse 60 kil., ses oreilles sont pendantes, sa laine longue ; elle fait 2 à 3 agneaux, et donne 1 litre d'excellent lait. Les gros moutons à tête noire qui peuplent le Haut-Valais ont beaucoup d'analogie avec cette race dont ils diffèrent par l'énorme développement de leurs cornes.

Parmi les autres races on trouve en Perse celle à grosses fesses ; dans le nord de l'Afrique, celle à grosse queue, et enfin, en Caramanie, dans l'Asie-Mineure, une race énorme qui doit atteindre la taille d'un petit cheval et fournir 12 kil. de laine.

Le rut a lieu en automne ; il ne dure que 24 à 48 heures au plus et se répète plus tard ; mais, la conception n'est sûre que lorsqu'on y satisfait dès qu'il se déclare ; il faut 1 bélier pour 25 brebis et il ne doit en saillir que quatre dans les vingt-quatre heures. Comme la gestation dure 5 mois, les agneaux conçus de décembre en janvier naissent de mai à juin, et trouvent, outre de l'herbe fraîche et très abondante, une température douce qui es favorable à leur développement ; il naît autant de mâles, que de femelles. On ne permet l'accouplement des races ordinaires qu'à 2 ans et celui des mérinos, qu'à 3.

Si on vise à la laine, il faut que les moutons ne soient pas disposés à la graisse et qu'ils ne présentent de jarre ou poils courts sur aucune partie du corps ; il faut de plus, que leur santé soit aussi vigoureuse que le comporte la finesse de leur laine qui est malheureusement incompatible avec une complexion robuste. Quand les oreilles de l'agneau sont longues et fines, sa laine aura une grande finesse ; si elles sont nues, sa toison sera peu touffue ; elle sera au contraire serrée si les oreilles sont couvertes de laine ; quand les os de la tête sont gros et saillants la toison devient lâche et inégale. Les moutons à laine fine sont tellement faibles que sur 100 agneaux, on en perd 10 avant 1 an et de 1 an à 6, 5 p. 100 du troupeau dans les cas les plus favorables. Il y a 10 brebis stériles sur 100, ce qui n'arrive jamais aux races communes. Dès que l'agneau est né on le fait téter ; l'allaitement dure trois ou quatre mois ; dès la seconde semaine, on offre aux agneaux du regain avec un peu de son, et à deux mois on les châtre et leur coupe la queue. Chaque agneau sevré reçoit 750 gr. de foin, avec un peu de son, et deux fois par jour de l'eau bien pure ; on isole les sexes qu'on conduit au pâturage, ou tient dans des bergeries bien aérées et éclairées où 8 agneaux occupent 12 mètres carrés. A un an, chaque bête exige 2 mètres carrés ; la nourriture doit être abondante, et la température de la bergerie au-dessous de $+ 14^0$ C sans jamais descendre jusqu'à 0.

Habiller les moutons avec de la toile augmente de 110 gr. le poids de leur toison, sans qu'elle en devienne plus fine ; aussi a-t-on complétement abandonné cette idée.

Comme l'usage du vert donne facilement la diarrhée aux agneaux, on fait bien de leur donner du foin avant de les conduire au pâturage ; c'est pour leur éviter la même maladie qu'on se garde bien de leur donner des betteraves et des pommes de terre crues.

A la bergerie où on nourrit les moutons comme les bœufs, ils reçoivent, suivant leur grosseur, 5 à 7 kil. d'herbe verte mêlée à un $\frac{1}{2}$ kil. de paille ; ou bien 1 kil. de bon foin par bête de 30 kil. Pour qu'un mouton prospère il exige $3\frac{1}{2}$ p. 100 de son poids vif, en bon foin ; il en faut $3\frac{3}{4}$ lorsqu'il allaite, ce qui porte la ration quotidienne à 1 kil. 125 ; on peut donc nourrir 10 moutons avec le fourrage nécessaire à un bœuf de moyenne taille. On abreuve le matin et le soir, avant que de fourrager. En Saxe, chaque mouton reçoit à la bergerie 4 à 5 kil. de trèfle vert, et, comme les agneaux y ont atteint leur plein développement en un an, il est clair qu'il est une fois plus rapide qu'au pâturage. Les moutons tenus enfermés donnent en moyenne 250 gr. de laine de plus que ceux qu'on laisse pâturer ; mais elle est moins nerveuse ; ils fournissent aussi 1 à $1\frac{1}{2}$ quintal de fumier de plus ; somme toute, il n'y a d'avantage à faire pâturer les moutons que là où les prés sont à très bas prix, comme dans les pays de montagnes.

Il faut que les pâturages soient très secs et garnis d'arbres qui puissent garantir les moutons contre le soleil ; on ne conduit les bêtes au pâturage que quand la rosée a disparu ; il faut leur donner du foin avant de les conduire sur les trèfles et autres fourrages succulents. Quand les pâturages sont fort étendus on y bâtit de vastes hangars sous lesquels on met les moutons à l'abri de la pluie, qu'ils craignent surtout lorsqu'elle est froide, et à laquelle ils doivent une foule de maladies putrides telles que la cachexie, qui a moissonné l'an dernier la plupart des bergeries du nord de la France. Les fourrages chargés de poussière, comme ceux du bord des routes, sont mauvais et quelquefois même malsains, suivant la nature du sol.

Chaque mouton boit 1 à $2\frac{1}{2}$ kilogr. d'eau par jour ; il peut cependant en boire moins et même s'en passer tout à fait durant un temps assez long.

Le sel est encore plus indispensable aux moutons qu'aux autres bestiaux, à cause de leur nature lymphatique qui les expose à toutes les maladies putrides ; on leur en donne 15 à 20 grammes par semaine, et on en augmente la dose durant la saison humide ; afin d'apprécier l'action qu'exerce ce précieux condiment sur la santé des moutons, on prit en 1813, 14 et 15, chaque année 10 agneaux d'un troupeau de Bohême, et on les éleva sans sel, comparativement au reste du troupeau qui en recevait, et qui ne présenta rien d'extraordinaire. En 1813, on perdit 5 des agneaux mis en expérience, et les 5 autres étaient malades; en 1814, il en périt 7, et en 1815 tous moururent : 8 de la pourriture, comme les précédents, et les deux autres du tournis; cette expérience est concluante, puisqu'elle a été suivie pendant trois ans, toujours avec le même effet. Elle tend à faire envisager le sel comme facilitant l'absorption de l'eau du corps et comme un puissant antiseptique. Quand l'année est humide, on ajoute au sel des baies de genièvre, de la poudre de gentiane, du tourteau de colza, ou même de la suie, ce qui empêche les moutons de contracter la pourriture.

Il faut par jour 250 grammes de paille pour la litière d'un mouton qui passe la journée au pâturage; on lui en donne le double lorsqu'il reste à l'étable. Un berger suffit pour garder 300 moutons.

Les moutons adultes ont besoin de $2\frac{1}{3}$ à $2\frac{2}{3}$ mètres carrés de surface dans la bergerie; il en faut 3 à $3\frac{1}{3}$ pour une brebis avec son agneau.

Les meilleurs rateliers sont hexagones à barres un peu inclinées en dedans et fond relevé en cône, de manière à ce que le fourrage arrive spontanément aux barres et à ce que le foin ne puisse pas tomber sur le cou des moutons.

On fourrage les moutons trois fois par jour et les abreuve matin et soir.

Quand le foin manque en hiver, il vaut infiniment mieux vendre les moutons que de les mal nourrir, parce que la laine devient faible, inégale, et gâte toute la toison; dans ces cas fâcheux on remplace le foin par de la paille et des racines, ou de la paille et du grain, en évitant celui du seigle qui constipe. Quand les moutons sont mal nourris, ils s'arrachent la laine et la mangent, ce qui occasionne des pertes énormes.

Les moutons qu'on engraisse reçoivent en général 2 à 3 kil. de racines cuites, $\frac{1}{2}$ kil. foin, de la paille à discrétion et 10 à 15 gr. de sel.

Il est nécessaire de les tenir au chaud pendant ce temps, ainsi qu'on s'en est assuré directement en divisant une partie de moutons en trois lots, placés : l'un au grand air, le second dans un hangar ouvert et le troisième dans une bergerie close, où tous reçurent pendant l'hiver de la nourriture en excès ; les premiers perdirent un peu de leur poids initial, les seconds augmentèrent sensiblement : les troisièmes seuls engraissèrent.

Avant la tonte, c'est-à-dire vers le mois de juillet, on lave les moutons en les trempant d'abord dans de l'eau tiède et les lavant ensuite dans l'eau courante, afin d'enlever à leur toison toutes les saletés que l'eau peut en détacher ; cette opération, usitée dans l'Europe orientale, ne se fait jamais dans les pays froids, à cause des refroidissements auxquels elle expose les animaux dont on conserve la toison en suint, ce qui la garantit contre les insectes ; les beliers et les moutons donnent plus de laine que les brebis.

Le produit qu'on regarde comme le plus important, des moutons est leur laine ; les mérinos donnent 3 kil. de laine brute, en moyenne, à un an ils n'en fournissent que 2 kil. ; cette quantité s'élève à 2 kil. 1/2 à deux ans ; puis à trois, 100 kil. de laine brute se réduisent par le lavage avec de l'eau à 40°C, à 36 kil. qui après avoir subi toutes les opérations préliminaires à leur filature descendent à 29 kil. Quand on lave la laine à dos, elle ne perd que 56 p. 100 de son poids ; dans ce cas le rapport moyen des moutons est de 1 kil. $\frac{1}{2}$. Les moutons donnent d'autant moins de laine qu'elle est plus fine, parce qu'ils sont d'autant moins forts que la laine est plus déliée. Tondre les moutons deux fois par an est aussi coûteux qu'inutile ; il est dangereux de la leur arracher, comme on le fait encore aux îles Hébrides ; tant parce qu'on blesse les bêtes, que parce qu'on gâte et salit la laine. Il faut 98 kil. de foin pour produire 1 kil. de la laine électa la plus fine, 80 kil. pour donner autant de laine de première qualité, 68 kil. pour la seconde qualité et 58 seulement pour la troisième, en moyenne on compte que 80 kil. de foin donnent 1 kil. de laine fine.

Les brebis à laine fine donnent trop peu de lait pour qu'on l'utilise ; il n'en est pas de même des races communes qui en fournissent, suivant leur grandeur, $\frac{1}{2}$ litre à un litre par jour ; ce lait excellent est beaucoup trop négligé, il contient :

Caséine. 4,5
Beurre. 4,2
Sucre de lait 5,0
Sels. 0,7
Eau 85,6
                                               ————
                                               100,0

quand les brebis sont nourries dans de gras pâturages; mais il est beaucoup plus concentré dans les herbages secs. Une femme trait 25 brebis.

Le poid net du mouton est de 66 p. 100 de son poids vif; 20 kil. de foin en sus de la ration d'entretien produisent une augmentation totale en laine et chair, de 1 kil. dont un dixième est représenté par la laine.

Chaque mouton fournit annuellement 600 kil. de fumier excellent. Les moutons rendent d'éminents services pour la fumure sur place, des terres sur lesquelles on ne peut pas conduire le fumier avec des voitures; ils fournissent alors l'unique moyen de les utiliser avantageusement; on compte qu'un mouton fume en une nuit, très fortement un mètre carré de terrain, moyennement $1\frac{1}{2}$, et faiblement 2 mètres carrés; il est clair que la fumure est beaucoup plus forte quand la nourriture est abondante que lorsqu'elle est rare.

Les chèvres sont des animaux qui ont été trop longtemps négligés et auxquels on revient partout où le morcellement du terrain force à en tirer tout le parti possible. Il y a quatre races de ces utiles animaux; celles à laine, celles à duvet, celles à nez busqué et les chèvres ordinaires; toutes proviennent de bouquetins différents, c'est au bouquetin des Alpes que nous devons la chèvre commune; à ceux des montagnes de l'Asie, les chèvres à laine et à duvet, et au bouquetin de la Nubie, la chèvre à nez busqué de la Haute-Égypte, qui est la meilleure laitière de toutes.

Quoique très rapprochée du mouton par tous ses caractères, la chèvre en diffère beaucoup par son intelligence, qui est aussi développée que celle du mouton l'est peu; son poil n'est jamais gras, sa queue jamais pendante, comme celle du mouton; de plus ses pieds n'ont pas l'odeur forte et musquée qui se dégage de ceux du mouton en quantité telle que les autres bestiaux refusent de manger l'herbe sur laquelle il a passé.

La chèvre du Thibet, ou de Cachemire, est plus grande que la nôtre; ses cornes sont plates, son poil très long; c'est à sa base qu'on trouve le duvet si fin qu'on en retire au printemps, à l'aide de peignes, et avec lequel on fabrique les précieux schals des Indes. Comme chacune de ces chèvres ne donne que 100 à 150 gr. de ce duvet et qu'elle ne fournit presque pas de lait, on les a délaissées avec raison.

La chèvre d'Angora, qui est répandue depuis le Sénégal jusqu'à la Haute-Égypte, et qu'on trouve depuis Brousse jusqu'au lac Baïkal dans tout l'intérieur de l'Asie, est certainement le plus précieux de tous les petits animaux domestiques, puisqu'à une chair excellente, elle joint un lait abondant, et une laine pesant 2 kil., longue, soyeuse et douée d'un admirable éclat satiné. Introduite une fois déjà en France, elle y prospérait à merveille, grâce aux soins du président de la Tour-d'Aigues, quand survint la révolution qui força à la détruire; aujourd'hui la Société zoologique d'acclimatation, à laquelle l'Europe doit déjà tant d'acquisitions précieuses à l'agriculture, s'efforce de la réimporter; puissent ses sages projets être bientôt réalisés! La laine de cette belle chèvre ne croît qu'en automne et tombe au printemps, en sorte qu'il faut éviter avec le plus grand soin de l'exposer à un froid vif après qu'elle a perdu son manteau; on s'exposerait à la faire périr au bout de quelques heures. Nous donnons ici un excellent portrait de ce bel animal (fig. 1).

Les chèvres de la Haute-Égypte, quoiqu'un peu plus petites que les nôtres, donnent tout autant de lait; elles sont très douces, mangent les fourrages les plus coriaces et ne sont pas du tout vagabondes.

La chèvre porte cinq mois; on n'élève que les chevreaux nés au printemps, en sorte que la monte s'effectue de novembre à décembre. On abat les chèvres à douze ans et les boucs à trois; ces animaux fournissent un cuir excellent, le suif le plus dur et une chair passable quand l'animal n'est pas trop vieux.

Les chevreaux de boucherie ne tètent que trois semaines; ceux qu'on élève, pendant six semaines, au bout desquelles on les sèvre insensiblement.

Chaque chèvre adulte mange 2 kilogr. de foin, en sorte que 5 chèvres mangent autant qu'une vache de 300 kilogr. et donnent plus d'$\frac{1}{3}$ de lait de plus qu'elle, ce qui en fait *le plus lucratif* de tous les animaux domestiques.

Fig. 1. — Chèvre d'angora.

En effet, depuis le moment du part, les chèvres restent en plein rapport pendant 5 mois; puis leur lait diminue peu à peu à mesure que la gestation avance; elles donnent en moyenne 260 litres de lait par an, d'où il est facile de conclure que les chèvres fournissent 166 litres de lait avec la quantité de nourriture qu'exigent les vaches pour en produire seulement 100 litres.

Le lait des chèvres contient :

Beurre	3,3
Caséine.	4,0
Sucre de lait	5,3
Sels.	0,6
Eau	86,8
	100,0

Une femme soigne 12 chèvres.

On abat les chèvres en toutes saisons, excepté en automne, parce que c'est la saison du rut qui communique à leur chair un mauvais goût de sauvage. La peau des chevreaux qui n'ont pas encore mangé d'herbe sert à fabriquer les gants glacés ; dès qu'ils ont pâturé, elle se garnit de sels calciques qui lui ôtent toute sa souplesse.

À l'étable, pendant six mois, elles y produisent 6 à 8 quintaux de fumier, et la moitié autant lorsqu'elles vont au pâturage pendant le jour.

Le porc paraît provenir de deux types différents : les grosses races descendent du sanglier d'Europe; celles de Chine et de l'Océanie sont dues sans doute à une espèce sauvage encore inconnue. En Afrique, on trouve au Gabon une charmante espèce, petite, à poil brun-rouge et oreilles garnies d'un pinceau de poils blancs; en Amérique, il y a les pécaris qui multiplient fort bien au Jardin zoologique de Berlin, qui les répandra sans doute bientôt.

L'estomac de cet animal est grand, son appétit énorme; ses intestins, quoique courts, possèdent une force digestive assez énergique pour que son fumier ne contienne plus de parties organiques solubles; aussi est-il fort peu actif. Peu d'animaux se multiplient aussi rapidement que lui; on a calculé que si 10 truies d'un an produisent chaque année seulement 10 truies, en laissant toujours les mâles de côté, et que leur postérité se multi- liât tou- jours de la même manière, elle serait au bout de 10 ans de 40 mil- lions d'individus au moins. Le porc serait le meilleur producteur de chair, s'il la produisait plus économiquement ; mais la néces- sité de lui fournir des graines et des racines limite son engrais- sement aux années d'abondance. A l'état sauvage, les sangliers se nourrissent en hiver presque uniquement des grosses racines charnues des fougères ; aussi maigrissent-ils beaucoup pendant ce temps de privations.

Plus docile qu'on ne le croit généralement, le porc peut être dressé à la chasse comme le chien dont il possède l'odorat si dé- licat ; il se plie sans peine à porter des fardeaux, et on l'emploie, aux îles Baléares, à tirer la charrue ; cet usage est indiqué par la construction du porc dont la force concentrée dans le devant est énorme. Le porc utilise parfaitement la nourriture ; aussi sa crois- sance est-elle très rapide ; il mange tout, excepté le foin ; c'est à lui qu'on donne aussi les animaux morts par accident et dont on ne pourrait pas tirer parti d'une autre façon ; sa nourriture doit être plutôt humide que sèche ; il cherche les endroits humides et ombragés, croît jusqu'à 4 ans et vit 15 à 20 ans. En été, il faut que les porcs aient assez d'eau pour se baigner aussi souvent qu'il leur plaît, ce qui contribue à les maintenir en bonne santé.

Parmi les races de porcs les plus importantes sont les sui- vantes :

La race hongroise ou slave, dont voici un fidèle portrait (*fig.* 2), est à demi sauvage ; ses jambes sont courtes, son corps trapu, sa tête large et courte, ses oreilles droites. A 2 ans, elle pèse $1\frac{1}{2}$ à 2 quintaux, et présente d'énormes lards d'une finesse toute spéciale. Cette race est très sujette à la ladrerie, dont la cause est facile à expliquer depuis que M. de Siebold a découvert qu'elle était due à des ténias ou vers solitaires arrêtés dans leur développement, et qui proviennent sans doute des souris que ces animaux man- gent et dont les intestins sont souvent tout garnis de ces terribles parasites. En Suisse, où on élève les porcs à l'étable, la ladrerie est inconnue, tandis qu'elle est épidémique en Franche-Comté où on les laisse vaguer ; la ladrerie est donc due à l'invasion de la chair par des vers qui la rendent aussi dégoûtante que malsaine. Malgré la facilité avec laquelle il s'engraisse, le porc de Hongrie est bon marcheur, ce qui en facilite assez le transport pour qu'on le trouve sur presque tous les marchés d'Allemagne.

Parmi les porcs des races ordinaires, on appelle petits ceux de

Fig. 2. — Porc hongrois.

1 à 1 ½ quintal, moyens ceux de 1 ½ a 2, et gros ceux de 2 à 6 quintaux. Les gros porcs s'engraissent plus difficilement que les

petits, et surtout que les porcs de Chine qui sont ceux qui s'engraissent le plus vite et avec le plus de facilité. Cette espèce est presque nue, tandis que le porc de l'Océanie et des Indes est velu.

Les meilleures sous-variétés sont celles qui s'engraissent le plus rapidement, qui croissant le plus vite sont les plus fortes et ont le meilleur appétit ; la race hongroise réunit tous ces caractères, aussi ne peut-on concevoir qu'elle soit aussi peu répandue.

Pour la multiplication, on choisit parmi les jeunes, les plus vifs, ceux dont le dos et le ventre sont larges, le corps allongé et l'appétit soutenu. Ils doivent provenir de parents ayant au moins dix mamelles et en présenter eux-mêmes autant, ce qui est un signe de fécondité, et être exempts de ladrerie. On ne permet l'accouplement que du 8e au 10e mois. Le rut a lieu durant toute l'année ; il reparaît trois ou quatre semaines après le part. Le nombre des petits augmente avec les années ; les truies ne sont en pleine valeur qu'à 3 ans ; elles donnent en moyenne 10 petits par an et portent 16 à 17 semaines. Quand les truies sont près de mettre bas on les musèle, afin de les empêcher de manger leurs petits, ce qui n'est plus à craindre quand ils les ont tétées. Quelques jours après la naissance, les jeunes mangent déjà avec leur mère ; on les sèvre à 1 mois, et ceux qu'on conserve pour la multiplication, à $1\frac{1}{2}$ ou 2 mois seulement. On châtre pendant l'allaitement ou 15 jours plus tard. Les verrats ne servent que d'un an à quatre, après quoi on les engraisse ; il en faut 1 pour 25 truies.

Pendant l'été chaque porc reçoit 8 à 10 kilogr. de fourrage vert, quand ils pèsent 50 à 75 kilogr., en sorte qu'ils mangent 4 pour 100 de leur poids en foin. Un porc de 6 mois boit 16 litres de petit-lait ou le résidu de la distillation de 50 kilogr. de pommes de terre. Le pâturage doit offrir aux porcs, outre de l'herbe tendre, de l'eau en abondance et des abris contre l'ardeur du soleil.

Une truie avec ses petits ou deux porcs à l'engrais demandent un espace de 10 à 12 mètres carrés, sur une hauteur de 3 à 4 mètres. La loge doit être sèche, garnie de dalles sur lesquelles on fixe de fortes planches qu'on empêche le porc de fouiller, en lui fendant en haut le cartilage du nez.

Quand on débite facilement les porcs bien en chair, comme cela arrive dans le voisinage des villes, on choisit les races moyennes et petites, tandis qu'on prend les grosses dès qu'il s'agit de produire du lard. Les porcs à lard doivent avoir un an passé, les soies courtes et fines et le caractère tranquille. Quand les porcs sont maigres, on leur donne d'abord des légumes et des pommes de terre cuites, étendues avec les lavures de vaisselle et du son, et ce n'est que peu à peu qu'on leur donne des aliments plus nutritifs, tels que le maïs, les pois et autres grains, en farine ou concassés. Les grains donnent un lard beaucoup plus ferme que celui qu'on obtient avec les pommes de terre, parce que la graisse des céréales est du suif, et celle des pommes de terre, de l'huile ; ce fait semble donc établir que la graisse qui se trouve dans les animaux provient de leurs aliments et qu'ils ne la forment pas ; mais cet e hypothèse tombe devant le fait qu'il faut, pour engraisser un porc hongrois de 200 kilogr., 500 kilogr. de faînes contenant 15 p. 100 d'huile, ou 600 kilogr. de glands qui n'en possèdent que $3\frac{1}{4}$ p. 100 ; or, comme ces porcs contiennent 84 kilogr. de graisse, tant en lard qu'en saindoux, et que la nourriture n'en fournit, dans le premier cas, que 75 kilogr , et dans le second, que $19\frac{1}{2}$, il est clair que le porc a dû former une partie de sa graisse aux dépens de la fécule de ses aliments.

On fourrage quatre à cinq fois par jour, depuis 6 heures du matin jusqu'à 10 heures du soir, aussi longtemps que dure l'engraissement. L'essentiel étant d'engraisser vite, on donne au porc autant de nourriture qu'il en peut avaler ; mais pas davantage, ce qui pourrait le dégoûter. L'engraissement dure 12 à 20 semaines, et comme on le pratique en hiver, il est beaucoup plus rapide dans des écuries chaudes que sous les toits assez froids où on l'effectue d'habitude. On accélère beaucoup l'engraissement en donnant à manger chaud et en alternant la consistance des aliments qu'on prend une fois liquides, et l'autre épais, ce qui maintient l'appétit.

Quoique l'augmentation de poids varie naturellement beaucoup, on peut admettre qu'il est de 375 à 500 gr. pour les grosses races, et de 500 à 750 pour les petites, et par jour. En Styrie, où on emploie le maïs pour l'engraissement des porcs, on a trouvé que 6 kilogr. de ce grain en donnent 1 de poids vivant ; en Bretagne, on estime qu'un décalitre de sarrazin produit $\frac{1}{2}$ kil. de poids vif.

Pour soutenir l'appétit on donne vers la fin de l'engraissement, avec chaque dose de nourriture, une bonne poignée d'avoine salée.

Le poids net avec la tête, est évalué à 75 p. 100 du poids vif pour le porc fin gras dont le saindoux pèse 8 p. 100 et le lard 34 p. 100, en sorte que le porc gras est formé de :

Viande.	41
Lard.	34
Saindoux.	8
Os, intestins, pieds et peau.	17
	100

Chaque porc donne 15 quintaux de fumier, en fixant à quatre mois la durée de son engraissement.

Le lapin est un petit producteur de chair dont la rapide croissance et la multiplication facile sont étonnantes. Il y en a plusieurs variétés dont quelques-unes atteignent le poids de 10 à 12 kil. ; d'autres produisent des poils excessivement fins qu'on peut filer et tisser ; on en fait, dans le Piémont, des bas et des gants ; c'est le lapin d'Angora qui est tout aussi robuste que le lapin ordinaire, auquel il est étrange qu'on ne l'ait pas substitué depuis longtemps. Les lapins se nourrissent d'herbes ; ils engraissent très facilement et ont une chair succulente ; il leur faut des aliments et une écurie très secs, sans quoi, ils périssent de pourriture, de diarrhée, ou d'hydropisie.

Les jeunes lapins s'accouplent dès leur cinquième mois ; la femelle porte trente jours et met bas 5 à 10 petits dont on ne lui laisse que les six plus forts ; les grosses races pèsent à un an, quand elles sont bien nourries, 4 à 5 kil.

Nous arrivons maintenant aux volailles, dont les plus importantes sont :

Les poules. Il y a quatre espèces sauvages de poules qui correspondent aux quatre races de poules domestiques, qui sont : la poule ordinaire, celle de Bankiva, celle de Cochinchine et celle sans croupion ; toutes sont originaires des Indes orientales. La plus rustique est la poule ordinaire dont la variété dite de Houdan est aussi remarquable par la facilité avec laquelle elle s'engraisse, que par l'abondance et la grosseur de ses œufs dont el'e donne 80 à 100 chaque année ; elle couve bien, est docile et peu vagabonde.

La ration d'entretien des poules est de 5 p. 100 de leur poids en orge ; celle de production s'élève à 8 p. 100 ; en moyenne, 10 à 12 kil. d'orge produisent 100 œufs ; il en faut la moitié moins pour obtenir la même quantité d'œufs, de la charmante race de Bankiva qui est la plus féconde de toutes ; elle est malheureusement un peu frileuse ; mais, quand on la place dans de bonnes conditions, elle pond tous les trois jours deux fois. La poule de la Cochinchine est la plus grosse de toutes ; elle pond tous les jours ; ses œufs sont assez petits, mais excellents ; elle est bonne couveuse, mais demande une très bonne nourriture et craint le froid comme la Bankiva ; sa meilleure sous-variété est celle qui a les jambes roses.

Il faut un coq à 25 poules ; sa présence n'est pas indispensable à la ponte ; mais elle l'accélère et la régularise. L'envie de couver se manifeste chez les poules après le vingtième ou le vingt-cinquième œuf ; elles couvent 21 jours, 12 à 15 œufs, et soignent avec un admirable dévouement leurs petits qui peuvent déjà se passer d'elles à cinq ou six semaines. Les coqs coupés s'appellent chapons ; ils ont une forme qui rappelle celle des faisans dont le plumage leur tombe aussi quelquefois en partage. Bien soignées les poules s'engraissent en quinze jours. L'éducation des poules n'est jamais très lucrative, à cause de la haute valeur des grains ; mais elle est indispensable à la ferme, tant parce qu'elles utilisent bien les criblures de grains que parce qu'elles fournissent durant toute l'année, et par leurs œufs, une nourriture aussi saine qu'abondante et commode.

Les œufs ayant une coquille munie de pores, ils perdent de l'eau au contact de l'air ; cette diminution de poids, peu sensible dès la première semaine, augmente avec la seconde, et surtout avec la troisième, à tel point qu'au bout de trois mois, l'œuf non altéré a perdu en moyenne et chaque jour $\frac{1}{1000}$ de son poids initial ; c'est sans aucun doute à cette rapide diminution de l'eau dans l'œuf qu'il faut attribuer la stérilité des œufs âgés de plus de quinze jours ; aussi ne faut-il jamais donner à couver que des œufs aussi frais que possible ; alors tous éclosent et les poulets qui en naissent sont forts. On s'inquiète souvent beaucoup quand les poules quittent longtemps leur nid ; nous ignorons pendant combien de temps elles peuvent le délaisser sans que le germe des œufs en souffre ; mais ce qui est positif, c'est que chaque jour les canes muettes quittent leurs œufs pendant trois à quatre heures sans que la couvée s'en ressente, bien que les œufs deviennent absolument froids. Souvent aussi, nous avons fait couver et vu éclore des œufs de caille abandonnés par leur mère, et qui étaient froids depuis plusieurs heures ; reste à savoir si nous avons eu affaire à des cas exceptionnels.

A quatre ans on tue les poules, parce que leur fécondité diminue beaucoup, quoiqu'elles pondent jusqu'à 7 ans. Les poules muent en octobre. Les poules doivent avoir une habitation propre, très sèche, ainsi que la basse-cour ; de l'eau claire, du sable pour se nettoyer, du gravier pour faciliter leur digestion et du calcaire pour former la coquille des œufs.

Le dindon est herbivore ; il est, avec le cygne et l'oie, le seul oiseau domestique qui présente ce caractère d'une manière exclusive ; tous les autres sont essentiellement granivores. Cet oiseau est le plus robuste de la basse-cour ; il passe l'hiver dehors et serait le seul qu'on y tînt s'il produisait plus d'œufs. Les dindes pondent en avril, de deux jours l'un, 20 à 30 œufs ; en juin elles font une seconde ponte tout aussi abondante que la première ; il n'y a pas de doute qu'en les nourrissant bien, et les tenant dans des étables chaudes, on les ferait pondre davantage ; ce serait une belle et utile conquête pour la ferme où elles remplaceraient avantageusement les poules. Les dindons préservent les basses-cours des oiseaux de proie auxquels ils ne cèdent pas ; souvent nous les avons vus les poursuivre et leur faire abandonner leur proie ; une seule fois, une dinde a succombé dans le combat avec un énorme autour, et cela uniquement, parce que masqué par un mur, il la prit par surprise ; à la campagne il est impossible de préserver la basse-cour, des oiseaux de proie si on n'y tient pas des dindes.

Chaque dinde reçoit 15 œufs qu'elle couve 28 à 30 jours ; les petits mangent trois jours après leur naissance ; on les nourrit d'œufs hâchés avec des oignons entiers, bulbe et tige ; plus tard on joint à cette pâtée, du pain, des orties, de la laitue et du son. A huit ou dix semaines les dindonneaux, fort délicats jusque-là, poussent le rouge ; on leur donne alors une pâtée très nourrissante et on les tient enfermés sous un hangar ; dès que le rouge est dehors, les dindonneaux sont aussi robustes que leurs parents et on peut les laisser dehors.

Il faut un mâle pour dix dindes.

Le cygne pond en février 8 gros œufs qu'il couve cinq semaines ; il se nourrit uniquement des plantes aquatiques dont il fait une grande consommation. Les jeunes ne prennent leur beau plumage blanc qu'à 2 ans, jusqu'alors ils sont gris foncé. On devrait tenir ce bel et noble oiseau partout où il y a des eaux riches en herbages ; il les utiliserait très avantageusement.

L'oie présente trois types, savoir l'oie domestique ordinaire, la grande variété et l'oie de Sibérie ou oie cygne qui est la plus grosse et la plus forte. En Suède et dans toute l'Allemagne, l'oie utilise les marais dont elle couvre toute l'étendue ; elle donne lieu, dans ces pays, à un commerce immense et très lucratif, alimenté par sa plume, sa graisse, et sa chair fumée et salée. En Alsace c'est le foie de cet oiseau qu'on recherche ; on l'obtient en le bourrant de maïs jusqu'au moment où, surchargée de graisse, l'oie risque d'étouffer. Il faut un mâle pour 6 femelles ; l'oie s'accouple en février et pond 10 à 25 œufs gros et très bons ; elle en couve 15 pendant 30 à 33 jours ; le mâle s'occupe beaucoup plus des oisons, que leur mère ; il les conduit et les défend à l'occasion avec courage. Les oisons sont très faciles à élever avec de la verdure et du son ; il leur faut de l'eau pour se baigner, quoiqu'ils craignent la pluie, aussi longtemps qu'ils n'ont pas de plumes qui ne leur poussent que de quatre à six semaines ; on les plume de juillet à août, et les vieux, en juin et en octobre. Pour la multiplication on choisit les sujets les plus gros, les plus vifs et les plus forts.

Une oie s'engraisse en trois semaines et mange 20 litres de maïs.

Le canard rapporte beaucoup là où des eaux riches en végétaux et en insectes lui fournissent l'abondante nourriture qu'il exige. Il faut un mâle à 12 canes. Chaque cane pond soixante œufs et même plus, dès le mois de février ; ces œufs sont bons, mais, comme leur blanc se coagule à une température plus basse que celui des poules, les cuisinières les refusent, parce qu'ils ont l'inconvénient de faire trancher les aliments liquides, tels que les sauces dans lesquels on les introduit. Dès qu'ils sont nés, les canetons peuvent se passer de leur mère ; à huit jours, ils savent déjà se nourrir seuls ; bref, c'est l'oiseau de basse-cour le plus facile à élever partout où il trouve de l'eau en abondance.

Le canard muet, beaucoup plus gros que le canard ordinaire, est plus délicat que lui, moins facile à nourrir ; mais il recherche moins l'eau, en sorte qu'on peut l'avoir aussi dans des endroits secs. La cane fait deux portées par an, chacune de douze énormes œufs ; l'une en août, l'autre en juin ; elle couve 15 œufs pendant trente-cinq jours et garnit son nid avec le duvet qu'elle s'arrache et dont elle couvre ses œufs toutes les fois qu'elle les quitte, ce qu'elle fait pendant trois à cinq heures, au milieu du jour, sans que sa couvée s'en ressente. Les jeunes nés en juillet commencent à s'emplumer en août au bout d'un mois ; quinze jours plus tard, leurs plumes sont au complet ; sauf les grandes pennes des ailes qui n'apparaissent qu'au second mois ; le rouge pousse autour des yeux vers le quatrième mois ; les oiseaux sont alors adultes et s'accouplent en février suivant.

Peu d'oiseaux s'apprivoisent aussi bien que ces canards, qui n'hésitent pas à suivre très loin la personne qui les nourrit, et à s'envoler vers elle s'ils l'aperçoivent à une fenêtre ; ils sont très doux, silencieux, et fournissent en abondance une chair excellente lorsqu'on a soin de leur enlever la glande qu'ils ont au-dessus du croupion et qui secrète l'huile musquée avec laquelle ils oignent et embaument leur riche plumage.

Les pigeons appartiennent à deux races, l'une grande, l'autre petite ; cette dernière est très répandue parce qu'elle se nourrit seule dans les campagnes ; dans les villes on préfère avec raison les gros pigeons romains qui sont plus difficiles à nourrir ; mais dont les produits sont assez réguliers pour qu'on puisse compter qu'ils fournissent 12 paires de jeunes par an. Ces oiseaux couvent douze à dix-neuf jours ; ils naissent très faibles, leurs yeux ne s'ouvrent qu'à neuf jours, et ils ne quittent le nid qu'à un mois ; ils sont adultes à six mois ; leur chair est très saine. Il faut à ces oiseaux de l'eau en abondance pour se baigner ; quoiqu'ils mangent tout, c'est la vesce qu'ils préfèrent et qui leur fait aussi produire le plus. La ponte n'est que de deux œufs ; elle se renouvelle tous les quinze jours, quand on les enlève, ce qui permettrait d'en obtenir en un an deux fois plus que quand on les laisse couver; nous avons eu des romains rouges qui pondaient tous les neuf jours; en soignant ces variétés, on arriverait peut-être à avoir des pigeons aussi fort pondeurs que les poules.

Les poissons ne peuvent vivre que dans l'eau, à moins qu'on ne les tienne dans de la mousse mouillée ou une autre enveloppe humide, qui empêche la dessiccation des lames réunies et frangées placées dans leurs ouïes et qui servent à leur respiration. Ces animaux sont très gloutons; tous, excepté les carpes et les tanches, sont carnivores. Comme leurs sens sont fort obtus, à part leur vue qui est perçante, c'est quand l'eau est trouble qu'on fait les pêches les plus abondantes, quand les amorces qu'on attache aux lignes sont bien choisies, ce qui demande une grande connaissance des habitudes de chaque espèce de poissons. Peu d'animaux possèdent une force aussi étonnante que celle des poissons; les truites remontent les cascades des rivières les plus abondantes en quelques coups de queue; souvent nous en avons vu de jeunes s'échapper par le goulot des bouteilles à moitié pleines d'eau, dans lesquelles nous les avions enfermées.

Presque tous les poissons d'eau douce ne sont adultes qu'à trois ans; ils déposent leurs œufs sur le bord des eaux tranquilles, entre les pierres, afin qu'ils ne soient pas entraînés par les vagues; la ponte les affaiblit beaucoup, ce qui est facile à comprendre, lorsqu'on songe qu'une carpe pond 111,000 œufs faisant la moitié de son poids total, un brochet 16,000 faisant $\frac{1}{6}$ de son poids, la tanche 14,000, soit un sixième de son poids, et la truite deux centièmes seulement de son poids total. Le temps de la ponte varie avec les espèces et les zônes qu'elles habitent; il est dans l'Europe tempérée, et moyenne, de novembre en février, pour le saumon, d'avril en mai, pour le huchen, l'ombre chevalier et la perche; d'octobre en février, pour la truite; de février en avril pour le brochet; de mai en septembre pour la carpe et de juin en juillet pour la tanche. Les œufs de brochet éclosent en huit à quinze jours, ceux de saumon en un ou deux mois, suivant que la température est basse ou élevée. Les jeunes ne nagent que vingt ou trente jours après l'éclosion; on les nourrit de viande hachée, de débris de cuisine, d'orge et d'avoine cuites, et de légumes. Les poissons croissent très vite: ainsi, par exemple, les saumons élevés au collége de France, par M. Coste, mesuraient 25 millimètres à deux mois, 43 à trois mois et 95 à six mois.

Chaque femelle ne produit en moyenne que 200 jeunes ; tous les autres sont mangés ou périssent. On tient les poissons de multiplication dans des étangs profonds de deux mètres, à fond herbeux, exposés au soleil, et munis d'un courant d'eau régulier et suffisant. Les poissons d'étangs, tels que les carpes, croissent tellement vite qu'à six ans ils pèsent déjà, suivant l'espèce, 1 à 4 kil., il faut s'en défaire alors parce que le développement se ralentit beaucoup. On place les jeunes bêtes dans d'autres étangs que les adultes qui les mangeraient si on les laissait ensemble.

Comme les goujons, les carpes et les tanches avalent tout, même la vase lorsqu'ils ne trouvent rien de mieux ; il faut les tenir dans l'eau courante avant de les manger, afin de leur ôter leur mauvais goût.

Pour peupler avec des carpes un étang d'un hectare, on emploie 4 femelles et 2 mâles adultes dont les petits atteignent au bout d'un an une longueur de 5 à 10 centimètres, et le poids de 8 à 16 gr. L'année suivante on met les jeunes dans un étang spécial plus grand que celui où ils sont nés, et à trois ans on les place dans le grand étang des adultes. En moyenne on admet qu'un hectare d'étang peut recevoir 300 poissons d'un an, 200 de deux ans ou 150 de trois ans. A cinq ou six ans les poissons de chaque hectare d'étang, pèsent 150 à 200 kil.

Les tanches sont plus fortes que les carpes ; mais elles croissent moins vite ; à six ans, elles ne pèsent pas plus de 1 kil.

Le brochet et la lotte atteignent 4 kil. à six ans.

La truite ne peut être élevée que dans les eaux claires, fraîches et ombragées des montagnes ; toutes ces conditions sont réunies à Wolfbrunnen, près de Heidelberg où en élève, depuis vingt ans, des quantités prodigieuses ; leur chair est plus flasque et moins savoureuse que celle des truites sauvages. Ce poisson croît lentement ; adulte à quatre ans, il pèse alors 500 gr., à cinq ans 750 gr. et il n'atteint 1 kil. qu'à six ans ; celles de Wolfbrunnen pèsent 3 à 4 kil. lorsqu'on les vend. Leurs œufs sont collés aux pierres du fond de l'eau dans laquelle ils ne nagent pas librement, comme ceux des carpes et des brochets. Les truites ne pondent que 500 œufs, il en faut 24 à 30 pour peupler un hectare d'étang.

Il paraît qu'on peut élever aussi les saumons et les anguilles dans les étangs où on ferait, ce nous semble, mieux d'élever des oiseaux d'eau dont la production en chair est plus sûre et plus abondante. La culture des poissons ne peut être avantageuse que pour repeupler les cours d'eau qu'on ne peut pas utiliser plus avantageusement.

Les vers à soie offrent plusieurs espèces dont une seule est connue en Europe ; nous allons en recevoir une autre, grâce aux bons soins et à la persévérance de M. Guérin-Menneville ; c'est le ver à soie du chêne, que la société zoologique d'acclimatation, sollicitée par le respectable savant que nous venons de nommer, fait venir du nord de la Chine où il est cultivé sur une large échelle et fournit la belle soie brune avec laquelle on fabrique les étoffes si fortes et si brillantes que nous recevons du Céleste-Empire.

Quoique le ver à soie soit formé de 70 à 80 p. 100 d'eau, ses muscles sont doués d'une force telle qu'attaché au sol par ses deux dernières paires de pieds, il peut tenir debout la partie antérieure de son corps, pendant des heures entières. Sa nourriture est uniforme comme celle de beaucoup d'autres chenilles. La peau des vers à soie est forte ; elle contient 70 pour 100 d'eau. Le ver vit 20 à 60 jours, suivant que la température est plus ou moins élevée, et mange pendant ce temps, quatre à cinq fois son poids en feuilles de mûrier ; pendant ce temps il change quatre fois de peau, et chaque mue dure de un à six jours. Pendant la mue, il faut que l'air de la magnanerie soit sec, ce qui facilite la sortie du ver de son ancienne peau qui perd alors toute son élasticité. Après la quatrième mue l'appétit devient insatiable, la chenille se vide enfin, file son cocon, d'où le papillon sort bientôt après, s'accouple, pond des œufs et meurt.

Quand les pieds des vers sont blancs la soie est blanche ; elle est jaune au contraire quand les pieds présentent cette couleur. Parmi les vers à soie blancs, il y en a dont la tête est fine et allongée ; ils fournissent la soie la plus fine, mais la moins abondante ; leurs cocons sont fortement étranglés au milieu.

Dans toutes les éducations se rencontrent quelques vers gris ou noirs qui sont tellement plus forts que les autres qu'ils restent souvent seuls en vie dans le cas où une mauvaise nourriture emporte tous les autres ; on devrait chercher à conserver cette variété qui paraît être toute accidentelle. Il y a une petite race faible qui n'a que trois mues, et qu'il faut rejeter à cause de l'exiguïté de ses produits.

Les vers à soie respirent par les neuf stigmates ou petites fentes noires qu'ils portent de chaque côté du corps, au-dessus des pieds ; ces fentes aboutissent à des canaux très déliés appelés trachées et qui se ramifient dans l'intérieur du corps. Le fluide nutritif qui circule dans le corps du ver et en baigne toutes les parties est d'un blanc plus ou moins jaunâtre ; il est mis en mouvement par un vaisseau spécial placé sur le dos de l'insecte où on l'aperçoit à travers la peau ; quand les vers sont bien nourris, il se dépose une graisse blanche et solide sur leurs flancs. Ces insectes ne voient pas, ils flairent la feuille et sont doués d'un tact exquis ; ils sentent le moindre mouvement de l'air et le fuient ; ils craignent les rayons solaires directs. Comme les vers n'urinent pas, il s'ensuit que toute l'humidité qu'ils absorbent avec les feuilles ne peut sortir de leur corps que par la peau, en sorte que, dans le cas où les feuilles sont mouillées, ils sont gonflés par ce fluide au point de devenir hydropiques ; il faut donc éviter de leur donner des feuilles mouillées et les sécher avec soin quand elles ont été recueillies par un temps humide ; il vaut mieux qu'elles soient fanées que mouillées.

Le poids des œufs varie avec les espèces ; les plus petits viennent des Sina ; il en faut 1,470 pour un gramme, tandis que 1,275 œufs de la grosse race de Roquemaure pèsent tout autant ; en général on compte que 1,350 œufs pèsent un gramme et qu'il en faut 42,000 pour une once, soit 31,25 gr. Depuis le moment où ils ont été pondus, jusqu'à celui où ils éclosent, les œufs perdent un dixième de leur poids initial. Dès qu'il y a quatre petites feuilles bien développées au bout des branches des mûriers, on soumet les œufs à une température de $+ 25°C$ sous l'influence de laquelle ils ne tardent pas à éclore ; les vers qui en sortent font les 80 centièmes du poids total des œufs dont les 20 autres centièmes reviennent à leur enveloppe ; l'incubation dure une à deux semaines ; dans le nord il vaut mieux l'effectuer trop tard, que de risquer qu'elle soit interrompue par des retours de froid. A cause des chances de mortalité on couve toujours deux fois plus d'œufs qu'on ne veut garder de vers, et on peut éliminer alors tous ceux qui ne sont pas assez vigoureux; les bons œufs sont gris et plus lourds que l'eau; on n'élève que les vers qui en sortent dans l'espace de deux jours seulement. Les vers n'ont à leur naissance que deux millimètres de long et pèsent environ $\frac{6}{10000}$ gr. ; adultes ils ont de 8 à 10 centimètres de long et pèsent jusqu'à 7 gr. en moyenne 5 gr., en sorte que chaque jour leur poids se multiplie par 200 environ; aucun animal domestique ne présente un aussi prodigieux développement. C'est sous l'influence d'une véritable transpiration que la peau se détache à chaque mue, le ver adulte pèse deux fois plus que son cocon; la différence est due à ses excréments et à l'eau qui s'en évapore. Les cocons femelles sont plus lourds que ceux qui produisent des mâles. La soie se trouve dans deux réservoirs placés derrière la tête; elle y est molle; mais à mesure qu'elle arrive à l'air; en sortant des filières, elle s'y durcit; ses fils ont $\frac{1}{2}$ de millimètre de diamètre; il en faut 3,750 mètres, pour peser un gramme; ce fil est double parce qu'il s'unit en sortant des deux filières du ver. Quatre jours après avoir achevé son cocon, le ver se change en chrysalide, et reste en cet état pendant 15 à 17 jours au bout desquels les mâles éclosent les premiers, ce qui était indispensable pour la fécondation des œufs que la femelle pond de suite, lors même qu'elle ne s'est pas encore unie au mâle.

Dans la chrysalide on trouve une matière jaune liquide, et grasse, complétement analogue au jaune d'œuf et qui sert à former le papillon; elle correspond à l'œuf des oiseaux. Dès que le papillon s'est débarrassé des enveloppes de la chrysalide, il ramollit les parois du cocon avec un liquide incolore, insipide et neutre qui sort de sa bouche; puis il les perce et arrive au jour où il rejette beaucoup d'acide urique et d'urate ammonique. L'accouplement dure un jour; on reçoit les œufs sur des toiles et on les lave quand ils ont été salis par les déjections de la mère; on les conserve dans une cave sèche.

Les bonnes éducations sont de 28 à 30 jours; elles s'effectuent à la température de + 25°C ; l'hygromètre étant à 60°. Les vers provenant de 31 gr. de graines exigent 35 mètres carrés de claie et 75 mètres cubes d'air qu'on doit pouvoir renouveler et chauffer sans peine. L'aérage est la condition la plus essentielle de santé des vers, parce qu'il facilite leur transpiration qui doit être énorme, puisque les feuilles de mûrier dont ils se nourrissent, contiennent 68 p. 100 d'eau.

Un mûrier dont le feuillage offre un volume de quatre mètres cubes fournit en moyenne 40 kil. de feuilles. Il faut 1,000 kil. de bonnes feuilles pour les vers provenant de 31 gr. de graine, et beaucoup plus durant les années humides, parce que les feuilles se chargent d'une proportion d'eau infiniment plus forte. On donne un repas toutes les deux heures durant les trois premiers âges et huit par jour pendant les quatrième et cinquième âge. Comme les vers supportent sans peine une abstinence de trois ou quatre jours, on les fait jeûner quand on est obligé de leur donner des feuilles mouillées, ce qui les préserve de la *grasserie* en leur permettant de perdre l'humidité surabondante qu'ils tiennent de la feuille.

31,25 gr. de graine fournissent 60 kil. de cocons; il faut 500 cocons pour un kilogramme, et 15 à 20 kil. de feuilles pour chaque kil. de cocons. Les cocons sont formés de 12 de soie et de 88 de chrysalide en moyenne; car suivant les races, il faut pour un kil. de soie, 8, 10, 12 et même 14 kil. de cocons; 1 kil. de cocons produit 50 à 60 gr. d'œufs.

L'espèce de ver à soie la plus recherchée est celle des sinas dont le cocon est petit, dur et d'un blanc bleuâtre.

La soie est formée de :

54	soie pure,
20	gélatine,
25	albumine,
1	matière grasse colorée.
100	

La bourre qui entoure les cocons pèse environ 4 décigrammes, on la détache avant d'étouffer à la vapeur les cocons qu'on ne veut pas laisser éclore. Pour étouffer les cocons on les soumet pendant dix minutes à un fort courant de vapeur d'eau bouillante; puis, on les sèche au four; on pourrait peut-être les tuer plus sûrement et plus facilement à l'aide de la vapeur du chloroforme dont il suffirait de jeter quelques gouttes dans un vase clos où on aurait enfermé les cocons. On file le plus tôt possible pour empêcher la soie de se gâter et on dévide les cocons dans de l'eau à 85°C où on les laisse quelques instants, après quoi on les transporte dans de l'eau à + 30°C, ce qui facilite beaucoup ce travail. Pour obtenir de la belle soie, on ne doit jamais unir plus de quatre ou cinq brins; dès que l'écheveau est achevé, on enlève les fils lâches, on l'égalise avec un morceau de tissu de soie mouillée, on le lave à l'eau froide, l'essore et le sèche à l'ombre. En général 11 kil. de cocons vifs en donnent 8 de cocons étouffés et 1 kil. de soie.

Les nombreuses maladies auxquelles les vers à soie sont soumis proviennent uniquement des éducations forcées; ces insectes soumis à une chaleur trop forte et placés dans des salles mal aérées s'étiolent et ne peuvent pas donner des produits plus parfaits, que les cerisiers qu'on force dans les serres chaudes à donner leurs fruits pendant l'hiver.

Les abeilles sont les producteurs de miel des pays froids; il y en a cependant aussi dans les pays chauds; elles appartiennent au genre des Mélipones. Ces mouches présentent deux variétés; l'une plus grosse que l'autre; elles n'ont pas d'aiguillon, fabriquent un miel exquis et une cire verte; on les a déjà plusieurs fois apportées en Europe où elles sont mortes, faute de soins convenables.

Pour que les abeilles donnent d'abondants produits elles doivent avoir à leur disposition une longue succession de fleurs riches en miel, ou se trouver dans le voisinage des forêts qui leur offrent de juillet en septembre d'amples récoltes de miel produit par la sève qui s'en extravase sur leurs feuilles.

Les abeilles supportent les climats les plus froids; mais non pas les pays chauds, parce que leur cire se ramollit et permet au miel fluidifié de s'écouler; il faut donc éviter avec soin que le rucher ne se trouve dans une exposition trop chaude et l'abriter soigneusement contre les rayons solaires directs, en l'entourant de parois en planches ou de robiniers dont les fleurs blanches et parfumées sont riches en sève sucrée. Le rucher sera aussi sec que possible.

La population moyenne d'une ruche est de 20,000 ouvrières,

1,500 bourdons et une reine ou femelle; les bourdons qui sont dépourvus d'aiguillon ne fabriquent pas de miel; ils ne servent qu'à féconder la reine, quant aux ouvrières, elles n'ont pas de sexe; ce sont des femelles dont les ovaires se sont atrophiés parce qu'elles ont reçu une nourriture insuffisante; aussi, quand la reine d'une ruche périt, les abeilles en créent-elles une nouvelle en nourrissant avec abondance le premier œuf venu qu'on leur fournit quand elles n'en possèdent pas. Cent ouvrières pèsent à jeun 60 gr. et jusqu'à 180 quand elles sont gorgées de nourriture; cent bourdons pèsent 75 gr.; un essaim très fort pèse $1\frac{1}{2}$ à 3 kil.; ordinaire 750 à 1,500 gr. et faible 375 à 750 gr.[1] mais les abeilles ne pèsent dans le premier cas, que 750 à 1,000 gr.; dans le second, que 250 à 500 gr., et dans le troisième que 125 à 250 gr.; l'excédant est dû au miel dont elles se remplissent avant de quitter la ruche mère. Comme chaque essaim enlève à la ruche, outre une grande partie de sa population, 250 gr. ou même 2 kil. de miel, il est clair que l'essaimage l'affaiblit beaucoup.

Il est probable que le miel reste tel que les abeilles l'enlèvent aux fleurs; il n'en est point ainsi de la cire que les abeilles peuvent former aux dépens du miel, ainsi que plusieurs expériences directes l'ont définitivement prouvé. La cire est un corps complexe qu'on peut regarder comme formé d'un corps gras associé à une résine plus ou moins brune que les abeilles enlèvent aux plantes, tandis qu'elles forment la graisse; plus la résine est abondante, plus aussi la couleur de la cire se fonce, et moins les bougies qu'on en retire sont bonnes; c'est pour cette raison que la cire blanche que les abeilles fabriquent en automne est bien plus recherchée que la cire jaune d'été qui est remplie de pollen enlevé aux étamines des fleurs.

Il faut environ 20 kil. de miel aux abeilles pour faire 1 kil. de cire qu'elles sécrètent entre les huit anneaux de leur abdomen. Chaque lamelle de cire qui se dépose entre ces anneaux met 38 heures à se former et 100 de ces lamelles pèsent 0,020 gr. poids moyen d'une cellule, en sorte qu'il faut 24 heures à 20 abeilles pour fabriquer une cellule, ou 20 jours à une abeille travaillant seule.

La construction des rayons marche avec une rapidité telle qu'il suffit de 24 heures pour qu'un fort essaim en bâtisse un de 33 centimètres de long sur 16 de large. Le nombre des rayons varie avec l'étendue des ruches; il y en a 7 dans une ruche de 50 centimètres de haut sur 48 de large. Chaque mètre carré de rayon compte de chaque côté 10,800 cellules, en sorte que les rayons de la ruche précitée offrent 50,000 cellules, dont 20,000 sont destinées à l'incubation des œufs, tandis que les 30,000 autres servent de magasin; elles pèsent vides 1 à 1 ¼ kil. La grandeur des cellules d'incubation varie avec l'espèce d'abeilles qu'elles doivent recevoir; les plus petites sont celles des ouvrières, ensuite viennent celles des bourdons; les plus grandes sont les cellules des reines qui sont en outre recouvertes d'une espèce de capuchon en cire muni d'une ouverture horizontale. Les mêmes cellules reçoivent en six mois jusqu'à cinq générations différentes qui occupent constamment la même position; c'est-à-dire que les cellules royales sont au bas des rayons; au-dessus d'elles viennent les cellules des bourdons; puis celles des ouvrières, tandis que le haut du rayon est plein de miel.

Les ouvrières ne vivent guère plus d'un an; les vieilles ont le corps lisse et dépourvu de poil; la reine vit au moins trois ans; elle pond en moyenne 40,000 œufs dont la moitié de bourdons, et comme les cellules royales sont les dernières bâties, on voit que la ruche soigne pour sa population avant de songer à l'essaim. On tire parti de cette observation en ajoutant aux ruches déjà pleines, des hausses qui en en étendant la capacité forcent les abeilles à augmenter leur population et à retarder ainsi l'essaimage. Quand le froid est vif, les abeilles se réunissent en grosse pelote et s'engourdissent totalement; la reine cesse alors de pondre; mais elle recommence la ponte dès les beaux jours; quelquefois même déjà en janvier. Pour que la ponte soit abondante, il faut que la reine soit bien nourrie et que le temps soit chaud; l'ovaire contient toujours au moins 5,000 œufs, et comme c'est en été qu'arrivent les essaims, il est probable qu'au printemps la reine pond chaque jour jusqu'à 1,000 œufs. Quand le temps est chaud, les œufs éclosent au bout de trois jours et les larves sont nourries par les ouvrières qui au troisième jour enlèvent celles dont elles veulent faire des reines; vers le cinquième ou sixième jours, comme les larves remplissent la totalité des cellules, les ouvrières les y enferment en bâtissant au-dessus de chacune d'elles un couvercle en cire. Alors la larve se change en nymphe qui éclot le onzième jour pour les reines, le quinzième pour les ouvrières et le dix-huitième pour les bourdons; les jeunes abeilles ne peuvent voler qu'au bout de vingt-quatre heures. Comme il ne faut donc que 23 jours aux abeilles pour subir toutes leurs métamorphoses, il est clair que chaque ruche peut en élever cinq générations en un an.

L'essaimage a lieu pour l'Europe centrale, de mai en juin, le matin et par un temps chaud et tranquille; c'est la vieille reine qui sort avec l'essaim. Les grosses ruches exposées au Nord sont celles qui donnent le moins d'essaims; elles n'en donnent jamais quand leur température intérieure descend au-dessous de de 24°C. En été, la température des ruches est généralement de 12°C plus élevée que celle de l'air; les abeilles cessent de travailler quand la température descend à + 14°C.

Chaque ruche, pour bien passer l'hiver, doit avoir au moins 10 kil. de miel et peser avec sa population, estimée à 4 à 5 kil., 15 kil. net; elles doivent être à l'abri de la gelée; leur température ne s'abaisse guère au-dessous de + 12°C; mais ce qui est à craindre dans cette saison, c'est l'élévation de température, parce qu'elle provoque l'appétit des abeilles à tel point que les ruches consomment pendant l'hiver 9 kil. de miel quand elles sont exposées au midi, tandis qu'elles n'en mangent que 3 lorsqu'elles sont tournées du côté du nord. On place les ruches de front, à 33 centimètres au moins au-dessus du sol; on n'en met jamais plus de 30 par rucher. Les ruches ont 50 centimètres de diamètre sur 33 de haut; elles sont en paille et disposées de manière à ce qu'on puisse les placer au besoin sur des hausses ou anneaux de paille de 16 centimètres de hauteur. Au centre de la ruche est, en haut l'ouverture par laquelle entrent les abeilles; cela vaut mieux que de la pratiquer au bas, tant parce que c'est conforme aux habitudes naturelles des abeilles que parce que leurs ennemis y entrent moins facilement.

C'est en été qu'on recueille le miel frais dans les hausses, et en automne qu'on enlève dans l'intérieur des ruches, le miel qui y est de trop; ce dernier est en général plus coloré que l'autre; chaque ruche donne annuellement 10 à 14 kil. de miel brut; leur produit varie avec la fertilité de l'année et la manière dont elles ont passé l'hiver. Quand les ruches sont mal nourries en hiver elles souffrent toute l'année ; aussi lorqu'elles n'ont pas assez de miel, les nourrit-on avec un sirop de sucre bien pur qu'on verse dans un plat sur du gravier calcaire qui sert à empêcher les abeilles de s'engluer et à arrêter tout développement d'acides qui nuisent beaucoup aux abeilles et leur causent des diarrhées presque toujours mortelles.

Dès les premiers beaux jours, en février ou mars, on change les tabliers des ruches et on ouvre l'entrée qu'on ferme presque totalement en hiver.

En septembre on réunit les ruches faibles, ce qui leur permet de mieux passer l'hiver.

Les vers de farine qui se développent facilement et en masse dans le son des céréales pourraient être utilisés à la nourriture des oiseaux de basse-cour ; leur culture est facile ; il suffit pour en obtenir des milliers de mettre en juillet quelques insectes parfaits du Tenebrio molitor dans un tonneau à moitié plein et couvert avec un canevas. Il faut mettre dans le son quelques chiffons de laine dans lesquels ces insectes déposent leurs œufs qui éclosent bientôt en donnant naissance à de petites chenilles brunes qui après avoir changé plusieurs fois de peau, se filent, de mai en juillet, une chrysalide d'où l'insecte parfait sort au bout de peu de jours ; il craint beaucoup la lumière.

Les sangsues sont un objet de culture lucratif partout où on dispose d'eau pure qui ne gèle pas en hiver, et d'un fond marécageux. Les étangs à sangsues ont 6 mètres de long, sur 3 de large et 1 de profond ; le niveau de l'eau doit y être constant, afin que les cocons des sangsues ne puissent être noyés , ni desséchés. Pour nourrir ces animaux on prend du sang battu auquel on conserve la chaleur du corps et dans lequel on plonge des sacs de flanelle mouillée, remplis de sangsues, qu'on y laisse 5 minutes quand elles sont très grosses, 10 quand elles sont moyennes, 15 les petites et 30 les très petites ; ensuite on les lave et les reporte à l'étang ; le sang doit être tout frais. Chaque sac reçoit 6 à 7 kil. de sangsues qui pèsent la moitié plus après le repas. On gorge les grosses sangsues en automne, ce qui les fait pondre régulièrement au printemps ; quant aux petites, on leur donne trois repas par an : avec ce régime on peut les vendre à 3 ans.

Dès que les sangsues s'accouplent, on creuse avec un bâton gros comme le doigt, des galeries horizontales sous le gazon des bords de l'étang qu'on soulève sans le détacher et qu'on prolonge jusqu'au dessous de la surface de l'eau. Quand les sangsues veulent pondre, elles montent dans les conduits verticaux, d'où elles passent dans les galeries horizontales où elles filent un cocon dans lequel elles déposent leurs œufs. On recueille les cocons qu'on met sur la terre humide, au bord d'un petit bassin spécial, et on renverse sur eux une caisse qu'on couvre de gazon qu'on tient humide ; puis on ouvre quelques galeries conduisant de l'intérieur de la caisse jusqu'à l'étang, par lesquelles les jeunes sangsues gagnent l'eau dès qu'elles éclosent.

CHAPITRE V.

Classification.

Relativement à la culture, on divise les animaux domestiques en habitants des plaines et habitants des montagnes, et on subdivise ces deux classes en deux sections comprenant, l'une, les animaux qui recherchent l'eau, l'autre, ceux qui la craignent ; cette division doit diriger l'agriculteur dans le choix de ses bestiaux, s'il veut en tirer facilement le plus grand produit possible, car il ne doit point perdre de vue le fait que, si avec des soins on peut élever des animaux partout, il n'est possible d'en tirer du profit que quand on les place dans des circonstances analogues à celles où ils vivent à l'état sauvage.

I. *Animaux des plaines.*

1 Humides :	2 Sèches :
Bœuf,	Cheval,
Buffle,	Mouton,
Porc,	Chèvre,
Cygne,	Poule,
Oie,	Dindon,
Canard,	Pintade,
Poissons ;	Pigeon,
	Abeille,
	Ver à soie.

II. *Animaux des montagnes.*

1 Humides :	2 Sèches :	Lapin,	Pigeon,
Bœuf,	Mouton,	Poule,	Abeille,
Porc ;	Chèvre,	Dindon,	Ver à soie.

Toute exploitation agricole ayant un but spécial, c'est lui qui décide le choix à faire parmi les animaux destinés par la nature, au sol à exploiter. On veut avoir de la force, de la chair, du lait, de la laine, du miel, de la soie, etc.; chacun de ces produits forme une rubrique sous laquelle on range un ou plusieurs des animaux domestiques; ces divisions ne sont pas toujours tranchées : ainsi le bœuf donne du lait et de la force ; le mouton, du lait, de la chair et de la laine, en sorte qu'il vaut mieux partager tous les animaux en trois groupes, comprenant : 1° ceux qui ne fournissent qu'un seul produit ; 2° ceux qui en donnent deux, et 3° ceux qui en offrent trois.

Chaque groupe se subdivise en 1 producteurs de chair, 2 de lait, 3 de laine, 4 de force, 5 d'œufs, 6 de soie et 7 de miel.

I. *Simples producteurs.*

1 De chair :	2 De lait :	4 De force :	6 De soie :
Porc,	0 ;	Le cheval ;	Le ver à soie ;
Lapin,	3 De laine :	5 D'œufs :	7 De miel :
Poissons,	0 ;	0 ;	L'abeille.
Pigeons ;			

II. *Doubles producteurs.*

1 De chair et de lait :	3 De chair et d'œufs :
Chèvre ordinaire ;	Poule,
2 De force et de lait :	Canard
Âne ;	Et autres oiseaux de basse-cour.

III. *Triples producteurs.*

1 De chair, de lait et de force :	2 De chair, de lait et de laine :
Bœuf,	Chèvre d'Angora,
Buffle ;	Mouton.

Comme les animaux sont d'autant plus estimés qu'ils rendent plus de services, il est clair que les triples producteurs sont aussi ceux sur lesquels repose toute l'agriculture; les doubles et surtout les simples producteurs ne peuvent être utilisés que dans des cas tout spéciaux.

L'animal domestique producteur de chair par excellence est le porc, parce qu'il se développe vite et multiplie beaucoup ; le lapin est dans le même cas que lui.

Le meilleur producteur de lait est la chèvre.

Le meilleur producteur de laine est le mouton.

Le meilleur producteur de force est le cheval.

Le meilleur producteur d'œufs est la poule.

Le meilleur producteur de soie est le ver à soie.

Le meilleur producteur de miel est l'abeille.

Il est possible que l'on trouve parmi les animaux sauvages ou domestiques des autres pays, des êtres plus aptes encore à rendre des services à l'agriculture que nos anciens animaux domestiques ; ainsi le Yack du Thibet (*fig.* 3) remplace avantageusement le bœuf, parce qu'il supporte mieux le froid et se couvre d'une abondante toison ; la chèvre d'Angora vaut mieux que la chèvre ordinaire, parce qu'aussi lactifère qu'elle, elle fournit encore une toison aussi belle qu'abondante et brillante. Pour donner une juste idée de tout ce qu'il y aura à faire pour enrichir l'agriculture européenne de nouveaux animaux domestiques, nous renvoyons à l'excellent ouvrage que M. I. Geoffroy Saint-Hilaire vient de publier sous le titre de : *Domestication et Naturalisation des Animaux utiles.* Comme il ne s'agit pas, dans un essai de naturalisation, de changer seulement une espèce contre une autre, il faut s'assurer, avant de l'importer, que les avantages présentés par l'animal à introduire sont incontestables, ce qui est difficile, pour ne pas dire impossible, de prime abord ; c'est la difficulté qu'a tranchée l'habile Président de la Société zoologique d'acclimatation lorsqu'il a proposé de fonder un parc pour les essais d'acclimatation ; puisse cette grande idée être comprise par tous les gouvernements, qui, en lui donnant suite, ouvriront à l'agriculture une nouvelle source de prospérité !

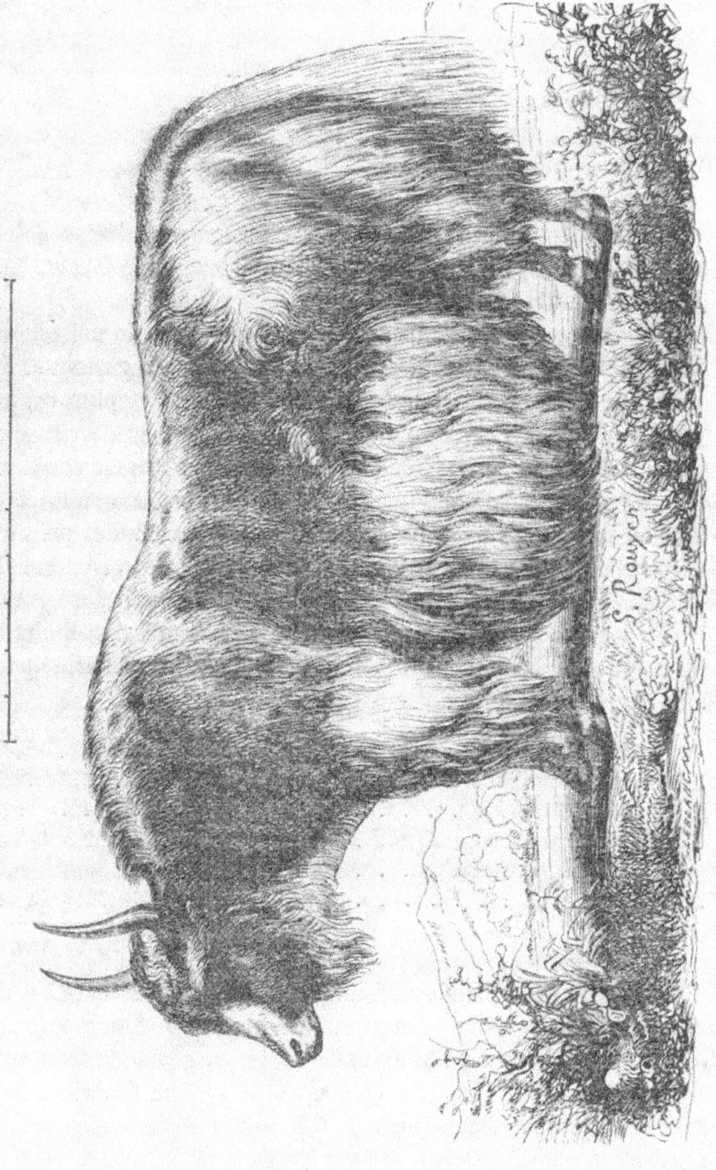

Fig. 3. — Yack du Thibet.

CHAPITRE VI.

Produits.

L'étude des produits qu'on tire des animaux se borne à leur examen, ainsi qu'aux moyens de les utiliser dans la ferme. Parlons d'abord de la viande.

La viande ou chair musculaire est formée par le mélange de la fibre musculaire avec des étuis tendineux, de la graisse et des débris de vaisseaux ; elle est d'autant plus dure et plus coriace qu'elle provient d'animaux plus âgés ou de parties douées d'un mouvement plus actif; c'est pour cette raison que la viande du dos est plus succulente que celle des jambes. La qualité de la viande varie aussi avec les espèces animales ; celle des poissons est la plus molle ; ensuite vient celle des volailles et enfin celle des mammifères ; chez le porc, les fibres et la viande sont entrelacées beaucoup plus fortement que chez les autres producteurs de chair. Voici comment est composée la chair de nos principaux animaux domestiques :

	Bœuf.	Vean.	Porc.	Pigeon.	Carpe.
Fibrine et tissu cellulaire.. . . .	17,5	0,0	16,8	17,0	12,0
Albumine et sérum.	2,2	0,0	2,4	4,5	5,2
Extrait alcoolique; soit graisse.. .	1,5	0,0	2,5	2,5	2,7
— aqueux, soit sel.	1,3	0,0	0,0	0,0	0,0
Eau et perte.	77,5	78,0	78,3	76,0	80,1
	100,0	100,0	100,0	100,0	100,0

La qualité de la viande varie chez le bœuf avec les parties du corps ; la plus succulente ou première qualité se trouve au haut des jambes de derrière, la seconde qualité aux cuisses, à la poitrine et aux épaules, la troisième qualité au cou et dans le bas du corps, la quatrième enfin à la tête, aux jambes et ailleurs. On n'utilise que les quatre quartiers du bœuf; soit tout le corps, moins la tête, les entrailles et les pieds jusqu'au genou. En traitant de chaque animal producteur de chair, on en a indiqué le rendement en viande réelle, sur lequel nous n'avons plus rien à dire.

Pour conserver la viande on la sale et on la fume ensuite ; quand les viandes sont bien sèches on les conserve dans des caisses dont on remplit les interstices avec de la graisse fondue, des cendres de bois ou du charbon pilé et calciné. Le sel sert à enlever l'eau de la chair ; la fumée, à l'envelopper d'une couche de créosote et d'acide acétique qui sont antiseptiques tous les deux. La viande salée étant échauffante et indigeste, on la remplace quelquefois par de la viande conservée en vases clos dans le vide par le procédé Appert qui n'est malheureusement pas assez économique pour qu'on puisse le pratiquer sur une grande échelle. Quand on ne veut garder les viandes que pendant peu de jours, on les met tremper dans du vinaigre ; on en prolonge indéfiniment la conservation sans l'altérer en aucune façon, en la plongeant et la maintenant submergée dans de l'acide sulfurique, étendu de 99 fois son poids d'eau, et la lavant bien avant de la cuire.

Le lait et ses dérivés forment une des branches essentielles de l'industrie agricole ; on ne le conserve jamais longtemps parce qu'on le débite en nature ou qu'on en fait du beurre et du fromage. Le lait s'aigrit rapidement, surtout en été, lorsqu'il fait chaud, parce que son sucre se change en acide lactique ; ce liquide est formé d'eau tenant en dissolution la caséine, le sucre, ainsi que les sels, et en suspension la matière grasse qui constitue le beurre et qui monte à sa surface sous forme de crême, parce qu'elle est plus légère que l'eau. Comme le lait se charge facilement de toutes les odeurs, il est important que la laiterie soit fraîche et très propre ; à + 12 C', la crême se sépare en 30 à 40 heures d'avec le lait et cela d'autant plus facilement qu'il est étalé sur une surface plus large ; 10 litres de lait donnent $2\frac{1}{7}$ de crême qui à leur tour fournissent $\frac{1}{2}$ kilogr. de beurre. La crême est formée de :

$$
\begin{array}{ll}
20 \text{ à } 24 & \text{beurre,} \\
4 & \text{caséine et albumine,} \\
72 & \text{eau,} \\
\hline
100 &
\end{array}
$$

Quand le lait tend à s'aigrir on doit aérer fortement la laiterie et jeter 4 à 5 gr. de craie pilée dans chaque jatte de 10 litres ; cette addition a pour but de saturer l'acide lactique à mesure qu'il se produit, ce qui empêche le lait de se coaguler.

Pour faire *le beurre* on soumet la crême au barattage qui a pour effet de réunir les molécules grasses qui se séparent du lait de beurre dont on obtient environ 78 p. 100 de la crême employée ; il est formé de :

$$
\begin{array}{ll}
0,24 & \text{beurre,} \\
3,82 & \text{caséine,} \\
5,14 & \text{sucre de lait et sels,} \\
90,80 & \text{eau.} \\
\hline
100,00 &
\end{array}
$$

Ce n'est qu'à la température de + 12° C' qu'il est facile de faire le beurre ; en hiver il faut chauffer la crême ou y ajouter un peu de sel, tandis qu'en été on doit la refroidir pour en séparer le beurre. Cette graisse est plus colorée en été qu'en hiver où elle est presqu'entièrement blanche. Dès qu'on sort le beurre de la baratte, on le lave avec soin afin d'en séparer tout le lait de beurre ; car plus le beurre est pur, mieux aussi il se conserve. En général, le beurre contient :

Graisse.	77,5 à	86,3
Caséine.	1,6 à	0,9
Eau, sucre et sels solubles.	20,9 à	12,8
	100,0	100,0

La composition de la graisse du beurre varie avec la saison où on le fabrique ; il contient plus de suif en hiver qu'en été :

	Stéarine ou suif.	Oléine ou huile.
Beurre d'été.	40	60
— d'hiver. . . .	63	37

C'est à la petite quantité de caséine qu'il entraîne, que le beurre doit de se rancir si facilement ; on la lui enlève en le fondant au bain d'eau et décantant avec soin la partie liquide de dessus le dépôt qu'elle surnage. En général, on fond le beurre à feu nu, ce qui lui communique un goût particulier assez désagréable pour qu'on ne puisse plus l'employer qu'à l'apprêt des mets ; il perd par la fusion 20 à 25 p. 100 de son poids initial. D'autres fois on sale le beurre ; mais il faut l'avoir auparavant lavé soigneusement ; pour cela on en pétrit 20 kilogr. avec 1 de sel sec et pilé fin. Quand le beurre est rance, on le pétrit avec de l'eau de chaux qu'on renouvelle jusqu'à ce qu'elle lui ait enlevé tout le mauvais goût.

Le lait écrémé et le lait de beurre sont employés à la fabrication des fromages maigres.

On fabrique *les fromages* avec la caséine du lait ; les fromages sont gras quand on emploie le lait pur, maigres quand on les fabrique avec le lait écrémé ; la fermentation étant plus active dans ces dernièrs que dans les premiers, les yeux en sont petits mais nombreux, tandis que ceux des fromages gras sont rares et très gros ; ils sont les seuls qui prennent avec l'âge ce goût fort et âcre qui est tellement recherché par les amateurs. Pour séparer la caséine d'avec le lait, on le laisse s'aigrir et le chauffe jusqu'à ce que le caillé s'en sépare ; on le jette alors dans un sac où on l'exprime et on le mange avec du lait ; c'est le fromage blanc dont on obtient 1 kilogr. de 16 litres de lait ; on peut le conserver en le mêlant avec du cumin et le séchant à l'air.

En Suède on fabrique le fromage de lait de renne en le faisant trancher avec des feuilles de la gracieuse *Pinguicula vulgaris* qui le rendent visqueux et filant comme du blanc d'œuf dès qu'il entre en contact avec elles. Enfin on peut aussi coaguler le lait avec les acides ; mais c'est presque toujours avec la présure qu'on opère la coagulation du lait ; la présure est le suc du quatrième estomac du veau ; son action est aussi inexplicable que rapide. On emploie la présure de différentes manières, tantôt on fait sécher la caillette et on en plonge une tranche dans le lait ; d'autres fois on y verse l'eau salée dans laquelle on l'a fait macérer ; d'autres fois encore on la prépare comme suit : sur 4 caillettes fraîches et bien lavées, 120 gr. de poivre noir pilé et 1 kilogr. de sel on verse 4 litres d'eau-de-vie et 12 litres d'eau ; 24 heures après, on passe à travers un linge et conserve dans des bouteilles bien bouchées ; une cuiller à bouche de ce liquide coagule 10 litres de lait. On chauffe le lait à 30° C, ajoute la présure et attend que la coagulation soit complète, ce qui arrive en 20 ou 30 minutes ; on le brise alors en petits morceaux, et chauffe de rechef à 60° C pour les fromages fins et mous, à 100° C pour les fromages ordinaires ; puis on jette le caillé sur une toile grossière placée dans une forme où on l'exprime avec force. Douze heures plus tard on porte le fromage dans une cave bien aérée où on le sale d'un côté, et le lendemain de l'autre pendant 2 ou 4 mois ; dès qu'il ne prend plus de sel, ce qui arrive quand il a perdu la plus grande partie de son eau, on ne le sale que tous les 3 ou 4 jours et on s'arrête lorsqu'il est dur comme du bois ; on emploie 120 gr. de sel par kilogr. de fromage. Les fromages gras sont ensuite mouillés avec de l'eau salée et du vin ; les maigres avec de l'eau salée seule jusqu'à ce qu'ils aient acquis le goût et la consistance voulus. En moyenne, pour faire 1 kilogr. de fromage frais, on compte 10 litres de lait gras, 15 de lait ordinaire et 20 de lait écrêmé.

Le liquide qui se sépare d'avec le fromage est reporté sur le feu ; on y verse alors du petit lait aigre qui en précipite *le serai* qu'on recueille comme fromage ; il est dû à la coagulation de l'albumine du lait ; on le traite comme le fromage, il est insipide et remplace le pain pour les habitants des Hautes-Alpes. Le petit lait séparé d'avec le serai est évaporé ; le sucre s'en sépare alors en petits cristaux bruns qu'on blanchit par des cristallisations répétées.

Les différentes *graisses* animales s'obtiennent en coupant les tissus gras en petits morceaux qu'on chauffe à feu nu jusqu'à ce que les membranes commencent à roussir ; on les jette alors dans des sacs qu'on exprime avec force ; les membranes restent dans le sac, tandis que la graisse s'écoule. C'est ainsi qu'on extrait dans les fermes, le saîndoux du porc, le suif du bœuf et du mouton. Le commerce du saindoux est très important pour l'Amérique du Nord ; celui du suif de bœuf pour le Paraguay et la Russie méridionale ; celui du suif de chèvre, qui est le meilleur pour l'éclairage parce qu'il est aussi le plus dur, pour les Principautés danubiennes. Les graisses animales sont d'autant plus consistantes qu'elles contiennent davantage de stéarine ou suif ; voici la composition de quelques-unes d'entre elles :

	Stéarine.	Oléine.
Suif de bœuf	80	20
Saindoux	40	60
Graisse d'oie	30	70

Il faut se garder de chauffer trop fortement les graisses parce qu'on les décompose, ce qui a pour effet de leur donner une mauvaise odeur, un mauvais goût, une teinte jaune et d'en abaisser le point de fusion en changeant les corps gras neutres en acides qui sont beaucoup plus fusibles qu'eux.

Les œufs se conservent sans peine en les faisant tremper 12 heures dans l'eau de chaux, les égouttant à l'air et les conservant sur des rayons dans une cave tiède et pas trop sèche ; l'eau de chaux bouche les pores de la coquille, quand elle se carbonate à l'air et empêche aussi l'évaporation de l'eau de l'œuf, dont nous avons parlé en nous occupant de la poule.

La laine est bien plus facile à conserver en suint qu'après qu'elle a été lavée, parce que les insectes ne s'y mettent pas et qu'elle ne devient pas cassante. Nous avons déjà vu que la laine brute cède à l'eau 60 p. 100 de son poids ; la plus belle laine, celle dont l'éclat est le plus vif, est chargée d'une graisse blanche, tandis que cette graisse est jaune dans les laines ordinaires. La laine pure calcinée laisse 3 à 5 p. 100 de cendres formées de phosphate calcique et d'acide silicique. La laine est d'autant plus belle et plus forte que les moutons sont mieux nourris. Les magasins dans lesquels on garde la laine lavée doivent être un peu humides ; quand ils sont trop secs, elle y devient cassante. Nous ferons la même observation pour *la soie*, qui est un des corps les plus hygrométriques qu'on connaisse.

Le miel

Est blanc quand il est fabriqué avec le suc des fleurs en été, brun quand il provient des miellées d'automne ; la cire en est jaune dans le premier cas, blanche dans le second. Pour extraire le miel, on broie les rayons, qu'on jette sur un tamis de crin qu'on expose au soleil sous une cloche de canevas ; quand ils ne donnent plus rien, on enferme le résidu dans des sacs qu'on fixe au fond d'une chaudière pleine d'eau, qu'on porte à l'ébullition, puis on exprime les sacs, les chauffe derechef et les reporte sous la presse aussi longtemps qu'ils donnent de la cire ; l'eau dans laquelle ont bouilli les rayons sert à préparer la nourriture des porcs.

Pour blanchir *la cire*, on la coule en lames minces qu'on blanchit au soleil, ou bien en la chauffant au bain d'eau avec 100 gr.

d'acide nitrique du commerce et 100 gr. d'eau pour 500 gr. de cire : le blanchiment ainsi obtenu est immédiat, mais jamais très complet ; il faut ensuite bien laver la cire, et achever de la blanchir au soleil.

Les peaux et pelleteries sont bien lavées, imbibées avec une solution de 1 kilogr. de chlorure zincique pour 10 litres d'eau, séchées et conservées dans un endroit sec. Grâce à cette préparation, elles sont imputrescibles et inattaquables aux insectes.

CHAPITRE VII.

Maladies.

On divise les maladies en ataxiques, inflammatoires et accidentelles. Les maladies *ataxiques* sont les plus dangereuses : c'est à elles qu'on rapporte le typhus, la cocotte, le charbon, la péripneumonie et plusieurs autres encore ; on en préserve le bétail en l'exposant au grand air, lui donnant une nourriture saine, abondante et salée. Dans *le typhus*, l'eau de suie rend d'éminents services quand on l'emploie à la dose de deux verres par tête de gros bétail, auquel on peut même administrer la suie solide à la dose de 50 gr. avec du sel, et 10 gr. pour un mouton ; la gentiane et les baies de sureau sont excellentes aussi dans ces cas-là ; l'effet de la suie vient de la créosote qui s'y trouve, et qui agit comme un puissant antiputride. C'est probablement encore à la créosote qu'on y développe qu'il faut attribuer la merveilleuse facilité avec laquelle la farine grillée arrête *la pourriture* des volailles.

On combat les maladies *inflammatoires* par les purgatifs, tels que le sulfate sodique à la dose de 200 gr. par tête de gros bétail et 50 gr. pour un mouton ; on en soutient l'action à l'aide de la diète et des boissons blanchies à la farine. La *clavelée* des moutons est une inflammation de la peau analogue à la petite vérole de l'homme, et qu'on combat par l'inoculation. On a voulu appliquer la même méthode aux vaches pour les préserver de la *péripneumonie gangréneuse*, en leur inoculant le pus pris sur les poumons des animaux morts de cette maladie : on n'a obtenu ainsi que des accidents faciles à prévoir ; car tout le monde sait

que le sang, et à bien plus forte raison, le pus des animaux mo:ts,
agit comme un violent poison qui développe la gangrène et amène
presque toujours la mort.

Quant aux maladies *accidentelles*, elles sont chirurgicales ou
parasitiques. Si les bestiaux ont des *plaies*, on les panse avec de
l'huile de lin émulsionnée avec un égal volume d'eau de chaux,
et on les nettoie avec une dissolution d'hypochlorite calcique
lorsqu'elles sentent mauvais. Les *fractures* ne sont pas du ressort
de la chimie, puisque leur pansement se borne à rapprocher les
os cassés, à les maintenir en place avec un bandage et des attèles
en bois, et à bassiner la partie brisée avec une infusion d'arnica,
afin d'en prévenir l'inflammation. On guérit la *gale* avec une
pommade de savon vert et de soufre à la dose de 2 du premier
pour 1 du second ; on tue les poux en huilant tout le corps de
l'animal atteint et le peignant le lendemain, puis le lavant avec
une infusion de feuilles de sureau. La vapeur qui se dégage de
l'eau dans laquelle on fait bouillir les feuilles et l'écorce du sureau noir tue les poux, les punaises et généralement tous les
parasites extérieurs des ánimaux. On combat *les maladies ver-
mineuses* avec les toniques, tels que la gentiane, le cumin, l'ail,
dont on soutient l'action par une légère purgation avec l'aloès.

CHAPITRE VIII.

Habitation.

Ayant indiqué déjà, pour chaque animal, l'espace qui lui est
nécessaire, nous n'avons pas grand'chose à ajouter ici. Les écuries
seront tournées au sud-est, afin de conserver le soleil aussi longtemps que possible, et d'éviter qu'elles présentent toute une
façade aux vents d'est et du nord, qui sont le plus à craindre ;
leur toit doit saillir assez pour empêcher que les murs soient
atteints par la pluie, c'est-à-dire qu'il doit s'avancer de 1 mètre
environ pour 10 de hauteur des murs. La façade ouest sera con-
sacrée aux hangars et remises, parce que les mouches s'y ras-

semblent en masse en été, ce qui incommode le bétail ; enfin le bâtiment tout entier sera sec et son pavé suffisamment élevé au-dessus du sol, pour qu'il n'en reçoive jamais de l'eau, et que les urines du bétail aient un écoulement facile.

Pour obtenir des constructions durables, il est indispensable d'avoir d'excellents matériaux : on fait les murs en pierre ou en pisé. Dans le premier cas, on choisit des pierres aussi compactes que possible, et on s'assure qu'elles résistent à la gelée en les y exposant après les avoir plongées dans l'eau, ou bien en les im-bibant d'eau salée et les laissant se dessécher à l'air ; elles ne valent rien si elles s'exfolient alors ou tombent en poussière. On essaie de la même façon les briques et les tuiles.

La chaux n'est éteinte qu'à mesure qu'on en a besoin ; elle perd beaucoup de sa force quand on la garde longtemps, lors même qu'on l'abrite contre l'acide carbonique de l'air, parce qu'elle forme avec l'eau un hydrate insoluble et sablonneux qui ne s'unit plus à l'eau ; 100 parties de chaux en absorbent environ 32 d'eau.

Pour faire le mortier, on emploie 3 à 3 $\frac{1}{2}$ mètres cubes de sable par mètre cube de pâte de chaux grasse ; on n'en met que 1 à 2 mètres cubes par chaque mètre cube de pâte de chaux maigre. Il vaut, du reste, mieux mettre dans le mortier trop de sable que trop peu, puisque c'est lui qui en assure le durcissement, en permettant à l'air d'y pénétrer et de carbonater la chaux. Quand les murs doivent résister à l'action de l'eau, on les construit avec de la chaux hydraulique, qui est une combinaison d'argile et de chaux jouissant de la propriété de durcir quand elle s'unit à l'eau, en produisant une masse aussi dure que de la pierre ; on le fabrique en calcinant des briques faites avec 30 parties de poudre de brique ou d'argile sèche par 70 de chaux. Il n'est même pas toujours nécessaire d'opérer la calcination du mélange, et il suffit presque toujours de le corroyer fortement pour obtenir un mortier bien hydraulique ; l'essentiel est que l'argile soit assez cuite ; trop ou trop peu nuit à la réussite, parce que la combinaison est alors beaucoup plus difficile ; on la chauffe jusqu'à ce qu'après avoir perdu son eau, l'argile change de couleur.

Quand on possède de la terre très argileuse et capable par conséquent de se durcir à l'air, on en construit quelquefois les murs. Ces bâtisses, dites en *pisé*, sont usitées dans le centre de l'Allemagne, ainsi que dans le midi de la France ; elles sont économiques, chaudes, durables, mais elles ne résistent naturellement pas à l'action des eaux. On commence à substituer, dans tout le nord de l'Europe, aux constructions en briques celles en *pisé de mortier*, qui ont l'avantage d'être économiques, chaudes, très durables, et de résister à l'action des eaux.

Pour bâtir en mortier, on construit d'abord la charpente de la maison sur laquelle on met le toit, et qu'on appuie sur de solides et larges fondements en pierre au-dessus desquels on dispose un système de caisses en planches mobiles, dans lesquelles on entasse des fragments de pierres gros comme des noix ou même comme le poing, sur lesquels on coule le mortier, fait avec 4 parties de sable pour 1 partie de bonne chaux grasse et suffisante quantité d'eau, c'est-à-dire environ 1 partie $\frac{1}{2}$; on tasse bien le mélange et, vingt-quatre heures après, on coule une seconde couche sur la pierre, en continuant ainsi de suite jusqu'à ce que les murs soient achevés. Les murs doivent avoir 60 centimètres d'épaisseur pour qu'ils ne puissent pas geler. Quand les murs coulés sont couverts, on compte que, pour être solides, ils doivent avoir $\frac{1}{5}$ de leur hauteur en largeur, jusqu'à 3 mètres, et 2 centimètres de large par mètre de hauteur en sus ; pour les murs découverts, la largeur doit être de $\frac{1}{6}$ de la hauteur et de 4 centimètres de plus par mètre de hauteur en sus. Pour empêcher la dégradation des murs à ciel ouvert, on les couvre en général de dalles ou de tuiles, ce qui est plus économique ; on pourrait aussi en garnir le sommet avec le mastic suivant, excellent pour garnir les terrasses, ainsi que les réservoirs d'eau :

600 gr. cailloux calcinés et réduits en poudre, 750 gr. poudre de briques cuites, 400 gr. verre pulvérisé, 800 gr. huile de lin cuite, 400 gr. battitures de fer ou ocre rouge, et 2,500 gr. chaux vive en poudre. Dans le cas où cette composition serait trop chère, on pourrait se contenter d'appliquer sur les murs une couche de gypse sur laquelle on passerait ensuite une forte dissolution de savon vert ; on formerait ainsi un savon à base de chaux, dur et imperméable à l'eau, qui atteindrait économiquement le but cherché.

Il est bon de garnir tout le bas des murs des écuries jusqu'à

1 mètre de hauteur du ciment suivant, qui, en leur ôtant leur porosité, empêche le salpêtre de s'y développer :

17 kil. $\frac{1}{2}$ sable fin ou poudre de cailloux calcinés, 31 kil. chaux, 1 kil. oxyde zincique ; cuire pendant une demi-heure avec 3 kil. d'huile de colza, et appliquer tout chaud, sur les murs bien secs, à l'épaisseur de 7 à 8 millimètres.

La couverture des toits est fort importante, puisque c'est d'elle que dé, end en grande partie la durée du bâtiment ; celle en tuiles est la meilleure quand elles sont bien cuites, mais elle est coûteuse, tant par elle-même qu'à cause de la vigoureuse charpente qu'elle exige. La couverture la plus économique est celle en planches, sur lesquelles on cloue de la toile ou du carton imbibé de goudron de houille ou de bois, et saupoudré de sable ou de poudre de briques : ces toitures, économiques autant que légères, veulent être revernies en totalité chaque année ; elles ne sont point aussi facilement combustibles qu'on le suppose, à raison du sable qu'on y mêle. Pour éclairer le dessous des toits, on emploie les tuiles en verre, qu'on trouve actuellement partout.

Le choix des bois de construction est tout aussi grave que celui des pierres et de la chaux ; ils doivent, dans tous les cas, être bien secs, si on ne veut pas s'exposer à les voir se tourmenter à mesure qu'ils perdent leur eau, qui s'élève jusqu'à 40 p. 100 dans les bois verts. Le bois le moins durable est celui de hêtre ; celui de pin est sujet aux vers ; ensuite vient le sapin, et enfin le chêne, qui résiste cinquante ans dans les conditions les plus défavorables, et de un à trois siècles dans une atmosphère sèche. Pour conserver les bois, on les imbibe d'une solution d'acétates ferrique ou zincique, qu'on leur fait absorber pendant qu'ils sont en pleine sève ; ainsi préparés, ils sont aussi durables que la pierre, inattaquables par les insectes, comme aussi par les champignons, et parfaitement incombustibles.

Quand les bois n'ont pu être préparés par ce procédé, on les dessèche aussi bien que possible, et on les vernit avec la couleur suivante :

3 kil. argile desséchée à l'air et pulvérisée, 2 kil. cendres, 1 kil. sable et suffisante quantité d'huile de lin ; on donne trois couches : la première liquide, la seconde plus consistante, et la troisième pâteuse ; ce vernis durcit avec le temps.

Sur les bois exposés à l'air, tels que les barrières et les portes d'enclos, on applique un enduit fait avec :

45 litres d'eau qu'on fait bouillir, et dans laquelle on jette 2 kil. sulfate zincique ; on y ajoute alors 5 kil. farine de seigle délayée dans 15 litres d'eau ; puis, quand le tout est en pleine ébullition, 1,500 gr. de colophane fondue avec 10 kil. de suif.

Pour garnir le sol des écuries, le mieux est de paver, de couler sur lui du mortier épais, au-dessus duquel on pose enfin le plancher en bois, incliné de 6 centimètres par mètre ; pour les granges, on dalle tout simplement.

Les fenêtres sont doubles, c'est-à-dire que, brisées vers le milieu, leur partie supérieure glisse dans une coulisse, où on peut l'élever ou l'abaisser à volonté, ce qui évite les coûteuses charnières métalliques. Quant aux portes, qui ont 2 mètres de large sur 3 de haut, on fait bien de les construire glissantes aussi, mais dans des coulisses horizontales, ce qui évite les ferrements et permet de les ouvrir à volonté, sans craindre qu'elles ne battent et ne blessent le bétail en se refermant. C'est surtout pour les toits à porcs que les portes glissantes verticales sont recommandables, parce qu'elles résistent aux chocs les plus violents.

Afin de pouvoir fixer le volume que doivent avoir les emplacements destinés à conserver les récoltes, nous dirons qu'en général 1 mètre cube de paille, foin ou racines, pèse 100 kil., que 1 hectolitre de grain occupe un espace de $2\frac{1}{2}$ mètres cubes, et que 1 hectare de terrain rapporte, en moyenne, 2,500 kil. de foin ou autres récoltes.

TABLE ALPHABÉTIQUE.

BIBLIOTHÈQUE IMPÉRIALE

TABLE DES MATIÈRES.

Paris. — Imprimerie D'E. DUVERGER, rue des Grès, 11.

www.ingramcontent.com/pod-product-compliance
Lightning Source LLC
LaVergne TN
LVHW020555180726
843502LV00002B/250